基础学科拔尖学生培养计划系列教材

神经科学研究技能

主　　编　邱　爽　胡海岚

副主编　王晓东　杨　艳　刘怿君　杨鸿斌

编　　委（以姓氏汉语拼音为序）

白　戈　谷　岩　胡海岚　胡哲纯
康利军　赖欣怡　刘　冲　刘怿君
马　欢　邱　爽　唐慧萍　汪　军
王　朗　王晓东　徐　晗　杨　艳
杨鸿斌　岳惠敏

科 学 出 版 社

北　京

内 容 简 介

神经科学是当今非常前沿的研究领域，科学家正从分子、细胞、系统、行为、认知等各个层面解析其工作原理，相关的研究技术也非常多样。本教材主要介绍了神经科学领域比较常用的研究技术。全书分为十三章，第一章对神经科学研究技术做了回顾和展望；其余十二章均以技术为主题，除了介绍技术原理外，还详细地描述了技术的应用范围和注意事项。本教材语言浅显易懂，具有很强的实用性。

本教材对在神经科学领域作研究的研究生、博士后和其他研究者具有重要的参考价值。

图书在版编目（CIP）数据

神经科学研究技能 / 邱爽，胡海岚主编. —北京：科学出版社，2024.6

基础学科拔尖学生培养计划系列教材

ISBN 978-7-03-078660-9

Ⅰ. ①神… Ⅱ. ①邱… ②胡… Ⅲ. ①神经科学-高等学校-教材

Ⅳ.①Q189

中国国家版本馆 CIP 数据核字（2024）第 111305 号

责任编辑：胡治国 / 责任校对：宁辉彩

责任印制：张 伟 / 封面设计：陈 敬

科学出版社 出版

北京东黄城根北街 16 号

邮政编码：100717

http://www.sciencep.com

三河市骏杰印刷有限公司印刷

科学出版社发行 各地新华书店经销

*

2024 年 6 月第 一 版 开本：787×1092 1/16

2024 年 6 月第一次印刷 印张：15

字数：443 000

定价：88.00 元

（如有印装质量问题，我社负责调换）

前　言

在过去的几十年里，神经科学领域取得了巨大的进展和成就。传统的分子克隆、生化、成像、膜片钳等技术的应用，揭示了突触的构成及其可塑性的分子基础；单细胞测序、组织清除技术、超高分辨显微镜以及其他遗传工具的应用，揭示了神经细胞类型的多样性；病毒示踪技术、活细胞成像技术结合新型动物模型、行为学范式，帮助我们在环路层面解读大脑的功能及在疾病中的变化；而跨脑区进行更高密度的神经元活动记录结合光遗传、药物遗传等操纵技术，加上计算模型的配合，让我们开始探索神经元网络系统的工作原理。在这个过程中，神经科学发现和实验技术的进步是一并上升的双螺旋，实验研究依赖新技术带来的新能力，而解答科学问题所带来的需求也在激发着实验技术的发展。

为了贯彻落实党的二十大精神，坚持教育优先发展、科技自立自强、人才引领驱动，加快建设教育强国、科技强国、人才强国，我们组织了浙江大学医学院奋战在神经科学领域研究第一线的科研人员编写了这本教材。这本教材以神经科学领域常用的技术为核心，着重介绍了技术原理、应用流程、适用范围等，能够让读者对该研究技术有宏观了解。有些章节附有延伸阅读的资料链接，供感兴趣的读者进一步阅读，从而深入了解相关技术的更多细节和优缺点。此外，本教材还介绍了神经科学研究的设计思路及统计方法，帮助读者构建合理的逻辑思维，选择恰当的数据分析方式。

神经科学是一个交叉性非常强的学科，涉及的研究技术复杂多样，本教材只涵盖了现阶段该领域比较成熟的、常用的、独特的技术。另外，神经科学技术发展迅速，更新很快，本教材编写有一定周期，难免书中有疏漏，在此向读者表示歉意。最后，我们对参与本教材编写、校对、版面设计的所有老师和同学们表示衷心的感谢！

邱　爽

2024年3月

目　录

第一章　神经科学研究技术的发展历程 ······ 1
第一节　前言 ······ 1
第二节　早期神经科学技术的发展 ······ 1
第三节　现代神经科学技术的发展 ······ 2
第四节　我国神经科学技术发展概况 ······ 3
第二章　神经细胞和脑片培养技术 ······ 5
第一节　技术概述及相关科学问题 ······ 5
第二节　神经元培养 ······ 5
第三节　相关细胞系 ······ 8
第四节　急性脑片分离技术 ······ 14
第五节　脑片培养 ······ 15
第六节　神经干细胞技术 ······ 18
第七节　类器官 ······ 22
第三章　胶质细胞相关技术 ······ 26
第一节　概述 ······ 26
第二节　星形胶质细胞相关技术 ······ 26
第三节　少突胶质细胞相关技术 ······ 34
第四节　小胶质细胞相关技术 ······ 44
第四章　膜片钳技术 ······ 56
第一节　膜片钳技术简介 ······ 56
第二节　培养细胞膜片钳技术 ······ 62
第三节　急性脑片膜片钳技术 ······ 64
第五章　体外培养神经细胞可视化技术 ······ 71
第一节　体外培养神经细胞可视化技术及相关科学问题 ······ 71
第二节　DNA 和 RNA 可视化技术 ······ 71
第三节　蛋白质及其他生物分子的可视化技术 ······ 75
第四节　细胞内生物大分子的导入技术 ······ 79
第五节　显微成像技术 ······ 83
第六章　大脑结构和功能的可视化技术 ······ 89
第一节　大脑可视化技术及相关科学问题 ······ 89
第二节　大脑结构可视化技术 ······ 89
第三节　脑功能可视化技术 ······ 101

第七章 大脑活动的操控技术 …… 108
第一节 大脑活动操控技术及相关科学问题 …… 108
第二节 传统操控手段 …… 108
第三节 基 因 操 控 …… 110
第四节 遗传操纵技术 …… 113
第八章 在体电生理记录技术 …… 118
第一节 相关科学问题 …… 118
第二节 细胞外电生理记录技术 …… 118
第三节 细胞内电生理记录技术 …… 125
第四节 脑电记录 …… 130
第五节 延伸阅读 …… 137
第九章 脑内微环境化学物质检测 …… 140
第一节 概述 …… 140
第二节 神经递质检测 …… 142
第三节 离子检测 …… 150
第四节 小分子物质检测 …… 158
第十章 神经科学研究模式动物的行为学技术 …… 165
第一节 模式动物与行为概述 …… 165
第二节 啮齿目动物的行为学测试 …… 166
第三节 果蝇的行为学测试 …… 174
第四节 线虫的行为学测试 …… 178
第十一章 转基因动物制备和应用 …… 183
第一节 转基因动物原理及相关科学问题 …… 183
第二节 转基因动物制备技术 …… 183
第三节 转基因动物的应用 …… 188
第十二章 脑功能成像技术 …… 192
第一节 概述 …… 192
第二节 光学成像技术 …… 193
第三节 磁共振成像技术 …… 199
第四节 超声成像技术 …… 204
第五节 核医学成像技术 …… 207
第十三章 神经科学研究的实验设计与数据分析 …… 213
第一节 实验设计与数据收集 …… 215
第二节 数据的分析 …… 220
第三节 数据的可视化与描述 …… 229

第一章　神经科学研究技术的发展历程

第一节　前　言

神经科学是一门交叉性很强的学科，研究技术涉及多个学科，从起初主要包括神经化学、神经解剖学、神经生理学、神经药理学等学科，到现今综合了生理学、解剖学、组织学、胚胎学、生物化学、分子生物学、药理学、神经生物学、神经病学、精神病学、心理学、免疫学、遗传学、发育生物学、影像学、计算机网络、认知科学、电子信息学、工程学、光学等多门学科。随着现代社会工作生活方式的改变，神经系统相关疾病的发病率逐年上升，并且备受关注。近年来，神经科学研究迅猛发展，已被世界各国上升到国家战略位置。目前，与快速发展的信息科学和人工智能技术相结合，神经科学研究正迎来飞速发展的阶段，越来越多的不同学科背景的科研工作者积极投身神经科学相关研究中。为便于从事神经科学相关研究的学者了解和掌握本学科常用技术，本书对神经科学常用的技术方法进行了系统总结和梳理。

神经科学研究技术是探索大脑工作机制的基本工具，本书介绍了神经科学研究的核心技术，有望帮助读者了解现代神经科学技术的发展和应用，为神经科学领域研究人员提供可靠实用的方法指南。

第二节　早期神经科学技术的发展

公元前500年左右，古希腊哲学家提出人有理智和灵魂。但是，由于当时自然科学的发展水平有限，人们把一切精神活动都归于“心”的功能，错误地认为认知的本质是“心脑一体”。直到近代解剖学逐步发展，才让人类真正开始认识自身，并且开启探索大脑秘密、攻克大脑疾病的新纪元。

人类对大脑的科学研究最初从解剖和观察开始。古希腊医生阿尔克迈翁（Alcmaeon）和盖伦（Galenus）借助解剖手段，分别发现眼部后方的视神经与大脑相连和神经源于脊髓。1543年，比利时学者维萨留斯（Vesalius）绘制了脑室结构。17世纪，威利斯（Willis）完成了真正意义上的脑神经解剖。1786年，意大利医生和动物学家加尔瓦尼（Galvani）在解剖青蛙时，刀尖意外触碰到去皮蛙腿上外露的神经，蛙腿剧烈痉挛。后经过反复实验，他推测动物体存在电，并称之为“动物电”。加尔瓦尼的偶然发现，为后来的伏打电池的发明和电生理学的建立奠定了重要的认知基础，在科学史上传为佳话。虽然众多技术逐渐被应用于神经科学研究，科学家也开始意识到大脑的重要性，但在当时蒙昧、迷信的时代环境下，脑科学的研究进展非常缓慢。

直到19世纪，随着“动物电”的发现，以及生物化学、药理学和脑区损毁等相关技术的发展，脑科学迎来了快速发展阶段。1870年研究者通过电流刺激大脑实验，发现电刺激大脑皮质可以产生“对侧脑半球”的肢体运动，尽管当时并不清楚该现象背后的神经机制。1873年，高尔基（Golgi）发明铬酸钾-镀银法，在约100个神经元范围内可有效染出1个神经元。利用这种方法可以清晰展示着色神经元的全貌，不仅带动了后续显微成像技术的发展，更使人们对神经元的认识前进了一大步。尽管原理仍不清楚，高尔基镀银法至今仍是神经科学中常用的基本方法之一。不久后，卡扎尔（Cajal）改良了高尔基镀银法技术，在显微镜下观察并描绘了神经元和神经胶质细胞的精细结构和形态。在Cajal提供的形态学研究基础上，瓦尔德尔（Waldyer）提出“神经元学说”（neuron doctrine），为现代神经系统研究开启了一扇崭新的大门。英国分子生物学家谢林顿（Sherrington）则在 Cajal 的研究基础上提出，“突触”是神经连接的基本单元，埃克尔斯（Eccles）与克里德（Creed）利用微电极电生理记录证实了突触结构的真实存在。

早期的神经科学技术以光学显微成像和化学染色技术为主，借此观察大脑结构。随后，又融合了生理学、低分辨电生理学及生物化学技术，开始对神经系统功能进行初步探究。这些卓著的技术和成果共同构筑了神经科学的初步雏形，为现代神经科学的快速发展奠定了坚实的基础。

第三节　现代神经科学技术的发展

20 世纪是神经科学技术不断创新和突破的时代，目前使用的技术大都是在此阶段的研发基础上改进而得，很多技术甚至沿用至今。1925 年，科学家埃克尔斯（Eccles）将微电极插入猫脊髓前角细胞，记录细胞内电活动；并通过记录神经与肌肉接头处的终板电位，证实了突触部位不仅有兴奋性递质也存在抑制性递质，即证实了谢灵顿晚年强调的抑制性突触的存在。随后，研究者又借助微电子技术检测到神经细胞兴奋时的动作电位。然而，这些记录生物电的技术灵敏度低，不足以阐明神经活动的电生理基础。1929 年，德国贝格尔（Berger）使用生理盐水作为介质，将表面电极置于额部及枕部，第一次展示了人类脑电图（electroencephalogram，EEG）。1952 年，霍奇金（Hodgkin）和赫胥黎（Huxley）在由科尔（Cole）和马尔蒙（Marmont）1947 年初设计建立的电压钳基础上，利用电压钳技术对乌贼神经纤维的电脉冲进行记录（乌贼是一种神经纤维大到足以成功插入记录电极的动物），阐明了神经脉冲产生和传播的基本规律。1976 年，德国马普生物物理研究所内尔（Neher）和萨克曼（Sakmann）创建了膜片钳（patch clamp）技术。这是一种通过记录离子通道电流反映细胞膜单一或多个离子通道分子活动的电生理技术，与基因克隆（gene cloning）技术共同给整个生命科学研究带来了巨大的推动力，至今仍被广泛应用于神经科学和其他生命科学研究中。20 世纪 80 年代，激光共聚焦及双光子激光扫描显微镜成像技术飞速发展，结合荧光染料、荧光蛋白和荧光显微成像等技术，实现了对大脑深层组织的高分辨率动态可视化观察。20 世纪 90 年代，功能性磁共振成像技术则实现了对活体大脑神经活动区域的无创性成像，推动了人们对脑感知等初级脑功能的认识，成为深入研究运动、学习、记忆等高级脑功能的重要工具。进入 21 世纪后，研究者更加注重开发高分辨率、高通量和高特异性的技术，用以实现对神经细胞的精确观察和操控。此外，为了实现对神经细胞钙浓度变化和神经递质释放的动态可视化监测，相应特殊的荧光染料或者神经递质荧光探针被相继开发。最初的活体钙/神经递质释放的活体检测受设备成像的深度制约，仅适合对体外培养细胞和脑片进行实时记录。为进一步提高成像深度和降低成像背景噪声等，以便满足对大脑深层的检测需求，双光子、多光子成像技术逐一问世。其中，利用三光子显微镜，可以获得超过 1mm 深度的脑组织图像（Streich et al.，2021）。在读取大脑神经元语言和解码神经细胞信息编码方面，多通道胞外电生理记录等技术逐步问世，还开发出钙成像和磁共振成像联用技术，同时进行二维的钙成像和三维的磁共振成像，帮助研究者更加全面深入研究大脑功能（Lake et al.，2020）。

该时期另外一个代表性的关键技术是“光控遗传技术”。为了实现通过无损伤或低损伤的高时空分辨率操控特定神经元的活动并研究其功能，斯坦福大学迪赛罗斯（Deisseroth）研究团队在 2005 年成功利用光敏感通道对哺乳动物神经细胞进行了光操控（Boyden et al.，2005）。该技术结合光学及遗传学技术，通过遗传学方法将合适的外源光敏感蛋白靶向导入特定活细胞，利用特定波长的光照刺激光敏蛋白，调控神经元的活性，进而控制神经网络功能及动物行为，是目前研究神经环路、行为、神经精神疾病等的重要工具。

此外，脑光学成像技术近年也取得了重要进展。为克服传统脑片研究的局限性，能够在全脑水平精细解析神经网络组成、投射、连接以及活动模式，Deisseroth 团队开发出组织透明化技术。借此技术，科研人员可以快速便捷地实现单细胞精度的神经细胞的全脑成像（Epp et al.，2015）。在神经环路解析方面，利用基因编辑技术改造的重组病毒载体可靶向标记特定神经元，通过顺行和逆行示踪方式研究神经环路的连接和组成（Xu et al.，2020）。随着神经科学研究不断地深入，科学家发现大脑神经元具有高度的组成和功能异质性。为精细解析环路细胞的分子特征，转录组学技术也在近年被应用于神经元亚群的分类和功能鉴定。随着计算机技术近年的深入发展，机器学习和视觉学习等先后被广泛应用于神经科学中大规模神经网络活动分析解码、自动化行为学分析、神经网络活动数学建模等，进一步促进了脑科学全方位的快速发展，也为脑机接口和人工智能的深入研发奠定了基础。

技术方法的不断变革与创新是促进自然科学发展的重要因素。相较其他学科，神经科学的发展更加依赖相关研究技术的进步。因此，了解各种技术在神经科学中的发展和应用对脑科学研究至关重要。近年来，低损伤、高度特异性、高度分辨率的技术不断问世，帮助神经科学研究者逐步阐明感觉系统（视觉、嗅觉、味觉、听觉、感觉）的工作原理，并在脑信息传递和优化处理的机制，以及神经精神疾病（如癫痫、抑郁症、帕金森病等）发生的机制解析方面取得了一系列重要进展。

第四节　我国神经科学技术发展概况

我国的神经科学研究工作起步于20世纪30年代，神经科学家林可胜、冯德培、汪敬熙、朱鹤年、蔡翘等作为我国神经科学发展的奠基者，将西方神经科学的种子带回国，首次在国内开展神经解剖学与神经生理学等工作，由此神经科学在中国大地发芽并快速成长。1961年，冯德培、张香桐、刘育民等上海生理研究所的研究人员组织开展神经电生理训练班。1979年脑研究所组建成立，张香桐院士任所长。1999年，中国科学院正式建立神经科学研究所，蒲慕明院士任所长。正是得益于众多神经科学家在神经科学领域的科研和教学工作方面做出的突出贡献，并培养出一大批研究神经科学的骨干，我国神经科学才能够顺应国际趋势，蓬勃发展。

经过一代又一代脑神经科学家几十年来的不断努力，中国脑科学正在高速发展。然而，与起步较早的发达国家相比，在科研成果的发表与专利申请等方面仍有较大差距。特别是新型技术的研发方面，我国在神经领域研究使用的技术和仪器，大都借鉴发达国家或依靠进口，相关核心前沿技术受国外政府或机构管制出口，一定程度影响了我国神经科学技术的自主创新。但我国科学家奋力直追，已经或正在相关领域作出重要突破。比如2017年北京大学程和平院士团队成功研制了新一代微型化双光子荧光显微镜。它仅有2.2克重，可佩戴在实验动物的头部颅窗，实时记录数十个神经元、上千个神经突触的动态信号，性能优于美国研发的微型化宽场显微镜（Zong et al.，2017）。同年，华中科技大学的骆清铭教授团队成功研发了荧光显微光学切片断层成像（FMOST）技术，该技术可实现高分辨率单细胞水平快速绘制脑图谱（Gong et al.，2016）。2018年，清华大学戴琼海院士团队研制出新型超宽视场、高分辨率的实时显微成像仪（RUSH），具有高时空分辨率多维连续成像能力，可实现活体动物脑神经细胞的“全局形态”和“细节特征”的多维度观测。2019年中国科学院深圳先进技术研究院的郑海荣及其团队，成功研发基于超声辐射力的深部脑刺激与神经调控仪器，利用超声波无创到达大脑深部操控灵长类动物和人类神经元活动，为研究脑疾病机制提供了强有力的研究工具（Huang et al.，2019）。2020年，神经科学国家重点实验室王凯研究组成功研发新型扩增视场光场显微镜，弥补了共聚焦显微镜和双光子显微镜在活体脑成像时，时间分辨率低和难以捕捉大范围脑区神经元的快速变化等缺点（Zhang et al.，2021）。2021年，骆清铭院士团队继续开发了线照明调制显微术并实现了高清成像，该技术被称为高清荧光显微光学切片断层成像技术（high-definition fluorescent micro-optical sectioning tomography，HD-FMOST）。该技术解决了传统荧光显微光学层析成像方法无法同时兼顾高分辨率、高通量和高清晰度的问题，将全脑光学成像从高分辨率提升到高清晰度的新标准（Zhong et al.，2021）。北京大学的李毓龙教授团队，近年在世界上率先开发出了多种可遗传编码的神经递质或调质的检测探针，使科研人员在高时空间分辨率尺度上解析神经系统的复杂功能成为可能。脑科学作为一个交叉学科，与其他学科高度交叉和融合也催生了新兴的革命性技术和学科。2020

年，浙江大学研发的类脑计算机成为目前世界上神经元规模最大的类脑计算机，支持1.2亿脉冲神经元、近千亿神经突触，与小鼠大脑神经元数量规模相当，可实现抗洪抢险场景下多个机器人协同工作。浙江大学脑机接口的相关研究实现了对脑电信号进行实时解码，帮助瘫痪患者借助人工智能实现“意念打字”，具有里程碑意义。

人类的大脑是目前已知的最为复杂、最为精密的单一活体器官，它含有约1000亿个神经元。这些神经元通过约100万亿个突触连接形成神经回路，控制着我们的生理机能和思维活动。神经科学研究的最终目的是阐明神经系统如何控制机体的各种行为；情绪、记忆和意识等高级认知功能背后的神经机制；并为脑部相关疾病的诊断、预防和治疗提供有效的手段。而以上研究高度依赖研究技术手段的不断革新和应用。我国神经科学正在蓬勃发展，大量年轻科研工作者积极投身脑科学研究，需要及时更新知识体系。因此，我们借助浙江大学脑科学的发展态势及蓬勃生机，对目前常用和新型脑科学研究技术进行了归纳总结，便于科研工作者对相关技术进行了解和学习，同时也有助于促进技术交流和学科融合发展，促进我国脑科学发展同时不断交叉拓展，催生新兴学科和新兴技术的诞生与繁荣。

（杨鸿斌）

参考文献

Boyden E S, Zhang F, Bamberg E, et al, 2005. Millisecond-timescale, genetically targeted optical control of neural activity[J]. Nature Neuroscience, 8(9): 1263-1268.

Epp J R, Niibori Y, Liz Hsiang H L, et al, 2015. Optimization of CLARITY for clearing whole-brain and other intact organs[J]. ENEURO, 2(3): 1-15.

Gong H, Xu D L, Yuan J, et al, 2016. High-throughput dual-colour precision imaging for brain-wide connectome with cytoarchitectonic landmarks at the cellular level[J]. Nature Communications, 7: 12142.

Huang X W, Lin Z R, Wang K Y, et al, 2019. Transcranial low-intensity pulsed ultrasound modulates structural and functional synaptic plasticity in rat hippocampus[J]. IEEE Transactions on Ultrasonics, Ferroelectrics, and Frequency Control, 66(5): 930-938.

Lake E M R, Ge X X, Shen X L, et al, 2020. Simultaneous cortex-wide fluorescence Ca^{2+} imaging and whole-brain fMRI[J]. Nature Methods, 17(12): 1262-1271.

Streich L, Boffi J C, Wang L, et al, 2021. High-resolution structural and functional deep brain imaging using adaptive optics three-photon microscopy[J]. Nature Methods, 18(10): 1253-1258.

Xu X M, Holmes T C, Luo M H, et al, 2020. Viral vectors for neural circuit mapping and recent advances in trans-synaptic anterograde tracers[J]. Neuron, 107(6): 1029-1047.

Zhang Z K, Bai L, Cong L, et al, 2021. Imaging volumetric dynamics at high speed in mouse and zebrafish brain with confocal light field microscopy[J]. Nature Biotechnology, 39(1): 74-83.

Zhong Q Y, Li A N, Jin R, et al, 2021. High-definition imaging using line-illumination modulation microscopy[J]. Nature Methods, 18(3): 309-315.

Zong W J, Wu R L, Li M L, et al, 2017. Fast high-resolution miniature two-photon microscopy for brain imaging in freely behaving mice[J]. Nature Methods, 14(7): 713-719.

第二章　神经细胞和脑片培养技术

第一节　技术概述及相关科学问题

细胞是生命结构与功能的基本单位，也是研究生物神经（脑）活动的重要基础。人脑中的复杂活动依赖千百亿个神经元之间的相互协调整合；同时，一些神经性疾病的发病机制也是建立在细胞病变的基础上。离体细胞、组织培养技术则为研究这些神经性疾病提供了可靠的研究方法，并结合在体的动物实验研究，帮助研究者更好地研究神经系统的生理机制和神经疾病的内在机制。所谓体外培养（*in vitro* culture），简单地说，就是把活体结构成分或活的个体从体内或其寄生体内取出，置于类似体内状况的体外环境中进行培养。

体外工具和技术的发展使体外试验成为可能，在体外研究神经系统能够简化细胞环境、实验操作，并减少与其他生物系统的潜在相互作用。有些体外试验很难或者几乎不可能在完整的生物体中开展，例如，在数量一致的细胞中并行进行多次测定。此外，体外试验也往往比在体实验更高效，需要的实验动物更少，成本更低。

虽然离体培养有许多的优势，但就目前的技术而言，离体培养相较于在体实验，仍然会有些不足。比如，神经元离体培养后，往往会失去神经体液的调节和细胞间的相互作用，长久以往其分化能力或者存活能力会逐渐下降；或者会发生一些转化从而永生化。从某种意义上来说，离体培养的神经元只能被视作一种特殊的细胞群体，既保持着与体内细胞相同的一些基本结构、功能，也有一些不同于体内细胞的性状。因此，研究者们也在不断地改进离体培养技术，拓展和丰富离体培养的内容，尝试实现离体和在体实验取长补短的组合。

本节将对神经科学相关的离体实验进行分类和介绍，并对目前常用的细胞和脑片等离体培养技术进行详细介绍；同时也会在本章的最后一节介绍类器官技术，以拓宽研究方法和手段。离体培养技术正在日趋丰富、完善和全面，其最为理想的目标莫过于更好地模拟在体的生理或病理生理环境，提供更加经济、方便、快捷和直观的手段和研究方法帮助研究者在分子机制和药物开发等领域进行探索。

第二节　神经元培养

离体培养是指在精准控制的条件下进行离体细胞或组织的生长和维持过程。一般来说，操作者可以直接从活体动物中取出组织进行原代组织或切片培养，或通过酶解或者机械方法分离成单细胞后进行原代细胞培养，也可以采用已建立的细胞系或细胞株进行培养。离体培养技术是细胞生物学研究中重要且常用的一项技术，在细胞信号转导、细胞组织代谢、细胞生长增殖等研究领域有重要的应用价值。其中，原代培养主要分为三类：切片培养、组织培养以及细胞培养，本节着重介绍原代细胞的分离培养过程。

此处列举一些权威的细胞库供参考，如美国典型培养物保藏中心（American Type Culture Collection，ATCC）、欧洲认证细胞培养物收藏中心（European Collection of Authenticated Cell Cultures，ECACC）以及国家模式与特色实验细胞资源库（National Collection of Authenticated Cell Cultures，NCACC）。

一、原代细胞培养技术简介

原代细胞培养采用的是直接从活体动物中取出的细胞，而不是无限分裂的永生化细胞。以原代神经元培养为例，取出动物脑组织后，解剖特定脑区并分离出特定亚区的神经元（如新皮层神经元、海马神经元等），通过机械解离或酶解的手段将组织分解为单细胞悬浮液；再将单细胞悬浮液离心，重悬细胞沉淀，最后铺种到细胞可以附着和生长的基质上。

由于原代细胞通常是混合细胞培养物，要从中筛选、纯化得到特定细胞群显得尤为重要。目前应用较为广泛的方法有免疫筛选技术。其具体操作是在培养基中加入可以识别特定类型细胞表面标志物的抗体，通过目的细胞与抗体的结合来实现特异性细胞群的富集，同时也会除去未与抗体结合的细胞。该技术已被用于培养少突胶质细胞前体细胞、视网膜神经节细胞和皮质脊髓运动神经元等类型细胞。

原代细胞培养有诸多优势。通过该技术，研究者能够在严格控制的体外环境中直接研究感兴趣的特定细胞。从大脑的不同区域分离出的神经元保留着最原始的细胞特性，培养的细胞群形态、分子表达和生理特性与供体脑区的细胞群高度相似。适当补充生长因子并培养，可以使细胞逐渐成熟，长出特征性的轴突和树突，彼此之间形成突触连接，表达出特定的受体和离子通道以形成特定的细胞类型，并且可能会产生自发电活动，可以很好地模拟在体状态。因此，该技术被广泛应用于研究神经突的生长、突触形成和特定类型神经元的电生理特性等领域。

相比于永生化细胞系，原代细胞培养也有一些弊端（表 2-1）。探究单个神经元的功能是以忽视体内组织间的连接性为代价的，而这种连接性在生物体内有着至关重要的作用。离体细胞培养的另一个限制是其培养得到的细胞数量要少于永生化细胞系，因此要开展以大量细胞（如数百万个细胞）为实验对象的生化实验就显得举步维艰。不同于永生化细胞系，原代细胞的寿命有限；供体动物的年龄也会影响细胞培养的健康和稳定性，比如来自较年轻、胚胎或产后早期动物的细胞比来自年长动物的细胞存活得更好，而且往往更健康。此外，无论科学家在提取和纯化目的细胞时多么细致，原代细胞群总是比永生化细胞培养物更具有异质性。而且神经元培养通常是胶质细胞和神经元的混合物，它们会对不同的神经递质做出响应，若要从中识别、筛选出单个细胞群并不容易。为了减少异质性带来的干扰，研究人员通常试图尽可能精确地划分脑区，以最大限度地获得特定类型的细胞群。

表 2-1 永生化细胞系和原代细胞培养的优劣比较

	优势	劣势
永生化细胞系	1. 种类多、产量可观 2. 容易培养，易于开展实验（如转染） 3. 同质性 4. 能产生稳定细胞系以期表达特定基因 5. 价格相对低廉	1. 与体内组织细胞的生物特性相差甚远，许多生理和病理的过程难以重复 2. 多次传代可能会导致细胞系的基因型和表型都发生变化
原代细胞培养	其生物学特性仍保持原有的遗传特征，可更好地反映细胞在体内的生长状态，从而获得与体内生理功能更接近的数据	1. 原代细胞数量有限 2. 培养条件要求苛刻 3. 高度异质性 4. 成本更高

二、原代神经元培养

取出动物脑组织后，用振动切片机切成薄片进行组织培养。或者，取出特定脑区，再通过酶解消化为单细胞并进行细胞培养。

（一）材料和试剂

1. 玻片。

2. 多聚-*D*-赖氨酸（poly-*D*-lysine，PDL） 先取 10mL 100mmol/L 的四硼酸钠和 40mL ddH_2O 混匀，再加入 5mg PDL 充分溶解，4℃保存。

3. 汉克斯（Hanks）液 1× 向 500mL Hanks 液中加入 0.119g 4-羟乙基哌嗪乙磺酸（HEPES），得到 1mmol/L 终溶液，再将 pH 调为 7.4，在生物安全柜中过滤得到无菌的最终溶液。

4. 木瓜蛋白酶。

5. 脱氧核糖核酸酶Ⅰ（deoxyribonuclease Ⅰ，DNase Ⅰ） 将 375kU DNase Ⅰ溶于 5mL ddH_2O 中，用 0.2μm 的滤膜过滤，再分别吸取 80μL 到两个离心管中（一份用于木瓜蛋白酶消化，一份用于研磨）。

6. 最低必需培养基（MEM）、Hanks 平衡盐溶液。

7. 牛血清白蛋白（bovine serum albumin，BSA） 将 BSA 溶于磷酸盐缓冲液（PBS）得到 4% BSA 溶液，调节 pH 为 7.4，用 0.22μm 的过滤器进行过滤，冻存备用。

8. 热灭活胎牛血清（fetal calf serum，FCS）。

9. 种板培养基。

10. 对于海马细胞 配制含 10% FCS 的 NbActiv4。

11. 对于皮层细胞 配制含 10% FCS 的 MEM。

12. 40μm 细胞筛。

13. NbActiv4 将其分装到 50mL 离心管中，冷藏备用。

14. 阿糖胞苷（araC） 用 ddH_2O 配制 500μL 4mmol/L araC 储存液（即 1.12mg/mL），冻存备用。

（二）玻片的准备

由于需要使用浓酸清洗玻片，需要做好防护工作，穿戴实验服、手套和护目镜。浓酸清洗玻片这一步骤需要在通风橱中完成。当完成浓酸清洗后，可在实验台面上完成后续步骤。

1. 洗涤液配制 将浓 HNO_3 和浓 HCl 按 2∶1 的体积进行混合，混合物颜色从橙色变为红橙色，并产生气泡。

2. 清洗容器 将一定数量的玻片小心装入锥形瓶中，并使用烧杯倒扣盖住瓶口，以免洗涤液飞溅。每个容器加入 150mL 酸混合物。

3. 洗涤步骤

（1）将一定数量的玻片小心装入锥形瓶中，避免玻片破碎。

（2）向锥形瓶中小心倒入一定体积的洗涤液，并使用烧杯倒扣盖住瓶口，以免洗涤液飞溅。

（3）将含有洗涤液和玻片的锥形瓶放在水平摇床上匀速摇晃 2～4 小时。

（4）回收洗涤液（洗涤液颜色应该较之前澄清，可以重复使用，直到颜色透明），将锥形瓶中的玻片用 ddH_2O 洗涤 20～30 次，洗涤时需在水平摇床上摇动玻片以去除玻片之间的酸液。

（5）在锥形瓶中加入适量 ddH_2O，放在摇床上洗涤过夜。

（6）次日更换 ddH_2O，逐个取出玻片并放在滤纸上，在生物安全柜的紫外光下干燥。

（7）干燥后，收集玻片，用铝箔纸包裹后进行高压灭菌备用。

（三）多聚-*D*-赖氨酸包被

1. 将高压灭菌后的玻片置于 12 孔板或 24 孔板的孔中。

2. 向 24 孔板中加入 330μL PDL，或向 12 孔板中加入 660μL PDL。

3. 将孔板放在37℃的二氧化碳培养箱内过夜。
4. 次日去除PDL。
5. 用 ddH_2O 或PBS清洗玻片3次，在生物安全柜中干燥备用。

（四）培养步骤

1. 实验前准备，用75%乙醇清洁显微镜和解剖台，对解剖工具进行消毒。
2. 将木瓜蛋白酶重悬于5mL Hanks液中，在37℃环境中复温备用。
3. 取小号培养皿（直径为35mm）用于解剖，每个皿中加入3mL的Hanks+20①。
4. 取幼鼠脑组织，尽快剥出海马和/或皮层放入培养皿中。
5. 在培养皿中将脑组织切成小块，并转移到15mL离心管中。
6. 先用Hanks +20洗涤1次，再用Hanks液洗涤3次，然后吸去Hanks液。
7. 取80μL DNase Ⅰ加到木瓜蛋白酶中。
8. 用木瓜蛋白酶/DNase Ⅰ消化海马组织10min或消化皮层组织30min。
9. 加入Hanks+20中止消化，让组织沉降在管底（如果难以沉淀，表明DNase Ⅰ已失去活性，下次可以增加DNase Ⅰ的使用量，延长消化时间或在1000r/min、4℃下离心组织2min）。弃去上清。
10. 先用Hanks+20洗涤2次，每次5mL；再用Hanks液洗涤3次，每次5mL，除去多余的Hanks液。
11. 解离培养基的制备，将80μL DNase Ⅰ加入5mL Hanks液中。
12. 将解离培养基（1～2mL）加到组织中进行消化，用3种不同规格的枪头由大到小吹吸组织7～10次，避免产生气泡（气泡对神经元存活有害，消化时间不宜过长）。
13. 加入7mL Hanks+20。
14. 把消化后的组织液转移到15mL离心管中，吸取1mL 4% BSA到离心管底部。
15. 4℃下1000转/分离心10min。
16. 弃去上清液，吸取1mL解离培养基再次解离细胞沉淀。然后加入5mL Hanks+20。
17. 4℃下1000转/分离心10min。
18. 弃去上清液并将细胞沉淀重悬于1mL种板培养基中。
19. 用70μm细胞筛过滤细胞。
20. 进行细胞计数，并根据所需细胞密度种板：24孔板建议细胞数为 0.25×10^5/孔，12孔板为 1.0×10^5/孔。
21. 种板30～45min后将培养基更换为NbActiv4（24孔板需500μL/孔，12孔板需1mL/孔）。
22. 可选步骤（仅适用于海马神经元），在接种48小时后用0.25～0.5μm阿糖胞苷（araC）处理神经元。
23. 细胞培养，每3天进行半换液，即把一半旧培养基换成新的NbActiv4。

第三节 相关细胞系

自开创者哈里森（Harrison）成功在体外培养细胞，时光已飞逝一百余年。现今，细胞培养已成为基础生物学、药理学和临床医学不可或缺的研究工具。细胞系（cell line）是指原代培养物首次传代成功后可繁殖的细胞群体，能连续传代的细胞为连续细胞系，不能连续培养的为有限细胞系。由于神经元不可增殖和终末分化的特性，科研工作人员致力于建立永生的、可传代的表达特定神经标志物的细胞系（表2-2）。这些细胞系来源于自发或人工诱导形成的大脑肿瘤，神经元与肿瘤细

① Hanks+20是指Hanks缓冲液中加入20 mmol/L的HEPES缓冲液。

胞融合的杂交瘤，逆转录病毒感染的神经前体细胞，以及过表达癌基因从而获得增殖能力的神经细胞等。经过改造与净化，这些细胞培养系统广泛应用于神经生长、分化、突触发生、特异基因表达、神经可塑性、神经递质释放调控、信号转导、神经药理研发和神经毒理学等研究中。

表 2-2　本节所介绍的相关细胞系

来源	物种	细胞系名称
神经母细胞瘤	人	SH-SY5Y
	小鼠	Neuro-2A
嗜铬细胞瘤	大鼠	PC12
杂交瘤细胞系	小鼠	NSC-34
	小鼠杂大鼠	ND7/23
转化细胞系	小鼠	NE-4C
	人	ReNcell CX/VM
	小鼠	HT22
	大鼠	H19-7/IGF-IR
	大鼠	N27-A
	小鼠	GT1-7

一、神经母细胞瘤细胞系 SH-SY5Y

SH-SY5Y（RRID：CVCL_0019）细胞系（表 2-3）是神经母细胞瘤细胞 SK-N-SH 的三次克隆亚系（SK-N-SH→SH-SY→SH-SY5Y）。1970 年，SK-N-SH 细胞取自一名 4 岁转移性骨肿瘤患者，后来广泛应用于神经科学、免疫学、毒理学、药理学等研究。SH-SY5Y 细胞易受电刺激激活，并拥有众多电压与配体门控离子通道，例如，河鲀毒素（TTX）敏感的钠离子通道、电压敏感的钾离子通道、L 型与 N 型电压敏感的钙离子通道。SH-SY5Y 同时表达多种类型的神经递质受体，比如蕈毒碱乙酰胆碱受体、烟碱乙酰胆碱受体、阿片受体、多巴胺受体，以及神经肽 Y 受体等。故而 SH-SY5Y 成为研究神经功能、神经分化、神经递质调控、神经退行性疾病、神经毒理和抗肿瘤药物研发的重要细胞模型之一。

表 2-3　细胞系 SH-SY5Y 的基本特征

来源	4 岁女性转移性骨髓瘤患者
组织	骨；骨髓
形态	成纤维细胞状
生长特性	混合：贴壁和悬浮
疾病	神经母细胞瘤
生长环境	95%空气，5% CO_2，37℃
培养基	DMEM①/F12 培养基，10% FCS
注释	SH-SY5Y 细胞密度大于 1×10^6 个细胞/cm^2 时会表现出中等水平的多巴胺 β-羟化酶活性

①DMEM：Dulbecco modified Eagle medium

二、神经母细胞瘤细胞系 Neuro-2A

Neuro-2A 细胞（RRID：CVCL_0470）是从患神经母细胞瘤小鼠的脑组织中分离出来的细胞系（表 2-4），由于其表达大量神经相关的微管蛋白，比如微管蛋白（tubulin），肌动蛋白（actin）和微管相关蛋白 2（MAP-2）等，故而用于研究神经微丝蛋白的合成、组装、更新等领域。Neuro-2A 细胞是研究神经突起生长，神经分化，神经毒性以及神经退行性疾病的常见细胞系。

表 2-4　细胞系 Neuro-2A 的基本特征

来源	患自发神经母细胞瘤的 Strain A 白化小鼠
组织	大脑
形态	神经元和阿米巴状干细胞
生长特性	贴壁
疾病	神经母细胞瘤
生长环境	95%空气，5% CO_2，37℃
培养基	DMEM 培养基，10% FCS
注释	Neuro-2A 中的微管蛋白被认为在神经细胞中轴质流动的收缩系统中发挥作用

三、嗜铬细胞瘤细胞系 PC12

PC12 细胞（RRID：CVCL_0481）是神经科学领域应用最早也是应用最广泛的细胞系（表 2-5）。PC12 细胞来源于大鼠肾上腺嗜铬细胞瘤，可合成多种神经递质，如多巴胺、去甲肾上腺素、乙酰胆碱等。PC12 细胞表达蕈毒碱/烟碱乙酰胆碱受体，以及一些电压依赖的钠离子、钙离子、钾离子通道。经神经生长因子（NGF）诱导后，PC12 细胞可分化成具有神经元表型的细胞，其生理特性为容易被电激活，钠离子通道与乙酰胆碱受体表达量增加，以及形成长突起等。PC12 细胞被广泛应用于神经细胞信号转导、细胞骨架蛋白合成、突起生长、神经细胞分化等研究。

表 2-5　细胞系 PC12 的基本特征

来源	雄性大鼠肾上腺嗜铬细胞瘤
形态	不规则
组织	肾上腺
生长特性	贴壁较松，容易成团
疾病	嗜铬细胞瘤
生长环境	95% 空气，5% CO_2，37℃
生长培养基	RPMI[①]-1640 培养基，5% FCS，10%马血清
分化培养基	DMEM 培养基，1% 马血清，100ng/mL NGF
注释	PC12（未分化）细胞无法合成肾上腺素

①RPMI：Roswell Park Memorial Institute

四、运动神经细胞系 NSC-34

NSC-34 细胞（RRID：CVCL_D356）由富含运动神经元的 E12-14 小鼠脊髓细胞与小鼠神经母细胞瘤 N18TG2 融合产生（表 2-6）。此细胞系包含两个亚细胞群：具有细胞分裂能力的未分化的小细胞和体积较大的已分化的多核细胞。已分化细胞具备运动神经元的许多特性，包括胆碱乙酰转移酶的表达，乙酰胆碱合成、储存和释放以及神经丝三联体蛋白的表达等。NSC-34 细胞可对影响电压门控离子通道，细胞骨架组织和轴突运输的药物给予反应。NSC-34 细胞动作电位产生方式，以及该细胞对各种离子通道阻滞剂的敏感性均与原代运动神经元相似。

表 2-6　细胞系 NSC-34 的基本特征

来源	E12-14 小鼠运动神经元杂小鼠神经瘤母细胞
形态	已分化：具有神经突起
生长特性	贴壁
生长环境	95%空气，5% CO_2，37℃
生长培养基	DMEM 培养基，10% FCS
分化培养基	DMEM/F12 培养基，1% FCS，1% MEM-NEAA①，1μmol/L 视黄酸（RA）

①MEM-NEAA 为最低必需培养基-非必需氨基酸溶液

五、多巴胺神经细胞系 ND7/23

ND7/23 细胞（RRID：CVCL_4259）是将初生大鼠的脊髓背根神经节细胞与小鼠神经母细胞瘤细胞 N18TG2 融合产生的（表 2-7）。ND7/23 细胞表达一系列 TTX 敏感的钠离子通道，并且展现出与感觉神经元类似的生理特性，包括：①响应于血管舒缓激肽受体的激活且具有增强电导率的去极化电流；②响应于感觉兴奋毒素辣椒素且具有增强电导率的去极化电流；③表达感觉神经肽如神经肽 P，降钙素基因相关肽（CGRP）以及生长抑素；④表达磷脂酰肌醇锚定分子，包括免疫球蛋白超家族的黏附分子，这类分子的表达可在无血清培养基中被神经生长因子（N-CAM，F-3 和 Thy-1）调节；⑤对单纯的疱疹病毒感染的低包容性。因此，ND7/23 细胞系能为伤害性感受器激活的机制和调节感觉神经元特异性标志物表达的调节提供合适的研究模型。

表 2-7　细胞系 ND7/23 的基本特征

来源	P0 大鼠 DRG 神经元杂小鼠神经瘤母细胞
形态	已分化：神经元样形态
生长特性	贴壁
生长环境	95%空气，5% CO_2，37℃
生长培养基	DMEM/F12 培养基，10% FCS，1% NEAA
分化培养基	DMEM/F12 培养基，0.5% FCS，1mmol/L 二丁酰环腺苷酸（dbcAMP），50ng/mL NGF，20mmol/L 尿苷（uridine），20mmol/L 脱氧氟尿苷

六、神经干细胞系 NE-4C

NE-4C 细胞（RRID：CVCL_B063）来源于 E9 的 *p53* 基因敲除小鼠胚胎的外胚层（表 2-8）。经过 1μmol/L 反式视黄酸（trans-retinoic acid）诱导，NE-4C 细胞系可分化为神经元和星形胶质细胞。将表达 GFP 的 NE-GFP-4C 移植到成年鼠、新生鼠和胎鼠的前脑或早期鸡胚的中前脑囊泡中均能发育出形态各异的神经元。

表 2-8　细胞系 NE-4C 的基本特征

来源	*p53* 基因敲除 E9 小鼠胚胎的脑泡
形态	已分化：神经元样形态
生长特性	贴壁
生长环境	95%空气，5% CO_2，37℃
生长培养基	MEM 培养基，5% FCS，2mmol/L *L*-谷氨酰胺（*L*-glutamine），40μg/mL 庆大霉素
分化培养基	DMEM/F12 培养基，2mmol/L *L*-glutamine，1% B27，1%胰岛素-转铁蛋白-硒（insulin-transferrin-selenium），40μg/mL 庆大霉素

七、神经干细胞系 ReNcell CX/VM

ReNcell CX 细胞（RRID：CVCL_E922）和 ReNcell VM 细胞（RRID：CVCL_E921）是两种人类神经祖细胞系，CX 细胞系来源于人类胎儿大脑的皮质区域，VM 细胞系来自于腹侧中脑区域（表 2-9）。两种细胞过表达癌基因的逆转录病毒转导，因而永生。经诱导后，ReNcell CX 与 VM 细胞均可分化为神经元、星形胶质细胞与少突胶质细胞。ReNcell CX 与 VM 细胞广泛应用于神经毒理学、神经发生、电生理、神经递质与受体功能等方向的研究。其中，ReNcell VM 细胞显现出类多巴胺能神经元特性。

表 2-9 细胞系 ReNcell CX/VM 的基本特征

组织	人类男性胚胎大脑皮质（CX）和腹侧中脑（VM）
形态	已分化：神经元样形态
生长特性	贴壁
生长环境	95%空气，5% CO_2，37℃
生长培养基	ReNcell NSC 护理培养基，20ng/mL 碱性成纤维生长因子（bFGF），20ng/mL 表皮生长因子（EGF）
分化培养基	ReNcell NSC 护理培养基

八、海马神经元细胞系 HT22

HT22 细胞（RRID：CVCL_0321）是一类小鼠海马细胞系，是 HT-4 细胞系（RRID：CVCL_U378）的子代克隆，来自于逆转录病毒转导过表达的温度敏感 SV40 T-antigen 从而永生化的海马原代神经元（表 2-10）。经分化的 HT22 细胞会生长出长突触，具有可诱导产生长时程增强（LTP）的电生理特性，并增加 *N*-甲基-*D*-天冬氨酸（NMDA）受体的表达量，因此对谷氨酸诱导的神经毒性十分敏感。同时 HT22 可表达胆碱能神经元的分子标志物，如 HACT，ChAT，VAChT 及 M2/M4 mAChR。这些特性使 HT22 细胞成为研究兴奋性神经毒性，海马神经可塑性以及神经退行性疾病的重要细胞模型之一。

表 2-10 细胞系 HT22 的基本特征

来源	小鼠大脑海马
形态	已分化：神经元样形态
生长特性	贴壁
生长环境	95%空气，5% CO_2，37℃
生长培养基	DMEM 培养基，10% FCS
分化培养基	Neurobasal 培养基，1×N_2 添加剂，2mmol/L *L*-glutamine

九、海马神经元细胞系 H19-7/IGF-IR

H19-7 细胞（RRID：CVCL_U378）来源于 E17 Holtzman 大鼠胚胎大脑的海马体，通过逆转录病毒转导的过表达温度敏感 tsA58 SV40 large T 抗原而永生（表 2-11）。H19-7/IGF-IR 细胞（RRID：CVCL_6493）为通过嘌呤霉素筛选的过表达人Ⅰ型胰岛素样生长因子受体（IGF-IR）的二代克隆细胞株。H19-7/IGF-IR 细胞 34℃保持有丝分裂生长。在 N2 培养基或碱性成纤维细胞生长因子 bFGF 诱导时，H19-7/IGF-IR 细胞在 39℃下展现神经元样形态，细胞延伸出神经纤维，神经纤维蛋白 NF68 表达量增加。H19-7/IGF-IR 细胞常用于神经退行性疾病的药物筛选的细胞模型。

表 2-11　细胞系 H19-7/IGF-IR 的基本特征

来源	大鼠大脑海马体
形态	已分化：神经元样形态
生长特性	贴壁生长
生长环境	95%空气，5% CO_2，37℃
生长培养基	DMEM 培养基，10% FCS，0.2mg/mL G418，1μg/mL 嘌呤霉素
分化培养基	DMEM 高糖培养基，0.11mg/mL 丙酮酸钠，2mmol/L *L*-glutamine，0.1mg/mL 转铁蛋白，20nmol/L 黄体酮，0.1mmol/L 盐酸丁二胺，30nmol/L 亚硒酸钠，0.2mg/mL G418，0.001mg/mL 嘌呤霉素，50ng/mL IGF-I

十、多巴胺能神经元细胞系 N27-A

N27 细胞（RRID：CVCL_D584）来源于 E12 大鼠中脑组织，并通过病毒转染 SV40 使其永生（表 2-12）。N27-A 细胞（RRID：CVCL_ZJ56）为 N27 细胞的二次克隆细胞系，具有类多巴胺能神经元特性，高表达 TH 与 DAT，并且表达 VMAT2、多巴胺转录因子以及多巴胺储存蛋白。N27-A 细胞对于 MPP+和 6-OHDA 诱导的神经毒性更加敏感。将 N27 细胞注射入 6-OHDA 损伤的 PD 大鼠模型的纹状体区域可改善神经退行性表型，在研究帕金森病的多巴胺生物合成及神经毒理学研究中起到重要作用。

表 2-12　细胞系 N27-A 的基本特征

来源	大鼠中脑组织
形态	已分化：神经元样形态
生长特性	贴壁生长
生长环境	95%空气，5% CO_2，37℃
生长培养基	RPMI-1640 培养基，10% FCS，2mmol/L *L*-glutamine
分化培养基	RPMI-1640 培养基，2mmol/L *L*-glutamine，2mmol/L dbcAMP，60μg/mL 脱氢表雄酮（DHEA）

十一、下丘脑 GnRH 神经元细胞系 GT1-7

GT1-7 细胞（RRID：CVCL_0281）是一种来源于转基因小鼠下丘脑促性腺激素释放激素 GnRH 神经元的永生化的细胞系，通过将 GnRH 基因启动子表达 SV40 T 抗原的致癌基因编码区片段引入转基因小鼠获得（表 2-13）。GT1-7 是成熟分化的 GnRH 神经元的克隆系，在去极化的条件下出现 GnRH1 mRNA 的高表达以及 GnRH 的分泌。GnRH 由下丘脑内的 GnRH 神经元合成并释放，是生殖发育和生殖功能所必需。GT1-7 细胞打破了吻侧下丘脑中 GnRH 神经元的数量稀缺和分散性分布的障碍，是神经内分泌方向研究常见的细胞模型之一。

表 2-13　细胞系 GT1-7 的基本特征

来源	小鼠下丘脑
形态	神经元样形态
生长特性	贴壁生长
生长环境	95%空气，5% CO_2，37℃
培养基	DMEM 培养基，10% FCS

第四节 急性脑片分离技术

急性脑片分离是利用脑组织分离出几十至几百微米厚度的脑片，并在十几小时（一般 6～12 小时）内维持细胞活性、保持生理状态的技术。脑片分离过程要尽可能减少物理和化学损伤导致的细胞死亡或活性改变。分离出的脑片被广泛应用于神经生物学、药理学、生理病理学等领域的研究。

一、溶液制备

溶液制备分为切片时的高糖脑脊液（表 2-14）和孵育时的人工脑脊液（artificial cerebrospinal fluid，ACSF）（表 2-15）。溶液可提前配制为 10×母液，置于 4℃保存，在实验当天稀释为工作液。为维持脑片的健康状态，需尽量避免溶液遭受细菌污染，因此溶液中的蔗糖、葡萄糖最好不包括在母液中，而是在实验当天加入工作液中。对于较年轻小鼠（4～8 周）的脑片，可使用表 2-14 和表 2-15 溶液配方。

表 2-14 高糖脑脊液配方

试剂	*n*（mmol/L）	MW（g/mol）	（1×）*m*（g）	（10×）*m*（g）
KCl	2.5	74.55	0.1864	1.86375
$MgCl_2 \cdot 6H_2O$	10	203.30	2.0330	20.33
$CaCl_2 \cdot 2H_2O$	0.5	147.02	0.0735	0.7351
$NaH_2PO_4 \cdot H_2O$	1.25	137.99	0.1725	1.724875
$NaHCO_3$	26	84.01	2.1843	21.8426
葡萄糖	10	180.16	1.8016	18.016
蔗糖	206	342.30	70.5138	705.138

表 2-15 人工脑脊液配方

试剂	*n*（mmol/L）	MW（g/mol）	（1×）*m*（g）	（10×）*m*（g）
NaCl	122	58.44	7.1297	71.2968
KCl	3	74.55	0.2237	2.2365
$MgCl_2 \cdot 6H_2O$	1.3	203.3	0.2643	2.6429
$CaCl_2 \cdot 2H_2O$	2	147.02	0.2940	2.9404
$NaH_2PO_4 \cdot H_2O$	1.25	137.99	0.1725	1.7249
$NaHCO_3$	26	84.01	2.1843	21.8426
葡萄糖	10	180.16	1.8016	18.0160

一般来说，在一次小鼠脑片的急性分离实验中，需要 200mL 高糖脑脊液和 300mL ACSF，可分别用 250mL 和 500mL 的烧杯配制。溶液配制完成后，在 95% O_2/5% CO_2 的混合气中通气至少半小时，调节 pH 至 7.2～7.4，渗透压至 300～310mOsm/L。高糖脑脊液置于–80℃冰箱 30～40min，使溶液部分冻结成为冰水混合物。ASCF 置于 33℃水浴锅中持续通入 95% O_2/5% CO_2 的混合气，用于脑片分离后的孵育。溶液全程需用保鲜膜封口，以减少细菌的污染。

二、脑片分离

（1）使用乙醚或异氟烷麻醉小鼠，通过心脏灌流预冷的高糖脑脊液或 ACSF，使得脑组织迅速降温。然后迅速地将脑组织取出，置于高糖脑脊液的冰水混合物中冷却 1min。

（2）修剪脑组织，保留目标脑区。以常见的 Leica VT1200s 振动切片机为例，用速干胶将脑组织粘在振动切片机的样品盘上。沿样品盘边缘倒入高糖脑脊液的冰水混合物，须避免液体直接冲击脑组织而破坏脑组织的固定。设置切片机的限位止动位置，以限定切片开始和停止的位置。

（3）在非目标脑区，设置切片机刀片前进速度为 0.12～0.16mm/s 以减少切片时长，当到达目标脑区时，设置切片机刀片前进速度为 0.05～0.1mm/s 以减小对脑片的机械损伤。

（4）脑片被刀片切下后，立刻转移至 33℃的 ACSF 中。此后脑片在孵育槽中须避免翻滚。在 33℃孵育半小时后，转移至室温继续孵育 1 小时，然后用于后续实验。

三、注 意 事 项

（1）溶液的 pH 和渗透压是保证实验成功的关键。溶液中的 $NaHCO_3$ 和 NaH_2PO_4 可以起到 pH 缓冲的作用，由于混合气中包含 5% CO_2，对溶液的 pH 的测量需在混合气通入半小时后再进行。渗透压的调节可以通过增加或减少蔗糖的含量来实现，从而避免其他离子浓度的改变。溶液温度和离子浓度都会影响溶液的 pH，因此在整个实验过程中，应用保鲜膜封住盛放溶液的烧杯，避免水分的挥发。实验环境的温度也需保持恒温。混合气中 O_2 和 CO_2 的比例也会影响溶液 pH，因此需购买比例稳定、正规厂家的混合气进行实验。

（2）维持溶液氧气的饱和是实验成功的另一关键因素。因此任何溶液在使用前都要通入混合气至少半小时。为保证气泡石的清洁，每次实验完成后需及时清洗，使得滤出的气泡细小密集，易于在水中溶解。

（3）在切片过程中，脑组织应尽可能置于低温、氧饱和的高糖脑脊液中，以降低细胞的代谢活动并避免缺氧死亡。因此，暴露于空气中的操作时间要尽可能地短，需控制在 1min 以内。尽管本实验有着较高的速度要求，但同时也需要避免操作过程中对脑组织的挤压和对目标脑区的机械损伤。

（4）整个实验过程要避免 PFA 的污染。如果条件允许，应划分出独立的区域，并配备一套独立的玻璃器皿、试剂专门用于急性脑片分离实验。

（5）溶液配方的选取需根据实验目的进行调整。当使用老年小鼠进行实验时，使用 NMDG-Cl 溶液可取得更好的效果。

第五节　脑片培养

一、脑片培养技术简介

脑片培养可以分为两种方式：急性脑片培养和长期脑片培养。前者是指将脑片直接在 ACSF 中培养，并为其提供类似于体内的生长环境以帮助脑片中的神经元保持短期的活性；后者又被称为“器官型”脑片培养，它能够维持大脑原有区域的细胞结构（李伟瀚等，2020）。需要注意的是，不同的实验设计需要选取不同的脑片培养方式。急性脑片培养的优势在于其可以用于快速处死动物的后脑内神经细胞状态的研究，能够展示接近体内环境的细胞状态，无须对脑片长时间培养。而器官型脑片培养是对发育中脑组织进行长期培养，因为发育的脑片需要时间成熟，且只有达到静息状态的脑片才能用来做进一步的实验研究。脑片的体外长期培养为研究药物和毒物对中枢神经的慢性作用、神经损伤与修复、神经发育等提供了理想的条件。

脑片培养是一种离体研究脑内细胞分子机制与电生理活动的重要实验方法。与原代神经细胞培养相比，脑片培养表现出一定的优势。脑片培养能够同时培养来自两种或两种以上功能相关的脑区细胞，如神经元、星形胶质细胞及小胶质细胞等，而且脑片培养可以维持区域间的神经连接、多种神经递质活性和神经可塑性（Doussau et al.，2017）。此外，脑片培养有着能够保存脑组织细胞的完整功能和血管网络结构等优势。与体内动物实验比较，脑片培养操作更方便、成本降低，而且可以消除实验动物的心跳、呼吸、麻醉对细胞生理功能的影响，电生理记录具有更高的稳定性。此外，脑片的可视性有许多优势：研究者更容易识别获取细胞，同时能避免血脑屏障的影响，对神经组织给药也更方便，能够测试某些不易透过血脑屏障的大分子药物作用。

当然，脑片培养技术仍然存在许多未知或者不足的地方。例如，大多数研究者希望研究疾病模型的长期变化情况，并试图发现前后的关联；但出生后的切片是否只是代表一个发育的模型，仍需要进一步讨论。因此，对于这种动态长期的观察和比较，要维持几个月的培养并处于无菌环境，这样的培养条件并不是一件容易的事情。

在本节中主要介绍器官型脑片培养的技术方法。现在以博代亚（Bodea）和布莱斯（Blaess）等人建立的利用小鼠胚胎腹侧中脑的器官型切片培养物来研究体外多巴胺能神经元发育的系统的方法展开简单介绍（Bodea et al.，2012）。

二、器官型脑片培养方法

（一）准备工作

1. 准备所需液体

（1）配制 1×克雷布斯（Krebs）缓冲液（1.5L）：126mmol/L 氯化钠，2.5mmol/L 氯化钾，1.2mmol/L 磷酸二氢钠，1.2mmol/L 氯化镁，2.5mmol/L 氯化钾，11mmol/L 葡萄糖，25mmol/L 碳酸氢钠；调节 pH 至 7.4 后，使用 0.22μm 孔径的过滤器进行过滤除菌，置于 4℃保存。

（2）配制培养基（20mL）：5mL 汉克斯平衡盐溶液（HBSS），9mL DMEM 高糖培养基，850μL 的 30%葡萄糖，5mL 马血清（25%）。添加 200μL 100×青霉素或者链霉素，并储存在 4℃冰箱。

2. 解剖前的准备工作

（1）用 1×Krebs 缓冲液配制 100mL 的 4%低熔点琼脂糖（LMP 琼脂糖）：微波加热溶液直到琼脂糖完全溶解，然后将其置于 45℃水浴中。

（2）用提前预冷的 1×Krebs 缓冲液填充振动缓冲液托盘，同时启动冷却元件（保持在 4℃）。将剃刀固定在刀片托架上，并用手术刀、细画笔和微型滤勺设置振动切片区域以拾取切片。准备无菌培养皿（35mm×10mm）和 1×Krebs 缓冲液以收集切片。

（3）将用于解剖的无菌彼得里（Petri）培养皿（100mm×15mm）和用于嵌入的较小的无菌 Petri 培养皿（35mm×10mm）设置解剖区域，将解剖剪，眼科剪，两个尖头镊，一个微型滤勺，一个玻璃巴斯德移液管（带有圆形闭合尖端）和 1L 的 1×Krebs 缓冲液放在冰上。实验开始前，用 70%乙醇擦拭所有解剖工具以消毒。

（4）将培养基加入 6 孔板（1.5mL/孔）的孔中，并将其置于 37℃培养箱中。

（5）准备一个 6 孔板，每孔加入 1.5mL 无菌的 1×Krebs 缓冲液和 15μL 青霉素/链霉素（100×）。在无菌条件下，将插入式滤膜放入 6 孔板中。将 6 孔板放在振动切片机旁，以便在切片后立即将脑切片转移到过滤膜上。

（二）胚胎大脑的解剖和包埋

1. 使用异氟醚麻醉雌性孕小鼠（胚胎应处于 E12.5 阶段），并通过颈椎脱位处死小鼠。首先，打开小鼠的腹腔，用镊子拉起子宫将中膜与子宫分开。将子宫放入冰冷的 1×Krebs 缓冲液中。使用细镊子将子宫的肌肉壁、赖歇特（Reichert）膜、内脏卵黄囊与胚胎分开并将胚胎从子宫中取出。将解剖的胚胎放入具有无菌 1×Krebs 缓冲液的培养皿中。

2. 剪断胚胎的头部，将其放于立体显微镜下解剖，首先通过刺穿头部的尖头镊（视线水平）

来固定头部，使用另一对镊子小心地去除皮肤和头骨，然后使用镊子小心地将大脑抬起，并将其转移到带有无菌 1×Krebs 缓冲液的培养皿中。需要注意的是，在解剖过程中保持大脑的完整性非常重要，否则振动切片机会损伤脑组织（如组织切碎）而影响后续实验。

3. 在 4% LMP 琼脂糖中清洗一次大脑。一次将 2～3 个大脑嵌入新鲜的 4% LMP 琼脂糖中。将皿尽可能均匀地放在冰上。使用玻璃巴斯德移液管来抬起大脑，直到琼脂糖的底部凝固。大脑应以水平至琼脂糖块底部的平坦位置处安放。

4. 琼脂糖完全凝固后（约 3min 后），修剪大脑周围的琼脂糖，并将琼脂糖块黏附到振动切片机的标本阶段。在黏合块时，请确保大脑的腹侧与平台平行，保证随后在水平截面上切割脑组织。

（三）振动切片

1. 使用振动切片机进行切片。为了获得完整的切片，在切片过程中将温度保持在 4℃非常重要。

2. 获得 300μm 厚的水平切片，切片频率为 50 Hz，刀片振幅为 1.1mm，速度为 25mm/s。

3. 使用毛笔将切片推入微型滤勺中以收集大脑切片，并将其转移到带有预冷的 1×Krebs 缓冲液的皿中。选择含有腹侧中脑组织的切片。

（四）脑片培养

以下步骤应该在无菌条件下进行：

1. 将脑切片转移到盛有 6 孔板中的无菌插入式微孔滤膜上，孔板中盛有 1×Krebs 缓冲液。一个膜上最多可以放置 3 个脑片。

2. 将带有切片的膜转移到带有培养基的 6 孔板上。膜的顶部不应被介质覆盖。大脑切片的下方接触介质，上方接触空气。

3. 将 6 孔板置于 37℃、含 5% CO_2 的培养箱中。在解剖的初始步骤后 2 小时内将切片放入培养箱中非常重要。过长的制备时间可能导致切片的存活率低下。

4. 切片可以在体外保持长达 3 天活性。在第 2 天更换 50%的培养基。

三、应　　用

脑片培养已被广泛用于神经生理学以及体外神经疾病模型的研究，它同时也为药理学、毒理学以及药物的发现提供了新的研究渠道和工具。

（一）脑片培养技术在癫痫性疾病以及药物研发中的作用

癫痫，是由多种病因引起、以脑神经元过度放电导致突然性的、反复和短暂的中枢神经系统功能失常为主要特征的慢性脑部疾病，这类功能异常主要表现为一些发作性运动、感觉、意识、精神的错乱。其中，癫痫持续状态是癫痫的急危重症。因此，解开癫痫性疾病的机制并试图寻找可靠的药物靶点、开发药物则显得尤为重要。马加良斯（Magalhães）等人于 2018 年利用了脑片培养技术（器官型脑片）成功建立了癫痫模型，通过电生理记录来评估脑组织切片的自发活动，利用生物标志物来评估神经发生、神经元死亡、神经胶质增生、促炎因子的表达以及 NLRP3 炎症小体的激活等生物特征（Magalhães et al.，2018）。脑片培养技术也可应用于抗癫痫药物的药效评价，德里翁（Drion）等人取出生 6 天的大鼠的海马和内嗅皮质进行切片培养，从第 2 天开始将姜黄素添加到培养基中，连续培养 3 周，应用电生理记录检测癫痫样活动，评价姜黄素的抗癫痫作用（Drion et al.，2019）。此外，越来越多神经生物学家开始把目光投向人体组织，希望应用脑片培养技术，有效利用从神经外科手术中获得的活体组织进行体外电生理研究，借此探索癫痫患者大脑中病理性电活动的产生和动态过程（Jones et al.，2016）。

（二）脑片培养技术在神经退行性疾病中的应用

帕金森病（Parkinson disease，PD）是当今全球较为普遍的神经退行性疾病，其主要的病理标志就是多巴胺神经元的过度丢失。有研究通过脑片的电生理实验，发现PD小鼠多巴胺神经元培养中表现出细胞电容降低和输出电阻增加，而且随着年龄的增长此现象逐渐加重，这些发现对于研究PD早期治疗靶点具有重大意义。有研究利用三维小鼠大脑切片培养技术，开发出一种模拟阿尔茨海默病（AD）和 PD 中神经纤维缠结和路易体形成的研究模型，有助于通过单独或联合分析神经元、小胶质细胞、星形胶质细胞和少突胶质细胞中转导和转基因表达情况，探索与脑功能（功能障碍）相关的生理（病理）机制，可被用于筛选抗神经退行性疾病的小分子化合物（Croft et al.，2019）。

（三）脑片培养技术展望

脑片培养作为一种离体培养方法，可以保持脑组织的原有结构，实现多种脑细胞共培养。随着生物技术的不断进步，脑片培养逐渐成为研究神经疾病与相关药物发现的一类重要、有效的工具，但是仍存在一些问题亟待解决。

首先，如何维持脑片在体外长期生长？经过多年研究，目前已有多种新技术用来延长脑片的生存时间。例如，通过灌注以取代定期更换培养液的方法来改善脑片的营养状况，延长了脑片存活时间，然而对于脑片长期培养、观察与记录仍需进一步研究。

其次，如何培养成年动物脑片？目前的脑片培养主要应用未成年鼠或胚胎鼠，进行成年鼠脑片培养还存在一定的挑战，但成年鼠脑片培养对于研究 PD、AD 等神经退行性疾病相比于来自幼年鼠的脑片更有意义，因此在将来需要进一步探索和提高成年鼠脑片的培养条件与技术（Bodea et al.，2012）。

动物模型的体内研究和细胞系/原代细胞培养的体外研究为研究神经系统疾病提供了有用的工具，但从动物/细胞研究到人类/临床研究的成功转化仍存在一些有待解决的问题。因此，应用手术切除的脑组织进行脑片培养具有重要意义，可为评价神经系统疾病及治疗药物提供更有临床意义的平台。当然，离体条件下的实验结果不能完全反映在体情况，它仍需要结合体内试验共同验证。

第六节　神经干细胞技术

一、神经干细胞概述

神经干细胞（neural stem cell，NSC）指存在于神经系统中，一类具有自我更新能力，并有分化为神经元、星形胶质细胞和少突胶质细胞的潜能，从而能够产生大量脑细胞组织的细胞群。1992年，Reynolds 等从成年小鼠脑中分离出能在体外不断分裂增殖，且具有多种分化潜能的细胞群，并正式提出了神经干细胞的概念，从而打破了神经细胞不能再生的传统理论，揭开了神经干细胞研究的序幕。

目前，神经干细胞研究已成为国内外神经科学领域的热点之一。2017 年《自然》杂志报道了下丘脑神经干细胞通过释放外泌体分泌微 RNA（microRNA）调节周围细胞蛋白质生物合成，抑制炎症或应激反应，影响衰老进程的研究成果（Zhang et al.，2017）。针对神经退行性疾病和中枢神经系统损伤，手术和药物治疗已无法达到良好的治愈效果，神经干细胞移植通过将神经干细胞移植到宿主体内，使神经干细胞向神经系统病变部位趋行、聚集，并存活、增殖、分化为神经元和/或胶质细胞，从而促进宿主缺失功能的恢复，可有效弥补手术和药物治疗的不足。相比于手术和药物治疗，神经干细胞移植具有显著优势：①神经干细胞在脑中能根据周围细胞的诱导而分化成相应的细胞类型，其形态功能与附近原有细胞非常类似；②免疫原性弱，免疫反应小；③低毒性、致瘤性弱。2018 年 *Cell Stem Cell* 报道人脊髓源性神经干细胞移植治疗慢性脊髓损伤的可行性和安全性（Curtis et al.，2018）。在这项临床试验中，所有受试者都完成了神经干细胞移植手术，并且移植后 18～27 个月未表现出严重的不良事件。其中一半的受试者，表现出显著的神经系统功能改善。该研究支持神经干细胞来源及移植治疗神经系统疾病的临床试验，并为进一步的量效关系研究提供数据支持，具有广阔的临床应用前景。

神经干细胞移植的一个重要步骤是对神经干细胞进行体外培养，神经干细胞培养是一种离体原代培养，必须在含有表皮生长因子（epidermal growth factor，EGF）、碱性成纤维细胞生长因子（basic fibroblast growth factor，bFGF）及特殊配方的培养基中培养，以保持其多能性和自我更新能力。本小节将重点介绍神经干细胞的体外培养技术。

二、神经干细胞培养

神经干细胞主要有以下几种来源：①神经组织，目前已从哺乳动物胚胎的大部分脑区、成年期动物海马齿状回的颗粒下层（subgranular zone，SGZ），以及侧脑室的脑室下区（subventricular zone，SVZ）分离出神经干细胞；②永生化细胞系，比如 NT2 细胞系、MHP36 细胞系等；③胚胎，一些胚胎干细胞、胚胎生殖细胞等定向诱导分化可以得到神经干细胞。此外，也可以尝试从血液系统（如骨髓间质干细胞、脐血细胞）或者体细胞核转移技术来获得神经干细胞。

神经干细胞的体外培养主要采用神经组织，通过神经球法和贴壁培养法等实现。①神经球法，属于悬浮培养，方法简单、易重复，是分离、扩增和研究胚胎和成体神经干细胞最常用的方法。然而，神经球在形成过程中除了发生细胞增殖外，还存在融合现象，导致神经球形成异质性结构，不利于进行细胞形态学观察。②贴壁培养法，通过使用贴壁剂使神经干细胞贴壁生长，有利于进行细胞形态的观察，并获得大量同质化的细胞，但不利于扩大培养和细胞生长的有效监测。后文主要对这两类方法展开详细介绍。

神经干细胞的自我更新过程通常通过初级神经球和次级神经球实验来判断。当神经干细胞在生长因子 EGF 和 bFGF 存在的非黏附条件下培养时，它们会产生神经球，即正在分裂的细胞球。次级神经球的实验包括从已培养成的神经球中选取细胞重新单独培养，观察由初级神经球中生成的细胞是否能够继续增殖，从而去判定体外培养的神经干细胞的自我更新能力。此外，神经球的形成具有物种特异性，相比于小鼠，非人灵长类动物、人类的神经干细胞不易形成神经球。

三、胚胎神经干细胞培养方法

（一）材料与试剂

1. 孕 14～18 天胚胎大鼠脑组织。
2. 杜尔贝科（Dulbecco）磷酸盐缓冲盐水（DPBS）。
3. 不含钙或镁的 Dulbecco 磷酸盐缓冲盐水（DPBS）。
4. 神经干细胞无血清培养基 StemPro NSC SFM。
5. StemPro Accutase 细胞解离试剂。
6. 用于细胞培养的成分确定的人源化底物 CELLstart CTS。
7. 台盼蓝。

（二）培养基准备

StemPro NSC SFM 完全培养基由 KnockOut DMEM/F 12 与 StemPro 神经添加剂、bFGF、EGF

和 GlutaMAX-Ⅰ组成。完全培养基在 2～8℃避光储存，可储存 4 周。

100mL 完全培养基制备：用 0.1% BSA 溶液配制 bFGF 和 EGF 使其浓度为 100μg/mL。每 100mL 完全培养基加入 20μL 100μg/mL 的 bFGF 和 EGF 使其终浓度为 20ng/mL，将未使用的试剂在无菌条件下分装冻存。按表 2-16 中各组分所需要的量配制培养基。若需更大的体积的培养基，可按比例增加各组分的量。

表 2-16 完全培养基的成分表

成分	终浓度	含量
KnockOut DMEM/F 12	1×	97mL
GlutaMAX-Ⅰ添加剂	2mmol/L	1mL
bFGF	20ng/mL	20μL
EGF	20ng/mL	20μL
StemPro 神经添加剂	2%	2mL

StemPro 神经添加剂在解冻时会观察到白色沉淀物；待完全解冻或溶解时，沉淀将消失。

（三）CELLstart 基质铺板

若进行神经干细胞的贴壁培养，可以使用 CELLstart CTS 铺板，如下所述。

1. 用不含钙离子和镁离子的 DPBS 稀释 CELLstart CTS，稀释比例为 1∶100（例如，将 50μL CELLstart CTS 加到 5mL DPBS 中）。

2. 在培养皿中加入稀释好的 CELLstart CTS 的工作溶液均匀覆盖培养皿表面（T-75 烧瓶培养瓶为 14mL，T-25 烧瓶培养瓶为 7mL，60mm 培养皿为 3.5mL，35mm 培养皿为 2mL）。

3. 将培养皿置于 37℃下，5% CO_2 的培养箱中孵育 1 小时。

4. 孵育完成后从培养箱中取出使用或储存在 4℃直至使用前。使用前弃掉培养皿中所有 CELLstart CTS 溶液，并加入 StemPro NSC SFM 完全培养基。

5. 注意，可提前铺板，将其储存在 4℃并用 Parafilm 膜紧紧包裹，可以储存长达 2 周。在铺板之前，确保皿表面的 CELLstart CTS 溶液不会变干。

（四）NSC 的贴壁培养

重悬大鼠胚胎 NSC 步骤如下：

1. 对于新鲜制备的大鼠胚胎 NSC，用 DPBS 冲洗后，以 1×10^7 个活细胞/mL 的细胞密度重悬在预热过的 StemPro NSC SFM 完全培养基中。对于冻存的大鼠胚胎 NSC，在确定活细胞计数后，以 1×10^7 个活细胞/mL 的细胞密度重悬在预热过的 StemPro NSC SFM 完全培养基中。将大鼠胚胎 NSC 以 5×10^4 个细胞/cm^2 的密度铺种到 CELLstart CTS 包被的培养皿上。有关常见培养皿的推荐铺种密度，请参见表 2-17。

表 2-17 贴壁培养中常见培养容器的细胞铺种密度

器皿	生长面积	培养基体积（mL）	细胞数（个活细胞/mL）
96 孔板	$0.32cm^2$/孔	0.1	1.6×10^4
24 孔板	$1.9cm^2$/孔	0.5	1.0×10^5
12 孔板	$3.8cm^2$/孔	1	1.9×10^5
6 孔板	$9.6cm^2$/孔	2	4.8×10^5
35mm 培养皿	$8cm^2$/孔	2	4.0×10^5
60mm 培养皿	$19.5cm^2$/孔	5	9.8×10^5
100mm 培养皿	$55cm^2$/孔	10	2.8×10^6

续表

器皿	生长面积	培养基体积（mL）	细胞数（个活细胞/mL）
T-25 培养瓶	25cm^2	5	1.3×10^6
T-75 培养瓶	75cm^2	15	3.8×10^6

2. 培养皿中接种适当数目的细胞后，在37℃，5% CO_2 下培养。

3. 每2～3天更换新鲜的StemPro NSC SFM完全培养基。大鼠胚胎NSC的形态应表现出具有均匀密度的短星状。

4. 当细胞达到75%～90%的融合度（根据细胞增殖速度一般接种后3～4天）后，将细胞进行传代。小心吸弃培养液，用不含钙离子和镁离子的DPBS轻轻冲洗细胞表面，然后吸弃DPBS。加入预热的StemPro神经添加剂，让细胞从培养表面脱离（大约30s内）。分离后，轻轻地上下移取细胞，将团块打碎成均匀的细胞悬液，然后将4mL的StemPro NSC SFM完全培养液添加到培养皿中。通过在培养皿表面上吹打数次来分散细胞，以产生均匀的细胞溶液。将细胞转移到无菌离心管中，在室温下以300*g*离心4min。吸弃上层培养液。将细胞沉淀重悬在最小体积的预热后的StemPro NSC SFM完全培养液中，然后取出样本进行计数。使用台盼蓝染色确定细胞总数和存活率百分比。向试管中加入足量的StemPro NSC SFM完全培养液，以获得1×10^{6}个活细胞/mL的最终细胞溶液。在37℃、5% CO_2条件下培养。

（五）神经球悬浮培养

重悬大鼠胚胎NSC，步骤同“（四）”的重悬操作一致。将大鼠胚胎NSC以2×10^{5}个活细胞/cm^{2}的密度接种到未被包被或低附着的培养皿上。有关推荐的铺种密度如表2-18所示。

表2-18　悬浮培养中常见培养容器的细胞铺种密度

器皿	生长面积	培养基体积（mL）	细胞数（个活细胞/mL）
96孔板	0.32cm^2/孔	0.1	6.4×10^4
24孔板	1.9cm^2/孔	0.5	3.8×10^5
12孔板	3.8cm^2/孔	1	7.6×10^5
6孔板	9.6cm^2/孔	2	1.9×10^6
35mm培养皿	8cm^2/孔	2	1.6×10^6
60mm培养皿	19.5cm^2/孔	5	3.9×10^6
100mm培养皿	55cm^2/孔	10	1.1×10^7
T-25 培养瓶	25cm^2	5	5.0×10^6

培养皿中接种适当数目的细胞后，在37℃，5% CO_2 下培养。每2～3天更换新鲜的StemPro NSC SFM完全培养液，不去除任何发育中的神经球。神经球的形态应表现出球形和透明的多细胞复合物。

当神经球直径达到3.5mm或更大时，将NSC进行传代。将神经球悬浮液转移到无菌离心管中，让神经球通过重力沉降或以200*g*离心2min。小心吸出上清液，将神经球留在最小体积的培养液中。用不含钙离子和镁离子的DPBS冲洗神经球一次，并留下最小量的DPBS。

将1mL预热的StemPro Accutase细胞解离试剂添加到神经球中，并在室温下孵育10min。孵化后，轻轻地上下移取细胞以获得单细胞悬浮液，并将4mL的StemPro NSC SFM完全培养液添加到试管中。在室温下以300*g*离心4min，小心吸出上清液，重悬于最少量预热的StemPro NSC SFM完全培养液中，然后取出样品用血细胞计数器计数。使用台盼蓝染色确定细胞总数和存活率。向试管中添加足量 StemPro NSC SFM 完全培养液，以获得 1×10^7 个活细胞/mL 的最终细胞溶液。在 37℃、5% CO_2 条件下培养。

第七节 类 器 官

自 2009 年荷兰科学家克莱佛斯（Clevers）团队（Sato et al.，2009）成功培养出肠道类器官以来，类器官培养技术取得了长足进步，逐步发展成为生物医学领域最具突破性的前沿技术之一。*Science* 将类器官技术评选为 2013 年度重大突破；2017 年，类器官技术也被 *Nature Methods* 杂志评选为“年度方法”；2021 年类器官被列入中国“十四五”重点研发计划专项，其重要性不言而喻。

类器官（organoid）是指基于体外三维细胞培养系统，将成体干细胞或多能干细胞培养成具有一定空间结构的组织类似物，它可以进行自我组织并分化成具有功能的不同类型细胞的能力，并形成与在体器官相似的结构和功能，因此又被称为“微型器官”。类器官可来源于成体组织干细胞、胚胎干细胞或诱导多能干细胞。类器官是一种包含两种及以上细胞类型的三维组装，并在微观尺度上按照真实的组织学特征进行排列。这种三维的组织培养物保留了来源器官的关键特性：①具有相同的细胞类型，该类培养物包含了组织器官中可自我更新的干细胞类群，并可分化为多种器官特异性的细胞类型；②具有相似的空间系统，它可以自组装成与对应器官相似的细胞空间排布；③具有稳定的生理结构，它能高度模拟原有组织的生理结构和功能，经长期传代保持遗传信息的稳定。目前，根据细胞来源的不同，类器官主要分为两大类：成体干细胞来源的类器官和多能干细胞来源的类器官。随着三维细胞培养技术和干细胞技术的发展，类器官的种类也在逐年丰富，目前已成功培养且具有关键生理结构和功能的类器官有肾、肺、视网膜、脑、肝以及前列腺等器官。

2013 年，兰开斯特（Lancaster）等人将多能干细胞在悬浮条件下成功培养产生了具有类似大脑结构特征的三维培养物，并将其命名为脑类器官（cerebral organoid）（Lancaster et al.，2013）。该方法得到的脑类器官为非定向脑类器官，即全脑类器官，包含前脑、中脑、脉络丛和视网膜等多种细胞谱系；而通过添加化学小分子调控 SM、WNT、SHH 等信号通路，可以培养出定向诱导的脑类器官（马燕燕等，2021）。脑类器官技术既弥补了传统二维细胞培养无法模拟脑组织复杂结构和体内微环境、难以重现神经系统疾病复杂表型的缺陷，又突破了动物模型缺乏人类特有的遗传特性、大脑区域和功能，无法真实全面地模拟人脑的发育和疾病发生发展的局限，因此对于在体外研究人脑发育，探究不同脑区、脑与其他器官的相互作用，并在体外开展疾病模拟和药物筛选非常重要，对于研究神经发育类疾病、精神类疾病、大脑胶质瘤等神经系统疾病具有重大的意义（宋奕萱等，2021）。

随着人们对类器官的研究逐步精进与深入，其应用的前景也逐渐明晰，如用于疾病建模、药物安全和疗效测试、器官替代疗法等。疾病建模未来的研究方向可能包括发育障碍、癌症、感染性疾病和功能性退化等。例如，肠道类器官已经被用于传染病的检查、肿瘤生物学的筛查以及遗传条件的确定。患者的诱导多能干细胞（induced pluripotent stem cell，iPSC）将会是未来疾病建模的重要工具，也可以直接使用现代基因组编辑技术将患者的突变引入正常的 iPSC 实现疾病建模。而在神经科学领域，类器官的疾病建模同样潜力巨大。原则上，脑类器官可以用来模拟各种神经发育障碍过程，填补目前的研究空缺。在未来，大脑类器官甚至有可能用来模拟孤独症、精神分裂症或癫痫等神经疾病的发生过程，乃至涉及一些神经退行性疾病的建模。类器官在测试药物的疗效和毒性方面也将会大有用武之地。一些模拟退行性疾病如肝纤维化和囊性肾病等的类器官，可能会成为人们筛选有效药物的重要平台以减少动物的使用。此外，在临床中类器官可以提供用于移植的自体组织来源。田口（Taguchi）等人（Taguchi et al.，2014）已经在成年小鼠肾包膜下移植肾脏类器官，并成功建立了血管化的分布，这对于器官替代策略而言极为重要。

（一）类器官培养方法

类器官培养基于三维细胞培养，将分离出的成体干细胞或多能干细胞培养在固定的细胞外基质，如基质胶人工基膜 Matrigel 上，该细胞外基质可以为细胞在空间生长过程中提供重要的微环境和组织支持。介导类器官形成的信号通路与体内器官发育和稳态维持的信号通路是相同的，因此类器官培养基中需要添加特定的小分子及生长因子如表皮生长因子、成纤维生长因子、WNT 等，以激活或者抑制参与类器官形成所依赖的特定信号通路。为了得到不同的类器官需使用不同的添加物组合。

以脑类器官的培养方法为例，向大家介绍具体的类器官培养过程。这里提供的方案改进自日本研究者笹井芳树（Yoshiki Sasai）教授实验室开发的无血清悬浮培养快速再聚集拟胚体样细胞聚集（serum-free floating culture of embryoid body-like aggregates with quick reaggregation，SFEBq）的培养方法。以下是小鼠大脑皮质类器官的具体制备方法：

1. 第 0 天：单细胞悬液及细胞聚集体的制备

（1）胚胎干细胞生长到 70%～80%的密度时吸去培养液，用预热的 1×PBS 洗涤胚胎干细胞（ESC）2 次。

（2）加入 1mL 的 TrypLE，在 37℃孵育几分钟，使细胞从培养皿中解离。

（3）使用 P1000 枪头温和地吹打以分离细胞，并将得到的单细胞悬液转移到 20mL 的离心管中。

（4）向细胞悬液中加入 5mL ESC 培养基，250*g* 离心 5min，收集细胞。

（5）弃去上清，在 5mL 新鲜 KnockOut 血清替代物（KSR）培养基中重悬细胞。

（6）用血细胞计数板计算细胞总数，以确定细胞密度。注意：用于类器官分化的最佳初始细胞数在不同的ESC系之间是不同的，因此需要对每个细胞系单独确定。如Foxg1-venus细胞在100μL KSR 培养基中最适细胞数为 5000 个/孔，其中 Foxg1-venus 报告基因是指在 ESC 系中，在前脑标记基因 Foxg1 控制下表达的荧光蛋白。

（7）准备好合适数量的细胞后，用 KSR 培养基稀释后，加入 IWP2 至最终浓度为 2.5 μmol/L。

（8）将细胞悬浮液加入 U 型底的 96 孔板中，每孔 100μL（大约 5000 个细胞）。

（9）37℃、5% CO_2 培养箱中孵育，在铺板的几个小时内，细胞便会聚集形成规则的球体。

2. 第 1 天：添加人工基膜 Matrigel

（1）人工基膜 Matrigel 在冰上融化，使用已经放置在–20℃冰箱预冷超过 1 小时的枪头吸取人工基膜。

（2）每孔直接加入人工基膜至终浓度 200μg/mL，并在 37℃、5% CO_2 培养箱进行孵育。

3. 第 2～5 天：皮质成熟

（1）加入人工基膜后（第 2 天），细胞球形聚集物在外观上变得更加不规则，形成一个“气泡”形状。明亮而连续的神经上皮结构从第 3 天开始出现，并持续增长到第 4 天。

（2）在第 5 天，将聚集物转移到盛有皮质成熟培养基的 50mm 直径的培养皿中。

（3）务必保持每个培养皿中类器官的最佳数量（最多为 16 个），以避免类器官之间彼此融合。

（4）每隔一天更换皮质成熟培养基，使用 P1000 移液管小心地移除一半的培养基，并补充等量的新鲜培养基。

（二）局限性和展望

虽然类器官培养技术在一个世纪以前就已经在实验室初具雏形，在短短几年时间内类器官飞速发展，未来在生物医药领域有广泛的应用前景，但目前仍然面临诸多未知和挑战。目前，体外类器官培养体系无法完全模拟或还原一些重要的生理过程，如血管化和神经支配；不同组织类器官体外培养的成功率差异显著，其中，肠道、胰腺及胆管等类器官培养成功率较高；同一组织类器官，在培养过程中，类器官的尺寸、形态等方面存在较大的不确定性，给类器官的标准化应用带来了困难，包括类器官技术标准化及人源类器官培育规模化等；现阶段，类器官的体积很小，其直径往往只有100μm～1mm，对培养移植性组织等的应用十分不利。

除了上述的问题外，虽然相比于使用人类胚胎干细胞进行医学实验，利用iPSC培养成的类器官进行替代，其所承受的伦理、法律乃至社会压力更小。但随着人造人体组织的愈加真实，其带来的伦理问题依旧突出。其中一个问题是，用于类器官培养的人类iPSC的来源，随着类器官被用于探索疾病机制以及开发治疗方法的研究的深入，对于更为可靠且标准化的类器官的需求应运而生，这促使研究者在极为有限的iPSC的细胞系中探索类器官培养的优化方案。此外，人类基因的多样性在类器官上要体现到何种程度，是个重要的伦理和现实问题。尤其是在从探索性研究走向临床试验的过程中，这种类器官的多样性需要更加深刻讨论。

此外，是否可以将人类的类器官移植到动物体内进行生理研究。若构建出人类胚胎结构的类器官，应该发展到何种程度？随着研究的不断深入，类器官的发展很可能会改变医学研究的方式；需要充分考虑类器官研究面临的伦理问题，直视其局限性，充分在医学实践中挖掘类器官的应用价值，造福人类。

（马　欢）

参考文献

孔岩, 2009. 急性脑片中内源性多巴胺对皮层—纹状体突触短时程可塑性的作用[D]. 苏州: 苏州大学.

李伟瀚, 王月华, 杜冠华, 2020. 脑片培养技术及其在药物研发中的应用进展[J]. 中国药学杂志, 55(13): 1068-1071.

马燕燕, 龚瑶琴, 2021. 人脑类器官在神经发育疾病研究中的应用[J]. 山东大学学报(医学版), 59(9): 22-29.

宋奕萱, 张明亮, 2021. 脑类器官技术的发展与应用[J]. 中国细胞生物学学报, 43(6): 1142-1155.

Bodea G O, Blaess S, 2012. Organotypic slice cultures of embryonic ventral midbrain: a system to study dopaminergic neuronal development *in vitro*[J]. Journal of Visualized Experiments: JoVE, (59): e3350.

Croft C L, Cruz P E, Ryu D H, et al, 2019. rAAV-based brain slice culture models of Alzheimer's and Parkinson's disease inclusion pathologies[J]. The Journal of Experimental Medicine, 216(3): 539-555.

Curtis E, Martin J R, Gabel B, et al, 2018. A first-in-human, phase I study of neural stem cell transplantation for chronic spinal cord injury[J]. Cell Stem Cell, 22(6): 941-950.e6.

Doussau F, Dupont J L, Neel D, et al, 2017. Organotypic cultures of cerebellar slices as a model to investigate demyelinating disorders[J]. Expert Opinion on Drug Discovery, 12(10): 1011-1022.

Drion C M, Kooijman L, Aronica E, et al, 2019. Curcumin reduces development of seizurelike events in the hippocampal-entorhinal cortex slice culture model for epileptogenesis[J]. Epilepsia, 60(4): 605-614.

Jones R S G, da Silva A B, Whittaker R G, et al, 2016. Human brain slices for epilepsy research: pitfalls, solutions and future challenges[J]. Journal of Neuroscience Methods, 260: 221-232.

Lancaster M A, Renner M, Martin C A, et al, 2013. Cerebral organoids model human brain development and microcephaly[J]. Nature, 501(7467): 373-379.

Magalhães D M, Pereira N, Rombo D M, et al, 2018. *Ex vivo* model of epilepsy in organotypic slices—a new tool for drug screening[J]. Journal of Neuroinflammation, 15(1): 203.

Sato T, Vries R G, Snippert H J, et al, 2009. Single Lgr5 stem cells build crypt-villus structures *in vitro* without a mesenchymal niche[J]. Nature, 459(7244): 262-265.

Taguchi A, Kaku Y, Ohmori T, et al, 2014. Redefining the *in vivo* origin of metanephric nephron progenitors enables generation of complex kidney structures from pluripotent stem cells[J]. Cell Stem Cell, 14(1): 53-67.

Zhang Y L, Kim M S, Jia B S, et al, 2017. Hypothalamic stem cells control ageing speed partly through exosomal miRNAs[J]. Nature, 548(7665): 52-57.

第三章　胶质细胞相关技术

第一节　概　　述

中枢神经系统中除了不同类型的神经元之外，还存在大量的胶质细胞。中枢神经系统中的主要胶质细胞类型包括星形胶质细胞、少突胶质细胞和小胶质细胞。对于胶质细胞的研究发源于神经科学研究的早期阶段。德国解剖学家菲尔绍（Virchow）在 1865 年提出神经胶质（neuroglia）的概念，认为神经胶质充满脑组织中的细胞间隙，从而对神经细胞产生支持的作用。1873 年高尔基（Golgi）利用其发明的 Golgi 染色法，发现并确认了中枢神经系统中不同于神经元的一类独特的细胞类型，后来被命名为星形胶质细胞（astrocyte，又称为 astroglia）；1919 年奥尔特加（Hortega）利用改良的碳酸银染色法，发现了一类胞体小、分支多的胶质细胞群体，被称为小胶质细胞（microglia）；1921 年，Hortega 又发现了中枢神经系统中的少突胶质细胞（oligodendrocyte），并推测其功能可能类似于外周神经系统的施旺细胞，与髓鞘的形成相关。

长期以来，对胶质细胞的研究远远少于对神经元的研究。越来越多的研究表明，胶质细胞参与了对多种脑功能的调控，因此也受到越来越多的重视。研究发现，星形胶质细胞对脑能量代谢、突触发育与功能、脑微血管循环有重要的作用；在多种中枢神经系统疾病中，星形胶质细胞的激活也参与了病理进程。少突胶质细胞形成的髓鞘可以保证有髓轴突上的电信号快速准确地传导，并且可以为轴突提供营养和能量代谢的支持，以维持神经元轴突的稳定性；在多种神经系统疾病中，髓鞘的病变会导致轴突的损伤，从而引起神经系统功能受损。小胶质细胞是中枢神经系统中主要的免疫细胞，与脑内其他各种类型细胞之间有密切的相互作用，可以通过吞噬作用、分泌细胞因子、诱导免疫反应和炎症反应等方式，清除凋亡细胞、促进周围其他类型细胞的存活、维持脑内环境稳态并防御病原体的入侵。新的研究表明，小胶质细胞通过与神经元的相互作用而参与多种脑功能的调控；另外，在多种脑疾病中，小胶质细胞被激活，并且通过分泌多种细胞因子、介导炎症反应等多种方式参与疾病的发生与发展。

近年来，胶质细胞领域的研究取得了飞速发展。目前对胶质细胞的研究主要聚焦于以下几个方面：①各类胶质细胞的起源与分化发育调控；②胶质细胞自身的生理特性、功能及调控机制；③胶质细胞与神经元之间、不同类型胶质细胞之间的相互作用机制；④胶质细胞对脑生理功能的调控与相关机制；⑤胶质细胞在脑疾病中的作用和调控机制。随着生命科学技术的不断发展，根据不同类型胶质细胞的特性，多种多样的体内和体外的研究方法不断问世。许多应用于神经元的研究方法，如光遗传学、药理遗传学、钙成像等技术也被应用于胶质细胞的研究。本章将介绍目前应用于研究中枢神经系统中星形胶质细胞、少突胶质细胞和小胶质细胞这三种主要胶质细胞类型的相关技术和方法。

第二节　星形胶质细胞相关技术

哺乳动物大脑中存在大量的星形胶质细胞，在啮齿类动物的大脑皮质中神经元和星形胶质细胞的比例大约为 3∶1，而在人类大脑皮质中星形胶质细胞的数目是神经元的 1.4 倍。星形胶质细胞起源于胚胎后期和出生后早期的放射状胶质细胞，随后增殖、分化成为星形胶质前体细胞，迁移至终末位置后完成分化。中枢神经系统中的星形胶质细胞具有多种功能，主要包括调控神经元活性、参与构成血脑屏障、缓冲细胞外液中的钾离子、摄取突触释放的谷氨酸、维持细胞间的紧密连接和清除大脑内的代谢产物等。近年来，新技术的不断涌现极大地推动了星形胶质细胞功能领域的研究。

一、星形胶质细胞的特异性标志物

为了研究星形胶质细胞的形态结构和生理功能，需要对星形胶质细胞进行特异性标记。目前，已经发现的星形胶质细胞的特异性标志物有以下几种：

（一）胶质细胞原纤维酸性蛋白

胶质细胞原纤维酸性蛋白（glial fibrillary acidic protein，GFAP）是一种Ⅲ型中间丝蛋白，是细胞骨架中的主要成分之一，对于维持细胞形态、支持周围神经元和血脑屏障有重要作用。GFAP 存在于星形胶质细胞、侧脑室的室管膜细胞和视网膜的米勒细胞（Müller cell）中。由于 GFAP 也存在于发育早期的放射状神经胶质细胞（radial neuroglia cell）以及成年脑内的神经干细胞中，因此，在使用 GFAP 作为星形胶质细胞标志物时，需要注意区分。

（二）S100 钙离子结合蛋白 β

S100 钙离子结合蛋白 β（S100 calcium binding protein beta，S100β）：存在于星形胶质细胞的胞体中，参与多种细胞活动过程，包括细胞周期和分化。有研究表明，S100β 在少突胶质细胞及其前体细胞中也有表达。

（三）乙醛脱氢酶 1 蛋白家族 L1

乙醛脱氢酶 1 蛋白家族 L1（aldehyde dehydrogenase 1 family member L1，ALDH1L1）：可以将 10-甲酰四氢叶酸（10-formyltetrahydrofolic acid，10-FTHF）、烟酰胺腺嘌呤二核苷酸磷酸（nicotinamide adenine dinucleotide phosphate，NADP）和水转化成为四氢叶酸、还原型辅酶Ⅱ（reduced nicotinamide adenine dinucleotide phosphate，NADPH）和 CO_2。ALDH1L1 在星形胶质细胞和脑室内的室管膜细胞中表达，而在少突胶质细胞、少突胶质前体细胞和神经元中未检测到。因此，ALDH1L1 对星形胶质细胞的特异性比 GFAP 更高，并得到广泛应用。

（四）性别决定区转录因子 9

性别决定区转录因子 9（SRY-box transcription factor 9，SOX9）：作为星形胶质细胞的蛋白标志物，SOX9 存在于细胞核中，在成年大脑星形胶质细胞中大量表达。此外，SOX9 也在神经发生区域包括侧脑室下区、海马齿状回颗粒细胞下区、吻向迁移流及嗅球中的神经干细胞和神经前体细胞中有表达。

（五）N-myc 下游调控基因 2

N-myc 下游调控基因 2（N-myc down-regulated gene 2，NDRG2）：在星形胶质细胞中高表达，对星形胶质细胞的功能调控具有重要作用。在星形胶质细胞中，NDRG2 影响和调控细胞凋亡、胶质增生、血脑屏障的完整性和对谷氨酸的清除。NDRG2 是 *p53* 的靶向基因，在 P53 介导的凋亡通路中可调控 Bax/Bcl-2 的比例和减弱核苷酸的切除修复功能。NDRG2 通过抑制细胞增殖和保持细胞形态，调控星形胶质细胞的激活状态。

（六）谷氨酸转运蛋白亚型 1

谷氨酸转运蛋白亚型 1（glutamate transporter 1，GLT1）：又被称为兴奋性氨基酸转运蛋白 2（excitatory amino acid transporter 2，EAAT2），是高亲和力谷氨酸转运体的五种类型之一。GLT1

是 Na^+依赖的膜同向转运体，可以摄取突触处细胞外基质中超过 90%的兴奋性神经递质谷氨酸，并将其转运至星形胶质细胞中。GLT1 在啮齿类动物的星形胶质细胞中特异性高丰度表达，因而比 GFAP 的应用更加广泛。GLT1 在星形胶质细胞中的表达量受到发育过程和功能状态的调控。例如，在反应性星形胶质细胞增生过程中 GLT1 的表达显著下调，因而极大限制了 GLT1 在疾病模型中的应用。

（七）谷氨酸/天冬氨酸转运蛋白

谷氨酸/天冬氨酸转运蛋白（glutamate/aspartate transporter，GLAST）：又称为兴奋性氨基酸转运蛋白 1（excitatory amino acid transporter 1，EAAT1），是高亲和力谷氨酸转运体的另一种类型。GLAST 在处于发育阶段的中枢神经系统中有较高的表达，而在成年大脑中主要表达于星形胶质细胞。GLAST 是位于细胞膜上的谷氨酸转运体，将胞外的谷氨酸逆浓度梯度转运入胞内，同时同向转运 2 个 Na^+和 1 个 H^+并逆向转运 1 个 K^+。GLAST 与 GLT1 作用相似，其功能是将胞外谷氨酸转运进入胶质细胞，而使胞外谷氨酸浓度保持在较低水平，保护神经元不受谷氨酸的毒性影响。GLAST 对于防止神经元过度兴奋具有重要作用，抑制 GLAST 可增加细胞外谷氨酸水平，导致小鼠中神经元因为兴奋毒性而死亡。与 GFAP 类似，GLAST 在成年大脑中除了在星形胶质细胞中表达外，也表达于神经发生区域的神经干细胞，因此在使用 GLAST 作为星形胶质细胞标志物时需要根据所在脑区进行分析。

（八）水通道蛋白 4

水通道蛋白 4（aquaporin 4，AQP4）：位于胶质细胞“终足”的质膜表面，构成脑组织中最主要的水通道，对维持大脑水稳态具有重要作用。AQP4 表达于星形胶质细胞、室管膜细胞和放射状神经胶质细胞（radial neuroglia cell）等特殊类型的胶质细胞中，而在少突胶质细胞等类型中表达较少。

（九）连接子蛋白

连接子蛋白（connexin）：主要包括 Cx26、Cx30、Cx43 三种亚型。相较于其他细胞类型，连接子蛋白更多在胶质细胞中表达，因此也被称为胶质连接子蛋白（glial connexin）。这些连接子蛋白可构成胶质细胞间的间隙连接，进而形成神经胶质网络，参与维持中枢神经系统稳态。胶质连接子蛋白在细胞与细胞质基质间的物质交换、细胞黏附、细胞内信号转导等方面有重要作用。Cx43 和 Cx30 在星形胶质细胞中都有表达，这两种标志物的差别在于，Cx43 在出生后的星形胶质细胞中即有表达，并在大脑的发育过程中具有重要作用；而 Cx30 只存在于成熟的星形胶质细胞中，通过控制星形胶质细胞的突起以及调控谷氨酸转运等机制来调节突触强度。

（十）γ-氨基丁酸（GABA）转运蛋白 3

GABA 转运蛋白 3（γ-aminobutyric acid transporter 3，GAT3）：是星形胶质细胞中最多的 GABA 转运蛋白亚型，多数位于神经元突触附近。GAT3 是一种 Na^+依赖性转运蛋白，可吸收抑制性神经递质 GABA 而终止其神经传递。但需要注意的是，GAT3 不仅仅表达在星形胶质细胞中，在神经元中也有一定程度的表达。

二、星形胶质细胞转基因鼠和体内标记方法

为了更加精准地研究星形胶质细胞的活动动态及调控机制，特异性标记星形胶质细胞的转基因动物，以及其他特异性标记星形胶质细胞的方法不断被开发。目前，常用的特异性标记星形胶质细胞的转基因小鼠主要有以下几种：

（一）GFAP-GFP 小鼠

GFAP-GFP 小鼠在 GFAP 启动子的驱动下在细胞中表达绿色荧光蛋白（green fluorescent protein，GFP），从而在中枢神经系统的多个脑区可观察到星形胶质细胞明亮的荧光。在视网膜的穆勒细胞中也可观察到绿色荧光。利用 GFAP-GFP 小鼠可对星形胶质细胞进行原位的活细胞成像，例如，通过激光共聚焦显微镜实时拍摄和三维重构，可以观察大脑皮质中星形胶质细胞在应激过程中的形态变化。

（二）hGFAP-Cre 小鼠

为了对星形胶质细胞进行特异性的基因操作，研究人员将人源 GFAP（hGFAP）启动子驱动表达 Cre 重组酶的 DNA 片段插入小鼠基因组中，构建 hGFAP-Cre 转基因小鼠。将 hGFAP-Cre 小鼠和依赖于 Cre 的条件性敲除或过表达某种基因的小鼠进行杂交，即可通过 Cre 重组酶的作用在表达 GFAP 的细胞谱系中特异性敲除或过表达该基因。然而，由于 GFAP 在胚胎期的放射状胶质细胞（即神经干细胞）中也有较高水平的表达，这种方法可能导致星形胶质细胞和大量神经元、少突胶质细胞均被影响，无法保证星形胶质细胞被特异性编辑。为提高基因编辑的细胞特异性，可以考虑使用另一种策略，在成年 hGFAP-Cre 小鼠的非神经发生脑区中，通过注射依赖于 Cre 的病毒，则可以对病毒注射脑区的星形胶质细胞进行较为特异的基因操作。

（三）hGFAP-Cre^{ERT2} 小鼠

为了更加精准地调控 Cre 重组酶在特定时间和细胞类型中的表达，hGFAP- Cre^{ERT2} 小鼠应运而生。利用这种小鼠，可以通过在特定的时间给予他莫昔芬（tamoxifen）进行诱导，启动 Cre 重组酶在 GFAP 启动子驱动下的表达。因此，这种方法可以在特定时间段对星形胶质细胞进行调控。与依赖 Cre 的工具小鼠进行杂交后，在相应时段给予他莫昔芬诱导，即可对星形胶质细胞进行标记和基因操作。与 hGFAP-Cre 小鼠相比，使用 hGFAP-Cre^{ERT2} 小鼠可调控成年非神经发生脑区的星形胶质细胞功能，并避免对发育过程中表达 GFAP 的神经干细胞的非特异性标记。另外，使用该方法也可以对神经发生脑区的神经干细胞及其分化细胞进行标记和基因操作。

（四）GFAP-rtTA 小鼠

GFAP-rtTA 小鼠是将四环素反应性转录激活因子（tetracycline transactivator，ttTA）插入 hGFAP 启动子下游而构建的转基因小鼠。与四环素反应启动子元件（TRE/tetO）调控的转基因小鼠杂交后，对子代小鼠给予多西环素（doxycycline）诱导，即可在星形胶质细胞中诱导靶基因表达。例如，利用该小鼠与受 TRE 调控表达显性负调控 SNARE[①]（dominant negative SNARE）的转基因小鼠杂交，经多西环素诱导后即可抑制星形胶质细胞中 SNARE 的功能，进而抑制胶质递质释放。GFAP-rtTA 小鼠与 hGFAP-Cre 小鼠、hGFAP-Cre^{ERT2} 小鼠在应用上有着相似的局限性，即主要用于对成年后非神经发生脑区中星形胶质细胞的调控。

（五）Aldh1L1-Cre^{ERT2} 小鼠

通过转基因技术将 Cre^{ERT2} 置于 Aldh1L1 启动子的驱动下，构建 Aldh1L1-Cre^{ERT2} 转基因小鼠。与依赖 Cre 重组酶的报告小鼠杂交后，对子代小鼠中带有荧光标记的细胞进行鉴定，发现荧光阳性细胞多为中枢神经系统中的星形胶质细胞，而在神经元、少突胶质细胞和小胶质细胞中没有检测到荧光信号。这表明 Aldh1L1-Cre^{ERT2} 转基因小鼠对中枢神经系统中的星形胶质细胞具有高特异性，因此该品系小鼠是在神经血管、脑组织代谢、突触可塑性和神经胶质相互作用等领域研究星形胶质

① SNARE：可溶性 NSF 附着蛋白受体

细胞功能的有力工具（Winchenbach et al.，2016）。

（六）S100β-Cre 小鼠

将 S100β-Cre 基因片段体外克隆纯化后，使用显微注射技术注射到 C57BL/6 小鼠的受精胚胎原核中，构建 S100β-Cre 小鼠。该小鼠可广泛用于对星形胶质细胞的条件性基因操作。例如，将 S100β-Cre 小鼠和 $Cx43^{flox/flox}$ 条件敲除小鼠进行杂交，可选择性敲除 S100β-Cre 阳性星形胶质细胞中的 Cx43，用于星形胶质细胞 Cx43 的相关研究（Tanaka et al.，2008）。

（七）Slc1a3-Cre^{ERT2} 小鼠

通过转基因技术将 Cre^{ERT2} 置于 GLAST（Slc1a3）启动子的驱动下，构建 Slc1a3-Cre^{ERT2} 转基因小鼠。在特定时间给予他莫昔芬诱导，启动 Cre 重组酶在 Slc1a3 启动子的驱动下表达。与 hGFAP-Cre^{ERT2} 小鼠相似，和依赖 Cre 的工具小鼠杂交后，在特定时段给予他莫昔芬诱导，即可对表达 GLAST 的细胞进行标记和基因操作。例如，通过与报告小鼠杂交并给予他莫昔芬诱导，可以靶向标记视网膜中的米勒细胞（Slezak et al.，2007）。这种方法通常应用在成年小鼠非神经发生脑区，以避免对表达 GLAST 的神经干细胞的非特异性标记。另外，该方法也可以应用于对神经发生脑区的神经干细胞及其后代的标记和基因操作。

（八）Gjb6-Cre^{ERT2} 小鼠

该小鼠在 Cx30（Gjb6）启动子的驱动下，经他莫昔芬诱导 Cre 重组酶的表达。与报告小鼠杂交后，对子代小鼠中带有荧光的细胞类型进行鉴定，发现所标记的细胞存在于大脑中的所有区域（Slezak et al.，2007），表明应用 Gjb6-Cre^{ERT2} 小鼠标记的星形胶质细胞在中枢神经系统中没有明显的脑区特异性。

（九）Slc6a11-Cre^{ERT2} 小鼠

该小鼠在 GAT3（Slc6a11）启动子的驱动下，经他莫昔芬诱导 Cre 重组酶的表达。检测表明，Cre 重组酶在该品系小鼠中枢神经系统中星形胶质细胞和神经元呈中等水平表达（Srinivasan et al.，2016），说明该小鼠对于星形胶质细胞的标记特异性低于利用其他星形胶质细胞特异性基因的启动子构建的转基因小鼠。

三、星形胶质细胞的体外培养

对星形胶质细胞内分子机制的研究常常需要在体外培养的条件下开展。目前，较常使用的星形胶质细胞的培养方法包括原代星形胶质细胞的培养、成熟星形胶质细胞的体外分离和培养，以及干细胞分化三种不同的方案。

（一）原代大脑皮质星形胶质细胞的体外培养

从新生小鼠的大脑皮质进行取材，经细胞混合培养和纯化后，可以获得小鼠大脑皮质星形胶质细胞（Schildge et al.，2013）。

预先将 T75 培养瓶使用 50 μg/mL 的多聚-*D*-赖氨酸（poly-*D*-lysine，PDL）溶液在 37℃包被 1 小时。将 4 只 P0～4 小鼠使用 70%乙醇溶液进行消毒，迅速断头并放入含有预冷的 HBSS 解剖溶液的培养皿中。使用解剖镊轻轻将小鼠的头皮去掉，从尾侧至头侧方向，沿头骨中缝轻轻将颅骨分开并取出完整脑组织。取出的脑组织放入加有预冷 HBSS 解剖液的培养皿中，在解剖显微镜下使用解剖弯镊将两侧的大脑皮质分离出来，弃去小脑和中脑。在去掉嗅球的同时将软脑膜轻轻剥离，随后将海马组织去掉，并小心去除皮层中肉眼可见的血管。使用同样的操作，收集所有小鼠的大脑皮质组织，用镊子轻轻将组织夹碎（4～8 次）。

将收集的大脑皮质组织放入 22.5mL 的 HBSS 溶液中，加入 2.5mL 2.5%的胰蛋白酶在 37℃水浴锅中消化 30min，其间每隔 10min 颠倒混匀。消化后 300*g* 离心 5min，获得细胞沉淀。加入 10mL 高糖 DMEM 培养基（含 10%牛血清和 1%青霉素或链霉素），使用 10mL 移液器轻柔地将细胞沉淀吹打至单细胞悬液（20～30 次）。加培养基至 20mL 后进行细胞计数，一般 4 只小鼠可获得（10～15）$\times 10^6$ 个单细胞。将细胞悬液接种于使用 PDL 包被过的 T75 培养瓶中，将培养瓶置于 37℃二氧化碳培养箱进行培养。两天后更换一次培养基，此后每三天更换一次培养基。

待细胞培养至 7～8 天时，星形胶质细胞已经相互接触，且小胶质细胞层和星形胶质细胞层已经分开。将培养瓶放至摇床上，180 转/分摇动 30min 后去除培养基上清以去除小胶质细胞（培养小胶质细胞可以收集上清继续培养）。剩余溶液加入 20mL 新鲜培养基，240 转/分继续摇动 6 小时分离和去除少突胶质细胞（培养少突胶质细胞可以收集培养基上清继续培养）。随后用 PBS 将细胞清洗两次，加入 5mL 胰酶后放置于 37℃二氧化碳培养箱中进行消化，每隔 5min 观察细胞分离情况并轻轻摇动培养瓶。待细胞从瓶底脱离后，加入 5mL 新鲜培养基终止消化。随后 300*g* 离心 5min，弃上清后加入 40mL 新鲜培养基重悬沉淀，分别接种于 2 个 PDL 包被的 T75 培养瓶中。在细胞贴壁后，即可获得纯度较高的原代大脑皮质星形胶质细胞用于下一步研究。

（二）体内成熟星形胶质细胞的分离和培养

对成年脑内成熟星形胶质细胞的分离纯化可以使用免疫淘选（immunopanning）方法。该方法利用预先包被抗体的培养皿，促进表达相应抗原的细胞种类在培养皿底部黏附。随后，洗脱其他种类细胞，对抗体吸附的细胞种类进行筛选纯化。该方法和淘金（gold panning）类似，因而得名。出生前后及成熟的啮齿类动物脑组织的星形胶质细胞中，星形胶质细胞特异整合素 5（integrin beta 5，ITGβ5）特异性高表达。因此，在分选星形胶质细胞时，常使用 ITGβ5 作为抗体识别靶点。

将出生后 P6～7 的大鼠皮层进行分离，去掉软脑膜和血细胞，再用木瓜蛋白酶对皮层组织进行酶解，随后用移液器对组织进行吹打，机械分离制成单细胞悬液。此时，细胞悬液中包含多种类型的细胞，包括小胶质细胞、巨噬细胞、内皮细胞、少突胶质前体细胞和星形胶质细胞等。

依次使用包被不同抗体的培养皿去除不同类型的细胞：Griffonia（Bandeiraea）Simplicifolia Lectin 1（GSL1，BSL1）去除小胶质细胞、巨噬细胞和内皮细胞；白细胞共同抗原 CD45 抗体去除小胶质细胞和巨噬细胞；O4 抗体去除少突胶质细胞前体细胞。最后，使用包被有 ITGB5 单克隆抗体的培养皿收集星形胶质细胞。

免疫淘选法筛选培养的星形胶质细胞在培养过程中会经历自然凋亡，在培养基中加入肝素结合表皮生长因子（heparin binding epidermal growth factor like growth factor，HBEGF）可提高星形胶质细胞的存活率。

（三）干细胞诱导分化星形胶质细胞的培养

在体外利用转录因子转分化，可以将人胚胎干细胞（human embryonic stem cell，hESC）快速诱导分化，获得人源星形胶质细胞。使用的细胞可以是人源胚胎干细胞（包括 H1 hESC、H9 hESC）和人源多功能诱导干细胞（human induces pluripotent stem cell，iPSC）。

待 hESC 或 iPSC 培养至 80%时，使用细胞消化液消化至单细胞后以 5×10^5/孔的细胞密度接种于基质胶包被的六孔板中。使用干细胞专用培养基 mTeSR1 进行培养，培养基中加入 10μmol/L ROCK 抑制剂 Y-27632。第二天更换新鲜的 mTeSR1 培养基，分别加入 1μL 表达 SOX9、核因子 IB（nuclear factor IB，NFIB）病毒，以及 8μg/mL 聚凝胺（polybrene）以提高病毒感染效率。病毒感染 1 天后，更换新鲜 mTeSR1 培养基。

病毒感染后第 1～5 天诱导培养过程中使用两种培养基，分别为扩充培养基（expansion

medium，EM）和 FGF 培养基。其中，EM 主要包括 DMEM/F12、10%胎牛血清（fetal calf serum，FCS）、1% N_2 和 1% GlutaMAX。FGF 包括神经元培养基 Neurobasal、2% B27、1%非必需氨基酸（non-essential amino acid，NEAA）溶液、1% GlutaMAX、1% FCS、8ng/mL FGF、5ng/mL 睫状神经营养因子（ciliary neurotrophic factor，CNTF）和 10ng/mL 骨形态发生蛋白 4（bone morphogenetic protein 4，BMP4）。培养过程中首先使用 EM，后续逐渐更换为 FGF 培养基，并加入与病毒相应的筛选抗生素对细胞进行筛选。病毒感染第 6 天时，将混合培养基更换为新鲜 FGF 培养基。病毒感染第 7 天时，将细胞用细胞消化液消化并接种于被基质胶包被的孔板或玻片上。

传代后第 3 天将 FGF 培养基更换为成熟星形胶质细胞培养基，之后每隔 2～3 天进行一次半换液，持续培养至成熟。成熟星形胶质细胞培养基的成分为：DMEM/F12∶Neurobasal（1∶1）、1% N_2、1% GlutaMAX、1%丙酮酸钠（sodium pyruvate）、5mg/mL *N*-乙酰半胱氨酸（*N*-acetylcysteine），500mg/mL dbcAMP、5ng/mL 肝素 FGF、10ng/mL CNTF 和 10ng/mL BMP4。持续培养即可获得干细胞诱导分化的人源星形胶质细胞。

四、星形胶质细胞的电生理记录

和神经元相比，成熟的星形胶质细胞具有比较一致且易于识别的电生理特性，主要表现在：具有约为–80mV 的超极化静息膜电位、较低的输入阻抗（4～20M）和较小的膜电容（10～25pF）（Mishima et al.，2010）。星形胶质细胞的膜特性符合钾离子的能斯特平衡，说明星形胶质细胞膜上表达钾离子通道为主。由于不表达钠离子通道，在去极化条件下，星形胶质细胞不能产生动作电位。在静息状态下，星形胶质细胞的高钾离子电导使其对细胞外与神经元活动相关的钾离子水平高度敏感（Amzica and Massimini，2002），进而产生膜电位的变化。在实验中，我们通常采用膜片钳电生理记录的方法，对星形胶质细胞的膜特性进行检测，以进一步解析星形胶质细胞之间，以及星形胶质细胞和神经元之间的相互作用及其机制。

（一）急性脑片中星形胶质细胞的电生理记录

1. 适用于电生理记录的急性脑切片制备　以海马为例，首先制备两种溶液：人工脑脊液（artificial cerebrospinal fluid，ACSF）和脑切片制备溶液。其中，ACSF 的成分为：120mmol/L NaCl、3.1mmol/L KCl、2mmol/L $MgCl_2$、1mmol/L $CaCl_2$、1.25mmol/L KH_2PO_4、26mmol/L $NaHCO_3$ 和 10mmol/L 葡萄糖。脑切片制备溶液中则采用蔗糖替代 ACSF 中的一部分 NaCl 以降低切片过程中对细胞的损伤，其成分为：105mmol/L 蔗糖、62.5mmol/L NaCl、2mmol/L KCl、1.2mmol/L NaH_2PO_4、25mmol/L $NaHCO_3$、0.5mmol/L $CaCl_2$ 和 7mmol/L $MgCl_2$。两种溶液在使用前都需先用 95% O_2-5% CO_2 混合气进行充分的通气，以使 O_2 在溶液中饱和并平衡溶液 pH。制备脑片时，将小鼠或大鼠使用异氟烷麻醉，断头后将脑取出并放置于通好气的 0～4℃脑切片制备溶液中使脑组织温度迅速降低。随后，快速将包含海马等脑区的脑组织分离为小块组织，并将组织块粘在振动切片机的平台上，制备 300μm 厚度的脑片。切好的脑片应立即放入 ACSF 中，室温孵育 30min。须注意使用含有 2mmol/L Mg^{2+}的 ACSF，防止脑切片在实验过程中出现癫痫样电活动。

2. 急性脑切片中星形胶质细胞的标记　为方便在荧光显微镜下对星形胶质细胞进行鉴定和记录，可使用 hGFAP-GFP 等荧光标记星形胶质细胞的小鼠品系。如果使用野生型大鼠或小鼠，则需要对星形胶质细胞进行染色标记。通常使用染色剂磺酰罗丹明 101（sulforhodamine 101，SR101）孵育脑片，从而对星形胶质细胞进行特异性标记（Kang et al.，2010）。SR101 是一种水溶性的红色荧光染料，可以特异性地被星形胶质细胞摄取，使星形胶质细胞在 586nm 激发光下显示 605nm 红色荧光，从而能够在荧光显微镜下进行识别和记录。具体的染色标记过程为：将急性脑切片放入 0.5～1mol/L SR101 的孵育液中，34℃下避光孵育 15～20min。为减弱背景荧光，实验开始前将脑片转移至不加 SR101 的 ACSF 中清洗 15min，随后即可转移入脑片记录槽，在荧光显微镜下识别星形胶质细胞并进行电生理记录。

3. 星形胶质细胞的电生理记录　待脑片稳定后将脑片轻轻转移至记录槽中，使脑片持续浸润在 2～3mL/min 流速的新鲜孵育液中，并在实验过程中持续通气。星形胶质细胞的记录大多应用全细胞膜片钳方式，整个记录过程在 32～34℃下进行，电极内液成分为：140mmol/L 葡萄糖酸钾、1mmol/L $MgCl_2$、2mmol/L Na_2ATP、0.3mmol/L Na_2GTP、10mmol/L HEPES 和 0.5mmol/L 乙二醇双 2-氨基乙醚四乙酸（EGTA），调节 pH 至 7.2～7.4。记录电极灌注电极内液后的入水电阻为 5～7MΩ。

实验中可以对所记录的星形胶质细胞的静息膜电位和膜电容等一系列电生理特性进行检测。电极内液中可加入生物胞素（biocytin），通过在记录完成后对所记录的细胞进行染色及三维重建，从而对细胞类型和细胞的形态特征进行详细的后期分析。

（二）原代培养星形胶质细胞的电生理记录

在需要对体外培养的原代星形胶质细胞进行电生理记录时，将长有星形胶质细胞的爬片从培养皿中取出，放入记录槽并且浸润在 2～3mL/min 流速并持续通气的孵育液中。孵育液的成分为：125mmol/L NaCl、3mmol/L KCl、2mmol/L $MgCl_2$、1mmol/L $CaCl_2$、10mmol/L HEPES 和 10mmol/L 葡萄糖。电极内液的成分为：120mmol/L 天冬氨酸钾、2mmol/L $MgCl_2$、1mmol/L $CaCl_2$、5mmol/L EGTA-KOH、10mmol/L HEPES、2mmol/L Na_2ATP 和 0.5mmol/L Na_2GTP，pH 调节至 7.2～7.4。

（三）星形胶质细胞之间缝隙连接特性的检测

星形胶质细胞之间存在一种特殊的结构——缝隙连接（gap junction），使星形胶质细胞之间可以发生快速的通信，从而形成特有的星形胶质细胞网络，并在脑功能的调控中扮演多种角色。有研究表明，星形胶质细胞之间的缝隙连接对于维持其稳态可塑性具有重要作用（Wang et al.，2022）。利用多通道膜片钳系统，对相邻的两个星形胶质细胞同时进行全细胞膜片钳记录。对其中一个星形胶质细胞给予一连串从超极化到去极化的电刺激，通过检测另一个星形胶质细胞是否产生同向的电压或电流变化，鉴定细胞之间是否存在缝隙连接。通过不同条件刺激，可以进一步检测缝隙连接强度的变化，其结果反映了特异性构成缝隙连接的连接子蛋白 Cx30 和 Cx43 所处状态的改变。

五、星形胶质细胞的动态成像

除了对不同刺激时星形胶质细胞的膜生理特性进行研究外，经常还需要对星形胶质细胞在一项特定活动或任务中的动态变化进行精确的追踪和记录。这个目标的实现得益于一系列星形胶质细胞特异的离体和在体动态成像技术的迅速发展。

（一）原代星形胶质细胞的活细胞钙成像

将原代培养的小鼠或大鼠皮层星形胶质细胞以 2.5×10^4/玻片的密度接种于玻璃爬片。稳定培养后可以通过质粒转染或病毒感染等方式，对所培养星形胶质细胞进行基因操作，2～3 天后进行成像实验。在单细胞钙成像实验开始前，将细胞用 5μmol/L Ca^{2+}荧光探针（如 fura-2 AM 等）孵育 30min。准备完毕后将培养皿放置于安放在倒置荧光显微镜或激光共聚焦显微镜上的开放式灌注微型培养系统中，并对细胞中的钙荧光信号以及其他信号进行实时成像。实验过程中可通过细胞外液灌流方式或局部微灌注系统将药物递送至目标细胞周围。加药前后单个星形胶质细胞的钙荧光信号变化可用成像分析软件如 Image-J 等进一步分析，从而检测星形胶质细胞在特定条件下的活动变化。

（二）急性脑片中星形胶质细胞的钙成像

在急性脑切片中，可以通过三维双光子钙成像技术检测特定脑区中星形胶质细胞的 Ca^{2+}动力学变化（Bindocci et al.，2017）。通常使用转基因小鼠品系在星形胶质细胞中特异性表达钙指示荧光蛋白 GCamp 或 RCamp，如使用 Rosa26-lsl-GCaMP6f 转基因小鼠和 hGFAP-Cre^{ERT2} 小鼠进行杂交，可获得 hGFAP-Cre^{ERT2}；GCaMP6f 小鼠。

与脑片电生理记录时急性脑片的制备方法相同，使用振动切片机将脑组织切成 350μm 厚度的脑片。将切好的脑片立即放入 ACSF 中，室温孵育 30min。脑片制备完毕以后，可以用 Ca^{2+}不敏感的 SR101 对星形胶质细胞染色作为参照。SR101 的染色标记过程如电生理实验中所述。

在双光子显微镜下通过对星形胶质细胞进行三维扫描成像，可以检测在不同激活状态下，星形胶质细胞中不同区域内 Ca^{2+}指示剂的荧光强度变化。成像数据采集后，根据实验目的对星形胶质细胞不同的区域（如胞体、突起和终足）中的 Ca^{2+}信号进行重建和分析。

（三）在体星形胶质细胞的钙成像

除了可以在急性脑片上对星形胶质细胞进行钙荧光成像，三维双光子钙成像技术更多应用于活体动物脑组织上，借此监测星形胶质细胞的钙动力学变化（Bindocci et al.，2017）。因此，通常需要通过病毒注射或转基因小鼠在体特异性标记星形胶质细胞。其中，钙荧光指示蛋白 GCaMP6f 就是一种目前被广泛使用的具有高敏感性的 Ca^{2+}指示蛋白，可以灵敏地指示细胞内钙信号的变化（Chen et al.，2013）。

以小鼠初级体感皮层中星形胶质细胞的活体钙成像为例，首先将 hGFAP-Cre^{ERT2}；GCaMP6f 小鼠经过他莫昔芬诱导，在星形胶质细胞中特异性表达 GCaMP6f 荧光蛋白。将小鼠麻醉后放置于脑立体定位仪上固定，随后在体感皮层上方使用颅骨钻打孔（直径约 3mm）。开颅后使用吸水海绵止血，并使用无菌生理盐水冲洗开颅部位。随后植入颅窗，再将圆形盖玻片装到开颅窗中，并使用骨水泥固定。最后，用速干胶覆盖整个头骨，并在颅窗周围用牙科水泥围成小室，用于后续的成像。手术过程中应注意无菌操作，术后及时给小鼠注射抗生素和消毒，并将小鼠放置于加热垫恢复，时刻注意观察小鼠的体温和状态。术后 4～5 天开始训练将小鼠头部固定在显微镜上。在颅窗固定 2～3 周后可进行钙成像实验。双光子成像装置和成像数据的分析方法同上。

第三节　少突胶质细胞相关技术

少突胶质细胞（oligodendrocyte，OL）是中枢神经系统中对神经元轴突形成髓鞘包裹的胶质细胞，由少突胶质前体细胞（oligodendrocyte precursor cell，OPC）分化发育而来。在哺乳动物的中枢神经系统，OPC 出现于胚胎发育期，如在小鼠中 OPC 最早出现于胚胎 11.5 天（E11.5）。在发育中和成年后的中枢神经系统内，广泛存在着未分化的 OPC。OPC 具有迁移和增殖能力，可以在适当的条件下分化为 OL，并形成髓鞘对轴突进行包裹：静息状态的 OPC 变为增殖状态的 OPC，分化为新生 OL；新生的 OL 进一步发育为成髓鞘前 OL，在成熟后成为成髓鞘的 OL。

一、少突胶质前体细胞与少突胶质细胞的标志物

OPC 分化发育为成髓鞘 OL 的过程中，各种基因表达持续变化，形成不同分化发育阶段的特征性标志物。因此，使用相应抗体可对少突胶质细胞的不同发育阶段进行鉴定。

（一）少突胶质谱系细胞的标志物

Sox10 和 Olig2 是少突胶质谱系细胞的特异性转录因子，在 OPC 与 OL 中均有表达，通常被用作指示少突胶质谱系细胞的特异性标志物。

（二）OPC 的标志物

神经胶质抗原 2（neural-glial antigen 2，NG2）是一种表达于 OPC 的蛋白聚糖，在小鼠中由

Cspg4 基因编码。由于周细胞（pericyte）也表达 NG2，因此，当使用 NG2 抗体进行标记时，需要通过细胞的形态、定位及其他 OPC 标志物的辅助对 NG2 阳性细胞进行进一步鉴定。

血小板源生长因子受体 α 亚型（platelet derived growth factor receptor α，PDGFRα）在 OPC 中有较高的特异性表达，是 PDGF 调控 OPC 增殖的主要受体。随着 OPC 的分化，PDGFRα 的表达迅速降低，因此被用作 OPC 的特异性标志物。

此外，特异性表达于 OPC 表面的神经节苷脂单抗原决定簇 A2B5、G 蛋白偶联受体 GPR17 也可被用于 OPC 的特异性标记与识别。

（三）发育中的 OL 标志物

外核苷酸焦磷酸酶/磷酸二酯酶 6（ectonucleotide pyrophosphatase/ phosphodiesterase 6，Enpp6）是一种胆碱特异性的甘油磷酸二酯酶，主要表达于分化启动后的 OPC，而在成熟 OL 的表达水平低。因此，该分子可用于标记分化后的未成熟 OL。

糖脂类单抗 O4 是少突胶质谱系细胞特异的一类糖脂类抗原，表达时间早于 O1 和 R-Mab，因此一般被用于标记分化过程中的未成熟 OL。

乳腺癌扩增序列 1（breast carcinoma amplified sequence 1，BCAS1）基因的表达产物特异性分布于未成熟的 OL，而在 OPC 阶段和成熟 OL 阶段表达水平低，因此可以用于标记分化过程中的 OPC 和未成熟 OL。

（四）成熟的 OL 标志物

APC 是一种抑癌基因，最初是在腺瘤性结肠息肉（adenomatous polyposis coli，APC）病人中发现的，并以此命名。在中枢神经系统中，APC 在成熟 OL 中高表达，并主要分布于胞体中。因此用 CC1 抗体对 APC 进行识别，可以鉴定成熟的 OL。

2′,3′-环核苷酸-3′-磷酸二酯酶（2′,3′-cyclic-nucleotide 3′-phosphodiesterase，CNP 或 CNPase）是一种磷酸二酯酶。其表达从未成熟 OL 阶段开始，并持续到成熟 OL 阶段。在成熟的 OL 中，CNP 蛋白主要存在于胞体和髓鞘的结旁区胞膜反折部分的胞质中。

髓鞘蛋白脂蛋白（myelin proteolipid protein，PLP）是构成中枢神经系统髓磷脂的主要膜蛋白之一，是中枢神经系统中含量最多的髓磷脂蛋白。PLP 在 OL 发育成熟后期到成熟 OL 中有较高的表达，因此也可以被用作成熟 OL 的特征性标志物。

在成熟 OL 形成的髓鞘中，髓磷脂家族蛋白如髓鞘碱性蛋白（myelin basic protein，MBP）、髓鞘相关糖蛋白（myelin-associated glycoprotein，MAG）、髓鞘少突胶质细胞糖蛋白（myelin oligodendrocyte glycoprotein，MOG）均有特异性表达，因此可被用于标记髓鞘。

此外，糖脂类单抗 O1 和 R-Mab 表达时间晚于 O4，因此主要被用来标记成熟 OL。

二、利用工具小鼠对 OPC 和 OL 进行体内标记与基因操作

在哺乳动物大脑中，髓鞘的形成可以持续到成年阶段。在成年哺乳动物大脑中仍然存在大量的 OPC，并且可以分化为成髓鞘的 OL，在运动控制、记忆的形成与巩固等脑功能中具有重要作用。目前已经有多种成熟的小鼠品系可以被用来对 OPC 或 OL 进行体内标记和基因操作，从而方便我们研究髓鞘形成过程中的调控机制。

NG2-Cre^{ERT}（或 Cspg4-Cre^{ERT}）小鼠经过与报告基因小鼠品系杂交后，可以用于标记 OPC 及其产生的 OL。如 NG2-Cre^{ERT} 与 Mapt（tau）-mGFP 杂交的转基因小鼠给予他莫昔芬后可诱导 NG2 阳性 OPC 表达重组酶 Cre，并在这些细胞中表达膜定位绿色荧光蛋白（mGFP），进而特异性标记新生少突胶质细胞与髓鞘（Young et al.，2013）。由于 CNP 在未成熟 OL 中表达并持续到成熟 OL 阶段，而 PLP 在 OL 中特异性表达，也可以在特异性标记或基因操作 OL 的研究中使用 CNP-Cre

和 PLP-Cre^{ERT} 小鼠。此外，*Olig2* 基因在少突胶质谱系细胞以及运动神经元（motor neuron）中均有表达，因此使用 Olig2-Cre 小鼠对 OL 进行标记和基因操作的研究需要考虑同时对运动神经元产生的影响。

利用这些工具小鼠与其他品系转基因小鼠杂交，还可以对少突胶质细胞进行基因操纵。例如，髓鞘调节因子（myelin regulatory factor，Myrf）是启动与维持少突胶质细胞形成髓鞘所必需的转录因子，利用 NG2-Cre^{ERT} 小鼠与 $Myrf^{flox/flox}$ 小鼠杂交，能够通过他莫昔芬诱导在 OPC 中特异性敲除 *Myrf* 基因而阻断 OPC 向 OL 的分化过程，进而阻断髓鞘形成，然而对已存在 OL 的数量却几乎没有影响（Steadman et al.，2020）。与之相似，利用 PLP-Cre^{ERT} 小鼠与 $Olig2^{flox/flox}$ 小鼠杂交，并通过他莫昔芬诱导，可以特异性地在 OL 中敲除 *Olig2* 基因，从而抑制 OL 生成髓鞘（Mei et al.，2013）。

三、OPC、OL 的纯化、培养与诱导

在对 OPC 增殖、分化和 OL 发育、功能等的研究中，常常需要利用体外培养的 OPC 和 OL 对相关分子调控机制进行解析。从 20 世纪 80 年代开始，针对少突胶质谱系细胞的纯化和培养的方法不断问世，例如，振荡法（McCarthy et al.，1980）、免疫淘选（Barres et al.，1992）、流式分选（Aguirre et al.，2004），以及神经前体细胞分化培养等方法（Chen et al.，2007）。

利用这些方法均可在大鼠和小鼠脑组织中获得原代 OPC，但各具优缺点。其中，利用大鼠分离 OPC，可以有效分离出大量细胞，所获得的 OPC 在传代和转染等过程中更易存活，且不需要额外补充 B-27 等培养试剂。从小鼠中分离培养 OPC 则可以利用多种转基因、基因敲除或条件敲除的小鼠品系，方便在单独/神经元混合培养体系中对 OPC 或 OL 进行特定的基因操作，并且享有更丰富的基因组分析等资源。以下我们将介绍几种不同的 OPC、OL 纯化和培养方法。

（一）大鼠 OPC 的分离与培养

大鼠 OPC 可以用比较简单的振荡法进行分离，而且易于培养。在培养过程中使用质粒转染、病毒等对细胞进行基因操作时，大鼠 OPC 有比较好的耐受力。因此，大鼠 OPC 的分离和培养是较为常用的实验技术（Chen et al.，2007）。

1. 主要试剂

（1）DMEM20S：DMEM，4mmol/L *L*-谷氨酰胺，1mmol/L 丙酮酸钠，20% FCS，50 U/mL 青霉素，50mg/mL 链霉素。可在 4℃保存 2 周。

（2）DNase Ⅰ 储存液（20×）：0.20mg/mL 溶解于 HBSS，过滤除菌后分装储存于–20℃。使用时用 HBSS 稀释至终浓度为 10μg/mL。

（3）多聚-*D*-赖氨酸（poly-*D*-lysine，PDL）包被培养皿：将 10mg/mL PDL，0.5% BSA 溶解于 DPBS，配制成 100×PDL 储存液。用 0.22μm 滤膜过滤分装后保存于–20℃。用 DPBS 将 100×PDL 稀释为 1×PDL 溶液，加入培养皿或培养瓶中，37℃孵育 1～2 小时，或室温孵育过夜。吸去 PDL 溶液，无菌去离子水洗涤 3 次，室温风干后保存。

（4）基础培养基：DMEM 中加入 4mmol/L *L*-谷氨酸胺，1mmol/L 丙酮酸钠，0.1% BSA，50μg/mL 载脂蛋白-转铁蛋白（Apo-transferrin），5μg/mL 胰岛素，30nmol/L 亚硒酸钠，10nmol/L *D*-生物素（*D*-biotin），10nmol/L 氢化可的松。可在 4℃保存 2 周。

（5）OPC 培养基（OPC medium）：基础培养基中加入 10ng/mL PDGF-AA 和 10ng/mL bFGF。可在 4℃保存 2 周。

2. 实验操作

（1）新生大鼠的大脑解离：准备 2 个 10cm 培养皿置于冰上，倒入冰冷的 HBSS。将 P1～2 新生大鼠埋于冰中 1～3min 冰冻麻醉，迅速断头，浸入含有冰冷的 70%乙醇的干净培养皿中，随

后使用冰冷的 HBSS 冲洗，然后将头部转移到另一个含有冰冷 HBSS 的培养皿中（在此步骤可以连续处理 10～15 只新生鼠）。

用解剖镊从鼻部固定头部，沿中线剪开头部皮肤及颅骨，将大脑分成两个大脑半球，然后用解剖镊切断嗅球、大脑皮质下的基底神经节和海马。将分离的大脑皮质组织放在含有 HBSS 的干净培养皿中。重复此步骤，将所有大脑皮质分离。在解剖显微镜下逐一将每个大脑皮质组织的脑膜剥除，并将剥除脑膜的大脑皮质组织收集后放置在冰上的一个干净培养皿中。

将皮层组织切成 $1mm^3$ 小块，加入 13.6mL 的 HBSS，0.8mL 的 DNase Ⅰ储存液（0.2mg/mL）和 0.6mL 浓度为 0.25%的胰蛋白酶，置于 37℃细胞培养箱孵育 15min。

将培养皿中的组织与溶液转移入 50mL 无菌离心管中。在培养皿中加入 5mL DMEM20S 清洗残留组织，随后转入 50mL 离心管以终止消化。将组织悬液以 800 转/分离心 5min，弃去上清液。

在离心管中加入 20mL DMEM20S，用 10mL 移液管吹打组织块，直至形成均匀悬液。将组织悬液在冰上静置 10min 后，将其用 70μm 尼龙细胞滤网滤过，并收集在新的 50mL 离心管中。在剩余的组织块中加入 20mL DMEM20S，再次用 10mL 移液管吹打组织块，并经 70μm 尼龙细胞滤网，同样收集在 50mL 离心管中。合并两次收集的细胞悬液，并用 DMEM20S 补足至总体积为 100mL。

按照每 10mL 接种 1×10^7 个细胞将细胞接种至 PDL 包被的培养瓶或 10mL 培养皿，均匀铺满，放置于 37℃含 5% CO_2 的细胞培养箱中培养。每间隔 2～3 天用 10mL DMEM20S 的培养基完全换液，持续 10 天。

（2）OPC 的分离和培养：培养 10 天后，得到多种类型胶质细胞的混合培养物。星形胶质细胞生长于底层，而 OPC 会生长在星形胶质细胞层上面。这时就可以通过振荡的方法对 OPC 进行分离。将培养瓶从培养箱取出，并旋紧盖子。将培养瓶固定在水平摇床上，以 200 转/分的速度在摇床上摇动 1 小时以去除小胶质细胞，吸去培养基。

在培养瓶中加入 10mL DMEM20S，拧紧瓶盖形成低氧环境，并再次固定于摇床上，以 200 转/分的速度摇动 18～20 小时。取出培养瓶并用 70%的乙醇消毒外表面以防止污染，收集培养瓶中的细胞悬液。如果需要继续对培养瓶中的细胞进行振动分离，则在培养瓶中加入 10mL DMEM20S，再次固定于摇床上进行摇动，重复本步骤一次。

将收集的细胞悬液转移到新的未被包被的培养皿中，在培养箱中静置 30～60min，随后轻轻旋转培养皿，再次收集细胞悬液。本步骤利用小胶质细胞与星形胶质细胞比 OPC 更容易贴附培养皿的特点，进一步清除细胞悬液中的小胶质细胞和星形胶质细胞。将细胞悬液经过 20μm 滤网收集在 50mL 离心管中，以 100g 离心 10min，小心地除去上清液至剩余少量（约 0.5mL），并用移液器将细胞团块打散为单细胞悬液。

经计数后，用 OPC 培养基将细胞悬液稀释，并接种于 PDL 包被的培养皿中，使密度约为 1×10^4 个细胞/cm^2。将细胞培养于 37℃，每隔一天用含 20ng/mL PDGF-AA 和 20ng/mL bFGF 的基础培养基半换液，持续 7～10 天。培养 7 天后主要为 $A2B5^+/O4^+/O1^-/MBP^-$的 OPC。

（二）小鼠 OPC 的分化培养法

小鼠 OPC 比大鼠 OPC 更难于分离，在胶质细胞体外混合培养中倾向于分化。因此，通过振荡法分离小鼠 OPC 相对较困难。但是，由于脑内神经前体细胞可以产生少突胶质谱系细胞，可以通过将神经前体细胞在体外诱导分化的方法获得小鼠 OPC（Chen et al.，2007）。

1. 主要试剂

（1）10×普克平衡盐溶液（Puck BSS）：将 NaCl 80g，KCl 4g，$Na_2HPO_4\cdot7H_2O$ 0.9g，KH_2PO_4 0.4g，葡萄糖 10g 溶解于 1L 去离子水中，经 0.22μm 滤膜过滤除菌后保存于 4℃。使用时用灭菌的去离子水以 1∶10 比例稀释，即为 1×Puck BSS。

（2）*N*-乙酰-*L*半胱氨酸（*N*-acetyl-*L*-cysteine，NAC）储存液（1000×）：将 50mg NAC（Sigma A8199）溶解于 10mL DMEM 中，利用 1mol/L HCl 调节 pH 为 7，经 0.22μm 滤膜过滤除菌后，分装成 40μL 小管保存于–20℃。

（3）神经细胞培养基（neural culture medium，NCM）：DMEM/F12 培养基加入 25μg/mL 胰岛素，100μg/mL 载脂蛋白-转铁蛋白，20nm 孕酮，60μmol/L 腐胺，30nmol/L 亚硒酸钠。可在 4℃保存 2 周。

（4）神经球培养基（neurosphere growth medium，NGM）：在 NCM 中加入 20ng/mL bFGF 和 20ng/mL EGF。可在 4℃保存 2 周。

（5）B104 条件化培养基（B104 neuroblastoma conditioned medium，B104CM）：用 DMEM/F12/10%FCS 培养基培养 B104 神经母细胞瘤细胞，直至细胞长满皿底。用 1×Puck BSS 洗涤，并加入 N2 培养基。4 天后，收集培养基，加入苯基甲基磺酰氟（phenylmethylsulfonyl fluoride），终浓度为 1μg/mL，快速混匀。在 4℃下 2000*g* 离心 30 分钟。将上清液用 0.22μm 滤膜过滤分装，即为 B104CM。可在–80℃保存 6 个月。

（6）少突胶质球培养基（oligosphere medium，OM）：用 7∶3 体积比混合 NCM 和 B104CM，即为少突胶质球培养基。可在 4℃保存 2 周。

（7）OPC 培养基（OPC medium）：基础培养基中加入 10ng/mL PDGF-AA 和 10ng/mL bFGF。可在 4℃保存 2 周。

（8）少突胶质细胞分化培养基（oligodendrocyte differentiation medium）：基础培养基中加入 15nmol/L 三碘甲状腺原氨酸（triiodothyronine，T3），10ng/mL CNTF 和 1×NAC。可在 4℃保存 2 周。

（9）多聚鸟氨酸（poly-ornithine）包被培养皿：将多聚鸟氨酸以 5mg/mL 溶解于 DPBS，制成 100×储存溶液，经 0.22μm 滤膜过滤分装后保存于–80℃。用 DPBS 将 100×多聚鸟氨酸储存液稀释为 1×多聚鸟氨酸溶液，加入培养皿或培养瓶中，37℃孵育 1～2 小时，或室温孵育过夜。吸去多聚鸟氨酸溶液，用无菌去离子水洗涤 3 次，在室温下风干后保存。

2. 实验操作

（1）胚胎/新生小鼠大脑皮质的解离：准备 2 个 10cm 培养皿置于冰上，倒入冰冷的 HBSS。将 E14.5～17.5 小鼠胚胎从孕鼠腹中取出（也可以用 P 0～3 新生小鼠），置于 HBSS 中。迅速断头，沿中线剪开头部皮肤及颅骨，移除大脑内侧部分，并保留大脑皮质的外侧部分。将大脑皮质组织放入含有 HBSS 的培养皿中，用镊子剥除脑膜。重复此步骤，直至分离所有胚胎/新生小鼠大脑皮质组织，并收集到含有 HBSS 的培养皿中。

将皮层组织切成小块，转移入冰冷的含 EGF（20ng/mL）和 bFGF（20ng/mL）的 NGM 中（每个脑大约 0.5mL）。用抛光的玻璃吸管吹打皮层组织，直至溶液中没有或只有很少的组织块。细胞悬液置于冰上静置 2min，经 50μm 滤网过滤获取单细胞悬液。

取微量细胞悬液对细胞进行计数，按照每孔 5×10^4 个细胞的细胞密度加入到 6 孔板中（每孔含 NGM 培养基 4mL）。在含有 5% CO_2 的 37℃培养箱中进行培养。每 2 天用新鲜的 NGM 培养基进行半换液，培养 4 天。

（2）从神经球诱导 OPC：细胞在培养第 4 天，可以观察到神经球（neurosphere）形成（球体直径为 200～300mm）。对于胚胎提取的细胞，可以在 3～5 天内形成神经球；而对于从新生小鼠中提取的细胞，则需要 10 天左右形成神经球。

每隔一天用含有 B104CM 的培养基替换掉四分之一含 EGF/bFGF 的培养基，持续 2 周。需要注意的是，在过渡时期（开始改变培养基后第 1～2 周），球体的数量和大小没有显著变化。2 周后，球体中至少 95%的细胞应转化为 PDGFRα$^+$ OPC。如使用 PDGFRα-GFP 小鼠，则可观察到细胞球体显示出强烈的 GFP 荧光。此时的细胞球体被称为少突胶质球（oligospheres），且可以用机械吹打或胰酶消化法将少突胶质球解离为单细胞。①机械吹打法：将少突胶质球与少量培养基收集到 15mL

离心管中，用抛光的玻璃吸管进行吹打，直至形成单细胞悬液，并将细胞悬液经 50μm 尼龙滤网过滤收集。②胰酶消化法：将少突胶质球收集到 15mL 离心管中，加入 0.5mL 0.05% 胰蛋白酶，37℃孵育 5min。用 4mL 少突胶质球培养基（OM）终止酶解。在室温下 120*g* 离心 5min，吸去上清，加入 5mL OM 培养基打散细胞，并通过 50μm 尼龙滤网获得细胞悬液。

经计数后，将细胞悬液用 OM 培养基适当稀释，以 3×10^4/mL 的密度接种于未包被的培养皿中。5～7 天后，少突胶质球会重新形成。注意在 OPC 传代时，只收集漂浮而非贴壁的少突胶质球进行传代。

OPC 也可以接种于多聚鸟氨酸包被的培养皿中。待细胞贴壁后，逐步换液为 OPC 培养基（OPC medium）以诱导 OPC 增殖；或逐步换液为少突胶质细胞分化培养基（oligodendrocyte differentiation medium）以诱导 OPC 的分化。

（三）免疫淘选法

免疫淘选法纯化 OPC 或 OL 是利用抗体把表达相应抗原的 OPC 或 OL 黏附在培养皿底，同时洗脱其他种类细胞，从而使 OPC 或 OL 得到筛选纯化的方法（Emery et al.，2013）。免疫淘选法纯化 OPC 或 OL 具有以下优点：①分离纯度比振荡法高，可以使分离的 OPC 或 OL 的纯度达到高于 99.5%；②对细胞的影响比流式分选法更加温和；③可以分离处于不同分化发育阶段的 OPC 或 OL。缺点是比较昂贵。

1. 主要试剂

（1）厄尔平衡盐溶液（EBSS）储存液（10×）：将下列试剂溶解于 250mL 去离子水中，并达到以下终浓度 NaCl 1.16mol/L，KCl 54mmol/L，$NaH_2PO_4\cdot H_2O$ 10mmol/L，葡萄糖 1%，苯酚红 0.005%。经 0.22μm 滤器过滤除菌后储存于 4℃。

（2）low-ovomucoid（low-ovo）储存液（10×）：将 3g BSA 加入 150mL DPBS 中，混合均匀。加入 3g 胰蛋白酶抑制物，混合溶解。加入 1mL 1mol/L NaOH 调整 pH 至 7.4 后，用 DPBS 将体积定容为 200mL。经 0.22μm 滤器过滤除菌后，以 1mL 分装保存于–20℃。

（3）high-ovomucoid（high-ovo）储存液（6×）：将 6g BSA 加入 150mL DPBS 中，混合均匀。加入 6g 胰蛋白酶抑制物，混合溶解。用 10mol/L NaOH 调整 pH 至 7.4 后，用 DPBS 将体积定容为 200mL。经 0.22μm 滤器过滤除菌后，以 1mL 分装保存于–20℃。

（4）胰岛素储存液（0.5mg/mL）：将 10mg 胰岛素和 100μL 1mol/L HCl 加入 20mL 无菌水中，混合均匀。经 0.22μm 滤器过滤除菌。可在 4℃下储存 4～6 周。

（5）木瓜蛋白酶缓冲液（papain buffer）：将 25mL EBSS 储存液（10×）加入 150mL 去离子水中，并加入以下试剂：$MgSO_4$ 1mmol/L，葡萄糖 0.46%，EGTA 2mmol/L，$NaHCO_3$ 26mmol/L，用去离子水将体积定容为 250mL，经 0.22μm 滤器过滤除菌。

（6）多聚-*D*-赖氨酸（PDL）储存液（1mg/mL）：将 PDL 以 1mg/mL 浓度溶解于去离子水中制成 100 倍储存液（100×），过滤除菌分装后保存于–20℃。使用前用灭菌水稀释为 1×PDL 溶液。

（7）BSA 储存液（4%）：将 8g BSA（Sigma-Aldrich A4161）溶解于 150mL DPBS 中，37℃，用 1mol/L NaOH 调整 pH 为 7.4 后，定容为 200mL。经 0.22μm 滤器过滤除菌后，以 1mL 分装保存于–20℃。

（8）SATO 添加剂（100×）：将以下试剂溶解于 200mL DMEM 中，并达到以下终浓度 BSA 10mg/mL，转铁蛋白 10mg/mL，腐胺 1.6mg/mL，孕酮 6μg/mL，亚硒酸钠 4μg/mL。经 0.22μm 滤器过滤除菌后，分装保存于–20℃。

（9）DMEM-SATO 培养基（20mL）：DMEM 19.5mL，SATO 添加剂（100×）200μL，谷氨酰胺（200mmol/L）200μL，青霉素-链霉素混合液 200μL，丙酮酸钠（100mmol/L）200μL，胰岛素储存液（0.5mg/mL）200μL，NAC 储存液（5mg/mL，准备 DMEM）20μL，微量元素 B（1000×）20μL，*D*-生物素储存液（50 μg/mL）4μL。

2. 实验操作

（1）淘选皿的准备与包被二抗：对于 OPC（PDGFRα$^+$），在 10cm 的培养皿中加入 30μL Goat Anti-Rat IgG 和 10mL 无菌 Tris-HCl（50mmol/L，pH 9.5）。对于成熟的 OL（MOG$^+$），在 10cm 的培养皿中加入 30μL 的 Goat Anti-Mouse IgG + IgM 和 10mL 无菌 Tris-HCl（50mmol/L，pH 9.5）。对于所有有丝分裂后的 OL（GalC$^+$），在 10cm 的培养皿中加入 30μL Goat Anti-Mouse IgG + IgM 和 10mL 无菌 Tris-HCl（50mmol/L，pH 9.5）。旋转培养皿，直到皿底均匀地覆盖抗体-Tris 溶液，4℃下孵育过夜。

（2）培养皿的准备：按不同的培养容器加入相应体积的 PDL 进行包被。不同容器对应体积如下：175cm^2 培养瓶/10cm 培养皿/6 孔板/24 孔板中分别加入 15mL/5mL/1mL/250μL 1×PDL。旋转以使 PDL 均匀地覆盖底部。在室温下孵育 20～60min 或 4℃过夜。用无菌水冲洗 3 次并完全风干。

（3）玻片的准备：玻片经乙醇洗涤，在培养皿中用无菌水冲洗 3 次。在最后一次冲洗后，吸走剩余的水，并将玻片分开，使它们不会彼此接触或靠近培养皿的侧壁，晾干玻片。小心地在玻片中心加入 100μL 1×PDL，并使 PDL 溶液以液滴的形态保持在玻片上。在室温下孵育 30～60min 或 4℃过夜。用无菌水冲洗 3 次后，将玻片转移到 24 孔板，每孔放置一个玻片。吸出残余的水，并小心保持玻片位于孔的中心而不接触侧壁，使玻片完全风干。

（4）细胞纯化前的准备：用 BSL1 包被 2 个 15cm 培养皿：把 40μL BSL1 稀释于 40 ml DPBS 中；每个 15cm 培养皿中加入 20 mL，使之均匀覆盖底面。

在淘选培养皿中包被一抗：用 PBS 冲洗已经包被二抗的培养皿（在步骤（1）中制备）3 次。对于筛选 OPC（PDGFRα$^+$），在包被 Goat Anti-Rat IgG 的培养皿中加入 12mL 含 0.2% BSA 的 DPBS 和 40μL rat anti-PDGFRα 一抗，使之均匀覆盖培养皿底部，室温下孵育＞2 小时；对于筛选有丝分裂后的 OL（GalC$^+$），在包被 Goat Anti-Mouse IgG + IgM 的培养皿中加入 8mL 含 0.2% BSA 的 DPBS 和 4mL mouse anti-GalC 抗体上清，使之均匀覆盖培养皿底部，室温下孵育＞2 小时；对于筛选成熟的 OL（MOG$^+$），在包被 Goat Anti-Mouse IgG + IgM 的培养皿中加入 8mL 含 0.2% BSA 的 DPBS 和 4mL mouse anti-MOG 抗体上清，使之均匀覆盖培养皿底部，室温下孵育＞2 小时。

准备木瓜蛋白酶溶液：将含有 10mL 木瓜蛋白酶缓冲液的 6cm 无菌培养皿置于 34℃加热块上，并通入 5% CO_2-95% O_2 混合气（经 0.22μm 过滤器）进行平衡；将平衡好的木瓜蛋白酶缓冲液移到 15ml 锥形管中，加入 200U 的木瓜蛋白酶，在 37℃水浴中放置 5～15min，使木瓜蛋白酶溶解；在溶液中加入 2mg *L*-半胱氨酸，待完全溶解后，经 0.22μm 过滤器除菌；在木瓜蛋白酶溶液中加入 200μL DNase Ⅰ原液。

其他准备：将 10mL 含有 0.0005%苯酚红的 EBSS 放入 10%的二氧化碳培养箱中进行平衡。在 6cm 培养皿中加入 300μL 不含 Ca^{2+}/Mg^{2+}的 DPBS。将 1mL 10×low-ovomucoid（low-ovo）稀释于 9mL DPBS 中以制备 low-ovo 溶液；将 1mL 6×high-ovomucoid（high-ovo）稀释于 5mL DPBS 中以制备 high-ovo 溶液；将 1.5mL 0.2% BSA 溶液、13.5mL DPBS 和 150μL 胰岛素储存液（500 μg/mL）混合制备淘选缓冲液（panning buffer）；将 3mL 热灭活胎牛血清（FCS）加入 7mL DPBS 中，通过 0.22μm 过滤器进行消毒。

（5）脑组织解离与细胞提取：用锋利的剪刀将幼年大鼠或小鼠断头，沿着头顶部中线切开皮肤，打开颅骨，露出大脑；切断大脑前部的嗅球，取出大脑并分离所需脑区，置于准备好的 6cm 培养皿（内有 300μL 不含 Ca^{2+}/Mg^{2+}的 DPBS）中，用 10 号手术刀将组织切成约为 1mm^3 的小块。

将准备好的木瓜蛋白酶溶液直接加入到培养皿切碎的组织小块中，维持 5% CO_2-95% O_2 通气，在 34℃下持续酶解 90min，每 15min 轻轻搅拌一次组织，以确保组织完全消化。在消化步骤完成之前，在提前制备好的 low-ovo 溶液中加入 100μL DNase Ⅰ工作液。当消化完成后，将脑组织及木瓜蛋白酶溶液转移到无菌的 15mL 锥形管中，让组织块沉淀。小心地、尽可能多地去除木瓜蛋白酶溶液后，轻轻加入 2mL 含有 DNase Ⅰ的 low-ovo 溶液，以终止木瓜蛋白酶消化。让组织再次沉淀下来，弃去 low-ovo 溶液，加入 2mL 新鲜的含有 DNase Ⅰ的 low-ovo 溶液。用 5mL

移液管轻轻吹打组织6～8次，让大块的组织沉淀1～2min。取出1～1.5mL的细胞悬液，置于一个新的无菌15mL锥形管中。在组织块中加入1mL含有DNase Ⅰ的low-ovo溶液，用1mL移液器进行吹打，并收集细胞悬液，重复此步骤直至组织块完全消失，且准备好的含有DNase Ⅰ的low-ovo溶液用完。

将细胞悬液在室温下220*g*离心15min，吸去清液。加入6mL制备好的high-ovo溶液，将细胞重悬后立即220*g*离心15min（将细胞留在high-ovo溶液中时间过长将会降低细胞活力），吸去上清液。用6mL淘选缓冲液重悬细胞。

用2mL淘选缓冲液预湿无菌Nitex过滤网，过滤到50mL无菌管中。接着将细胞经过滤网过滤到该试管中，每次1mL。最后用剩余的淘选缓冲液冲洗过滤网。

（6）细胞的淘选：在使用前，将已准备好的淘选皿用DPBS漂洗3次。将上一步获得的细胞悬液加入到步骤“（4）”中第一个BSL1培养皿中。在室温下孵育15min，每隔5min摇动一次培养皿以确保所有细胞都有机会黏附在表面。轻轻摇晃培养皿，使非贴壁细胞悬浮，并将细胞悬液转移到第二个BSL1培养皿中，重复上一步，室温下孵育15min，每隔5min摇动一次培养皿。轻轻摇晃培养皿，使非贴壁细胞悬浮，并将细胞悬液转移到第一个选择性淘选皿中（如anti-PDGFRα或anti-GalC）。

在室温下孵育平板45min，每15min摇动一次培养皿，以确保所有细胞都有机会黏附在培养皿表面。轻轻摇晃培养皿，使非贴壁细胞悬浮。用DPBS冲洗培养皿6次，每次冲洗时摇晃培养皿，以使非贴壁细胞脱离。OPC与anti-PDGFRα培养皿的结合通常相对较弱，所以要注意轻轻清洗，每次在培养皿的同一位置加入DPBS。重复本步骤一次。

如果为了裂解细胞进行生化实验，则在此步骤后取出所有溶液，并将培养皿放在冰上，将RNA或蛋白质裂解缓冲液加入培养皿，用橡胶刮刀刮取细胞并收集到离心管中进行相应的操作。如果需要对筛选的细胞进行培养，则进行下一步操作。

（7）细胞的消化和培养：在加入胰蛋白酶消化前，在显微镜下确认几乎所有的非贴壁细胞都已通过冲洗去除。如果需要，则执行额外的冲洗步骤。

当所筛选的细胞进入最后的DPBS冲洗阶段，将4mL步骤“（4）”中制备的平衡EBSS转移到无菌离心管中，加入400μL胰蛋白酶原液。将淘选皿的DPBS吸出，用剩余的6mL EBSS冲洗淘选皿。倒出EBSS，加入4mL含胰蛋白酶的EBSS溶液，在37℃培养箱中孵育6～8min。

将步骤“（4）”中制备的过滤后的30% FCS溶液加入培养皿中，终止胰蛋白酶消化。使用1mL移液管尖端将溶液从边缘向中心集中，避免在吹吸时在溶液中产生多余的气泡。将细胞悬液从培养皿取出，置于一个15mL无菌离心管中。将5mL的30% FCS加入培养皿中，在显微镜下观察确定在部分区域仍有贴壁细胞，并重复此步骤以收集最后剩余的细胞。取出50～100μL细胞悬液进行计数。同时将离心管中的细胞在室温下220*g*离心15min。取出上清液，并用少量DMEM-SATO培养基将细胞重新悬浮。

1）在玻片培养：在细胞悬液中加入适量DMEM-SATO培养基，调整细胞悬液的体积到每孔50μL。将50μL细胞悬液滴在步骤“（3）”准备的玻片中央，37℃孵育20～45min，使细胞黏附在玻片上，随后补充培养基至每孔500μL进行培养。

2）在培养皿培养：在细胞悬液中加入适量DMEM-SATO培养基，调整细胞悬液的体积到每孔300μL。将300μL细胞悬液滴在步骤“（2）”中准备的PDL包被的10cm组织培养皿中，用无菌玻璃涂抹器小心涂抹液体，尽量避免刮擦培养皿底部。在37℃下孵育7min，让细胞黏附在培养皿底，随后加入10mL培养基进行培养。也可以直接将细胞悬液稀释于所需体积培养基中，再直接将稀释并混匀的细胞悬液以10mL/皿的体积加入PDL包被的10cm培养皿中进行培养。

在培养中，可以在培养基内加入PDGF、NT-3以及T3，以促进细胞增殖或分化。OPC在37℃，10% CO_2条件下进行培养，每2～3天用新鲜培养基替换50%的原培养基。

四、OPC 的电生理记录

利用转基因小鼠如 PDGFRα-Cre^{ERT}；Rosa26-mGFP 对 OPC 的特异性荧光标记，可以在急性脑切片中识别 OPC 并进行电生理记录。研究表明，在胶质细胞中，仅有 OPC 能接收谷氨酸能与 GABA 能的直接输入，并且在兴奋性突触上能形成类似神经元的长时程增强。一般可以采用全细胞膜片钳的方法对 NG2 阳性的 OPC 的电生理特性进行记录（Zhang et al.，2021），记录的内容包括：细胞的静息电位，细胞膜平均输入阻抗与膜电容等，用于评估细胞的电生理特性；在电压钳模式下使用阶跃电位记录 OPC 的电压依赖性离子通道电流；另外，在电压钳模式下还可以记录 OPC 的配体依赖性离子通道电流。

记录时将脑片以 ACSF 灌流，电极内液可以根据实验目的参照记录神经元的电极内液进行调整。例如，在 NG2 阳性神经胶质细胞中记录微小兴奋性突触后电流（miniature excitatory post-synaptic currents，mEPSCs）时，使用如下低氯电极内液（以 mmol/L 为单位）：125 葡萄糖酸钾，15 KCl，8 NaCl，10 HEPES，0.2 EGTA，3 Na_2ATP 和 0.3 Na_2GTP（pH 至 7.3）。记录时细胞在电压钳模式下维持−80mV。

五、髓鞘的电镜检测

中枢神经系统中，大脑和脊髓白质中髓鞘最为密集。对髓鞘的电镜检测通常利用胼胝体、视神经、脊髓等髓鞘丰富的组织。一般使用透射电子显微镜检测髓鞘结构（Ma et al.，2022）。下面详细介绍电镜标本的制作。

小鼠通过腹腔注射戊巴比妥钠麻醉后，经心肌灌注 4%戊二醛（溶解于 0.1mol/L PB，pH 7.4）。取出大脑组织在 4%戊二醛中 4℃浸没一周。取所需组织并切为 1mm^3 小块，浸泡在 4%戊二醛中 4℃过夜。在 4℃下用 0.1mol/L 的二甲基砷酸钠（cacodylic acid sodium，CAS）缓冲液清洗 10min，重复 3 次，随后在 2%的四氧化锇（OsO_4）中进行后固定。用 3%的六氰化铁钾三水合物[$K_3Fe(CN)_6$]于冰上固定 1 小时，随后在 4℃下用去离子水清洗样品 4 次，每次 5min。放入 4%的乙酸铀水溶液中，冰上孵育 1 小时，随后用去离子水在室温下清洗 4 次，每次 5min。样品分别在 50%、70%、90%和 95%的丙酮中脱水 15min，在 100%的丙酮中脱水 3 次，每次 30min。将样品依次在 1∶3、1∶1、3∶1 的乙酸∶环氧树脂混合物中各浸润 2 小时，最后在 100%环氧树脂中浸润过夜。将 100%环氧树脂包埋中的样品置于 45℃ 12 小时，随后转入 65℃放置 48～72 小时，以使环氧树脂固化。将组织样品切为 60nm 超薄切片，用乙酸戊酸酯和柠檬酸铅双染色。随后即可用透射电子显微镜采集图像。

对髓鞘形态的电镜分析通常是指用 G-ratio 来检测髓鞘的厚度。G-ratio 的计算方法为同一个髓鞘包裹的轴突的内圈直径与外圈直径的比值，与髓鞘厚度呈负相关。无髓鞘轴突和脱髓鞘轴突的 G-ratio 为 1，为 G-ratio 的最大值。轴突的直径则通过测量轴突的横截面积计算。

六、髓鞘损伤的动物模型

由于目前仍缺乏对中枢神经系统脱髓鞘疾病发病机制的了解，因此对这类疾病仍无有效的治疗方法。在解析中枢系统脱髓鞘疾病的潜在机制的研究中，常常会使用中枢神经系统脱髓鞘动物模型。目前实验中常用的脱髓鞘动物模型有：毒素诱导的脱髓鞘模型、实验性变态反应性脑脊髓炎诱导的脱髓鞘模型（experimental autoimmune encephalomyelitis，EAE）、病毒感染诱导的脱髓鞘模型以及转基因动物诱导的脱髓鞘模型等。

（一）毒素诱导的脱髓鞘模型

常常用来诱导脱髓鞘动物模型的毒素包括溶血磷脂酰胆碱和双环己酮草酰二腙。

1. 溶血磷脂酰胆碱（lysophosphatidylcholine，LPC）诱导模型 LPC 是由磷脂被磷脂酶 A_2 酶解产生的内源性溶血磷脂，能通过 G 蛋白偶联受体或通过产生 RhoA 信号的 G2A 与 GPR4 受体，作用于成熟 OL。在大鼠或小鼠中枢神经系统中特定部位注射 LPC 可以快速产生急性脱髓鞘。具体的实验方法为：将 LPC 溶解于 PBS 中制成 1% LPC 溶液，将 1μL LPC 溶液注射于一侧胼胝体中，即可造成胼胝体脱髓鞘；或注射 2μL 0.1% LPC 溶液于脊髓胸腰平面背侧核/腹外侧核。在小鼠中，用这种方法造成髓鞘损伤后，髓鞘可以在 21 天后自行再生恢复。因此，该方法常被用来进行特定部位的脱髓鞘，从而可以研究脱髓鞘与髓鞘再生的机制。此方法的缺点在于注射造成脱髓鞘区域较小，且对星形胶质细胞和轴突均造成损伤。

2. 双环己酮草酰二腙诱导模型 双环己酮草酰二腙（cuprizone，CPZ），又称为铜腙，是一种铜螯合剂。CPZ 能使铜离子稳态失调引起细胞代谢压力，从而引起 OL 凋亡，目前作用机制尚未完全解析。在实验中常用含 0.2% CPZ 的饲料喂养小鼠数周，以造成慢性脱髓鞘。如果在脱髓鞘后换回正常饲料，即可观察到不同程度的髓鞘修复。CPZ 模型造成的脱髓鞘部位主要集中在大脑皮质、胼胝体、小脑上脚等区域；而且比较特异性地作用于少突胶质谱系细胞，而对神经元和星形胶质细胞的影响较小；同时给药方便简单。因此是比较常用的一种脱髓鞘的造模方法。

（二）实验性变态反应性脑脊髓炎诱导的脱髓鞘模型

实验性变态反应性脑脊髓炎（experimentally allergic encephalomyelitis，EAE）模型是被报道的与人类脱髓鞘疾病最为相似的实验模型。EAE 模型与多发性硬化（multiple sclerosis，MS）存在许多相同特征，包括髓鞘破坏与炎症。目前认为，EAE 模型的潜在致病机制可能是免疫系统过度激活导致外周抗原特异性的 T 细胞扩增并进入中枢神经系统，通过识别特定的髓鞘脂抗原而攻击 OL，以诱导脱髓鞘。EAE 动物模型制备是用髓鞘糖蛋白（myelin oligodendrocyte glycoprotein，MOG）、髓鞘蛋白脂蛋白（myelin proteolipid protein，PLP）、髓鞘相关糖蛋白（myelin associated glycoprotein，MAG）等髓鞘成分使动物产生免疫反应，从而在其中枢神经系统造成炎症性脱髓鞘反应。EAE 模型可以使用大鼠、小鼠，以及灵长类动物，并且能较好地模拟 MS 中的炎症反应、免疫监视和组织损伤，因此对 MS 的发病机制的研究与药物研制有重要应用。但是 EAE 模型又与 MS 存在一定的差异，因此在使用本模型模拟 MS 时需要具体分析。EAE 模型可以通过以下方式获得：

1. 急性 EAE 模型 通过皮下注射乳化的髓鞘蛋白，动物产生髓鞘损伤，获得急性 EAE（acute EAE，aEAE）模型。

2. 转移性 EAE 模型 从对髓鞘蛋白产生免疫反应的动物提取活性 $CD4^+$ T 细胞，并移植到正常动物，动物就会产生髓鞘损伤，从而建立转移性 EAE（transfer EAE，tEAE）模型。

3. 慢性复发性 EAE 模型 在 aEAE 基础上注射环孢素 A，诱导动物反复出现严重的脱髓鞘反应，即为慢性复发性 EAE（chronic relapsing EAE，crEAE）模型。

4. 抗体依赖性 EAE 模型 在 aEAE 的基础上，再给动物注射髓鞘抗原特异性抗体，则会产生更加严重的脱髓鞘，称为抗体依赖性 EAE（antibody-dependent EAE，adEAE）。

（三）病毒感染诱导的脱髓鞘模型

制备该模型最常用的是泰勒小鼠脑脊髓炎病毒（Theiler murine encephalomyelitis virus，TMEV）。$CD4^+$ T 细胞和 $CD8^+$ T 细胞在 TMEV 介导的脱髓鞘反应中发挥重要的作用，可以较好地模拟 MS 的特征性病理改变。TMEV 造成的脱髓鞘是持续的慢性过程，且病理性改变仅限于中枢神经系统；脱髓鞘部位可以发生自发性髓鞘修复。但是 TMEV 需在一些易感小鼠中才有较为显著而广泛的髓鞘和轴突损伤作用，如 SJL/J 品系小鼠。

（四）转基因动物的脱髓鞘模型

一些转基因或基因敲除小鼠模型也被用于脱髓鞘与髓鞘再生的机制研究。如敲除 MBP 基因的 Shiverer 小鼠有髓鞘形成障碍，因此被用于 OPC 移植对髓鞘修复的研究中；PLP 基因敲除也可以导致小鼠 OL 的死亡和髓鞘形成减少；MHC-Ⅰ、MHC-Ⅱ等转基因小鼠可以产生中枢神经系统的自身免疫反应，从而导致脱髓鞘。这些转基因或基因敲除小鼠都在髓鞘功能与疾病的研究中有重要应用。

第四节　小胶质细胞相关技术

早在 1932 年，Hortega 就描述了小胶质细胞的两种主要形态：①阿米巴样小胶质细胞（amoeboid microglia），又被称为反应态小胶质细胞（reactive microglia），具有肥大的胞体和短粗的突起；②分支样小胶质细胞（ramified microglia），又称为静息态小胶质细胞（resting microglia），具有较小的胞体和细长且多分支的突起。这两种不同形态的小胶质细胞是在不同发育阶段或不同环境条件下小胶质细胞所表现出的形态特征。

一、小胶质细胞的特异性标志物

在当前的研究中，通常使用小胶质细胞特异性的标志物对其进行识别和鉴定。由于小胶质细胞起源于胚胎发育期卵黄囊的 $RUNX1^+$/$C\text{-}KIT^+$原始造血细胞，因此具有与神经系统中其他类型细胞较为不同的细胞标志物，在研究中常常利用这些标志物的相应抗体进行免疫染色，从而对小胶质细胞进行识别、鉴定和分析。

（一）Iba1

离子态钙结合适配分子 1（ionized calcium binding adaptor molecule 1，Iba1）是特异性表达于小胶质细胞和巨噬细胞的钙结合蛋白，与肌动蛋白结合并且参与细胞膜皱褶的形成和吞噬作用。在中枢神经系统中，Iba1 是较为特异的小胶质细胞标志物之一。

（二）CX3CR1

C-X3-C 模体趋化因子受体 1（C-X3-C motif chemokine receptor 1，CX3CR1）是一种特异性表达于髓系细胞的趋化因子受体。在脑实质中，CX3CR1 特异性表达于小胶质细胞中，其配体是神经元分泌的趋化因子 CX3CL1（也被称为 fractalkine）。在大脑中，CX3CR1 除了表达于脑实质中的小胶质细胞上外，也在血管周围巨噬细胞、脑膜巨噬细胞、脉络丛巨噬细胞中表达。

（三）CD11b

CD11b 又被称为整合素 αM 链，与 CD18（即 integrin β2）组成 CD11b/CD18 异二聚体，即为补体受体 3（complement receptor 3，CR3），又被称为巨噬细胞-1 抗原（macrophage-1 antigen，Mac-1）。CD11b 特异性表达于髓系细胞如单核细胞/巨噬细胞、中性粒细胞等免疫细胞，在中枢神经系统脑实质中比较特异性地表达于小胶质细胞。

（四）CD68

CD68 是一种糖基化的 I 型膜蛋白，属于溶酶体相关的膜蛋白分子家族。CD68 表达于单核/巨噬细胞，被用作泛巨噬细胞标志物；也在树突细胞（dendritic cell）、破骨细胞（osteoclast）中有表达。在中枢神经系统中，CD68 主要特异性表达于小胶质细胞，并且在小胶质细胞激活时表达增加。CD68 主要位于晚期内吞体和溶酶体中，因此在中枢神经系统中可以特异性指示小胶质细胞的溶酶体，以及激活的小胶质细胞。

（五）P2Y12

在中枢神经系统中，P2Y12 是小胶质细胞特异性表达的嘌呤受体，也是小胶质细胞区别于其他髓系细胞的特征性分子。P2Y12 主要位于小胶质细胞的分支状突起上，通过感受损伤部位升高的核苷酸，引导小胶质细胞向损伤部位的迁移和聚集。缺失 P2Y12 会减少小胶质细胞的突起并抑制小胶质细胞向损伤部位的迁移。

（六）TREM2

髓系细胞触发受体 2（triggering receptor expressed on myeloid cells 2，TREM2）是一种免疫球蛋白超家族的膜受体，表达于巨噬细胞、小胶质细胞、树突细胞和破骨细胞。小胶质细胞的 TREM2 促进小胶质细胞的存活、增殖和吞噬活动，并且参与调节小胶质细胞在多种疾病中的活动。

（七）TLR4

Toll 样受体 4（toll-like receptor 4，TLR4）是免疫细胞识别外来致病源并启动炎症反应的关键受体。在中枢神经系统中，TLR4 表达于小胶质细胞，并介导 LPS 等对小胶质细胞的激活。

（八）TMEM119

研究表明 TMEM119 特异性地在鼠源和人源小胶质细胞中大量表达，而在脉络丛、脑膜巨噬细胞和血管周细胞中不表达。因此，可以认为 TMEM119 仅限于且高表达于小胶质细胞，是一种具有小胶质细胞高度特异性的标志物（Bennett et al.，2016）。

（九）SALL1

剥落样转录因子 1（spalt like transcription factor 1，SALL1）是一个含锌指结构的转录因子。研究表明 SALL1 在小胶质细胞中特异性表达，而不表达于单核/巨噬细胞以及中枢神经系统中其他类型细胞（Buttgereit et al.，2016）。除了在中枢神经系统中的小胶质细胞中表达外，SALL1 也在肾脏中表达。

二、小胶质细胞的体内标记与操控

为了研究小胶质细胞的生理功能，科研人员已经开发出多种方法和小鼠品系对小胶质细胞进行特异的体内操控，包括对小胶质细胞进行清除、标记和基因操作等。

（一）对小胶质细胞的特异性清除

对小胶质细胞进行特异性清除是研究小胶质细胞起源、增殖、再殖、替代以及功能的重要手段之一。目前可以使用转基因小鼠、药理学方法等实现对小胶质细胞的特异性清除。

1. 利用药理学方法清除小胶质细胞 由于集落刺激因子 1 受体（colony stimulating factor 1 receptor，CSF1R）在脑内特异性表达于小胶质细胞，并且对小胶质细胞的增殖与稳态维持必不可少。基因敲除 CSF1R 或用药物抑制 CSF1R 均可以使脑内小胶质细胞凋亡。因此，使用 CSF1R 抑制剂可以特异性在脑内清除小胶质细胞，目前较为常用的有 PLX3397 和 PLX5622 两种。PLX3397 商品名为 pexidartinib，是一种受体酪氨酸激酶抑制剂，可以抑制 CSF1R、c-Kit、FLT3

的活性，可以被用于清除中枢神经系统中的小胶质细胞。PLX5622 是对 CSF1R 具有高度选择性的抑制剂（IC_{50}＜10nmol/L），比对 c-Kit 和 FLT3 的选择性高 20 倍以上，因此可以更加特异性地清除小胶质细胞/巨噬细胞（Huang et al.，2018）。PLX3397 和 PLX5622 都可以穿透血脑屏障并且口服有效，因此可以混合在动物饲料中进行给药，有效清除中枢神经系统中的小胶质细胞，清除效率可以达到 90%以上。由于口服给药是全身性给药，因而在实验中需要考虑药物对外周免疫系统和造血系统的作用。

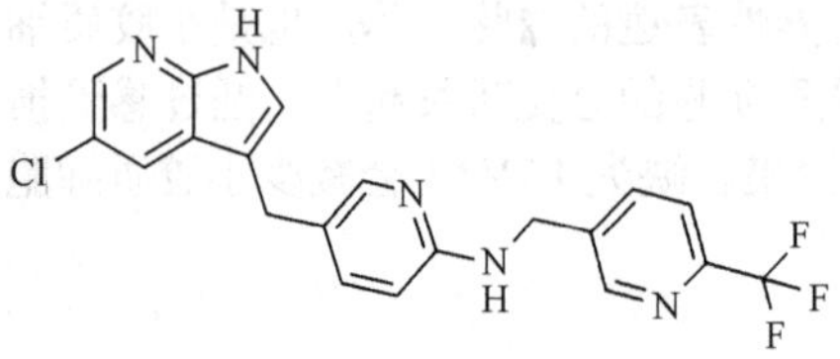

PLX3397 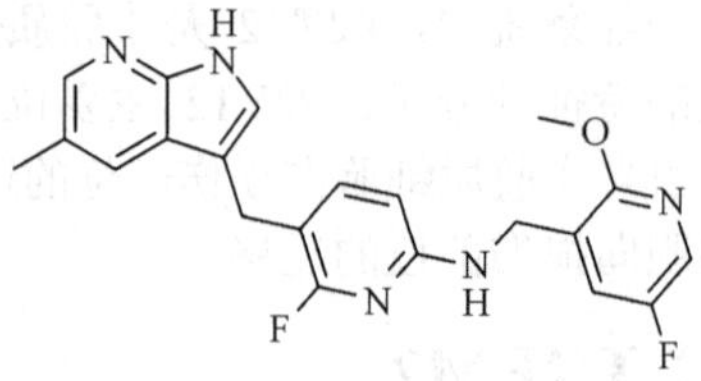　　　　PLX5622

此外，使用药理学方法也可以对特定脑区中的小胶质细胞进行特异性的清除，如氯膦酸二钠（clodronate disodium salt，CDS）（Schalbetter et al.，2022）。CDS 可以通过特异性抑制小胶质细胞线粒体 ATP 转位酶而诱导小胶质细胞的凋亡。通过立体定位，在特定脑区注射 CDS 可以引起局部小胶质细胞的凋亡，在注射 1 天后即可观察到小胶质细胞的显著减少，5 天后清除效果达到顶峰，10 天后小胶质细胞的数量恢复到正常水平。因此，使用该方法可以在特定脑区短暂地清除小胶质细胞，效率可以达到 60%以上。

2. 利用转基因小鼠清除小胶质细胞　利用 CD11b-DTR 转基因小鼠可以特异性清除脑内小胶质细胞，而不影响外周免疫系统。该小鼠在 CD11b 启动子的驱动下表达人源白喉毒素受体（diphtheria toxin receptor，DTR），从而在其巨噬细胞和中枢神经系统内的小胶质细胞中特异性表达 DTR。通过在该小鼠脑室内植入微量透析泵或给药导管，并持续注入白喉毒素（diphtheria toxin，DT），即可特异性激活脑内小胶质细胞所表达的 DTR 从而将其杀死，而不影响外周的单核/巨噬细胞。该方法可以达到较高的清除效率（＞95%），并且特异性针对中枢神经系统中的小胶质细胞，如配合微量透析泵使用，则可以在较长时间内维持小胶质细胞的清除状态（Bi et al.，2022）。

（二）用于小胶质细胞的标记与基因操作的工具小鼠

CX3CR1-GFP 小鼠使用增强型绿色荧光蛋白（enhanced green fluorescent protein，EGFP）基因序列取代了 *Cx3cr1* 基因第二外显子的前 390 碱基对，因此使 EGFP 在 CX3CR1 启动子的驱动下得到表达。在该小鼠中，中枢神经系统内的小胶质细胞，以及外周免疫系统中的单核/巨噬细胞、树突细胞、NK 细胞都被 EGFP 标记。在小胶质细胞的研究中，该小鼠常常被用作对小胶质细胞进行标记、形态分析、离体和在体成像等实验。同样，Sall1-GFP 小鼠使用了相似的基因替代策略构建，因此也可以被应用于这些研究中。利用 CX3CR1-GFP 或 Sall1-GFP 小鼠对小胶质细胞进行标记时，应使用杂合小鼠，以避免在纯合小鼠中 CX3CR1 或 Sall1 的缺失对小胶质细胞功能的影响。

CX3CR1-Cre、CSF1R-Cre 小鼠通过与报告小鼠杂交后，即可永久性标记髓系谱系细胞，包括中枢神经系统内的小胶质细胞。如果与特定基因条件性敲除小鼠进行杂交，则可在小胶质细胞特异性敲除该基因。Sall1-Cre 亦可以有相同的应用。由于使用这些小鼠会同时标记外周髓系细胞等其他类型细胞，进行基因操作时需要考虑是否会因此影响实验结果。

目前在研究中更多应用可诱导型的 Cre 小鼠，如 CX3CR1-Cre^{ERT2}、Sall1-Cre^{ERT2}、TMEM119-Cre^{ERT2} 等小鼠。应用这些小鼠时，通过与报告小鼠或特定基因条件性敲除小鼠进行杂交，并给予他莫昔芬诱导，即可标记小胶质细胞或对小胶质细胞进行基因敲除。相较外周免疫细胞，小胶质细胞的寿命显著更长。因此，对小胶质细胞进行标记或基因操作后，可以在较长时间内对其活动与功能进行观测和研究。

三、小胶质细胞的分离、纯化和体外培养

在对小胶质细胞的研究中，常常需要对其进行分选和体外培养，以观测其增殖、迁移、吞噬等活动与功能。从组织中分选小胶质细胞的常用方法有振荡法、流式分选法、磁珠分选法、免疫淘选法等。

小胶质细胞对组织损伤高度敏感，在分离过程中小胶质细胞的激活不可避免。因此，分离和纯化过程应快速完成，并尽可能在保持低温的条件下进行，以防止小胶质细胞的激活和相应基因的表达。即使在分离过程中足够小心，但是在培养条件恢复到生理温度时，小胶质细胞也会迅速进入激活状态。然而，这种经典激活标志物的表达是短暂的，并可以在数小时到数天内恢复到基础水平。因此，小胶质细胞的体外测试需要在培养一段时间后再进行，以避免纯化培养初期小胶质细胞激活造成的基因表达变化导致复杂而不稳定的实验结果。

（一）振荡法纯化培养原代小胶质细胞

振荡法培养纯化小胶质细胞利用了在胶质细胞混合培养中，小胶质细胞黏附较为松散的特性。这种方法需要较长时间获得纯化的小胶质细胞，但是不需要复杂的设备和昂贵的试剂。因此，应用较多。

1. 实验准备 将10mL 0.1mg/mL PDL加入75cm^{2}培养瓶中，4℃孵育过夜。吸去PDL溶液，用无菌去离子水洗涤3次，在室温下敞口风干，并用紫外线照射30min。

2. 实验操作 取新生（P0）大鼠或P1～2小鼠，埋于冰中1～3min冰冻麻醉后全身喷洒70%乙醇消毒，迅速断头。用镊子从鼻部固定头部，沿中线剪开头部皮肤及颅骨，取出完整大脑放入含冰冷HBSS的培养皿中。在解剖显微镜下将大脑左右半球分离，去除脑膜、中脑、小脑、海马，仅保留皮质组织。将大脑皮质组织收集到放置于冰上的一个干净的培养皿中，切成1mm^{3}小块。将整个皮层浸入300μL 0.25%胰酶中，放置于37℃细胞培养箱孵育消化12min。将消化好的皮质组织转移入15mL离心管，加入6mL含10% FCS的MEM终止消化，并用5mL移液管吹打组织块，直至形成均匀悬液。在4℃下1800转/分离心5min，弃去上清。按照每个半脑加入2.5mL含10% FCS的MCM培养基，轻轻吹打至细胞重新悬浮，静置10min。向PDL包被的75cm^{2}培养瓶中加入10mL含10% FCS的MEM培养基，再加入5mL静置后的细胞悬液，晃动均匀后置于37℃细胞培养箱培养。24小时后吸去全部培养基，加入10mL含10% FCS的新鲜MEM培养基继续培养。

培养6～7天（大鼠）或12～14天（小鼠）后，得到多种类型胶质细胞混合培养物。显微镜下可见星形胶质细胞生长于底层，而小胶质细胞生长在星形胶质细胞层表面，呈球状。水平晃动培养瓶，尽量不产生泡沫，促使大部分小胶质细胞脱落。收集培养基至离心管，4℃下1800转/分离心5min，弃去大部分上清。加入适量10% FCS的MEM培养基重悬细胞，接种于6孔板或培养皿。37℃细胞培养箱静置10min，待细胞贴壁后，换用3% FCS的MEM继续培养小胶质细胞12小时后，即可用于后续试验。

（二）流式分选法纯化小胶质细胞

利用小胶质细胞特异性标志物可以将其与中枢神经系统中的神经元和其他胶质细胞进行区分，如CD11b和CD45。尽管与脉络丛单核/巨噬细胞相比，小胶质细胞中CD45的表达较低，但是仍然难以与这些外周免疫细胞截然区分。因此，选择更为特异的小胶质细胞标志物，如TMEM119，用于小胶质细胞的流式分选可以得到纯度较高的小胶质细胞。使用流式分选法，可以从亚成年或成年的小鼠或大鼠脑中分离和纯化小胶质细胞，从而对成年脑中小胶质细胞的活动状态与功能进行研究。对于胚胎期或新生小鼠，TMEM119的表达难以检测，因此应使用CD11b/CD45双阳性作为脑

内小胶质细胞的分选标准。

1. 主要试剂

（1）DNase Ⅰ储存液：以 4mg/mL 的浓度将 DNase Ⅰ在 1×PBS 中过滤除菌后，分装为 200μL，可在-20℃存储长达 1 年。

（2）荧光激活细胞分选法（FACS）匀浆缓冲液：15mmol/L HEPES，0.5%葡萄糖，1×HBSS。过滤除菌后可在 4℃存储 2 周。实验当天，在 5mL 冰冷 FACS 匀浆缓冲液中加入 200μL DNase Ⅰ储存液和 10μL RNasin。

（3）磁激活细胞分选法（MACS）缓冲液：1×PBS，2mmol/L EDTA，0.5% BSA。过滤除菌后可在 4℃存储 2 周。

（4）FACS 缓冲液：1×PBS，1% FCS，2mmol/L EDTA，25mmol/L HEPES。过滤除菌后可在 4℃存储 2 周。

2. 实验操作

（1）细胞分离：取 1 只新生 10 天以上或 3 只新生 10 天以内的小鼠，麻醉后迅速断头，剪开皮肤并从椎管开始切开颅骨，用镊子剥开颅骨，取出大脑，去除脑膜、中脑、小脑、海马，仅保留皮层组织，迅速将其转移到 5mL FACS 匀浆缓冲液中。在冰上用匀浆器研磨 2～3 次，然后将悬液通过 70μm 的细胞滤网滤入到置于冰上 50mL 的离心管中。如果第一轮匀浆后仍有组织块，将剩余的组织留在匀浆器中，加入 2mL FACS 匀浆缓冲液，再重复研磨 2～3 次匀浆，再次通过细胞滤网收集到 50mL 离心管中。用 1mL FACS 匀浆缓冲液冲洗过滤器 2 次，同样收集到离心管中。

（2）去除髓鞘：将细胞悬液分装在 2mL 离心管中，在 4℃下 9300*g* 离心 30s。弃上清液，加入 1.8mL MACS 缓冲液和 4μL RNasin。混合髓鞘去除微珠悬液，然后在每管细胞悬液中加入 200μL。轻轻混合后，将每管样品分在两个单独的 2mL 离心管中（每管 1mL），4℃下静置 10min。同时，将 LD 柱（按每个样品 2 个 LD 柱）置入 MACS 磁铁中，用 2mL MACS 缓冲液润洗。将静置后的细胞悬液用 MACS 缓冲液稀释每个细胞悬液至 2mL，在 4℃下 9300*g* 离心 30s。弃上清液，再加入 2mL MACS 缓冲液重悬细胞后，再次在 4℃下 9300*g* 离心 30s。弃上清液，每管加入 1mLMACS 缓冲液重悬细胞，并使细胞悬液通过 LD 柱，收集到置于冰上 50mL 的离心管中。用 2mLMACS 缓冲液冲洗 2mL 离心管后，同样经 LD 柱收集到 50mL 离心管中。再用 2mL MACS 缓冲液冲洗 LD 柱，并收集到 50mL 离心管中。将细胞悬液分装到 2mL 的离心管中。在 4℃下 9300*g* 离心 30s，弃上清液，然后加入适量 PBS 重悬细胞，使每个样品最终体积为 1mL。

（3）细胞染色：取出 100μL 的细胞悬液作为阴性对照。加入 1500μL FACS 缓冲液稀释细胞悬液。然后，制作 300μL 五等份，分别标记为"CD11bSC"、"CD45SC"、"TMEM119SC"、"只加二抗（secondary only）"和"未染色（unstained）"。"SC"是指单色对照（single-color control）。

在上一步剩余的 900μL PBS 细胞悬液中，加入 1μL Live/Dead Green，在 4℃下避光孵育 5min。用 FACS 缓冲液稀释细胞悬液至 2mL，在 4℃下 9300*g* 离心 30s，弃上清液。加入 320μL FACS 缓冲液，重悬细胞。吸取 20μL 细胞悬液并用 580μL 的 FACS 缓冲液稀释后，分成两管，分别标记为"Live/Dead SC"和"FMO"，作为 Live/Dead 组和 FMO 对照组。将剩余 300μL 细胞悬液的试管标记为"All"，用来进行所有标志物的染色。

在"CD11bSC"、"CD45SC"、"TMEM119SC"、"secondary only"、"unstained"、"Live/Dead SC"和"FMO"中各加入 5μL Mouse BD Fc Block。在"All"和"TMEM119SC"中，加入 TMEM119 一抗。一般情况下抗体的终浓度为 0.1～0.5μg/mL。放置于离心管摇架上（大约 18 转/分），4℃下孵育 15～20min。

用 FACS 缓冲液将"All"和"TMEM119SC"细胞悬液体积补充至 2mL，并在 4℃下 9300*g* 离心 30s，弃上清液，用 300μL FACS 缓冲液重悬细胞。在"All"和"FMO"管中加入 1μL CD11b-PerCP/Cy5.5、1μL CD45-PE-Cy7 和 1μL 抗兔 BV421，并同样加入于"SC"和"secondary only”管中。在离心管摇架上（大约 18 转/分），4℃下孵育 15min。

用 FACS 缓冲液将体积补充至 2mL，在 4℃下 9300g 离心 30s，弃上清液。再重复此步骤进行第二次清洗。加入 300μL（含有 3μL RNase-free DNase 和 0.6μL RNasin）FACS 缓冲液重悬细胞。

（4）流式细胞分选：在 BD FACSAria Ⅱ流式细胞分选仪上，准备 100μm 喷嘴，并将试管冷却器设置为 4℃。通常将流量设置为 1（大约 10μL/min），以最大限度地提高分选效率。使用单色对照样品或微珠进行补偿后，设置为单细胞获取模式，使用 FSC/SSC/Live-Dead 染色特性。

把“All”试管中的细胞悬液加入仪器，并通过四路分选收集入含有 FACS 缓冲液和 RNasin 的低黏附微离心管中。准备两个收集管：一个用于收集 $TMEM119^+$细胞（小胶质细胞）；另一个用于收集 $TMEM119^-/CD45^{Hi}/CD11b^+$（“髓系细胞”），它们代表非小胶质细胞的免疫细胞，可以用于对比。

分选得到的小胶质细胞可以用于体内移植和细胞培养，但是流式细胞分选会显著降低小胶质细胞的活性。此外，分选得到的小胶质细胞可以用于 RNA 的分析，这种情况下需直接将细胞分选至裂解缓冲液中，以避免细胞发生过多的转录变化。

由于人源小胶质细胞也表达特异性表面抗原 TMEM119，利用同样的流式细胞分选方法和 TMEM119 抗体，也可以从人脑组织中分离纯化人源小胶质细胞。

（三）磁珠分选法

虽然流式细胞分选法可以得到纯度较高的小胶质细胞，但需要专门的仪器，耗时较长，而且可能在分选过程中对细胞造成较大的损伤而影响后续的实验。因此，磁珠分选法或免疫淘选法也是常用的分离纯化小胶质细胞方法。与用振荡法纯化小胶质细胞相比，用磁珠分选法或免疫淘选法有以下优点：首先，细胞可以从不同发育阶段的大脑中分离出来，而不仅仅是围生期的大脑；其次，可以在几个小时内筛选出较为纯净的小胶质细胞，而不需要几周的时间；再次，避免了在混合培养过程中，长时间体外培养引入的潜在变量（包括其他类型细胞的污染）；最后，新鲜分离的细胞可以在不含血清、适合小胶质细胞的培养基中进行后续培养（血清对体外培养的小胶质细胞特性有持久的影响）。

在磁珠分选方案中，将识别小胶质细胞表面抗原 CD11b 的抗体结合到微小的超顺磁性颗粒上，即可在磁场中存留被标记的细胞。由于在正常生理条件下，中枢神经系统里的 $CD11b^+$细胞中主要是小胶质细胞，因此通常以 $CD11b^+$作为小胶质细胞的识别标准。但是这种方法无法区分脉络丛等屏障系统中的巨噬细胞、单核细胞、中性粒细胞等免疫细胞。所以，磁珠分选法通常被应用于常规的培养（通过培养去除外周免疫细胞）或细胞纯度要求不高的实验。

磁珠分选法和免疫淘选法的最佳应用是从 P14～21 的大鼠全脑中分离 $CD11b^+$细胞。这两种方法也可以应用于不同年龄的小鼠、人类或大鼠脑组织，但是细胞产量可能会有所降低。

1. 主要试剂

（1）DPBS++：含钙与镁的杜尔贝科磷酸缓冲盐水（Dulbecco phosphate-buffered saline with calcium and magnesium）。

（2）灌流缓冲液：在 DPBS++中溶解 0.5mg/mL 肝素，即为灌流缓冲液。过滤除菌（可以将肝素以 50mg/mL 溶解在 DPBS++中，制备 100×肝素储存液。可在 4℃存储 1 年）。

（3）分离缓冲液：将 200μL DNase Ⅰ储存液稀释于 50mL DPBS++中，即为分离缓冲液。

（4）髓鞘分离缓冲液：在 90mL 淋巴细胞分离液 Percoll PLUS 中，加入 10mL 10×DPBS、90μL 1mol/L $CaCl_2$ 和 50μL 1 mol/L $MgCl_2$ 储存溶液。混合均匀，得到髓鞘去除缓冲液，过滤除菌。在 4℃可以储存长达 1 年（1 mol/L $CaCl_2$ 和 1 mol/L $MgCl_2$ 储存溶液用去离子水提前配制）。

2. 实验操作

（1）细胞分离：将大鼠麻醉处死，并经心脏灌流 10～30mL 4℃的灌流缓冲液。将大鼠断头，剪开皮肤并从椎管开始切开颅骨，用镊子剥开颅骨，取出大脑，放入置于冰上的 10mL 分离缓冲液中，去除脑膜、中脑、小脑、海马，仅保留皮层组织。将每个样品（2 个大脑）转移到含有 1mL 分离缓冲液的培养皿中，用刀片切成 $1mm^3$ 的小块。迅速将组织块转移到匀浆器中，加入 4.5mL 分离缓冲液，在冰上轻轻研磨 10～15 次，然后将细胞悬液转移到置于冰上的 50mL 离心管中。

（2）髓鞘和细胞碎片：在每个样品中加入冰冷的分离缓冲液，调整总体积至 33.5mL，在细胞悬液中加入 10mL 髓鞘分离缓冲液。在 4℃下 500*g* 离心 15min，缓慢停止，用移液器小心去除上层的髓鞘成分和上清液，先加入 PBS 重悬细胞（每 10g 最初组织量加 2.7mL PBS），再加入去除髓鞘微珠（每 2.7mL PBS 加入 300μL 微珠），混合均匀后分装在 2 个 2mL 离心管中，4℃孵育 10min。同时，将 1 个 LD 柱置入 MACS 磁铁中，用 2mL PBS 润洗。将静置后的细胞悬液在 4℃下 5000*g* 离心 30s，弃上清液，在 2mL PBS 中重悬，再次在 4℃下 5000*g* 离心 30s，弃上清液。加入 0.5mL 的 PBS 重悬细胞，合并两管细胞悬液，加入 LD 柱中。将流过 LD 柱的细胞悬液收集到置于冰上的 50mL 离心管中，并用 2 管 1mL PBS 冲洗 LD 柱，收集到 50mL 离心管中。将细胞悬液混合均匀，分装在 2 个预冷的 2mL 离心管中，4℃下 5000*g* 离心 30s。加入 PBS 重悬细胞（每 10 个幼年大鼠鼠脑或等量的成年大鼠脑组织加 180μL PBS）。

（3）CD11b 分选：细胞悬液中加入 20μL rat CD11b 微珠（mouse/human CD11b 微珠也可以），混合均匀后 4℃孵育 10min。同时，将 1 个 LS 柱置入 MACS 磁铁中，用 2mL PBS 润洗。将静置后的细胞悬液加入 1mL PBS 进行稀释，在 4℃下 5000*g* 离心 30s，弃上清液，加入 0.5mL 的 PBS 重悬细胞，合并两管细胞悬液，加入 LS 柱中。加入 2mL PBS，洗去 $CD11b^-$细胞，弃去流过的细胞悬液。在 2mL PBS 完全通过 LS 柱后，再重复两次（共洗涤 3 次，每次 2mL）。从磁铁上取下 LS 柱，加入 2mL 的 PBS，洗脱 $CD11b^+$细胞。

（四）免疫淘选法

虽然磁珠分选法较为高效，但是需要较多试剂和设备的前期投入，而使用免疫淘选法可以简化这些前期的投入。免疫淘选法同样使用 CD11b 作为小胶质细胞标志物，因此也不能实现髓系细胞的进一步分离。虽然操作上比磁珠分选费力一些，但是可以避免引入磁珠而对下游实验产生影响。

1. 免疫淘选皿的准备 将 25mL 50mmol/L pH 9.5 的 Tris 溶液加入到 15cm 未经处理的培养皿中。将 Goat Anti-Mouse IgG（H+L chains）加入培养皿中，最终浓度为 6μg/mL，37℃孵育 1～3 小时。用淘选缓冲液冲洗培养皿 3 次，然后加入含有 1μg/mL OX42 抗体的淘选缓冲液，并将培养皿平置，在室温下过夜。

OX42 单克隆抗体可特异性识别大鼠 CD11b。如果使用来自小鼠或人的组织，可以使用相同浓度的 M1/70 单克隆抗体，与 goat anti-rat IgG 一起使用，以识别小鼠或人的 CD11b。

2. 试剂准备

（1）小胶质细胞培养基（microglia growth medium，MGM）：将 49mL 无酚红 DMEM/F12 加热至室温。加入 500μL Pen-strep/glutamine 储存液、500μL TNS 储存液、50μL COG 储存液，混合均匀，再加入 50μL TCH 储存液。在 4℃下可以保存 1 周。

（2）TNS 储存液：用 DMEM/F 12 培养基配制 *N*-乙酰半胱氨酸（*N*-acetyl cysteine，50mg/mL）、亚硒酸钠（sodium selenite，10mg/mL）储存液。将 100mg 载脂蛋白-转铁蛋白（Apo-transferrin）溶解于 9.89mL DMEM/F 12 培养基，加入 100μL *N*-乙酰半胱氨酸储存液和 10μL 亚硒酸钠储存液。混合均匀，过滤除菌后，分装成 500μL，储存于–20℃可保存 1 年。

（3）COG 储存液：用乙醇溶解油酸（oleic acid，1mg/mL）和性腺酸（gondoic acid，0.01mg/mL），配制成 100×OG 储存液。将胆固醇（cholesterol）加入 37℃乙醇（1.67mg/mL）中，并保持在 37℃ 20min，直至完全溶解。在 900μL 胆固醇溶液中加入 100μL OG 储存液，制成 COG 储存液。在玻璃容器中储存于–20℃可保存 1 个月。

（4）TCH 储存液：将 CSF-1 溶解于 1×PBS 中至 12.5μg/mL。在 1×PBS 中将人源 TGF-β_2 溶

解为20μg/mL。用1×PBS溶解硫酸肝素至10mg/mL。将50μL TGF-β_2溶液和50μL硫酸肝素溶液加入400μL CSF-1溶液中，混匀后过滤除菌。分装为50μL/管，储存于–20℃可保存长达1年。

3. 细胞分离与髓鞘清除　按磁珠分选法的前期步骤从大鼠脑组织中分离细胞并制备细胞悬液，然后清除髓鞘。将细胞重新悬浮于1mL淘选缓冲液（2～6个大鼠的脑组织，约5mg最初的组织量）。将细胞充分打散后，用淘选缓冲液补充至12mL。

4. 免疫淘选　将细胞悬液通过70μm的细胞滤网过滤并收集。同时，用DPBS++冲洗OX42抗体包被的淘选皿3次，倒去DPBS++但不要使皿底干燥。将细胞悬液加入淘选皿中，平置培养皿，在室温下孵育20min，使细胞黏附。用PBS冲洗淘选皿10次，去除未贴壁细胞。小胶质细胞会牢固地附着在皿底，因此每次冲洗时都要旋转淘选皿，以确保去除未贴壁细胞。最后一次清洗后，去除PBS，加入15mL TrypLE酶溶液，在37℃下孵育10min。倒去TrypLE溶液，用15mL PBS轻轻洗涤两次。吸去最后的洗液，加入12mL冰冷的小胶质细胞生长培养基（microglia growth medium，MGM）。将淘选皿放在冰上2min，以削弱细胞在皿底的黏附作用。使用10mL的移液管将黏附在皿底的小胶质细胞洗脱下来。可以在显微镜下观察和标记细胞仍然附着的部位，并在这些区域重复冲洗直至细胞完全脱落。收集细胞悬液，分成4个15mL锥形管，在4℃下500*g*离心15min，缓慢制动。吸去大部分上清，留下0.5mL MGM。在剩余的0.5mL MGM中重新悬浮细胞。合并4个离心管中的细胞，计数。随后可以对纯化的小胶质细胞进行培养或其他实验操作。

四、小胶质细胞的体外和体内成像

（一）体外培养的小胶质细胞的成像

利用体外培养的小胶质细胞，可以通过显微镜下实时成像观测和分析小胶质细胞的迁移、吞噬、胞饮、钙信号等活动。根据实验需求、实验材料等的不同，成像可以使用相差显微镜在明场下拍摄，也可以使用荧光显微镜拍摄带有荧光标记的小胶质细胞，或者利用荧光分子对小胶质细胞内不同的细胞器进行染色后拍摄这些细胞器的活动。拍摄应在小胶质细胞纯化培养后恢复静息状态下进行。

1. 小胶质细胞的迁移　多种分子如LPS、钙离子、ATP等均可以诱导小胶质细胞的迁移。例如，在脑内神经细胞受到损伤时，大量ATP被释放到胞外，从而作为一种“发现我”的信号，引导小胶质细胞向损伤和/或疾病部位快速迁移，促进受损和凋亡细胞的清除，并同时诱导炎症反应。一般条件下的小胶质细胞的迁移可以通过Transwell技术和划痕试验来进行测定和评估。ATP诱导的小胶质细胞的快速定向迁移则可以利用微电极注射法（micropipette assay）来测定。在体外培养小胶质细胞的培养皿中，通过微电极注入ATP，可以稳定地产生一个ATP梯度，从而模拟损伤诱导的内源性ATP释放。在这个ATP梯度的作用下，可以观察到小胶质细胞快速的形态变化，并向ATP源发生移动，从而再现对小胶质细胞在体迁移的观察记录（Wu et al.，2014）。具体实验操作如下：

将培养小胶质细胞的培养皿平稳放置在激光共聚焦显微镜或装有CCD相机的显微镜载物台上，选择适当放大倍数的物镜，调整焦距和视野。

玻璃微电极利用电极拉制仪拉制为尖端直径2μm，尖端呈5mm均匀锥度的形状。将玻璃微电极灌注含ATP或ATPγS的溶液，然后连接到气体压力注射系统Picospritzer，将输出压力设置为3 psi；利用微操纵器将微电极尖端靠近培养小胶质细胞的皿底。在给予ATP或ATPγS前，以激光共聚焦显微镜或连接在显微镜的CCD相机连续拍摄小胶质细胞约5min，作为基线对照。

向Picospritzer给予时长为20 ms，间隔设置为500 ms的触发脉冲，使含ATP或ATPγS的溶液从电极尖端进入培养皿中，在微电极尖端周围形成一个小的趋化梯度（半径约为300μm）；同时连续拍摄图像。实时图像可以经后期分析处理，对小胶质细胞的迁移速率等参数进行评估和测定。

2. 小胶质细胞的胞吞和胞饮　小胶质细胞可以通过胞吞（endocytosis）或胞饮（pinocytosis）

的方式摄入胞外微环境中的固态或液态物质。

在体外培养的小胶质细胞体系，通常使用乳胶珠（latex beads）来模拟小胶质细胞的胞吞作用。将稀释后的乳胶珠（0.01%～0.05%）加入培养的小胶质细胞中，并迅速放入预热至 37℃的活细胞工作站的成像小室。以激光共聚焦显微镜或连接在显微镜上的 CCD 相机连续拍摄小胶质细胞对乳胶珠的胞吞作用。在拍摄一段时间后，将细胞固定并做后续分析。

葡聚糖（dextran）是一种水溶性好、低毒性、分子量适中的多糖。带有荧光基团标记的葡聚糖，广泛应用于胞饮泡的标记。ATPγS 可以被用为小胶质细胞胞饮的激活剂。在培养的小胶质细胞中，加入 100μmol/L ATPγS 和 1mg/mL 荧光标记的葡聚糖（如 Oregon Green 488 葡聚糖）。以激光共聚焦显微镜或连接在显微镜上的 CCD 相机连续拍摄小胶质细胞吞饮泡的形成；或在孵育 10min 后，用 0.5%福尔马林、0.2%戊二醛将细胞固定并进行成像观察和后续分析。普通葡聚糖固定后荧光强度会大幅削减，这里可能需要使用耐受固定的葡聚糖。

（二）小胶质细胞的体内成像

小胶质细胞的体内成像常常使用 CX3CR1-GFP 小鼠，也可以使用 CX3CR1-Cre 与报告小鼠品系杂交后的小鼠。在这些小鼠中，小胶质细胞被荧光蛋白标记，因此可以对小胶质细胞的形态和功能进行体内成像与分析。如果同时以其他荧光蛋白标记神经元，则可以观测小胶质细胞与神经元的相互作用。

首先需要对小鼠进行颅骨窗手术。将小鼠麻醉后放置于脑立体定位仪上将头部固定，随后在所需观察的脑区（如体感皮层）上方使用颅骨钻打孔（直径约 3mm）。随后植入颅窗，再将圆形盖玻片装到开颅窗中，并使用 Loctite 404 胶固定。使用牙科水泥将头部固定板（headplate）固定在头骨上，并覆盖剩下暴露的颅骨。手术过程中注意保持无菌，术后及时给小鼠注射抗生素和消毒，并将小鼠放置于加热垫上恢复，时刻注意观察小鼠的体温和状态。术后 4～5 天开始训练将小鼠头部在显微镜上固定。在正式成像时，将小鼠头部固定而身体置于浮球或跑轮，以保持小鼠在清醒状态下维持头部的稳定。选择适合的物镜，使用双光子显微镜透过颅骨窗对下方的脑组织中荧光蛋白标记的小胶质细胞进行拍摄。通常使用 1μm *z* 轴步进，延时成像以 5min 间隔进行，可以持续 1～2 小时。拍摄完成后可以使用 ImageJ 或 MATLAB 对小胶质细胞的形态等活动特征进行图像分析。

在需要对脑组织进行定点损伤时，可使用 780nm 波长 75 mW 的激光点照射 8s 造成局部损伤。随后每 5min 对损伤部位周围 50～90μm 厚度的组织进行扫描，观察和评估小胶质细胞对损伤的响应。

五、小胶质细胞的电生理记录

小胶质细胞的细胞膜也有丰富的离子通道，并且对小胶质细胞的功能具有重要作用。因此，利用膜片钳等电生理方法对小胶质细胞的膜离子通道进行研究，也是检测小胶质细胞功能的常用方法之一。根据研究目的，实验者可以选择使用经过纯化培养的小胶质细胞，或者在急性离体脑片上对小胶质细胞进行记录。

（一）体外培养小胶质细胞的电生理记录

体外培养小胶质细胞的电生理记录与神经元的记录相似。一般情况下细胞外液配方如下：130mmol/L NaCl，5mmol/L KCl，2mmol/L $CaCl_2$，1mmol/L $MgCl_2$，10mmol/L HEPES，10mmol/L *D*-葡萄糖，用 NaOH 调节 pH 至 7.4。标准电极内液为：120mmol/L KCl，5mmol/L NaCl，2mmol/L $MgCl_2$，1mmol/L $CaCl_2$，10mmol/L HEPES，11mmol/L EGTA，用 KOH 调节 pH 至 7.3。使用这样的细胞外液和电极内液，可以记录小胶质细胞的电压依赖型 Na^+通道和 K^+通道介导的离子电

流。根据不同的实验目的和所记录的离子通道类型，细胞外液和电极内液可按需求替换离子和添加必要的阻断剂。

记录时，将培养小胶质细胞的玻片转移到含有或持续灌流细胞外液的记录槽中，在室温下（20～25℃）记录。记录电极灌注电极内液后的入水电阻在 5～10MΩ。对小胶质细胞进行全细胞膜片钳的记录方式与神经元相同。实验中可以对所记录的小胶质细胞的形态特征、胞体大小、静息膜电位、膜电容、不同类型的离子通道电流等一系列电生理特性进行进一步鉴定；也可以通过外部给予药物，激活小胶质细胞膜表面受体，检测相应离子通道电流的变化。

（二）离体脑片上的小胶质细胞的电生理记录

制备急性脑切片方法与记录神经元的离体脑片制备方法相同（Avignone et al.，2019）。可使用 CX3CR1-GFP 小鼠以便于在脑片中识别小胶质细胞。在不能使用转基因小鼠的情况下，可以使用荧光基团偶联的凝集素孵育脑片，即可标记小胶质细胞。例如，使用 Texas Red-conjugated tomato lectin（100μg/mL），在 37℃下孵育脑片 45min；或使用 Alexa 568-conjugated isolectin B4 在室温下孵育脑片 30min。

脑片制备后，转移到灌流 ACSF 的记录槽中，并维持记录温度为 32～34℃。ACSF 包含：124mmol/L NaCl，2.5mmol/L KCl，26mmol/L $NaHCO_3$，1.25mmol/L NaH_2PO_4，10mmol/L 葡萄糖，2mmol/L $CaCl_2$，1mmol/L $MgCl_2$，用 95% O_2-5% CO_2 混合气饱和。可以使用“（一）”中的标准电极内液进行记录。由于 ATP、GTP 可以激活小胶质细胞，因此在记录小胶质细胞的电极内液中不需要加入 ATP 和 GTP。和神经元的电生理记录不同的是，小胶质细胞对细菌有强烈的反应。因此，制备急性脑切片所用的手术工具、保存切片的小槽、灌注系统和记录槽需要用盐酸和/或乙醇清洗，并在实验前用蒸馏水冲洗，以清除细菌。实验所用溶液需要通过 0.2μm 的滤器过滤除菌，有助于避免在实验期间细菌的生长。

虽然在脑切片制备过程中造成的损伤可能导致小胶质细胞的激活，然而距脑片表面大于 50μm 深度的小胶质细胞在切片后可以存活 4～5 小时，并保持相对静息状态。与急性脑片的神经元记录相同，操控玻璃微电极尖端与小胶质细胞形成高阻抗封接后，吸破膜片即得到全细胞记录模式。小胶质细胞具有非常高的输入电阻（在非激活的小胶质细胞中为 3～4GΩ），电容为 20～30pF。在电压钳模式下，通过记录电极给予超极化和去极化步阶刺激可以获得小胶质细胞的 I/V 曲线及电压依赖离子通道的特性。此外，可以通过灌流或局部给药，解析小胶质细胞上受体依赖的离子通道或 G 蛋白偶联受体（GPCR）偶联的离子通道特性。

（王　朗　谷　岩　胡哲纯　岳惠敏）

参考文献

Aguirre A, Gallo V, 2004. Postnatal neurogenesis and gliogenesis in the olfactory bulb from NG2-expressing progenitors of the subventricular zone[J]. The Journal of Neuroscience, 24(46): 10530-10541.

Amzica F, Massimini M, 2002. Glial and neuronal interactions during slow wave and paroxysmal activities in the neocortex[J]. Cerebral Cortex, 12(10): 1101-1113.

Avignone E, Milior G, Arnoux I, et al, 2019. Electrophysiological investigation of microglia[J]. Microglia, (1): 111-125.

Barres B A, Hart I K, Coles H S R, et al, 1992. Cell death and control of cell survival in the oligodendrocyte lineage[J]. Cell, 70(1): 31-46.

Bennett M L, Bennett F C, Liddelow S A, et al, 2016. New tools for studying microglia in the mouse and human CNS[J]. Proceedings of the National Academy of Sciences of the United States of America, 113(12): E1738-E1746.

Bi Q Q, Wang C, Cheng G, et al, 2022. Microglia-derived PDGFB promotes neuronal potassium currents to suppress basal sympathetic tonicity and limit hypertension[J]. Immunity, 55(8): 1466-1482.e9.

Bindocci E, Savtchouk I, Liaudet N, et al, 2017. Three-dimensional Ca^{2+} imaging advances understanding of astrocyte biology[J]. Science, 356(6339): eaai8185.

Buttgereit A, Lelios I, Yu X Y, et al, 2016. Sall1 is a transcriptional regulator defining microglia identity and function[J]. Nature Immunology, 17(12): 1397-1406.

Chen T W, Wardill T J, Sun Y, et al, 2013. Ultrasensitive fluorescent proteins for imaging neuronal activity[J]. Nature, 499(7458): 295-300.

Chen Y, Balasubramaniyan V, Peng J, et al, 2007. Isolation and culture of rat and mouse oligodendrocyte precursor cells[J]. Nature Protocols, 2(5): 1044-1051.

Emery B, Dugas J C, 2013. Purification of oligodendrocyte lineage cells from mouse cortices by immunopanning[J]. Cold Spring Harbor Protocols, 2013(9): 854-868.

Huang Y B, Xu Z, Xiong S S, et al, 2018. Repopulated microglia are solely derived from the proliferation of residual microglia after acute depletion[J]. Nature Neuroscience, 21(4): 530-540.

Kang J, Kang N, Yu Y, et al, 2010. Sulforhodamine 101 induces long-term potentiation of intrinsic excitability and synaptic efficacy in hippocampal CA1 pyramidal neurons[J]. Neuroscience, 169(4): 1601-1609.

Ma X R, Zhu X D, Xiao Y J, et al, 2022. Restoring nuclear entry of Sirtuin 2 in oligodendrocyte progenitor cells promotes remyelination during ageing[J]. Nature Communications, 13: 1225.

McCarthy K D, de Vellis J, 1980. Preparation of separate astroglial and oligodendroglial cell cultures from rat cerebral tissue[J]. The Journal of Cell Biology, 85(3): 890-902.

Mei F, Wang H K, Liu S B, et al, 2013. Stage-specific deletion of Olig2 conveys opposing functions on differentiation and maturation of oligodendrocytes[J]. The Journal of Neuroscience, 33(19): 8454-8462.

Mishima T, Hirase H, 2010. *In vivo* intracellular recording suggests that gray matter astrocytes in mature cerebral cortex and hippocampus are electrophysiologically homogeneous[J]. The Journal of Neuroscience, 30(8): 3093-3100.

Schalbetter S M, von Arx A S, Cruz-Ochoa N, et al, 2022. Adolescence is a sensitive period for prefrontal microglia to act on cognitive development[J]. Science Advances, 8(9): eabi6672.

Schildge S, Bohrer C, Beck K, et al, 2013. Isolation and culture of mouse cortical astrocytes[J]. Journal of Visualized Experiments: JoVE, (71): 50079.

Slezak M, Göritz C, Niemiec A, et al, 2007. Transgenic mice for conditional gene manipulation in astroglial cells[J]. Glia, 55(15): 1565-1576.

Srinivasan R, Lu T Y, Chai H, et al, 2016. New transgenic mouse lines for selectively targeting astrocytes and studying calcium signals in astrocyte processes *in situ* and *in vivo*[J]. Neuron, 92(6): 1181-1195.

Steadman P E, Xia F, Ahmed M, et al, 2020. Disruption of oligodendrogenesis impairs memory consolidation in adult mice[J]. Neuron, 105(1): 150-164.e6.

Tanaka M, Yamaguchi K, Tatsukawa T, et al, 2008. Lack of Connexin43-mediated bergmann glial gap junctional coupling does not affect cerebellar long-term depression, motor coordination, or eyeblink conditioning[J]. Frontiers in Behavioral Neuroscience, 2: 1.

Wang L L, Xu D, Luo Y J, et al, 2022. Homeostatic regulation of astrocytes by visual experience in the developing primary visual cortex[J]. Cerebral Cortex, 32(5): 970-986.

Winchenbach J, Düking T, Berghoff S A, et al, 2016. Inducible targeting of CNS astrocytes in Aldh1l1-CreERT2 BAC transgenic mice[J]. F1000Research, 5: 2934.

Wu H J, Liu Y J, Li H Q, et al, 2014. Analysis of microglial migration by a micropipette assay[J]. Nature Protocols, 9(2): 491-500.

Young K M, Psachoulia K, Tripathi R B, et al, 2013. Oligodendrocyte dynamics in the healthy adult CNS: evidence for myelin remodeling[J]. Neuron, 77(5): 873-885.

Zhang X, Liu Y, Hong X Q, et al, 2021. NG2 glia-derived GABA release tunes inhibitory synapses and contributes to stress-induced anxiety[J]. Nature Communications, 12: 5740.

第四章　膜片钳技术

第一节　膜片钳技术简介

一、膜片钳技术的原理

膜片钳技术(patch clamp technique)是一种通过玻璃微电极与细胞膜之间形成紧密接触的方法，采用钳制电压或电流对细胞膜上离子通道的电活动进行记录的微电极技术（Cahalan et al.，1992；Mahfooz et al.，2021)。1976 年，德国马普生物物理化学研究所的内尔（Neher）和萨克曼（Sakmann）用双电极电压钳方法，将微电极内充灌乙酰胆碱，并将其与细胞膜密切接触，在青蛙肌细胞上记录到乙酰胆碱激活的单通道离子电流（Neher et al.，1976)，从而诞生了膜片钳技术。膜片钳记录包括电流钳和电压钳两种：电流钳是向细胞内注入变化的电流，记录由此所引起的膜电位的改变，即钳制电流，记录电压；电压钳是通过向细胞内注射变化的电流，抵消离子通道开放时所产生的离子流，从而将细胞膜电位固定在某一数值，即钳制电压，记录电流。膜片钳技术共有四种基本记录模式：①细胞贴附式记录（cell-attached recording)；②内面向外记录（inside-out recording)；③外面向外记录（outside-out recording)；④全细胞记录（whole-cell recording)，图 4-1 是四种基本记录模式的图解。

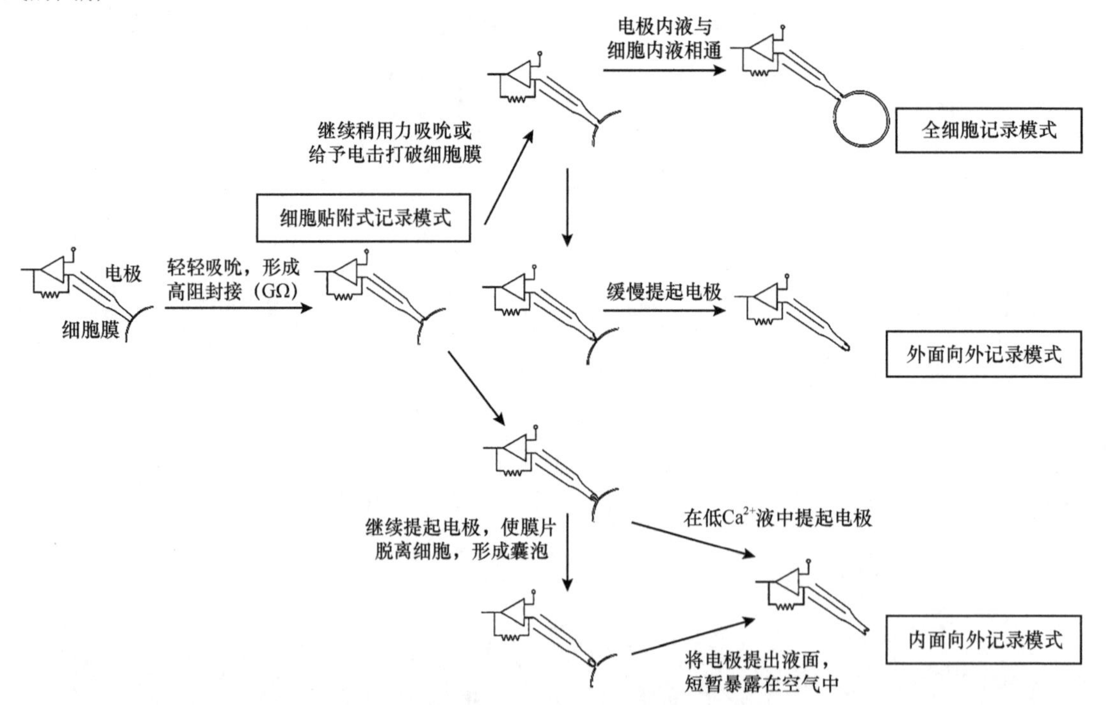

图 4-1　膜片钳技术四种基本记录模式形成图解

（1）细胞贴附式记录（cell-attached recording)：将灌有细胞内液的玻璃电极接触细胞膜，轻轻地给予负压吸引，待玻璃电极尖端与细胞膜之间形成兆欧级别的封接就形成了细胞贴附式记录模式。细胞贴附式记录既可以在电压钳下记录电流，也可以在电流钳下记录电压，但由于电流钳细胞贴附式记录电路相当于自带了低通滤波（Perkins，2006)，记录的动作电位信号幅度要小很多，因此细胞贴附式记录动作电位一般采用电压钳。细胞贴附式记录模式具有以下几个优点：首先，对细胞的损伤最小，这样记录的离子通道电流更接近于细胞的生理状态；其次可在正常离子环境中研究配体门控性与电压门控性离子通道的特性，可确定特定离子通道是否有细胞内可扩散的第二信使门控；由于不需要细胞破膜，电极内液不会与细胞内液交换，这样 Ca^{2+}等通道电流不会发生衰减（rundown）现象。但是细胞贴附式记录也有其缺点，比如对工作台的机械稳定性要求比较高，难以维持长时间记录；再者我们无法准确测量细胞的静息膜电位，输入阻抗，膜时间常数等被动膜特性；而且更换细胞内外液比较困难。

（2）内面向外记录（inside-out recording）：待玻璃电极尖端与细胞膜形成贴附式模式时，将电极迅速提起并脱离细胞，由于细胞膜具有流动性，粘在玻璃电极尖端上的细胞膜会自动融合从而形成一个囊泡。当将电极从浴液中提出液面而短暂暴露在空气中时，囊泡的外表面会破裂，再次将电极放入浴液，就形成了内面向外的记录模式。另外，如果将电极放入低钙浴液中，囊泡的外表面也会破裂，同样形成内面向外的记录模式。内面向外记录便于更换细胞内液，适合于研究离子通道的细胞内成分的效应，药物可以与离子通道的胞内结构域结合，尤其适合于研究第二信使介导的离子通道的门控机制。但是内面向外记录模式也有其缺点：在形成该模式过程中，电极尖端形成的囊泡往往不是单层膜片，需要将电极提出液面，短暂暴露在空气中，这样囊泡才会破裂而形成单层膜片。

（3）外面向外记录（outside-out recording）：待玻璃电极尖端与细胞膜之间形成贴附式时，继续施加负压使细胞膜破膜形成全细胞记录，这时将电极提出浴液液面，同样由于细胞膜的流动性，电极尖端的细胞膜会自动融合，细胞膜的外面就朝向电极尖端外而形成外膜向外的记录模式。该记录的优点是便于更换细胞外液，常用于研究配体门控性离子通道。缺点是由于通道的细胞内环境丢失，难以获得高质量稳定的记录；为获得该记录模式，细胞一般需要贴附（紧密或轻附）在记录浴槽底部，因为漂浮的细胞很难将膜片撕下。

（4）全细胞记录（whole-cell recording）：待细胞形成贴附式记录模式后，继续施加负压或者电击打破细胞膜，即形成了全细胞记录模式，这是目前膜片钳电生理最常用的一种记录模式，可用来记录突触后反应、动作电位、全细胞长时程增强等。全细胞记录不仅可以用于细胞活动的记录，还可以配合单细胞测序对单个细胞进行转录组测序（patch-seq）（Lollike et al.，1999）。全细胞记录的优点是更换细胞外液方便，可用于研究电压和配体门控性离子通道（以及泵电流、交换体电流等），比如在脑片膜片钳中记录 NMDA、α-氨基-3-羟基-5-甲基-4-异唑（AMPA）等离子型受体介导的电流，适合离子通道药理学研究；可通过电极内液往细胞内灌入药物、信使物质、荧光染料等，比如在内液中加入神经生物素，记录外神经元的电生理特性后，后期通过染色再次确认细胞的类型；还可以抽吸细胞的内容物，如抽取 mRNA 进行反转录实验或者单细胞测序。全细胞记录的不足之处是对工作台的机械稳定性要求较高，否则难以维持长时间记录；破裂的细胞膜残片易堵塞电极口，导致记录不稳定，比如记录全细胞 LTP 要求诱导后的反应记录 Ra 值相较于基线记录时的 Ra 值变化不超过 20%，实际记录中往往因为细胞膜残片堵塞电极口或者残片远离电极口而导致 Ra 值的变化超过 20%，导致该记录无效；全细胞记录由于人工配制的电极内液与细胞本身的内液交换，记录过程会出现衰减现象；全细胞记录大细胞存在空间钳制问题；存在液接电位的校正问题和串联电阻补偿问题。

二、全细胞记录模式基本操作过程

（1）给电极内施加一个轻微的正压，防止电极尖端吸附上污物，但是正压不宜过大，否则容易吹跑细胞，然后将玻璃微电极插入浴液。

（2）通过软件/膜片钳放大器给细胞一个 5mV 或者 10mV 的去极化（或超极化）方波电流，方波电流作为测试脉冲可以显示封接、破膜过程中电流的变化。由于细胞膜是一个膜电容，破膜后脉冲起始与结尾处的波形代表是细胞膜电容引起的充放电反应。接着将基线调零，如果基线调零后再次很快地偏离则需要检查地线，记录电极银丝是否发白；或者检查记录槽是否有漏液情况。

（3）先在低倍镜下将记录电极移到视野的中央，且电极靠近脑组织表面，然后切换到高倍镜并入液，通过微操纵器将电极缓慢靠近细胞。移动镜头和电极的原则是先下镜头，再下电极，保证电极焦面始终在镜头焦面之上，直到电极尖端出现在细胞层面。

（4）通过微操纵器将电极接近目标细胞，此时由于正压的存在，电极会将细胞周围组织吹开，露出光滑的细胞表面，这时继续下电极直至细胞膜表面出现一个小凹陷且显示的电极电阻增加0.1～0.2兆欧，这时撤除正压，如果细胞状态非常好，细胞膜与电极尖端之间会在撤除正压的瞬间形成高阻封接，在记录界面显示方波变成一条直线，此时离子不能从玻璃电极尖端与膜之间通过，只能从膜上的离子通道进出，此即形成细胞贴附式记录模式。

（5）待细胞膜与电极尖端形成高阻封接后，继续在电极尖端施加负压或用电击（ZAP）的方法，则可以打破细胞膜电容的充放电反应（瞬时电流）以及小的膜的稳态被动反应电流，该方式适合细胞胞体小很难通过增加负压破膜的情况，反复电击也会导致细胞活动受到影响等。为了更好地破膜，电极尖端的孔径不宜过小，否则难以破膜，即使破膜成功，电极尖端也极易被细胞膜残片阻塞。但电极尖端也不宜过大，否则不易形成高阻封接或者导致细胞整个被吸进电极尖端内。细胞封接的好坏直接影响后续的实验，而细胞的状态则是决定封接的关键因素。因此无论是细胞膜片钳还是脑片膜片钳，制备高质量的样本是实验成功的关键因素。细胞一定要破膜充分，如果破膜不充分，串联电阻过大，导致软件输出的钳制电压将不能完全施加给细胞（Armstrong et al.，1992）。但是如果破膜不充分，记录过程中很容易出现串联电阻（R_s）刺激前后改变的情况，这样将无法判断电流的改变是由于刺激引起的还是由串联电阻的改变引起的。全细胞记录中经常要采用电压钳方法改变细胞膜电位，这会引起电极电容与膜电容的充放电（Fernandez et al.，1984；Lollike et al.，1999），这些充放电现象会影响通道电流的观察，所以应尽量减小电极电容与膜电容，同时要对其进行补偿。细胞破完膜后，如果记录的电流本身就比较小的话，如微小突触后电流，往往只有几 pA 到几十 pA，如果漏电流比较大，会影响记录信号的幅度或者频率。高质量的封接是减小漏电流的关键步骤。一般在进行细胞封接前都要对液接电位进行调零。然而存在的问题是，当形成全细胞记录后，细胞内液与电极内液相通，液接电位消失，而先前对液接电位调零时所给予电极尖端的电压却一直存在（Barry et al.，1991）。如果这一电压较大，则需要进行液接电位的校正。全细胞记录模式下存在空间钳位的问题，即软件输出的命令电压不等于细胞跨膜电位。因此全细胞记录适合于直径在 5～20μm 的细胞，直径小于 5μm 的细胞不易进行封接；而直径大于 20μm 的细胞则存在空间钳位问题。另外，由于神经元有非常多的树突且分支非常长，钳制电位并不能达到树突或者轴突末端。由于实现不了人工电极内液与真实细胞内液完全相同，细胞在破完膜后，电极内液将逐渐稀释细胞内液，细胞出现衰减的情况。细胞内液被稀释的速度取决于串联电阻的大小，串联电阻越大，稀释的速度越小，一般小于 10MΩ 的串联电阻，细胞内液在几分钟之内被稀释。细胞内液被稀释可使细胞内容物丢失，细胞功能因而发生改变，这方面典型的例子就是全细胞电流幅度随记录时间而发生的衰减现象。而另一方面，人们利用全细胞记录的这一特点，可向细胞内灌注一些物质，用于分析细胞内信息传递系统的功能；也可通过电极向细胞内注射染料进行细胞示踪。另外还可通过细胞内容物的抽吸提取 mRNA，然后进行 PCR 扩增，用于分析细胞的基因表达（Cerniauskas et al.，2019）。实验目的不同，电极内液的成分也不同，但基本原则是：电极内液要尽可能与细胞内液在离子强度、渗透压、pH 上保持一致。比如要高钾低钠，含有能量物质 MgATP、NaGTP 等，电极内液与细胞内液等渗，一般在 285～300mOsm/L。根据实验目的，改变电极内液成分，如可用 Cs^+代替 K^+（如记录非动作电位的突触后电流）、用葡萄糖酸根代替 Cl^-等（如用高氯内液记录抑制性突触后电流）；还可在电极内液中加入一些通道阻断剂、信使类物质等。

三、细胞膜电学模型

一个完整的细胞膜电学模型包含几个基本组分：膜电位，膜电阻和膜电容（图 4-2)。这三个电学组分形成的原因分别如下：

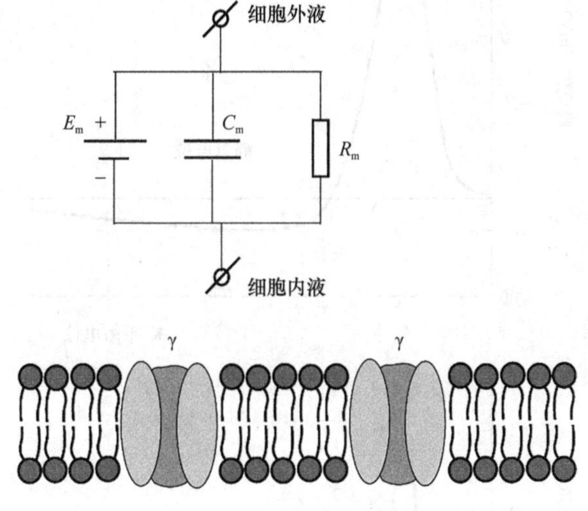

图 4-2　细胞膜电学模型

1. 膜片钳记录系统中的电位与电压

（1）跨膜电位，也称膜电位（membrane potential，V_m）是指细胞膜内外两侧存在的电位。细胞在未受刺激时的非兴奋状态下的膜电位，称为静息膜电位（resting membrane potential，RMP)，全细胞记录模式中，在电流钳下不给予电流就可以记录到静息膜电位。如果将细胞外的电位设定为 0mV，则静息膜电位为负值，一般细胞的静息膜电位为−50mV 到−70mV。如果膜电位低于静息膜电位则称膜发生了超极化（hyperpolarization)；反之，膜电位高于静息膜电位为去极化（depolarization)。由于细胞膜上存在各种离子通道、离子泵以及交换体，造成细胞膜两侧离子分布不均匀。在静息状态下时，细胞膜主要对钾离子通透，因此静息膜电位接近钾离子的平衡电位。但需要注意的是，在静息状态下细胞膜也对少量的钠离子和氯离子通透，需要采用能斯特（Nernst）方程对静息电位进行精确的计算。静息膜电位在接受电刺激或者化学刺激时由于钠通道打开引起钠离子内流，可产生局部电位（local potential）或者动作电位（action potential，AP）（图 4-3)。局部电位仅使膜电位产生较小的改变并且只沿着细胞膜进行小范围的空间扩散（即电紧张性扩布)，其作用主要是维持膜的基础兴奋状态，为接受外界信号的传入创造条件。当电刺激或者化学刺激足够大时，细胞膜电位会达到阈电位（threshold potential）从而诱发产生动作电位。阈电位是指能使膜上钠离子通道大量开放从而产生动作电位的临界膜电位，而达不到阈电位的膜电位改变称为阈下电位。动作电位上升支的形成是由于大量钠离子通道瞬间开放，导致大量钠离子进入细胞引起膜迅速去极化，动作电位的下降支包括两个方面，钠离子通道的失活和钾离子通道开放使大量钾离子外流。动作电位所造成的细胞内离子的不均衡分布很快被钠钾泵，钠钙交换体以及内向整流性钾离子通道等恢复。

动作电位具有“全或无”的特点，即动作电位产生后其幅度大小以及形状不依赖于刺激强度，每个动作电位的幅度与形状都是一致的。

（2）平衡电位（equilibrium potential）是指当某种离子跨膜流动的净电荷为 0 时的膜电位。由于当膜电位越过平衡电位时，跨膜离子将朝相反的方向流动，平衡电位又称逆转电位（reversal potential，V_{rev})。1888 年德国物理化学家能斯特（Nernst）提出能斯特方程，并用于计算平衡电位。

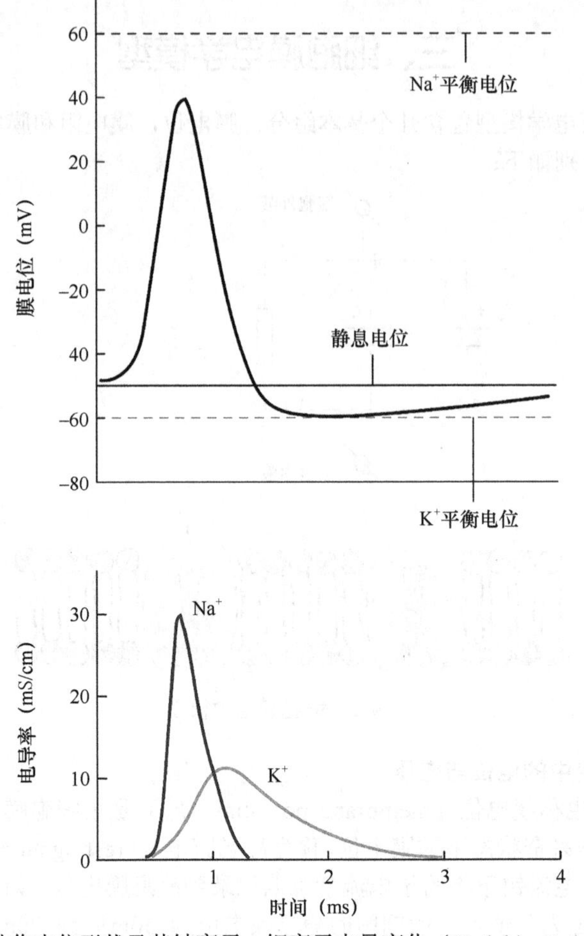

图 4-3 动作电位形状及其钠离子、钾离子电导变化（Hodgkin et al.，1952）

对于离子 S，其平衡电位为：

$$E_S = \frac{RT}{Z_S F} \ln \frac{[S]_o}{[S]_i}$$

式中，E_S 为离子 S 的平衡电位，R 为气体常数（8.314V·C·K^{-1}·mol^{-1}），T 为绝对温度（273＋℃），F 为法拉第常数（9.648×10^4C·mol^{-1}），Z_S 为离子价，$[S]_o$ 为细胞膜外 S 离子浓度，$[S]_i$ 为细胞膜内 S 离子浓度。能斯特方程在计算某离子的平衡电位时并不需要知道膜对该离子的通透性以及电导大小如何。平衡电位意味着，如果膜对该离子通透，细胞膜电位达到该离子平衡电位时，该离子的跨膜净电流将为 0。当实际膜电位或者钳制电位偏离平衡电位时，离子的跨膜方向将发生反转。因此我们在选择某种电极内液时，可以根据离子通道透过的离子种类并利用能斯特方程计算出该离子通道的反转电位，这样可以判断实际记录中记录到的电流方向是否正确。如我们采用低氯电极内液（接近细胞内液氯离子的浓度）记录 γ-氨基丁酸 A 型（GABAA）通道电流，要将钳制电压尽可能远离反转电位（在–50mV 左右）才能记录到比较大的电流，一般在 0mV 记录。如果采用高氯内液记录 GABAA 通道电流（此时通道的反转电位在 0mV），这时我们需要在–70mV 记录。

2. 膜片钳记录系统中的电流与电导

（1）跨膜电流（transmembrane current）是指一定条件下，各种离子跨越细胞膜所产生的电流，又称膜电流。跨膜电流常见的有离子通道电流、离子泵电流、交换体电流等。

（2）离子通道电流（ion channel current）是指离子通道开放时离子进出通道所产生的电流。常见的离子通道包括电压门控离子通道（如钠离子、氯离子、钙离子等离子通道），配体门控离子通道（如

NMDA 受体、AMPA 受体、GABAA 受体等），第二信使介导离子通道（如 ATP 敏感的钾离子通道，钙离子激活的氯离子通道），以及机械敏感的离子通道，如大电导机械敏感性离子通道（MscL）等。离子的流动方向取决于细胞膜内外离子的浓度差和电学梯度（两者统称为电化学差）。全细胞记录时，跨膜电流常称为全细胞电流（whole-cell current）。单细胞记录时，跨膜电流称为单通道电流（single-channel current）。

（3）内向电流与外向电流：阳离子从细胞外进入细胞内所形成的电流或者阴离子从细胞内流向细胞外所形成电流为内向电流（inward current），相反则为外向电流。在膜片钳记录中，一般规定向下的电流为内向电流，向上的电流是外向电流，我们记录到的电流形成可以反映通道的特性，电流的上升时间（rise time）反映了通道的开放速度，衰减时间（decay time）反映了通道的失活速度，比如若记录到的 NMDA 受体的衰减时间增加，则说明 NMDA 受体 2B 亚基含量增加。

3. 膜片钳记录系统中的电阻

（1）膜电阻（membrane resistance，R_m）：是指电流通过细胞膜时所遇到的阻力。在静息状态下，脂质双分子层的电阻决定了膜电阻的大小。细胞膜离子通道开放后，R_m 大大降低，此时 R_m 大小决定于离子通道的电导与开放的通道数目。脑片膜片钳记录中，如果脑片状态不好或者细胞接近死亡状态时，细胞膜上的离子通道大量打开，此时记录到的膜电阻就非常小。

（2）电极电阻（pipette resistance，R_p）：是玻璃微电极本身的电阻（内液也影响电极电阻），为串联电阻的主要成分之一。

（3）封接电阻：当电极尖端与细胞膜片之间形成的高阻封接时，通过微电极的电流几乎为 0，形成的电流电阻抗非常大，则为封接电阻（seal resistance，R_{seal}），也称为封接阻抗。

（4）串联电阻及接入电阻：串联电阻（series resistance，R_s）是指微电极到信号地之间的电流流过时所遇到的除了膜电阻以外的任何电阻。当将微电极放入浴液中时，R_s 主要是电极电阻 R_p；全细胞记录模式形成后，R_s 包括电极电阻 R_p，破裂细胞膜的残余膜片电阻，细胞内部电阻。后两者统称为接入电阻（access resistance，R_a，也称为接触电阻、通道电阻），破裂细胞膜的残余膜片电阻占 R_a 的主要成分。

4. 膜片钳记录系统中的电容

膜电容（membrane capacitance，C_m）的形成是由于生物膜为磷脂双分子层，对离子和其他水溶性物质均不通透，遂使细胞膜成为了电的不良导体，进而导致细胞外液-磷脂双分子层-细胞内液构成了细胞膜电容。C_m 的大小与细胞膜表面积成正比，与磷脂双分子层的厚度成反比。膜电容在这里的作用，主要为完成细胞的充放电过程（图 4-4）。

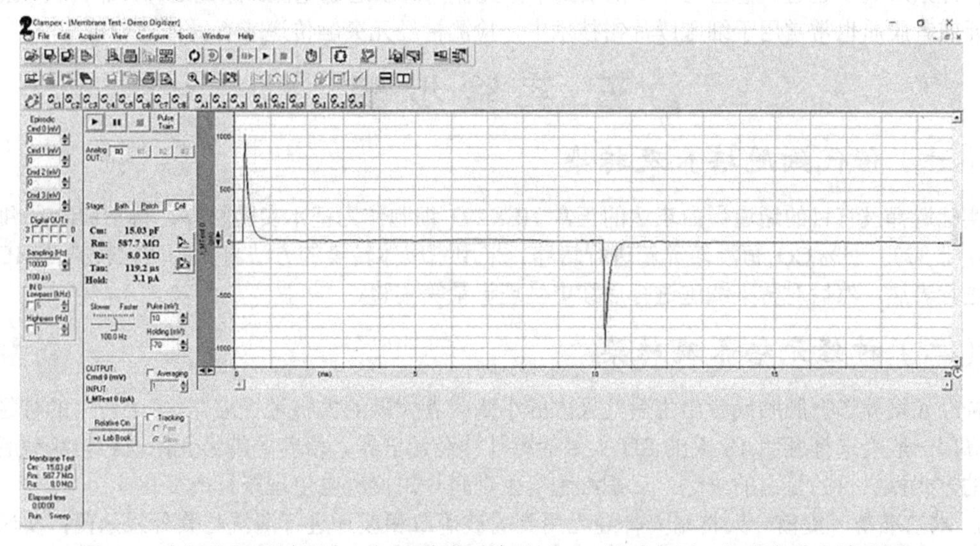

图 4-4 全细胞记录过程中，细胞破膜后给予 10mV 测试电压，细胞充放电波形图

第二节　培养细胞膜片钳技术

一、实 验 设 备

培养细胞所用设备包括超净工作台、细胞培养箱等，记录系统所用的设备主要包括防震台、屏蔽网、正置荧光显微镜（直接通过观察筒观察细胞和记录电极）、光源（明场光源和荧光光源）、微操纵器、移动平台、给药系统、放大器、数模转换器、记录软件等（图 4-5）。

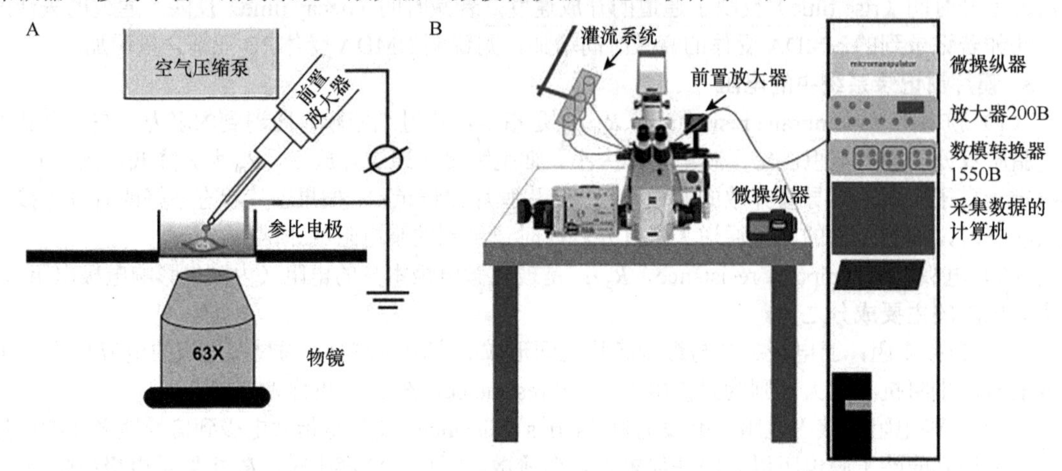

图 4-5　培养细胞膜片钳电生理实验设备及构造（Ha and Delling，2021）

二、实 验 材 料

培养细胞电生理所用的细胞包括传代细胞和非传代细胞。在神经生物学研究中，研究通道蛋白或者进行药物筛选时往往采用传代细胞，常用的细胞系有 HEK293，HEK293T 等，它们是一种半贴壁、低维护的细胞系，分裂迅速，大约每 36 小时可以增长 1 倍。培养的细胞既能用于瞬时和稳定表达，也可悬浮培养或作为单层培养，比较容易转染，并且能够产生大量的重组蛋白。利用它们研究神经系统离子通道，电生理可以记录到干净纯粹的离子通道电流。除此之外，非传代细胞，如神经元或者胶质也常常用于细胞膜片钳技术中，检测神经元突触传递或者受体功能等。

三、实 验 步 骤

（一）传代细胞培养及转染

实验选择没有目的通道蛋白表达的正常 HEK293 细胞作为基本实验材料，将 HEK293 细胞复苏后，于 37℃，5% CO_2 恒温培养箱进行培养。采用脂质体转染的方法将目的质粒转染至 HEK293 细胞进行表达，然后对转染细胞进行后续电生理记录等实验。

（二）神经元培养及转染

神经元培养选择胚胎或者出生后几天内的小鼠或者大鼠的大脑进行培养，由于新生的神经元存活率高，一般会选择胚胎 18 天的 SD 大鼠的海马神经元培养。培养的神经元用质粒转染或者病毒感染的方式操纵目的蛋白的表达，后期细胞电生理膜片钳检测电生理指标的变化。

1. 术前准备　提前一天将培养神经元用到的玻璃皿和玻片进行清洗与紫外线杀菌；实验前用酒精棉擦拭消毒手术器械，并检查各类物品是否齐全；将要用到的 D/F（DMEM 含 10% F12），10%

FCS，NB（使用前添加 GlutaMAX 和 B27）和胰蛋白酶（300μl 2×）提前在 37℃水浴锅预热；提前将装有 HBSS 解剖液的培养皿放在冰上。

2. 培养神经元

（1）取出海马组织：将孕鼠用乙醚麻醉取出成串的胎鼠放在灭菌的培养皿上；将胚胎断头取脑放入冷却的 HBSS 解剖液中；在解剖镜下，用解剖镊将海马取出并放置在冷却的 HBSS 解剖液中。

（2）消化海马组织：将海马转移到稀释好的胰蛋白酶中，上下颠倒 2～3 次，置于 37℃培养箱中消化 12min，消化期间，每隔 2～3min 要将消化管取出，上下颠倒，目的是使组织消化完全。此时取出预热的 D/F 液体，按照 10%的比例加入 FCS，等待消化完成。

（3）终止消化：取出消化管，先将每管中的消化液吸出，每管加入 1ml D/F 培养基，上下颠倒 2～3 次，使组织块与培养基充分接触以终止消化，将消化管放置 1～2min，吸出培养基，再次加入 1ml D/F 培养基清洗组织块，重复清洗 2 次。第二次清洗完成后，加入 1ml 培养基，烧制 1ml 枪头进行吹打（本步骤对于培养神经元的状态最为关键），1ml 枪头酒精灯上过火烧制，直到枪尖烧成 1mm 左右口径光滑圆润的形状。将组织块随培养基吸起吐出，6～8 次可以将细胞机械分离下来，注意：吹打次数不可过多，多次的机械损伤影响细胞的状态，吹打过程中尽量不引入气泡，吹打力度要适中，枪头位置随液面上下轻柔移动。

（4）转移离心：从这一步开始所有细胞的转移都需要将 1ml 枪头尖部烧圆（烧得光滑即可，不需烧制过小），目的是保护悬浮的细胞不受损伤。将细胞悬液转移到新的 1.5mL 离心 EP 管中，转移细胞时注意不要将底部的碎片带入。将转移的细胞悬液离心，4℃，5min，1200 转/分。

（5）接种培养皿和培养基：离心过程中，将事先准备好的玻璃皿取出，将小玻片上的人工基膜 Matrigel 吸干。可用 D/F 培养基进行清洗。每个培养皿中加入 1.5ml 培养基。

（6）转染质粒或感染病毒：细胞培养的第二天进行细胞换液，每皿细胞用 750μl 的 NB 培养基替换一半体积的原有培养基。以后每隔两天用 NB 培养基进行一次半换液，待神经元培养 5～6 天后，转染质粒或者感染病毒。此后也一直遵循半换液的原则，待培养 14 天后神经元成熟即可进行电生理实验。

（三）电生理记录

根据实验目的选择合适的记录模式，如果记录单通道电流则需要内面向外记录模式或者外面向外记录模式，此时玻璃电极的直径尽量小以保证提起的膜上的通道是单通道。如果研究激动剂或者抑制剂对通道的作用，则采用全细胞的记录模式，记录所用玻璃电极阻值为 3～6MΩ，在钳制电压为 0mV 情况下进行细胞封接和破膜。破膜后根据实验需求将细胞钳制在相应的电位下记录通道电流参见图 4-6。

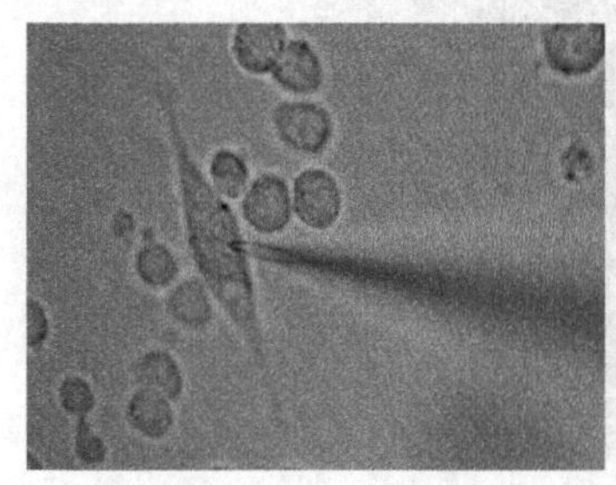
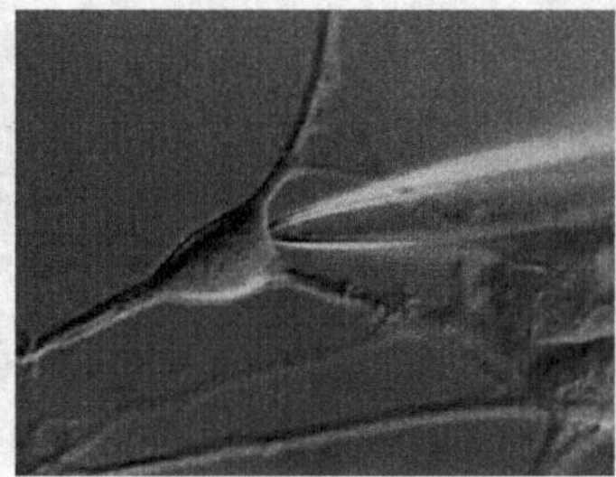
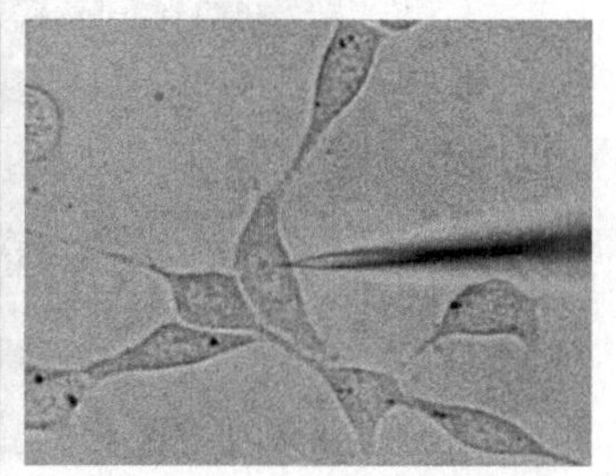

图 4-6　培养细胞，钳细胞示意图，培养细胞贴壁生长在玻片上

（四）细胞膜片钳技术用途

1. 记录单细胞通道电流　由于单通道记录电流非常小（一般为数 pA，有时甚至不足 1pA），故单通道记录最关键的问题是排除外来干扰并降低整个实验系统的噪声，从而能够较好地分辨出微

弱的受检电流。因此在记录单通道电流时要排除一切干扰，降低噪声时还需要对浴槽附近进行局部屏蔽。此外，单通道记录时间一般比较长，这样才能获得含有足够信息量的单通道开放事件，因此对基线的稳定性要求较高。由于通道的开放仅表现为矩形波，有时当单通道的开放事件较长、所记录的时间较短时，基线的位置往往难以确定。此时，首先要确定通道电流的上下方向，若通道电流开放的方向向上，则记录的数据中最负向的数据是大体的基线位置；反之亦然。当同时开放的通道数目较多且长时间持续开放时，基线的位置就更难确定，这必须在开始记录前明确好基线的位置（零点位置），记录时要先记录一段基线，以免在记录过程中对基线的位置发生混淆。因此，基线的确定是进行单通道事件检测的第一步。

2. 全细胞电流 当研究激动剂或者抑制剂对通道特性的影响时，需要在不表达该通道的细胞系中通过转染质粒或者感染病毒的方式表达通道蛋白，然后通过给药系统向浴液中给予激动剂或者抑制剂，这些药物被灌入玻璃电极内，可以直接对细胞快速给药，由此记录通道电流的变化。此记录模式广泛用于药物的筛选。现在由于自动化细胞膜片钳的出现，可以实现高通量药物筛选。

3. 对于培养神经元 我们可以通过质粒转染或者病毒感染的方式将目的基因在神经元中表达，也可以用此方法敲降目的蛋白，由此再用细胞电生理技术检测目的蛋白介导电流的特性，或者检测目的蛋白对突触传递、动作电位等电生理指标的影响。

第三节 急性脑片膜片钳技术

膜片钳于脑科学中的应用，主要为脑片膜片钳的研究。脑片膜片钳可以检测并记录离体脑片中离子通道活动情况，特别是突触反应，脑片膜片钳在接近真实生理状态下检测细胞电生理信号。通过对记录到的信号进行分析，可以了解神经环路的电信号传递规律与不同脑区间的兴奋传递联系。

一、脑片电生理实验

（一）实验设备

实验设备包括机械部分（防震工作台、屏蔽罩、仪器设备架）、光学部分（倒置荧光显微镜、视频监视器、光源系统）、电子部件（膜片钳放大器、刺激器、数据采集设备、计算机系统）和微操纵器，相机等（图 4-7）。

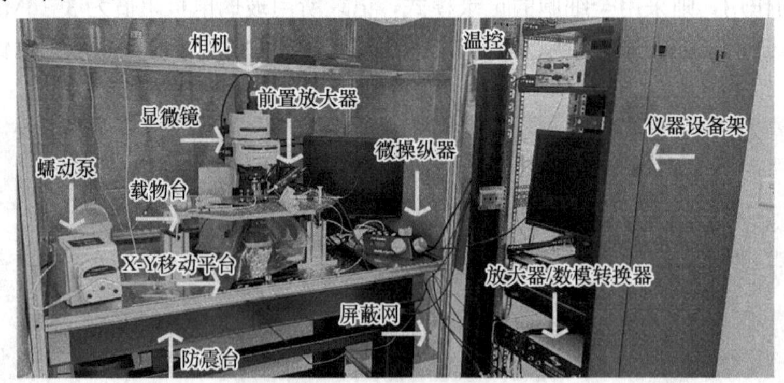

图 4-7 脑片记录系统

来自浙江大学双脑中心杨鸿斌课题组

（二）实验材料

新鲜脑组织。

（三）实验步骤

1. 制备急性脑片常用的溶液

（1）制备人工脑脊液（artifacial cerebrospinal fluid，ACSF）（Yang et al.，2018），该溶液模拟脑脊液的成分，用于孵育脑片和钳制细胞。

（2）含有高糖的 ACSF，该溶液渗透压比较高可以使神经元处于微脱水状态，且钙离子和镁离子的浓度比较低，这些都可以降低神经元的兴奋性，避免切片时损伤造成神经元兴奋性过高而加速神经元的死亡。该溶液用于小鼠心脏灌流和脑组织切片。具体配方参见表 4-1。

表 4-1　用于小鼠灌流和孵育脑片的人工脑脊液（Yang et al.，2018）

以下配方适用于记录动作电位			
灌流液配方			
	mmol//L	g/mol	g/L
NaCl	125	58.4	7.3
KCl	2.5	74.6	0.186
$NaH_2PO_4 \cdot H_2O$	1.25	137.9	0.173
$NaHCO_3$	25	84	2.1
葡萄糖	2.5	180	0.45
蔗糖	50	342	17.1
犬尿酸	2.96	189.2	0.56
$CaCl_2$	0.1		100μl（1mol/L）
$MgCl_2$	6.1		6174μl（1mol/L）
孵育液配方			
	mmol//L	g/mol	g/L
NaCl	125	58.4	7.3
KCl	2.5	74.6	0.186
$NaH_2PO_4 \cdot H_2O$	1.25	137.9	0.173
$NaHCO_3$	25	84	2.1
葡萄糖	2.5	180	0.45
蔗糖	22.5	342	7.694
$CaCl_2$	2		2000μl（1mol/L）
$MgCl_2$	2.508		2058μl（1 mol/L ）
以下配方适用于记录突触后电流			
灌流液配方			
	mmol//L	g/mol	g/L
NaCl	125	58.4	7.3
KCl	2.5	74.6	0.186
$NaH_2PO_4 \cdot H_2O$	1.25	137.9	0.173
$NaHCO_3$	25	84	2.1
葡萄糖	2.5	180	0.45
蔗糖	50	342	17.1
$CaCl_2$	0.1		100μl（1mol/L）
$MgCl_2$	4.9		4900μl（1 mol/L）

续表

孵育液配方			
	mmol/L	g/mol	g/L
NaCl	125	58.4	7.3
KCl	2.5	74.6	0.186
$NaH_2PO_4 \cdot H_2O$	1.25	137.9	0.173
$NaHCO_3$	25	84	2.1
葡萄糖	11	180	1.98
$CaCl_2$	2.5		2500μl（1 mol/L）
$MgCl_2$	1.3		1300μl（1mol/L）

注：来自浙江大学双脑中心杨鸿斌课题组

不同实验室根据自己实验的特殊性所采用的 ACSF 所有不同，比如切老年鼠采用 NMDG 切片液等（Ting et al.，2018）。

2. 急性脑片制备

（1）实验当天新鲜配制人工脑脊液和高糖切片液，并充95% O_2和5% CO_2混合气体10～15min，以达到 pH≈7.4 和氧饱和状态，并在切片前将一部分高糖 ACSF 切片液冻成冰水混合物。

（2）小鼠用 1%戊巴比妥钠深度麻醉，剪开胸腔暴露出心脏，用止血钳阻断体循环，用冰冷的高糖 ACSF 切片液进行小鼠心脏快速灌流（可用注射器手动灌注或者利用灌流泵进行，流速维持在 2～3ml/min，每只小鼠灌注 4～5ml）。注：该步骤可以冲掉大脑中的血液，使脑片更加透亮，便于细胞的观察；同时快速冷却大脑可以降低细胞的代谢，提高神经细胞的存活率。

（3）灌流结束后，快速剥离颅骨，小心取出大脑组织，并转移至用 95% O_2 和 5% CO_2 混合气体饱和的冰水混合高糖 ACSF 切片液中浸泡 2～3min；注：该步骤主要目的是让组织进一步冷却变硬，便于振荡切片。

（4）将组织用刀片进行修正（冠状切除不需要的脑组织，并保证切面水平，便于后续胶水固定），在组织切片平台上涂上少许强力胶（快胶或 3s 胶水均可），将修好的组织粘在组织切片平台上（图 4-8），用滤纸或卫生纸吸出液体和过多的胶水，之后放入同样含有冰水混合充氧的高糖 ACSF 切片液的振动切片机（LEICA VT1200S）的切片槽中（图 4-8），切出 200～400μm 厚度的冠状脑片，切片速度为 0.08mm/s，切片机在控制面板上（图 4-9）提前设置好切片速度和切片厚度，切片厚度可以根据实际情况来定，海马、大脑皮质等部位脑组织比较透亮，可以切 300～400μm；脑干等部位由于纤维密集，脑片厚度太厚会影响显微镜成像，一般切 200～250μm。

图 4-8　LEICA VT1200S 振动切片机

来自浙江大学双脑中心公共技术平台

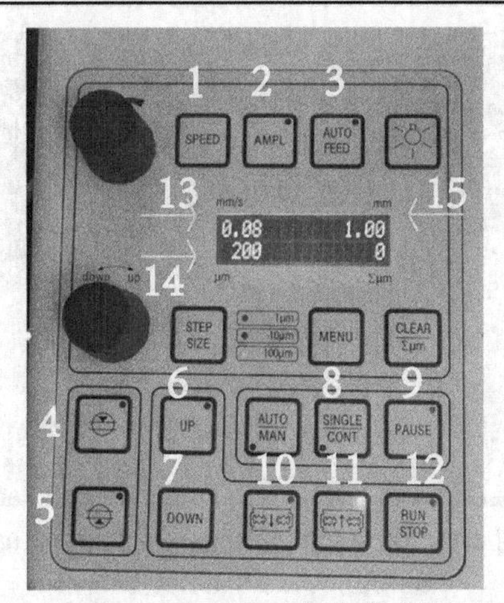

图 4-9 LEICA VT1200S 振动切片机控制面板

来自浙江大学双脑中心公共技术平台

图中数字所在按键代表：1. 激活速度调节键；2. 激活幅度调节键；3. 激活厚度调节键；4. 设定切片起始位置；5. 设定切片终止位置；6. 抬升底座键；7. 降低底座键；8. 设置单片切或者连续切；9. 暂停键；10. 刀头前进键；11. 刀头后退键；12. 开始停止键；13. 显示的切片速度；14. 显示的切片厚度；15. 显示的切片振幅

（5）利用胶头吸管将切好的脑片非常小心地转移至装有混合气饱和的记录 ACSF 液的孵育槽中（图 4-10）（不可以用镊子等粗暴的机械拉扯切好的脑片，否则会导致组织损坏），孵育槽置于水浴锅于 32℃恢复 60～90min，然后开始记录实验；注：充氧速度不宜过快，以非常小的气泡为佳，过大的气泡会导致脑片在复苏液中翻滚或漂浮，从而导致神经细胞因机械损伤而死亡。

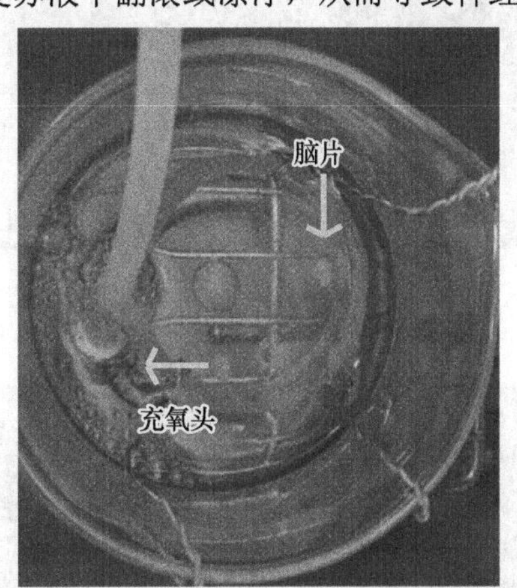

图 4-10 活性脑片在 ACSF 液的孵育槽中

来自浙江大学双脑中心杨鸿斌课题组

（6）制备电极：利用水平拉制仪（图 4-11）或垂直拉制仪（图 4-12）拉制玻璃电极。注：水平拉制仪要小心放置玻璃电极，防止碰到加热金属片；拿玻璃电极时手不要触碰到玻璃电极中间段，这样可以避免拉出的电极尖端有灰尘；取放拉制好的电极时要小心，以免电极尖端碰碎；垂直拉制仪取电极时小心手不要碰到金属加热丝，以免烫伤。

（7）电极中填充电极内液：电极内液填充到玻璃电极尖端，液面高度能没过记录银丝即可，然后将尖端的气泡弹出或者甩出。

（8）利用显微镜，先在低倍镜（5 倍）下找到目标脑区，然后切换到高倍镜（40 倍）寻找活细胞（图 4-13，数字所表示的位置代表具有活性的细胞）。

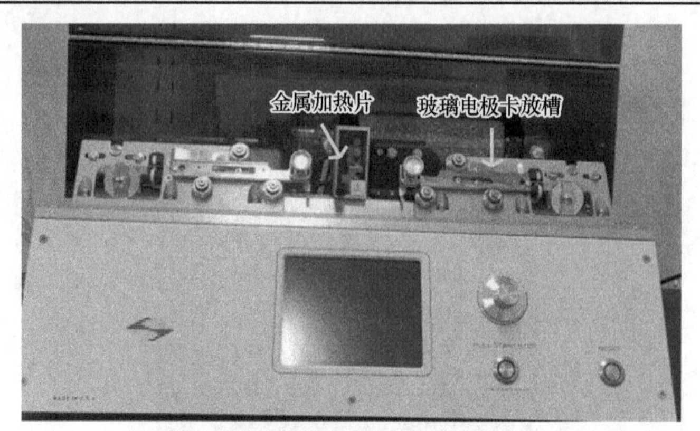

图 4-11　水平拉制仪 Sutter MODEL P-1000

来自浙江大学双脑中心公共技术平台

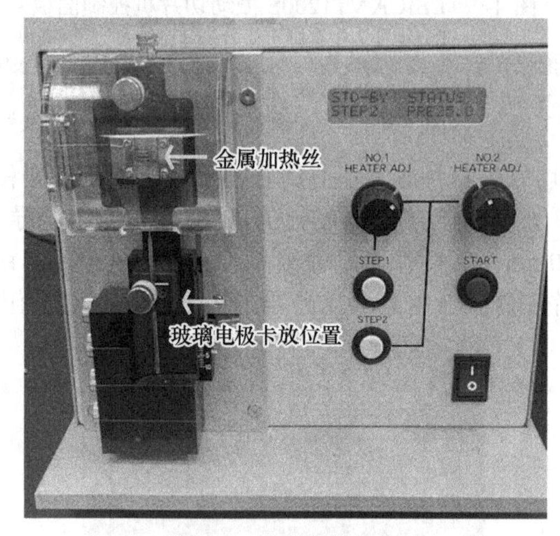

图 4-12　垂直拉制仪

来自浙江大学双脑中心杨鸿斌课题组

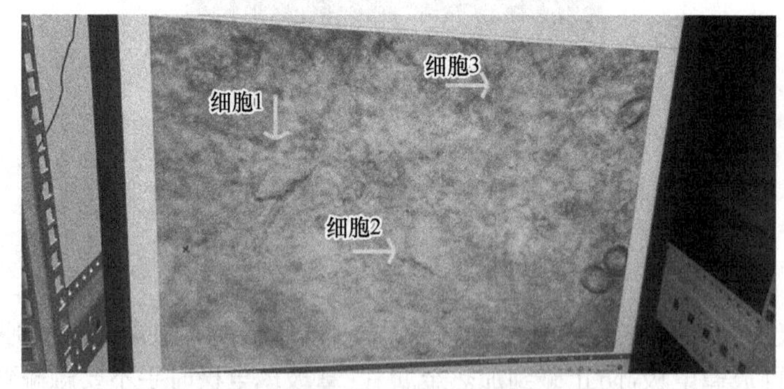

图 4-13　急性脑片在 40 倍镜头下显示的神经元

来自浙江大学双脑中心杨鸿斌课题组

（9）电极在入液前用 1ml 注射器施加一个正压（注射器推两小格），这样可以避免污物或者组织粘到玻璃电极尖端，将电极通过微操纵器 Sutter 移动到所要钳制细胞上方，然后慢慢下电极直至尖端在细胞膜表面形成一个小凹陷，且测试电极阻值增加 0.1～0.2MΩ，这时释放正压。正压不宜过大，否则容易吹跑细胞。

（10）如果细胞状态好，玻璃电极尖端在释放正压后将与细胞膜形成高阻封接，这时再通过注射器慢慢施加一个负压，直到细胞破膜，然后将负压释放。负压不要超过注射器两大格，负压超过两大格还没有破膜，是由于细胞膜没有弹性，这时可以采用 ZAP 的方式破膜。

（11）在电流钳或者电压钳下记录相应参数。

3. 常见的脑片膜片钳记录参数　有动作电位（action potential，AP），诱导产生的兴奋性或者抑制性突触后电流（evoked excitatory or inhibitory post-synaptic current，eE/IPSC），自发兴奋性或者抑制性突触后电流（spontaneous excitatory or inhibitory post-synaptic current，sE/IPSC），微小兴奋性或者抑制性突触后电流（mini excitatory or inhibitory post-synaptic current，mE/IPSC）等。

根据我们的实验目的，在循环人工脑脊液中加入相应的药品。动作电位记录循环液是正常的 ACSF，电极内液用钾内液，在电流钳记录模式下记录动作电位或者膜电位。

（1）动作电位记录及分析：膜反应特性的各项参数定义如下（Lieberman et al.，2018）：静息膜电位（resting membrane potential，RMP）是形成全细胞后 2min 内的平均膜电位水平；输入电阻（input resistance，R_{in}）是细胞处于 RMP 条件时，给予能产生 2～6mV 的超极化电位反应的 1～50pA 电流刺激，用电压除以电流值得出；该电位反应经过单级指数拟合即可得出膜时间常数（membrane time constant，τ_m）。用 τ_m 除以 R_{in} 则可得出膜电容（membrane capacitance，C_m）。基强度电流（rheobase current）刺激（从–70mV 开始，每隔 1～10pA 递增，持续时间为 10 ms）所诱发出的第一个动作电位（action potential，AP）用作分析 AP 的各项特性。AP 阈值是 dV/dt 等于 10mV/ms 时的电位值。AP 持续时间是 AP 半峰值时的持续时间。AP 幅度是 AP 阈值和 AP 峰值之间的电位差。后超极化（afterhyperpolarization，AHP）值是 AP 阈值和 AHP 波谷之间的电位差。在阻断突触传递的 AP 和膜特性记录实验时，在记录外液中加入 50μmol/L 2-氨基-5-磷酸基戊酸（AP-5）、20μmol/L 6-氰基-7-硝基喹喔啉-2,3 二酮（CNQX）和 10μmol/L 荷包牡丹碱（Bic）来分别阻断 NMDA 受体、AMPA 受体和 GABAA 受体。

（2）E/IPSC 记录：除记录动作电位需要用钾内液外，其他的电生理参数记录需要用铯内液。铯内液是用铯离子代替了钾离子，可以防止钾通道介导的电流影响细胞膜的稳定性，同时铯内液加了钠离子通道阻断剂，可以阻断钠通道介导的电流。eEPSC 的记录需要在灌流的 ACSF 中加入 100μmol/L 木防己苦毒素（picrotoxin，PTX）阻断 GABAA 受体介导的抑制性电流，同时需要通过光遗传或者电刺激使突触前激活。sEPSC 的记录，外液中加入 GABAA 受体介导的抑制性电流，记录的是包括动作电位引起的突触前囊泡自发释放。mEPSC 的记录需要在灌流液中加入 100μmol/L 木防己苦毒素（picrotoxin，PTX）和 1μmol/L 河鲀毒素（TTX），阻断 GABAA 受体介导的抑制性电流和动作电位，记录的是除动作电位所引起的外囊泡的随机释放。

eIPSC 的记录是在灌流的 ACSF 中加入 50μmol/L AP-5 和 20μmol/L CNQX，阻断 NMDA 和 AMPA 受体介导的兴奋性电流。sIPSC 的记录，采用相同的内外液和抑制剂，mIPSC 的记录，是在灌流的 ACSF 中加入 50μmol/L AP-5、20μmol/L CNQX 和 1μmol/L TTX，阻断 NMDA 及 AMPA 受体介导的兴奋性电流和动作电位。

所有的电生理数据由膜片钳放大器和数模转换器采集，滤波频率为 3 kHz，采样频率为 10 kHz。使用软件进行数据记录分析。

二、总　结

膜片钳实验过程中常会遇到封接困难的问题，原因可能是：①细胞状态不好，当细胞未完全复苏或者细胞受到损伤都可能使细胞状态不好，此时细胞膜没有弹性，即使施加再大的负压也无法形成高阻封接；②玻璃微电极尖端有灰尘，如果电极拉制后未在当天使用，且没有防尘，这样的电极尖端很容易有灰尘，对于当天拉制的电极，在电极入液时一定要施加小小的正压，避免脏东西黏附在电极尖端；③如果电极夹持器、电极、负压吸引管组成的系统漏气导致给予的正压或者负压无法到达电极尖端也会影响封接和破膜。如果电极夹持器中的橡皮垫使用时间久了导致其有磨损或者橡皮垫的孔径与电极外径不匹配也会导致气密性不好。

其次遇到的问题是难以破膜，有时细胞状态不好导致细胞膜没有弹性，即使实现了高阻封接也很难破膜，或者当小鼠的年龄比较老时，细胞膜也没有弹性因此很难破膜。如果通过给予负压的方法无法破膜，可以通过给予细胞膜一个短时电击以破膜，但是电击次数不宜过于频繁，电极强度不宜过大，否则细胞的状态很可能发生改变。

再一个问题是电极入液后，封接测试的电流基线不稳定，抖动剧烈或者一直往下掉，可能的原因是：液面震动，夹持器未固定牢固，浴槽地线的银丝部分及夹持器中的银丝发白，因此需要保证灌流系统进出水平衡，及时将发白的地线和记录银丝在次氯酸钠溶液中镀黑。另外膜片钳记录对外界电磁辐射干扰非常敏感，实验操作者不宜在进行细胞钳制记录时使用手机等电子产品，避免给记录带来不可避免的噪声干扰。

（杨鸿斌）

参考文献

Armstrong C M, Gilly W F, 1992. Access resistance and space clamp problems associated with whole-cell patch clamping[J]. Methods in Enzymology, 207: 100-122.

Barry P H, Lynch J W, 1991. Liquid junction potentials and small cell effects in patch-clamp analysis[J]. The Journal of Membrane Biology, 1: 101-117.

Cahalan M, Neher E, 1992. Patch clamp techniques: an overview[J]. Methods in Enzymology, 207: 3-14.

Cerniauskas I, Winterer J, de Jong J W, et al, 2019. Chronic stress induces activity, synaptic, and transcriptional remodeling of the lateral habenula associated with deficits in motivated behaviors[J]. Neuron, 104(5): 899-915.e8.

Fernandez J M, Neher E, Gomperts B D, 1984. Capacitance measurements reveal stepwise fusion events in degranulating mast cells[J]. Nature, 312(5993): 453-455.

Ha K, Delling M, 2021. Electrophysiological recordings of the polycystin complex in the primary *Cilium* of cultured mouse IMCD-3 cell line[J]. Bio-protocol, 11(20): e4196.

Hodgkin A L, Huxley A F, 1952. A quantitative description of membrane current and its application to conduction and excitation in nerve[J]. The Journal of Physiology, 117(4): 500-544.

Lieberman O J, McGuirt A F, Mosharov E V, et al, 2018. Dopamine triggers the maturation of striatal spiny projection neuron excitability during a critical period[J]. Neuron, 99(3): 540-554.e4.

Lollike K, Lindau M, 1999. Membrane capacitance techniques to monitor granule exocytosis in neutrophils[J]. Journal of Immunological Methods, 232(1/2): 111-120.

Mahfooz K, Ellender T J, 2021. Combining whole-cell patch-clamp recordings with single-cell RNA sequencing[J]. Patch Clamp Electrophysiology: 179-189.

Neher E, Sakmann B, 1976. Single-channel currents recorded from membrane of denervated frog muscle fibres[J]. Nature, 260(5554): 799-802.

Perkins K L, 2006. Cell-attached voltage-clamp and current-clamp recording and stimulation techniques in brain slices[J]. Journal of Neuroscience Methods, 154(1/2): 1-18.

Ting J T, Lee B R, Chong P, et al, 2018. Preparation of acute brain slices using an optimized N-methyl-D-glucamine protective recovery method[J]. Journal of Visualized Experiments: JoVE, (132): 53825.

Yang H B, de Jong J W, Tak Y, et al, 2018. Nucleus accumbens subnuclei regulate motivated behavior via direct inhibition and disinhibition of VTA dopamine subpopulations[J]. Neuron, 97(2): 434-449.e4.

第五章　体外培养神经细胞可视化技术

第一节　体外培养神经细胞可视化技术及相关科学问题

早在 19 世纪，意大利神经组织学家高尔基（Golgi）发现：将脑组织切片先后浸泡于重铬酸钾和硝酸银溶液中，可以在神经细胞中形成黑色的铬酸银沉淀，从而标记出神经元的形态，这种染色方法被称为高尔基染色法。在随后的几年中，西班牙解剖学家卡扎尔（Cajal）利用这种新式染色技术，将光学显微镜下观察到的各种形态的神经元进行了仔细地描绘，为我们揭开了神经细胞可视化研究的序幕。为了表彰这两位科学家的杰出贡献，他们共同获得了 1906 年诺贝尔生理学或医学奖。1907 年，美国生物学家哈里森（Harrison）首创了神经组织的体外分离培养方法，使得后来的研究人员可以在体外长时间连续观察神经细胞的生长、分化、死亡等动态变化。这些早期技术的创立为近几十年来体外培养神经细胞可视化技术的蓬勃发展打下了坚实的基础。

在过去的几十年中，得益于分子生物学的巨大进步，各种各样的生物分子标记技术被开发出来，并广泛应用于神经细胞的可视化研究中，包括：使用核酸染料及探针等技术对 DNA 和 RNA 进行标记；使用蛋白染料和蛋白标签等技术对蛋白质进行示踪；使用特异性染料和荧光探针等技术对细胞内的 ATP、脂类、离子、神经递质等生物分子进行观察等。与此同时，研究人员还开发出一系列生物大分子的导入技术，可以将体外标记好的 DNA、RNA 或蛋白质等生物大分子导入细胞进行观察，或对细胞内源性的生物分子进行人工改造从而实现可视化。如今的技术发展已经可以实现对活细胞中的多种生物分子同时进行标记，并通过各种先进的显微成像技术，观察这些生物分子在细胞中的表达、定位、运输以及相互作用的动态变化，进而在分子水平揭示神经细胞在生长、发育以及疾病过程中的基本机制。

本章将按照可视化分子对象的不同对这些标记技术进行分类介绍，着重于常用技术的基本原理以及在神经细胞生物学研究中的具体应用。本章还对相关显微成像技术进行概述，介绍各种显微镜的工作原理、应用场景及优缺点。

第二节　DNA 和 RNA 可视化技术

一、核酸染料及 BrdU 掺入技术

目前可用于标记细胞内 DNA 的有三类常用荧光染料：①小沟结合染料（minor-groove binders），如 4′，6-二脒基-2-苯基吲哚（4′，6-diamidino-2-phenylindole，DAPI）、双苯甲酰胺（*N*，*N*-bis（2-chloroethyl）-4-[3-[6-[6-（4-methylpiperazin-1-yl）-1H-benzimidazol-2-yl]-1H-benzimidazol-2-yl]propyl]aniline，Hoechst）；②插层染料（intercalating dyes），如碘化丙啶（propidium iodide，PI）；③核苷酸类似物（nucleotide analog），如 5′-溴脱氧尿嘧啶核苷（5-ethynyl-2-deoxyuridine，BrdU）等（图 5-1）。

根据这些染料生化特性的不同，在具体细胞实验中可以有不同的用途。例如，DAPI 是一种常用的蓝色荧光染料，其与双链 DNA 结合后可以产生比自身强 20 多倍的荧光，其穿透细胞膜的能力较差，但灵敏度高、光稳定性好，因此常用于固定后细胞的 DNA 成像。Hoechst33342 是另一种较常用的蓝色荧光染料，其细胞毒性小，与 DAPI 相比具有更强的亲脂性，因此能更好地透过完整

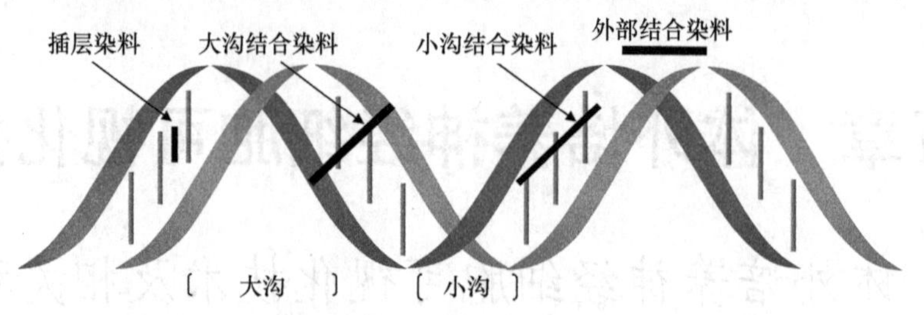

图 5-1 不同类型的染料在 DNA 上结合部位的示意图

的细胞膜，常用于活细胞中 DNA 的标记。PI 是一种不透膜的荧光染料，在嵌入双链 DNA 后可释放红色荧光。尽管 PI 不能透过正常细胞或早期凋亡细胞的完整细胞膜，但凋亡中晚期的细胞和坏死细胞的细胞膜通透性增加，PI 能透过破损的细胞膜对细胞核进行标记。这一特性使得 PI 常用于细胞凋亡相关实验。此外，BrdU 是一种合成的胸腺嘧啶的衍生物，可代替胸腺嘧啶整合到增殖细胞新合成的 DNA 中（细胞周期 S 期），并伴随着细胞分裂进入子细胞中，因此通过 BrdU 特异性抗体识别掺入 BrdU 的细胞可以判断该细胞的增殖状态变化。

核酸染料最大的优势在于可以方便快速地对细胞中的 DNA 进行标记，但缺点是没有核苷酸序列特异性，无法精确识别特定基因或核酸片段，因此近年来一系列具有更高特异性的核酸标记方法应运而生。

二、核酸探针与原位杂交技术

分子杂交（molecular hybridization）是两条核酸单链基于碱基互补配对原理，经退火处理后杂交形成核酸双链的过程，可包括 DNA-DNA、DNA-RNA 或 RNA-RNA 等多种形式。利用核酸分子杂交这一特性，可以通过对一段已知序列的单链核酸片段进行标记作为核酸探针（nucleic acid probe），对组织或细胞中具有互补序列的核酸分子进行检测。根据探针的核酸性质不同又可分为 DNA 探针、RNA 探针、cDNA 探针、cRNA 探针等几类。根据标记方法的不同核酸探针可粗分为放射性探针和非放射性探针两大类。最早采用的核酸探针标记方法是放射性同位素标记（如 ^{32}P 和 ^{35}S 等），放射性同位素标记探针虽然灵敏度高，却存在辐射危害，因此限制了其应用范围，近些年来已经逐渐被新型非放射性探针所取代。目前，在神经科学研究中较常用的两种非放射性标记物是地高辛和荧光素。地高辛（digoxigenin，DIG）又称异羟基洋地黄毒苷元，是一种类固醇半抗原分子，可以通过 PCR 将地高辛标记的 dATP（DIG-11-dATP）掺入到 DNA 探针中或利用体外转录将地高辛标记的 dUTP（DIG-11-dUTP）掺入到 RNA 探针中。利用类似的原理，也可以制作出各种荧光素标记的核酸探针。

获得核酸探针后，可通过原位杂交实验对目标核酸进行检测。以荧光原位杂交（fluorescence in situ hybridization，FISH）为例，此技术的基本原理是：将荧光标记的 DNA 探针加入到固定后的细胞中，随后对细胞基因组 DNA 先进行高温变性，再退火复性，使得荧光标记的 DNA 探针对细胞基因组 DNA 杂交形成双链；通过荧光显微镜检测荧光探针信号，可以准确定位目标 DNA 片段在细胞内的位置。这项技术最主要的优势是灵敏度高、特异性强，而且因为不需要放射性同位素标记，所以经济安全。此方法还可以利用不同颜色的荧光标记多个探针，在同一个样品中实现对多个核酸片段的同时检测。但其局限性在于所需试剂多、步骤繁杂、耗时长，而且由于需要对细胞中的核酸进行变性与复性处理，因此不适用于活细胞实验。此技术在脑组织成像中的应用可见第六章。

三、核酸标签技术

为了解决活细胞实验中 DNA 和 RNA 的可视化问题，基于 DNA 或 RNA 适配体（aptamer）的核酸标签技术应运而生。DNA 或 RNA 适配体是一段特殊的寡核苷酸片段，与蛋白质、多肽或小分子靶标具有高度的亲和力和特异性。最常见的活细胞 RNA 荧光成像系统是基于噬菌体 MS2/MCP 体系发展而来的。MS2 噬菌体复制酶基因转录本 5′端具有一个由 19 个碱基组成的茎环结构，是噬菌体衣壳蛋白 MCP 与 RNA 相互作用的部位，具有很高的特异性（图 5-2）。利用这一特性，科研人员利用基因工程技术将 MS2 颈环结构与目标 RNA 进行融合作为 RNA 标签来使用，同时将其结合蛋白 MCP 与荧光蛋白（如 GFP）融合用于示踪，这样通过 MCP-GFP 蛋白与 MS2-RNA 的结合就可以将荧光信号聚集在目标 RNA 上从而实现在活细胞内对目标 RNA 进行示踪。类似的核酸标签系统还包括 PP7/PCP、boxB/λN22 等，基于这几套标记系统可以通过融合不同颜色的荧光蛋白实现同时对细胞内多条 RNA 进行示踪。这类技术操作简便，易于使用，灵敏度高，甚至可用于 RNA 单分子成像实验。但这种方法的缺点在于需要对目标 RNA 进行人工改造，因此多用于外源 RNA 的检测，不能很好适用于内源 RNA 的示踪实验。而且在实际操作中为了提高信噪比，往往需要在目标 RNA 上串联多拷贝的 RNA 标签，可能对目标 RNA 的正常定位和功能造成干扰，因此在应用上具有一定的局限性。

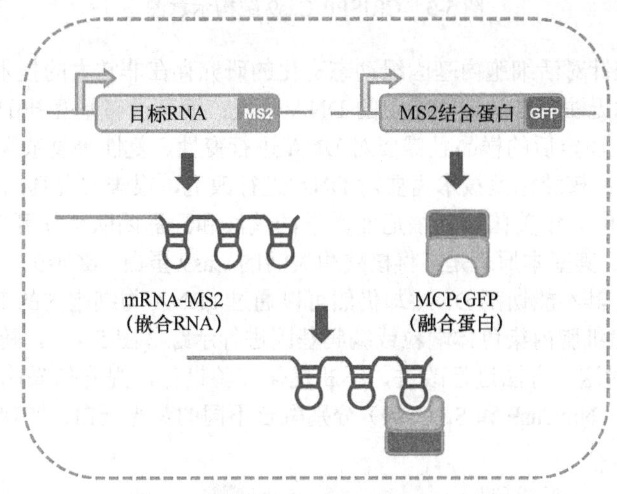

图 5-2　基于 MS2/MCP 的 RNA 标签

四、CRISPR 探针技术

（一）CRISPR 简介

规律成簇间隔短回文重复序列（clustered regularly interspaced short palindromic repeats，CRISPR）是一种来自细菌降解外源 DNA 的免疫机制。目前，来自酿脓链球菌（*Streptococcus pyogenes*）的 CRISPR/Cas9（CRISPR associated protein 9）系统在基因编辑领域应用最为广泛。Cas9 蛋白含有两个核酸酶结构域，可以分别切割 DNA 的两条单链。其作用原理是：Cas9 蛋白首先与 crRNA 及 tracrRNA 结合形成复合物，然后通过原间隔序列邻近基序（protospacer adjacent motif，PAM）结合目标 DNA，形成 RNA-DNA 复合结构，进而对目标 DNA 双链进行切割，使 DNA 双链断裂。为了方便使用，人们利用基因工程手段将 crRNA 和 tracrRNA 连接在一起得到单链向导 RNA（single guide RNA，sgRNA）。这样将携带 sgRNA 与 Cas9 表达元件的质粒导入细胞内就可以实现对目标基因进行编辑，见图 5-3。

（二）CRISPR 用于细胞内基因组 DNA 成像

CRISPR 技术自发明之日起就不断拓展在生物学研究上的用途，目前其不但可以用于基因编辑，还日益成为活细胞 DNA 成像的重要分子工具。例如，大量研究表明，细胞中的基因组具有特定的三维组织结构，而且伴随着细胞状态而改变，在调节基因表达和细胞分化等方面发挥非常重要

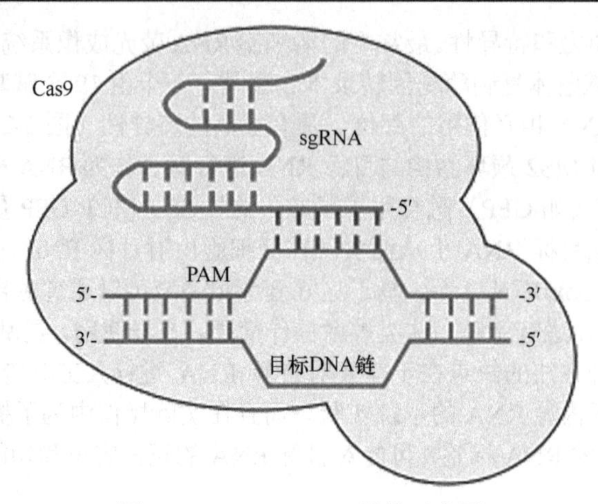

图 5-3　CRISPR/Cas9 结构示意图

的作用，然而一直以来针对活细胞内基因组动态变化的研究存在非常大的技术难度。因为基于核酸染料的 DNA 示踪技术无法精准地识别特定的 DNA 片段；而基于碱基互补配对原理的技术（如原位杂交技术）只适用于固定后的样品且需要对 DNA 进行变性、复性等复杂操作，无法应用于活细胞内 DNA 片段的检测；核酸标签技术需要对 DNA 进行改造，很难实现基因组内源 DNA 的示踪。为了解决这一难题，2013 年美国加利福尼亚大学的黄波和亓磊团队合作开发了基于 CRISPR 的 DNA 活细胞成像技术。其基本原理是：将核酸酶失活的 Cas9 蛋白（dCas9）与荧光蛋白（如 GFP）融合形成 dCas9-GFP，其不能切割 DNA 却仍然可以通过 gRNA 与细胞内的 DNA 片段结合并发出绿色荧光，从而实现对细胞内染色体端粒或编码基因进行示踪（图 5-4）。随后的几年中，国际上不同的研究团队先后对这一方法进行改进，不断优化实验设计，提升信噪比，并利用不同种类的 Cas9 蛋白（如 SpCas9、NmCas9 和 St1Cas9）分别融合不同的荧光蛋白，实现了对染色体上多个基因位点进行同时示踪。

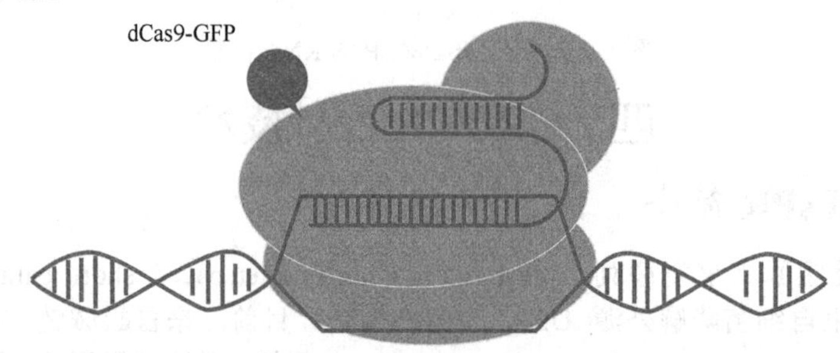

图 5-4　应用 CRISPR/dCas9 技术对染色体上特定位点的 DNA 进行活细胞成像

（三）CRISPR 用于细胞内 RNA 成像

CRISPR/Cas9 最初是一套靶向 DNA 的基因编辑系统，之后研究人员对这一系统进行了改造，通过人工合成一段独特的 DNA 片段（PAMmer），帮助 dCas9 蛋白有效地识别 RNA 而非 DNA。基于这一原理，成功开发出基于 CRISPR/dCas9 的 RNA 成像技术，使其可用于示踪细胞内 RNA 的动态变化。随着 CRISPR 技术的进一步发展，一类特异性靶向 RNA 的 CRISPR 系统——CRISPR/Cas13 被发现，通过对 Cas13 的核酸酶活性进行改造，可以获得只结合 RNA 但不切割 RNA 的 dCas13，进而利用融合 GFP 等荧光蛋白的 dCas13 实现活细胞内 RNA 动态变化的可视化观察。

（四）CRISPR 与核酸标签的联合使用

近年来，基于 CRISPR/Cas9 的成像技术已经成功解决了活细胞中内源核酸成像的难题，但由于该方法灵敏度较低，因此对于基因组中非重复序列的成像效果不太理想。近年来，研究人员利用核酸标签的高灵敏度优势，对 CRISPR/Cas9 的成像技术进行了改造，开发出一种融合了二者优势的新型活细胞荧光成像方法。该方法的基本原理是：将多个 RNA 标签（MS2）串联后与 sgRNA 进行融合，从而可以将多个携带有荧光蛋白的 MCP 富集到目标基因组位点上，使得检测的灵敏度大大提高。在此基础上，进一步通过联合使用 PP7、boxB 等多种不同的 RNA 标签，还可以实现对染色体上多达 6 个位点同时进行活细胞成像（图 5-5），因此该技术又被称为 CRISPRainbow 技术。该技术在大幅提升成像灵敏度的情况下，最大程度保留了 CRISPR 技术自身的特点（如不需要对目标 RNA 进行改造），因此在神经细胞可视化研究中具有非常大的应用潜力。

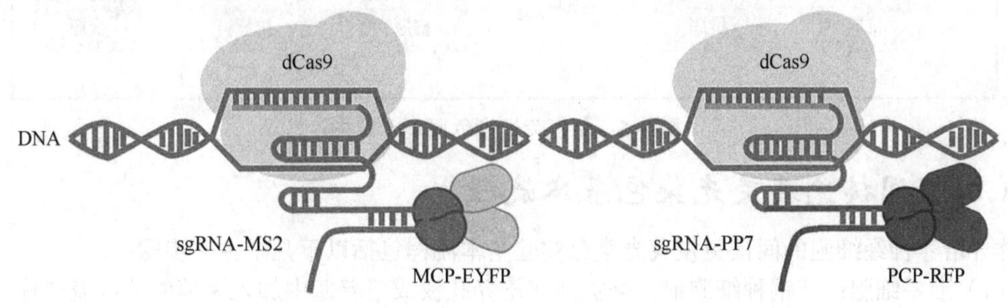

图 5-5　基于 RNA 标签的双色 CRISPR 标记策略示意图

第三节　蛋白质及其他生物分子的可视化技术

一、蛋白质染料

早期的研究发现某些短肽或化合物可以与特定种类的蛋白质结合，利用这一特性可以实现对这些蛋白质在细胞内的定位进行观察。例如，鬼笔环肽是一种从毒蕈类鬼笔鹅膏中得到的有毒环状七肽，其与纤丝状肌球蛋白（F-actin）具有很强的亲和力却不与球状肌动蛋白（G-actin）单体结合，因此利用荧光染料标记的鬼笔环肽进行细胞染色可以清晰地显示神经细胞中微丝的分布情况。另一种常用的蛋白染料紫杉醇是从裸子植物红豆杉的树皮中分离提纯的一种天然代谢产物，能够与微管紧密结合，因此用荧光标记的紫杉醇染色可特异性标记细胞中微管的分布情况。

二、免疫荧光染色技术

（一）免疫荧光染色原理

免疫荧光染色技术（immunofluorescent staining，IF）的基本原理是利用抗原抗体结合的高度特异性，通过抗体将荧光染料特异地标记到目标蛋白质（抗原）上，进而可以在荧光显微镜下对目标蛋白质进行观察。免疫荧光染色技术可以简单分为直接免疫荧光染色和间接免疫荧光染色两种类型（图 5-6）。直接免疫荧光染色是利用荧光染料标记的抗体（荧光抗体）直接识别目标蛋白。该方法简单易行，特异性高，但主要缺点是针对同一种目标蛋白需要制备多种荧光抗体以满足实验中对不同颜色荧光标记的需求。间接免疫荧光染色是先利用不带荧光染料的抗体（一抗，primary antibody）识别目标蛋白，再利用带有荧光染料的抗体（荧光二抗，fluorescent-dye conjugated secondary antibody）识别一抗从而实现对目标蛋白的间接荧光标记。相较于直接免疫荧光，间接免疫荧光一般只需制备几种不同颜色的荧光二抗（如羊抗兔 IgG-FITC，-Cy3，-Cy5）就可以满足对所有来自同一种属一抗的识别（如兔源抗体），因此实验成本较低。此外，由于单个一抗可以被多个荧光二抗所识别，间接免疫荧光比直接免疫荧光灵敏度高 5～10 倍。但是，相对直接荧光标记，间接荧光标记的背景较高，同时可能由于二抗使用不当导致抗体交叉反应。

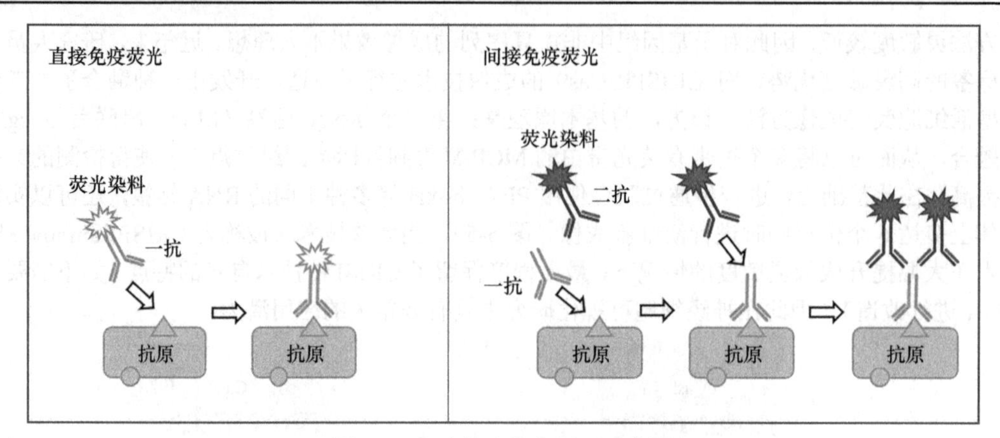

图 5-6　免疫荧光染色原理示意图

（二）间接免疫荧光染色基本流程

体外培养神经细胞的间接免疫荧光染色实验基本流程包括以下几个主要步骤：

（1）准备细胞：在铺种细胞前，须提前在培养孔板或培养皿中加入无菌的洁净盖玻片，对具有贴壁特性的细胞进行爬片培养。

（2）固定（fixation）：弃去细胞培养液，加入固定剂（如 4%多聚甲醛）处理细胞，保持细胞原有形态结构以及目标蛋白的抗原特性；固定完毕后用 1×PBS 洗 3 遍以去除残留的固定剂。

（3）透化（permeabilization）：用去垢剂（如 0.5%的 Triton X-100）处理细胞，破坏细胞膜结构，以保证抗体能够进入细胞到达目标蛋白部位。

（4）封闭（blocking）：利用封闭液（如 1% BSA）处理细胞，减少抗体在细胞内的非特异性吸附。

（5）一抗结合：根据抗体说明书利用封闭液稀释一抗至合适浓度后处理细胞，室温孵育 1 小时或 4℃过夜，让抗体特异性结合目标抗原；随后用 1×PBS 洗 3 遍以去除残留抗体。

（6）二抗处理：加入稀释好的荧光二抗以特异性识别一抗，室温避光孵育 1 小时；随后用 1×PBS 洗 3 遍以去除残留的抗体。

（7）封片（mounting）：在载玻片上滴加少量含抗荧光淬灭剂的封片液，细胞面朝下盖上盖玻片，在荧光显微镜下检查荧光信号。

免疫荧光实验成功的关键在于针对目标蛋白要有特异性的抗体，可是在实际操作中往往因为各种原因目标蛋白质没有可靠的抗体或目标蛋白的抗原表位无法被抗体所识别，这时候就需要考虑引入蛋白标签以实现可视化。

三、蛋白标签技术

（一）表位标签

表位标记（epitope tagging）是一种将已知抗原表位（表位标签）通过基因工程技术与目标蛋白融合，从而用表位标签抗体来识别目标蛋白的技术。常见的表位标签都是一些较短的肽段（如 Flag、Myc、HA 等），在实际操作中表位标签的选择以及与目标蛋白质融合的部位需要通过测试来进行优化，要求表位标签既不能破坏目标蛋白质的天然结构和功能，也不能被折叠到蛋白结构内部影响抗体识别。在大部分情况下，将表位标签插入到目标蛋白的 N 端或 C 端就可以起到良好的标记效果。

表位标记的最大优势在于可以实现对无可靠抗体的蛋白质进行标记，而且表位标签的市售抗体产品多、特异性好、价格便宜。但由于表位标签的插入可能会对蛋白结构和功能产生潜在影响，因此在应用上也存在一定限制。

（二）荧光蛋白标签

最早出现的绿色荧光蛋白（green fluorescent protein，GFP）是由日本科学家下村修（Osamu Shimomura）等人于1962年在研究维多利亚多管发光水母（*Aequorea victoria*）的发光机制时成功发现的。GFP是由238个氨基酸组成的单体蛋白质，分子量约27kDa，在紫外线照射下会发射出绿色荧光（激发光波长为488nm，发射光波长为507nm）。自1988年开始，美国科学家马丁·沙尔菲（Martin Chalfie）开始着手利用基因工程手段将GFP与其他蛋白融合，并应用于秀丽隐杆线虫（*C. elegance*）中进行蛋白示踪与细胞标记等研究。在20世纪90年代，华裔美国科学家钱永健（Roger Y. Tsien）着手阐明了GFP的发光原理，并基于GFP和DsRed（一种海葵中分离出的红色荧光蛋白）开发出一系列具有不同颜色的荧光蛋白，使利用多种荧光蛋白在细胞中同时示踪几种不同的目标蛋白质成为可能。荧光蛋白标签的出现为细胞生物学研究带来了一场技术革命，因此2008年的诺贝尔化学奖颁给了以上三位科学家以表彰他们的杰出贡献。

相比于一般的表位标签，荧光蛋白标签最大的优势在于不需要依赖免疫荧光染色，可以利用荧光显微镜实现对活细胞内目标蛋白的动态变化进行实时观察，因此已经成为神经生物学研究中的重要分子工具。

（三）融合蛋白的构建

表位标签和荧光蛋白标签的使用都需要在目标蛋白的基础上构建融合蛋白。在构建融合蛋白的过程中，首先需要通过基因工程手段将编码目标蛋白的cDNA序列与编码标签的cDNA序列进行连接，并确认没有造成开放阅读框（open reading frame）移位，同时要删除二者之间可能存在的终止密码子，以保证融合蛋白的正常表达。为了减少蛋白标签（尤其是荧光蛋白标签）对目标蛋白质天然结构的潜在影响，在多数情况下，往往会在标签与目标蛋白之间添加一段接头（linker）。目前常用的接头可以粗略分为三种类型：柔性接头（flexible linker）、刚性接头（rigid linker）和可剪切接头（cleavable linker）。在实际操作中可根据具体的实验目的来设计合适的接头。例如，当连接的两种蛋白质需要一定程度移动或相互作用时，通常会使用由多个小的非极性氨基酸（如Gly-Gly- Gly-Gly-Gly-Gly）所组成的柔性接头；如果需要使两种连接的蛋白质保持一定的距离，则可以使用刚性接头（如Glu-Ala-Ala-Ala-Lys）；如果需要两种蛋白保持相对独立的功能，则使用可剪切接头（如P2A），这种接头会在特定蛋白水解酶的作用下发生断裂，将原先融合的两个蛋白完全分离。

编码融合蛋白的质粒可以通过瞬时转染的手段导入细胞中，并利用蛋白标签对目标蛋白在细胞内的定位进行示踪。在一些情况下，为了避免目标蛋白过表达对其细胞定位造成的干扰，还可以利用CRISPR/Cas9技术通过基因敲入的方法将蛋白标签的编码序列插入到目标基因的合适位置，从而获得表达内源水平融合蛋白的细胞进行观察。

（四）蛋白标签的应用

蛋白标签除了可以用于示踪目标蛋白在细胞内的定位外，还可用于指征目标蛋白的表达量。由于融合蛋白中蛋白标签与目标蛋白的数量存在1∶1的对应关系，因此通过对细胞内蛋白标签含量进行测定可以实现对目标蛋白的表达量进行相对定量。除此之外，蛋白标签技术还可用于检测蛋白-蛋白相互作用、蛋白质分子的流动性，以及细胞器示踪等多种用途，下面将逐一进行介绍。

1. 检测蛋白-蛋白相互作用　目前基于不同蛋白标签已经开发出多种可用于检测蛋白-蛋白相互作用的可视化工具，其中荧光共振能量转移（fluorescence resonance energy transfer，FRET）和双分子荧光互补技术（bimolecular fluorescence complementation，BiFC）是最为常用的两种。

荧光共振能量转移是较早发展起来的一门蛋白互作可视化技术，其巧妙地利用了荧光分子“光致发光”的特点，用于检测活细胞内两种蛋白质分子之间的相互作用。其基本原理是：当荧光基团A的发射光谱与荧光基团B的吸收光谱有重叠，且二者非常靠近时（一般小于10nm），激发荧光基团A所发出的荧光能够再次激发荧光基团B而发出荧光，发生荧光共振能量转移现象。基于这一原理，如果将这两种荧光基团分别与待检测的两种蛋白质进行融合，那么当这两种蛋白质分子发生相互作用时，二者足够靠近就可能发生荧光共振能量转移，以此可以研究这两种蛋白质分子之间的相互作用在细胞内的定位及动态变化过程。

双分子荧光互补技术是一种更加简单直观地检测蛋白相互作用的可视化手段。其基本原理是：利用基因工程手段将荧光蛋白标签（如GFP、mCherry等）人为分割成不能发光的两个片段，随后将待检测的两种蛋白与两个片段分别进行融合；当待检测的两种蛋白分子发生相互作用时，荧光蛋白的两个片段相互靠近并自发组装成可以发光的完整荧光蛋白；通过检测荧光信号的强度以及细胞内的分布，可以对这两种蛋白分子的相互作用情况进行研究。

这些新型可视化技术与免疫共沉淀、酵母双杂交等检测蛋白互作的传统生化手段相比，其最大的优势在于可以实现对活细胞内蛋白互作变化的动态示踪以及蛋白互作位置的精确定位。不过，这两种技术所反映的都是蛋白分子在空间距离上的接近程度，并不能严格证明两种蛋白是否存在直接的相互作用，因此在应用上具有一定的局限性。

2. 检测蛋白质分子的流动性——荧光漂白恢复技术　荧光漂白恢复技术（fluorescence recovery after photobleaching，FRAP）常用于检测细胞膜上或细胞内蛋白质的运动及其迁移速率（图5-7）。其基本原理是：对待检测的目标蛋白进行荧光标记后，利用高能激光束照射细胞内的特定区域，使该区域内荧光蛋白分子发生不可逆的淬灭，或称“光漂白”；由于细胞内未漂白区域的荧光蛋白会向光漂白区域发生迁移，使得该区域的荧光强度能够得到一定程度的恢复；通过记录荧光恢复的水平和快慢可以反映出相应蛋白分子的迁移能力和迁移速率。荧光漂白恢复技术近年来还常应用到对蛋白质复合物液-液相分离（liquid-liquid phase separation）状态的检测研究中。

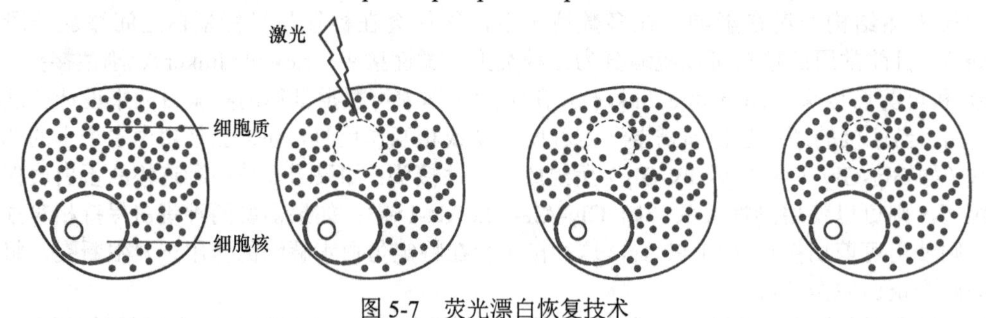

图5-7　荧光漂白恢复技术

3. 细胞器示踪　由于细胞中某些种类的蛋白会专一地分布在特定细胞器上，因此可以作为细胞器的标志蛋白来使用。基于这一原理可以通过将荧光蛋白标签与这些细胞器的标志蛋白融合来对细胞器进行标记，并在活细胞成像的帮助下实现对这些细胞器在细胞内变化的动态示踪。例如，将内质网膜蛋白Sec61复合物的β亚基与GFP融合，可以用于示踪内质网在细胞内的定位；将线粒体外膜蛋白Mito与GFP融合，可以用于示踪线粒体的融合与分裂过程；将自噬小体膜蛋白LC3与GFP融合，可以用于示踪自噬的发生以及自噬小体的形成。

四、其他生物分子的可视化技术

（一）神经递质成像

神经递质是神经细胞间信息传递的重要信使，各种神经功能的紊乱往往伴有神经递质的失衡，然而神经递质的可视化一直是困扰神经科学家的一个难题。近年来，我国北京大学的李毓龙团队在国际上率先开发出了去甲肾上腺素探针（NE1m和NE1h）、多巴胺探针（DA1h和DA1m）、乙酰胆碱探针（GACh2.0）等一系列神经递质荧光探针，为神经递质研究提供了重要工具。这一系列神经递质探针都是由特定的荧光蛋白与神经递质受体融合改造而成，其基本原理是神经递质与其对应的受体结合后会引发改造后的受体发生构象改变，从而发出荧光以实现对神经递质的检测。相关技术的具体应用可参考第九章。

（二）细胞内 ATP 成像

腺嘌呤核苷三磷酸（简称三磷酸腺苷，ATP）是存在于细胞内的一种不稳定的高能化合物，为细胞内的各种生命活动提供能量，也在信号转导中扮演着重要的角色。在神经细胞中，ATP 还参与膜电位的产生、神经递质的合成以及轴突运输等重要过程。奎纳克林（quinacrine）是一种自带荧光的吖啶衍生物，与 ATP 有非常强的亲和力，因此常被用作 ATP 探针来示踪细胞内的 ATP。此外，李毓龙团队近年还发展出基因编码的 ATP 荧光探针——GRABATP1.0。这种新型的 ATP 荧光探针是运用 GRAB 探针策略（GPCR activation-based sensor），基于人源 ATP 受体 P2Y1 和 GFP 荧光蛋白开发出来的，可以响应毫秒级的胞外 ATP 浓度变化，从而实现对特定脑区或细胞 ATP 释放过程的可视化监测。

（三）细胞内离子成像

细胞很多重要的生命活动都需要各种离子的参与，例如，铁离子是血红蛋白的主要成分、铜离子是超氧化物歧化酶中的重要辅基、钠钾离子参与维持渗透压和电解质平衡。神经元的电活动与钙离子浓度存在严格的对应关系，神经元放电时会出现钙离子浓度高峰（10～100 倍于静息状态）。钙成像技术是一种广泛应用于神经科学研究的可视化技术，其基本原理是依赖于一些特殊的荧光染料（如 Oregon Green-1、Fura-2、Indo-1、Fluo-4 等钙离子螯合剂）或者蛋白荧光探针（如 GCaMP、pericams、cameleons 等），利用其结合钙离子时发生荧光特性的改变来检测钙离子的分布以及浓度的变化。关于钙成像技术的详细介绍可参考第六章。目前，利用相似的原理还开发出其他多种类型的离子探针，例如，镁离子探针（Mag-Fluo-4 AM）、钠离子探针（ENG-2 AM）、钾离子探针（PBFI AM）等。

（四）细胞内脂类成像

脂类是细胞中最常见的生物大分子之一，是构成细胞内膜系统的重要成分，也是细胞中重要的营养物质。尼罗红是一种常用的脂类特异性染料，具有很强的亲脂性，能够与细胞内的中性脂类结合，从而显示细胞中脂滴的分布。此外，细胞内还存在一部分具有脂质结合结构域的蛋白质，通过将对应的脂质结合结构域（例如，FYVEEEA1、PXp40Phox、PHFApp1）与荧光蛋白标签融合，可以作为脂类的分子探针实现细胞中脂类的可视化。

第四节　细胞内生物大分子的导入技术

以上提到的各种生物大分子的标记技术往往需要将相应的生物大分子导入神经细胞内来实现，因此本节内容将着重对核酸与蛋白质的导入技术进行介绍。

一、外源核酸的导入技术

细胞膜磷脂双分子层是外源核酸进入细胞内的主要屏障，细胞在一定条件下主动或被动导入外源核酸片段的过程称为转染（transfection），外源核酸的转染方法要求：转染效率高，细胞毒性低，重复性好，并且不影响细胞的正常生理活动。在过去的几十年中，研究人员建立了一系列可以帮助外源核酸穿过细胞膜进入细胞内的方法，主要包括：物理方法、化学方法及重组病毒等。

在实际操作中，可以根据目的核酸种类、靶细胞类型以及实验用途等因素，综合选择最佳的转染方法用于实验。本文将针对当前比较常用的几种转染方法进行详细介绍，并对不同转染方法的特点进行比较（表 5-1）。

表 5-1　外源核酸导入方法比较

	电穿孔法	基因枪法	磷酸钙法	脂质体转染法	病毒转染法
应用	瞬时转染；稳定转染	瞬时转染；稳定转染	瞬时转染；稳定转染	瞬时转染；稳定转染	稳定转染
优点	适用性广；适用于质粒和几十 kb 的基因组片段	操作简便；安全性高；可转染大分子的外源基因；可用于各个时期神经细胞	操作简单	操作简便；适用于各种裸露的 DNA 和 RNA 片段；适合转染各种的细胞	转染效率高，适用于难转染细胞；外源基因整合较稳定
缺点	针对不同类型细胞需要优化实验条件；细胞致死率较高	需要专门的仪器	对 DNA 浓度要求高；不适用于原代细胞	对 DNA 浓度有一定要求；对细胞有一定的毒性	容纳外源基因长度有限

（一）物理方法

1. 电穿孔法（electroporation）　电穿孔的基本原理是在一定的电流脉冲下，细胞膜磷脂双分子层形成瞬时孔道，使无法通过被动扩散的亲水性大分子如 DNA、siRNA 等可通过瞬时孔道进入细胞。电穿孔技术经过不断完善，已被广泛用于各类神经细胞和神经组织的转染。根据应用对象的不同，电穿孔技术可分为单个细胞电穿孔、悬浮细胞电穿孔、体内电穿孔等多种类型。影响电穿孔的转染效率以及转染细胞存活率的因素有很多，包括：细胞数量、目标分子浓度、电穿孔脉冲强度、脉冲时间等。因此使用时要根据具体细胞类型和实验目的选择合适的电穿孔设备并优化相应的参数。电穿孔具有应用范围广、不依赖于细胞类型、快速高效等优点，但对细胞损伤较大。

2. 粒子轰击法（particle bombardment）　又称为基因枪法，其基本原理是将外源基因包被在极微小的金属颗粒（金、钨或硅）上，采用特殊的微粒加速装置，使颗粒获得一定的动能从而直接“射入”靶细胞或组织中。该技术操作简便安全，可以转染长片段的外源基因，是神经细胞转染的常用技术。目前还有一种改良的基因枪转染方法，即磁性转染。首先将外源基因包被到磁性纳米微粒上，因为磁性纳米微粒易于与 DNA 结合，并能保护 DNA 防止被 DNA 酶降解，然后在外部磁场作用下将外源基因导入靶细胞。该方法操作方便快捷，细胞毒性低，转染效率高，适用于不同类型神经元转染，并且可以通过联合脂质体、病毒等其他转染方法，进一步缩短转染时间，提高转染效率。

除上述方法外，外源基因导入的物理方法还有光穿孔法（laser-beam-mediated delivery）、显微注射法（microinjection）、单碳纳米管（single-walled carbon nanotube）等，但是由于操作的难度以及技术的成熟度等还有待完善，目前在神经细胞研究中应用相对较少。

（二）生物化学方法

1. 磷酸钙法（calcium phosphate）　最早报道于 20 世纪 70 年代，其原理是带正电荷的钙离子可吸引带负电荷的 DNA 并在磷酸盐中形成磷酸钙-DNA 共沉淀，磷酸钙-DNA 共沉淀通过细胞的胞饮作用进入靶细胞进行基因表达。该方法具有成本低、操作简单、不需要特殊设备、适用于瞬时转染和稳定转染等特点，在细胞转染的应用中有大量报道。磷酸钙-DNA 共沉淀形成过程中 pH 的精确性、细胞在磷酸钙/DNA 复合物中的孵育时间长短等因素都会影响转染效率。总体来说，磷酸钙法转染效率低，适用的细胞类型少，因此逐渐被更高效的现代转染技术所替代。

2. 人工脂质体法（liposome）　是近年来应用最为广泛的一种化学转染方法，其基本原理是利用单层阳离子脂质体（lipofectamine）吸引带负电荷的核酸，形成核酸-脂质体复合物；该复合物可以与带负电荷的细胞质膜融合，然后通过内吞作用进入细胞。脂质体转染法具有转染效率高、稳定性好、操作简单等优点。脂质体转染效率与许多因素相关，包括核酸浓度、核酸与脂质体比例、细胞密度等，这些条件需要针对具体实验要求进行优化。此外，细胞培养液中的血清与抗生素都会降低脂质体的转染效率。对于常见的哺乳动物细胞系，脂质体对于常见的 HeLa、HEK293 等细胞系具有很高的转染效率（＞80%），但对于原代培养的神经元转染效率相对较低（＜5%），因此在一定程度上限制了脂质体转染法在神经生物学研究中的应用。

3. 重组病毒法（recombinant virus）　病毒转染可广泛用于体外培养神经元、脑组织切片以及体内试验，对于一些按常规方法难以转染甚至无法转染的细胞，采用病毒转染可以显著提高转染效率，实现目的基因的高效表达。其基本原理是将目的基因片段包裹在病毒包膜中感染细胞，常用于稳定转染。目前常用的几类病毒载体主要包括腺病毒（adenovirus，AdV）、腺相关病毒（adeno-associated virus，AAV）、慢病毒（lentivirus）和单纯疱疹病毒（herpes simplex virus，HSV）、逆转录病毒（retrovirus）等。不同种类的病毒载体具有不同的特性，其适用的细胞类型往往也具有一定的趋向性，因此在实际操作中需要根据实验目的和目标细胞类型选择最适的病毒载体，常见的几种病毒载体的特点总结见表 5-2。病毒在环路示踪方面也有很广泛的应用，可以参考第六章内容。

表 5-2　常用病毒载体比较

项目	腺病毒	腺相关病毒	慢病毒	单纯疱疹病毒	逆转录病毒
基因组	双链 DNA	单链 DNA	RNA	双链 DNA	RNA
整合方式	非整合	定向低频整合	随机高频整合	非整合	随机整合
应用范围	可感染神经元等难转染细胞	可感染神经元等难转染细胞	可感染神经元等难转染细胞	可感染神经元等难转染细胞	只感染分裂细胞
优点	表达快；载体容量大；感染效率高；无插入致突变性	安全性高；免疫原性低；宿主范围广；表达稳定；物理性质稳定	感染范围广；可稳定表达；操作安全性高	亲神经性；感染效率高；无插入致突变性	宿主范围广；表达稳定
缺点	毒性高；免疫原性高	有插入致突变性	有插入致突变性	目的基因表达不稳定；免疫原性高	基因容量有限；有插入致突变性

（1）腺病毒（adenovirus，AdV）是一种无包膜的线性双链 DNA 病毒。与其他病毒载体相比，腺病毒的优势在于可插入的基因片段较长，而且表达活性高，因此常用于需要短时间内对基因进行高表达的实验。目前常用的腺病毒载体是基于人腺病毒 5 型（AdV5），其病毒基因组长约 36 kb。腺病毒可通过内吞进入细胞内，并进一步转移至细胞核中，借助细胞的复制、转录和翻译机器启动病毒的组装。腺病毒可用于感染包括原代培养的神经元在内的多种难转染细胞类型，而且感染效率很高（接近 100%）。但是，由于腺病毒具有很强的免疫原性，因此在动物体内试验中常常会引起较强的机体免疫反应，对动物体征造成一定的影响，建议在动物实验中谨慎使用。

（2）腺相关病毒（adeno-associated virus，AAV）属于微小病毒科（parvovirus），是一类线性单链的 DNA 缺陷型病毒，无包膜，外形为裸露的 20 面体颗粒。腺相关病毒是目前发现的一类结构最简单的病毒，不能独立复制，需要辅助病毒（如腺病毒或单纯疱疹病毒）参与复制。天然 AAV 是唯一能够定点整合的哺乳动物 DNA 病毒，其基因组很容易整合到人类第 19 号染色体的特异位点（AAVS1 位点）。目前常用的腺相关病毒载体是利用天然腺相关病毒经过基因工程改造后产生的一种载体，其病毒包装系统不需要辅助病毒的参与，而且其装载的目的基因片段不会整合到宿主细胞基因组中。

腺相关病毒能感染多种类型的细胞，其侵染细胞时，会与细胞表面的特异性受体结合，激活内吞作用进入细胞内，并在核内体、高尔基体等细胞器的协助下进入细胞核；随后病毒裂解，其单链 DNA 复制成为双链 DNA 后开始表达目的基因。目前已发现的腺相关病毒至少有十几种血清型，不同血清型的腺相关病毒载体之间最主要的区别是衣壳蛋白Cap的不同，从而导致各种血清型AAV对不同的组织和细胞的感染效率存在差异，因此需要根据具体实验需求进行选择。

腺相关病毒作为目前应用范围最广的重组病毒之一，其主要具有以下几点优势：

1）安全性高、免疫原性低：迄今尚未发现野生型 AAV 对人体有致病性，而且重组 AAV 载体基因组序列上去除了大部分野生型 AAV 的元件，进一步保证了其安全性；使用 AAV 进行动物体内试验时造成的免疫反应小，因此腺相关病毒载体也成为世界上最常用的基因治疗载体之一。

2）适用范围广：可有效感染分裂细胞和非分裂细胞。

3）表达稳定：虽然改造后的腺相关病毒不能整合到宿主细胞基因组中，但其携带的目的基因仍能够在细胞内长期稳定表达。

4）物理性质稳定：不易灭活，抗氯仿。

（3）慢病毒（lentivirus）是一种有包膜的 RNA 病毒，属于逆转录病毒（retrovirus）的一种。其载体是以人类免疫缺陷病毒 1 型（HIV-1）为基础发展起来的。慢病毒进入细胞后，其病毒 RNA 在细胞质中反转录为 DNA，形成 DNA 整合前复合体，然后进入细胞核整合到细胞基因组中，并进行基因表达。

慢病毒是目前外源核酸递送最常用的重组病毒之一，其主要具有如下几点优势：

1）安全性高、免疫原性低：目前常用的慢病毒载体采用的是自失活复制缺陷型病毒株，可有效保障实验操作的安全。慢病毒免疫原性低，不易造成免疫反应，可广泛应用于动物体内试验。

2）适用范围广：慢病毒可有效感染分裂和非分裂细胞，适合于几乎所有细胞类型，尤其是原代培养神经元等较难转染的细胞和树突状细胞等对腺病毒感染具有较强免疫反应的细胞。

3）表达稳定：慢病毒可将外源基因整合到宿主细胞基因组上，从而实现外源基因在细胞内的长期稳定表达。

（4）其他病毒：此外，逆转录病毒、单纯疱疹病毒等病毒载体目前在神经细胞中也有一定的应用。

1）逆转录病毒，又称反转录病毒，是一种有包膜的 RNA 病毒。其最大特点在于可特异性感染分裂期细胞。

2）单纯疱疹病毒（herpes simplex virus，HSV）为线性双链 DNA 病毒，具有天然的亲神经性，是第一个应用于神经元转染的病毒载体，最大可容纳约 150kb 的外源基因片段。单纯疱疹病毒基因游离于宿主基因组外，不会引起插入突变，可在感染数小时后开启外源基因表达，数周后表达量逐渐减少。该病毒感染效率高，但细胞毒性较大，不适用于需要长期观察的实验。

总体说来，虽然重组病毒技术递送核酸具有转染效率高等独特的优势，但由于病毒包装费用一般较高，周期较长，运输储存条件较为苛刻，潜在还具有安全隐患，因此该方法的应用仍然受到了一定的限制。

二、外源蛋白质的导入技术

与导入外源基因相比，将蛋白质直接导入细胞可绕过基因转录表达过程，使活性蛋白质快速在细胞内发挥生物学功能，而且可以有效地避免外源基因随机整合入宿主细胞基因组所产生的潜在不良效应。蛋白质导入技术可应用于：①研究蛋白/多肽的细胞定位及生物学功能；②通过递送荧光蛋白实现细胞可视化；③递送活性蛋白（如 Cas9）作为分子工具进行基因编辑等操作。

将蛋白质导入细胞的主要难点为细胞质膜磷脂双分子层的疏水性以及蛋白质的球状结构。目前将蛋白质导入细胞主要通过两种策略：①机械递送法，如通过显微注射直接将蛋白质导入细胞；或利用电穿孔破坏细胞膜结构帮助蛋白质进入细胞（可参考核酸的导入方法）；②非机械递送方法，利用具有穿膜特性的特殊介质或载体将蛋白质导入细胞内。机械递送法存在效率低、细胞损伤大的缺陷，因此本节内容将主要介绍目前较常用的几种非机械蛋白递送法。

（一）脂质体

阳离子脂质体（cationic liposome）可以通过非共价键的方式与蛋白质或多肽结合，形成易于被细胞吸收的正电荷复合物，能够有效转染多种哺乳动物细胞。目前利用脂质体技术已经成功递送了 Cas9、荧光抗体、绿色荧光蛋白（GFP）、β-半乳糖苷酶（β-galactosidase）、藻红蛋白（P-phycoerythrin）、胱天蛋白酶（caspase）和颗粒酶 B（granzyme B）等蛋白。

（二）细胞穿透肽

细胞穿透肽（cell penetrating peptides）是一类能携带大分子物质穿过细胞膜进入细胞内部的短肽。第一个被发现的细胞穿透肽是 1 型人免疫缺陷病毒转录激活因子（human immunodeficiency virus-1 transcription activator，HIV-1 TAT），其进入细胞的具体机制目前尚不明确，可能机制包括细胞内吞或直接穿膜等。细胞穿透肽长短不等，但一般不超过 30 个氨基酸，常富含精氨酸、赖氨酸等碱性氨基酸残基，带有正电荷。细胞穿透肽可以携带多种不同大小和性质的蛋白质及其他生物活性物质进入细胞。与其他非天然的物理或化学手段相比，细胞穿透肽作为载体具有生物相容性好、细胞毒性小、入胞速度快等优势，因此目前不但应用于基础研究，而且逐步走向临床药物的开发。

（三）纳米载体

目前的纳米载体可以分为天然材料载体以及合成材料载体两大类。天然材料载体包括：①基于蛋白质的纳米载体，如病毒纳米载体等；②细胞穿透肽；③外泌体；④天然聚合物纳米载体等。合成材料的纳米载体主要包括：①合成聚合物，如聚乳酸-羟基乙酸共聚物[poly（lactic acid-co-glycolic acid），PLGA]、聚烯丙胺[poly（allylamine）]等；②无机纳米载体，如二氧化硅纳米粒子、碳基纳米粒子、金属基纳米粒子等；③脂质纳米粒子，如纳米脂质体、固体脂质纳米粒子等。目前多种类型的智能控制纳米系统（stimuli-responsive smart materials-based delivery systems）被开发出来，具有一定程度的自我反馈能力，可通过响应特定的环境诱因（如温度、光、pH、氧化还原、酶等）改变纳米载体的构象、结构完整性、与递送物的结合能力等特性来实现蛋白质在细胞中定点、定时、定量的精准递送。

第五节　显微成像技术

细胞可视化技术的发展离不开显微成像技术的进步，以下将针对细胞神经生物学研究中较为常用的普通光学成像、宽场荧光显微成像、激光共聚焦显微成像、超高分辨显微成像、电子显微成像等技术进行逐一介绍。

一、普通光学成像技术

（一）明场显微镜

明场显微镜（brightfield microscope）是显微镜照明技术的最基本形式。所谓“明场”，是由于样品是“暗”的，与周围明亮的观察场形成对比。简单的光学显微镜有时被称为明场显微镜。在明场显微镜中，标本被放置在显微镜的载物台上，来自显微镜光源的白炽光对准标本下面的透镜，这种透镜叫作聚光镜。聚光镜通常包含一个孔径膜片来控制和聚焦光线在玻片上，光线通过样本并被载物台上方的物镜收集。光线被物镜放大并传输到目镜，随后进入观察者眼睛。其中，一部分光被染色剂、色素沉着或样品的密集区域吸收，形成具有颜色或明暗对比的图像。明场显微镜操作简单，无须进行过多的调整。一些标本可以在不染色的情况下被观察到，明场中使用的光源不会改变标本的颜色。但是明场显微镜的分辨率较低，通常大于 200nm，观察大多数标本时依赖染色。此外，由于高倍成像需要使用高功率光源，使用时光源产热可能损坏标本或杀伤活细胞。

（二）柯勒照明

传统的照明方式中，聚光镜直接将光线聚焦在样本平面，导致样本平面与光源发光面共轭，产生明暗变化。1893 年，工程师科勒（Kohler）克服了传统照明方式的缺点，研发出一种能够均匀照亮视野，同时避免耀眼伪光和眩光的照明方法。为纪念其对光学领域的突出贡献，该方法被称为科勒照明（Kohler illumination）。其工作原理是：通过在光源和聚光镜之间放置科勒镜和光阑改变光路。光源产生的光线通过科勒镜和可变光阑后，经由聚光镜均匀投射在标本的像平面，产生均匀的照明效果。柯勒照明的主要优点是对比度高，光照分布均匀而明亮。此外，照明的热焦点不在样本上，不会造成灼伤。此外，聚光镜将视场光阑成像在样本平面处，可以通过调控光路控制照明范围。科勒照明在显微成像过程中能够提供均匀的无炫光光线，为图像提供理想的对比度和分辨率，因此是目前首选的照明方法。

（三）相差显微镜

相差显微镜（phase contrast microscope）利用光干涉和衍射原理，将经过透明物体的直射光延迟或者提前，并与部分称为绕射光的光线发生干涉，产生明暗对比，增加细胞内各种结构的对比度，从而更加清晰地观察到活细胞的细微结构。其工作原理是：透明标本中的各种结构对光波产生的衍射和折射可以使透过的光线发生偏离，进而导致光程的差别，产生所谓的“位相差”；相差显微镜利用光干涉和衍射，通过带有环状光阑的聚光镜和带有相板的相差物镜，将样本组织产生的“位相差”转换成具有明暗区别的振幅差，从而使透明样本呈现出浮凸效果。利用相差显微镜成像，无须固定和染色，所需光源强度较弱，同时能够避免染料、光能等理化因素对细胞状态的影响，从而最大程度保持样品的生理状态。同时，相差成像的对比度、分辨率高，与电荷耦合器件（charge-coupled device，CCD）或互补金属氧化物半导体（complementary metal-oxide-semiconductor，CMOS）摄像设备联合，可用于捕获富含细节的图像和视频信息。相差显微镜不适用于观察厚标本，可能出现扭曲的图像。在相差显微镜成像过程中，容易出现晕轮和渐暗效应，使得样本周围的细节变得模糊。

二、宽场荧光显微成像技术

宽场荧光显微镜（widefield fluorescence microscope）通常使用超高压汞灯和滤光片产生特定波长的激发光。荧光标记的样本在被特定波长的激发光照射后，会快速激发出响应波长的荧光，从而获得样本的显微图像。荧光成像的对比度和灵敏度高，结合免疫荧光染色技术，可广泛应用于生物大分子或细胞结构的精准示踪。而且宽场荧光显微镜价格相对较低，成像速度快，因此在细胞神经生物学研究中被广泛使用。然而宽场荧光显微镜不具备光学切片能力，不适用于过厚的三维样品成像。在样品厚度大于 2μm 时，焦平面以外的样品同样被激发出荧光信号，可能导致图像的分辨率和对比度降低。此外，宽场荧光显微镜的光源激发范围大，在对活体组织和细胞成像时，会产生较大的光毒性，可能影响生物样品的活性。

三、激光共聚焦显微成像技术

激光共聚焦显微镜是目前广泛应用于生物、医学和材料科学等领域的主流成像手段。与宽场显微镜相比，这种成像方式能够有效减少光散射和光毒性，提升成像质量和成像深度，但一般仪器体积较大，价格较为昂贵。

（一）激光扫描共聚焦显微镜

激光扫描共聚焦显微镜（laser scanning confocal microscope，LSCM）是在宽场荧光显微镜的基础上配置激光光源和扫描装置，采用共轭聚焦实现对样品的断层扫描和成像。与传统的宽场荧光显微镜相比，激光扫描共聚焦显微镜具有更高的分辨率，可以更加清晰地观察细胞和组织的微观结构，而且具有光学切片功能，可以通过扫描样品的不同深度来获得三维图像，有助于更全面地了解样品的组织结构。

（二）转盘共聚焦显微镜

激光扫描共聚焦显微镜通过逐点扫描成像，虽然成像效果清晰，但是成像速度较慢，而且在活细胞成像中容易造成光漂白和光损伤。为了解决这一问题，适合高速成像的转盘共聚焦显微镜（spinning disk confocal microscope）应运而生。其通过高速旋转多孔转盘，使得激光束可以对样品进行快速扫描，从而在短时间内获得高分辨率的显微图像。与激光扫描共聚焦显微镜相比，转盘共聚焦显微镜具有更快的成像速度和更低的光毒性，因此常用于观察活细胞的动态变化、细胞间相互作用、生物大分子定位和转运等。

（三）双光子显微镜

双光子显微镜（two-photon microscope）以红外飞秒激光作为光源，同时产生两个光子在聚焦点处激发样品荧光信号，从而获得高质量的显微图像。由于双光子显微镜比激光扫描共聚焦显微镜使用更长的波长，所以对组织的损伤更小且穿透更深，激光扫描共聚焦显微镜的成像深度一般为 100μm，而双光子显微镜则能达到 500μm 以上，在有些情况下甚至可达到 1000μm。由于双光子显微镜具有更深的成像深度和更低的光毒性，因此更加适合对活体和深层组织进行长时间观测。

四、超高分辨显微成像技术

传统光学显微镜的光学衍射极限很大程度上影响了显微成像的分辨率（横向约 200nm，纵向约 500nm），限制了对更加细微的细胞结构进行精细观察。近年来，有一系列适用于生物样品成像的超高分辨成像技术被开发出来。这些技术不仅突破了传统光学成像的分辨率极限（分辨率最高可达 5nm），还可以实现更高质量的多色成像，有力地推动了生命科学各领域的快速发展。

（一）光激活定位显微镜

2006 年，贝齐格（Betzig）和赫斯（Hess）共同研发了光激活定位显微镜（photoactivated localization microscope，PALM）超分辨成像技术。该技术基于单分子荧光成像原理，对样品中单个荧光分子进行分批激活和定位，通过高灵敏度的 CCD 相机分批分次采集图像荧光信号，将荧光信号的强度和位置信息进行重构，获得超高分辨率的图像（分辨率可达 10～20nm）。该技术主要依赖荧光蛋白标记，不需要对样品进行免疫荧光染色或其他处理，适合对同一样品进行多次观察，也可以对样品中单个分子的动态变化进行追踪。

（二）随机光学重建显微术

随机光学重建显微术（stochastic optical reconstruction microscopy，STORM）是由华人科学家庄小威实验室研发的超高分辨率成像技术。STORM 与 PALM 类似，是基于单分子荧光检测的成像技术。不同的是，STORM 成像不依赖荧光蛋白标记，而是使用低浓度的荧光染料分子对样品进行标记。利用不同波长的激光，分批激发少数染料分子，控制染料分子处于激活态或暗态，并对每个染料分子进行精确定位记录。这样在反复地激发和记录过程中，对样品中的染料分子进行精确定位和信息叠加，就可以获得完整而清晰的图像。与 PALM 相比，STORM 具有更高的空间分辨率（可达 5～10nm）以及更高的灵敏度和成像速度，适用于细胞、组织等各种类型样品。

（三）受激发射损耗显微术

2000 年，埃利（Hell）实验室开发出第一代受激发射损耗显微术（stimulated emission depletion microscopy，STED）。该技术的基本原理是：利用一束激光激发样品荧光的同时，使用另一束环形激光淬灭发光区域周边的荧光信号，从而减少荧光光点的衍射面积，再通过高灵敏度相机对荧光信号进行图像采集，从而实现超分辨成像。由于激光束的功率和形状可以被精确控制，STED 的空间分辨率和灵敏度都较高，还可以同时进行多通道成像，适合快速观察活细胞内实时变化的过程，因此被广泛应用于生命科学研究。

（四）结构光照明显微术

结构光照明显微术（structured illumination microscopy，SIM）是一种基于结构光的超分辨成像技术，在 2005 年由 Mats Gustafsson 开发。该技术的基本原理是：在光路中插入结构光发生装置，利用特定的光栅在不同角度形成衍射图案，从而产生多个包含附加信息的莫尔图案；通过数字方式重建这些信息，即可实现超分辨成像。与其他超分辨成像技术相比，SIM 对样品没有特殊的染色和荧光标记要求，样品制备简便，具有更快的成像速度和更低的光毒性。同时，SIM 具有 100nm 左右的空间分辨率、高达 100Hz 的时间分辨率，以及更好的光学切片能力，适用于对活细胞和组织内微观结构的动态观察。

五、电子显微成像技术

如果说光学显微镜的问世实现了人类认识微观世界的第一次飞跃，那么电子显微镜的应用则实现了显微成像的第二次飞跃。电子显微镜以波长更短的电子束作为光源，大幅提高了成像分辨率。电子显微成像技术使得细菌、噬菌体、类病毒和多种生物大分子的形态结构得以揭示。

（一）透射电子显微镜

透射电子显微镜（transmission electron microscope，TEM）是利用电子射线穿透样品后放大成像的一种电镜。主要优点是分辨率比光学显微镜高很多，可以达到 0.1～0.2nm，放大倍数为几万到百万倍。透射电子显微镜可用来观察细胞及微生物内部的超微结构，甚至生物大分子的原子排列。其基本原理是：由电子枪发射出来的电子束，在真空通道中经加速和聚集后投射到样品超薄切片上（50～100nm）；电子与样品中的原子碰撞而改变方向，从而产生立体角散射；散射角的大小与样品的密度、厚度相关，因此可以形成明暗不同的电子影像；电子影像经过光学聚焦放大后最终被投射在荧光屏板上并转化为可见光影像。由于电子易被物体吸收，故穿透力低，样品的密度、厚度等都会影响到最后的成像质量，所以用透射电子显微镜观察时样品需要做超薄切片。

（二）扫描电子显微镜

扫描电子显微镜（scanning electron microscope，SEM）是利用电子射线轰击样品表面，产生二次电子、背散射电子等信号，再经检测装置接收后成像的一种电镜。扫描电子显微镜的放大范围广，可放大十几倍到几十万倍，基本涵盖了从放大镜、光学显微镜直到透射电镜的放大范围。其分辨率介于光学显微镜与透射电镜之间，可达 3nm。扫描电子显微镜景深大，比光学显微镜大几百倍，比透射电镜大几十倍。所获得的图像立体感强，对样品损伤小，不需要制作超薄切片，可用来直接观察生物样品的各种形貌特征。

（三）免疫电镜术

免疫电镜术（immunoelectron microscopy，IEM）是免疫化学技术与电镜技术结合的产物，实际上是将免疫荧光染色技术的基本原理应用到电镜样本的标记上，从而实现在超微结构水平上特异示踪抗体所标记的目标分子。胶体金是目前用于免疫电镜的最佳标记物（其作用类似于免疫荧光染色技术中的荧光基团），因为它呈球形，非常致密，在电镜下具有强烈反差，较易检出抗原抗体复合物。胶体金免疫电镜技术已成为目前最常用的免疫细胞化学方法之一，它具有灵敏度高、特异性强、定位精确等优点。然而胶体金标记技术，受到抗体及抗原的稳定性、化学固定剂、细胞切片渗透性、胶体金颗粒大小等因素影响，标记效率较低（低于 10%），且实验难度大，一般需要专业人员进行操作。

（白　戈　刘怿君）

参考文献

姜佳敏，李盼盼，方斌，等，2021.蛋白质药物胞内递送纳米载体的研究进展[J]. 材料导报，35(13): 13186-13197.

刘俊燕，赵凤艳，屈艺，等, 2013. 原代神经元转染方法[J]. 生命的化学, 33(4): 455-460.

翟中和，王喜忠，丁明孝, 2011. 细胞生物学[M]. 4 版. 北京：高等教育出版社.

张强，顾明亮, 2022. 基因编辑技术及其临床应用[J]. 生命的化学, 42(1): 41-55.

Bielke W, Erbacher C, 2010. Nucleic Acid Transfection[M]. Heidelberg: Springer-Verlag Berlin.

Carter M, Shieh J C, 2010. Cell Culture Techniques[M]//Guide to Research Techniques in Neuroscience. Amsterdam: Elsevier: 281-296.

Gaj T, Gersbach C A, Barbas C F, 2013. ZFN, TALEN, and CRISPR/Cas-based methods for genome engineering[J]. Trends in Biotechnology, 31(7): 397-405.

Gaj T, Sirk S J, Shui S L, et al, 2016. Genome-editing technologies: principles and applications[J]. Cold Spring Harbor Perspectives in Biology, 8(12): a023754.

Klein T M, Fitzpatrick-Mcelligott S, 1993. Particle bombardment: a universal approach for gene transfer to cells and tissues[J]. Current Opinion in Biotechnology, 4(5): 583-590.

Ma H H, Tu L C, Naseri A, et al, 2016. Multiplexed labeling of genomic loci with dCas9 and engineered sgRNAs using CRISPRainbow[J]. Nature Biotechnology, 34(5): 528-530.

Nollmann M, Georgieva M, 2015. Superresolution microscopy for bioimaging at the nanoscale: from concepts to applications in the nucleus[J]. Research and Reports in Biology: 157.

Spille J H, Hecht M, Grube V, et al, 2019. A CRISPR/Cas9 platform for MS2-labelling of single mRNA in live stem cells[J]. Methods, 153: 35-45.

Takata M, Sasaki M S, Sonoda E, et al, 1998. Homologous recombination and non-homologous end-joining pathways of DNA double-strand break repair have overlapping roles in the maintenance of chromosomal integrity in vertebrate cells[J]. The EMBO Journal, 17(18): 5497-5508.

Wang H F, Nakamura M, Abbott T R, et al, 2019. CRISPR-mediated live imaging of genome editing and transcription[J]. Science, 365(6459): 1301-1305.

Yang L Z, Wang Y, Li S Q, et al, 2019. Dynamic imaging of RNA in living cells by CRISPR-Cas13 systems[J]. Molecular Cell, 76(6): 981-997.e7.

第六章　大脑结构和功能的可视化技术

第一节　大脑可视化技术及相关科学问题

早在 400 多年前，研究人员就已经开始使用光学显微镜直接观察生物体，并提出了“细胞学说”，即细胞是动物和植物结构与生命活动的基本组成单位。但是，利用光学显微镜观察大脑却存在较大障碍，因为未经处理的大脑几乎是均质的，其内部结构很难被直接观察。只有用各种染料处理大脑组织切片，增强大脑不同结构之间的对比度，才能够将大脑的细胞、纤维或其他结构特征可视化。此外，因为大脑细胞的致密堆积，传统的观察方式只能看到一些胞体及其错综复杂的凸起，人们还曾据此得出结论——大脑是个网络组织，不存在“细胞”这样的结构单位。1873 年，意大利生物学家高尔基（Golgi）发明了高尔基染色。随后，西班牙神经解剖学家卡哈尔（Cajal）利用这个技术细致地观察了动物和人类的各种神经组织，并根据显微镜下的观察结果绘制了大量极为精美和翔实的手稿，这些“作品”直到现在都令人叹为观止。而神经环路可视化发展的一个关键时间节点是 20 世纪 80 年代，革命性的可视化试剂如辣根过氧化物酶、植物凝集素，以及病毒追踪技术的问世，不但实现了神经元的示踪，将之前单一的示踪扩展为多维度示踪（如追踪与免疫组化的结合），甚至还将神经科学与分子生物学、细胞生物学、遗传学和神经生理学等学科结合起来。例如，研究者已经能使用丰富多样的染色技术（苏木精-伊红染色法，尼氏染色等）、示踪技术（染料追踪、病毒追踪等）以及相关的成像技术观察大脑的各种细胞（神经元和胶质细胞）的形态结构，以及不同脑区或同一脑区内细胞之间的网络联系；也可以借助标记基因（内源基因或报告基因）、蛋白质（内源蛋白或者外源蛋白）、离子（钙离子）观察细胞的活性及其变化，或者对细胞进行分类（根据形态、定位、基因和蛋白质表达谱等）。此外，还可以通过即刻早期基因、电压信号（电压敏感染料，基因编码电压指示器）、钙信号（钙敏感染料，基因编码钙指示器）等测量神经活动；用胸腺嘧啶类似物观测细胞增殖；用脉冲追踪标记测量蛋白质转运；用报告基因、荧光共振能量转移、双分子荧光互补、光漂白后荧光恢复、光活化/光转换等技术实现蛋白质结构/功能的动态观察等。随着成像和标记技术的日臻完善，研究人员们可以对大脑进行即时成像，分析神经元的瞬时活动状态，还可以长时程连续监测神经元的活动，观察特定行为的某个核心过程中神经元的动态变化情况。

本章节将对相关技术进行分类和介绍，对其中经典、成熟且常用的技术，如原位杂交技术、免疫组织化学、病毒示踪技术、细胞钙成像等进行详细的介绍。其中，本章节部分内容与第五章“体外培养神经细胞可视化技术”有重叠，也可参见第五章节相关内容。

第二节　大脑结构可视化技术

一、基因可视化技术

（一）原位杂交技术

原位杂交（in situ hybridization，ISH）技术是由加尔（Gall）在 1969 年建立的，该技术可以在细胞或组织原位检测核酸或病毒序列，因而能在保持细胞或组织完整性的同时实现核酸或病毒的时空可视化。ISH 的原理是利用互补核酸单链经过退火形成杂交分子这一属性来识别细胞或者组织内的特定核酸序列。在细胞或组织中，放射性或非放射性的外源核酸（标记探针）与待测 DNA 或 RNA 互补配对，经退火后结合形成核酸杂交分子，通过同位素或非同位素（荧光和非荧光）的检测方法将待测 DNA 或 RNA 显示出来。目前，这项技术已经成为科学研究和临床诊断中的一个重要工具，它有助于识别神经元中表达的某种基因。不过，原位杂交技术的不足之处在于它不能指示其功能蛋白产物的表达情况。进行 ISH 实验，首先需要确定目的基因（DNA 或者 mRNA）序列，然后合成有互补碱基序列的单链核酸探针（标记探针），探针上标记有放射性核苷酸，或其他便于检测的分子。将标记探针加入细胞或组织样本，形成标记探针-DNA/mRNA 互补双链，从而实现目的基因的时空监测。该技术一般用于脑组织切片，也可以用于培养细胞（参见第五章）。

最初，ISH 主要采用放射性同位素来标记探针，但是该标记方法存在一定的缺点，如分辨率有限、实验周期长、安全性不足、探针不易保存等。1980 年，有研究报道了荧光原位杂交（fluorescence in situ hybridization，FISH）技术，该方法将荧光素分子共价结合到标记探针上。FISH 技术弥补了放射性探针的一系列缺陷，在分辨率、染色速度和安全性方面取得了重大进展，为同时检测多个目标、定量分析和活细胞成像的发展铺平了道路。随着 FISH 技术的广泛应用，其方法也不断地改进和完善，与之相关的一些新技术和新方法也随之出现。

RNAscope 技术是在 FISH 基础上发展起来的一种新颖的 RNA 原位杂交技术（Wang et al., 2012），它使用了一种独特的标记探针设计策略（双 Z 型探针引物）（图 6-1），能够同步进行信号放大和背景抑制，具有高灵敏度和特异性，可以实现单分子水平的 RNA 可视化。每个 Z 型探针底端是一段长 18～25 个碱基的序列，互补结合到目标 RNA 上，其顶端是一段长度为 14 个碱基的序列。两个 Z 型探针引物的底端序列相邻，因此顶端序列共同构成一段 28 个碱基长度的结合区，可以与信号放大序列互补结合。因为两个独立引物同时互补结合到一个非目标序列的可能性非常小，这种设计原理保障了仅对目标信号的特异性放大。此外，RNAscope 技术针对每一个靶标 RNA 序列会设计约 20 对探针，可以与目标 RNA 序列上的多个位点进行杂交，这样即便细胞内的 RNA 部分降解，降解后的片段化 RNA 仍可以被短的双 Z 型探针检测到，通过杂交后的级联放大显色体系显著放大信号，从而保证了 RNAscope 的灵敏度。RNAscope 技术与常规的福尔马林固定、石蜡包埋的组织标本兼容，可以使用常规显色染料进行明场显微镜观察，也可以使用荧光染料进行多重分析。不仅如此，RNAscope 方法目前最多可以同时对四个目的基因进行检测（主要受光谱可分辨荧光染料数量的限制）。该技术有助于原位分析常规临床标本中的 RNA 生物标志物，能促进基于 RNA 原位杂交的分子诊断分析领域迅速发展。

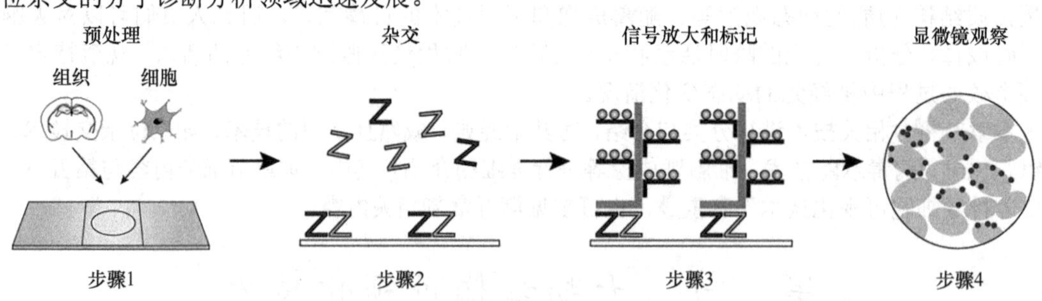

图 6-1 RNAscope 流程原理示意图

在步骤 1 中，细胞或组织被固定和渗透以允许目标探针进入细胞内。在步骤 2 中，将靶 RNA 的特异性寡核苷酸探针（Z）成对（ZZ）杂交到多个 RNA 靶标。在步骤 3 中，将多个信号放大分子杂交，每个分子识别特定的靶探针，并且每个独特的标记探针连接到不同的荧光团或酶。在步骤 4 中，使用荧光显微镜（用于荧光标记）或标准明场显微镜（用于酶标记）检测信号

需要注意的是，各种各样的人为因素或技术问题都可能影响 FISH 结果，因此，FISH 技术需要添加特定的阳性和阴性对照实验。常见的阴性对照包括：①使用具有与目的基因完全相同的（“正义”）序列的探针作为对照探针。该对照探针不与目的基因发生杂交，因此不应该产生任何信号。②采用与同一 mRNA 的不同区域杂交的其他反义链进行额外的实验。③用 RNA 酶（用于 RNA 靶

标）或 DNA 酶（用于 DNA 靶标）对组织进行预处理，也可以达到阴性对照的目的。而阳性对照通常可采用已知含有目的基因的样本按照同样的操作条件进行实验。

（二）报告基因技术

报告基因（reporter gene）是一种非内源性基因，通常编码一种酶或蛋白质，其表达往往受内源目的基因的启动子控制。因此，可以通过测量报告基因的表达水平来检测内源性目的基因的时空表达情况。例如，如果对 X 基因的表达模式感兴趣，那么可以通过各类基因操纵手段，将报告基因置于 X 基因启动子的控制下；或者，可以将报告基因的 DNA 序列与 X 基因的 DNA 序列融合，并将两者置于 X 基因启动子的控制下。这样就可以通过报告基因的表达来研究 X 基因的时空表达。

报告基因一般需要具备几个条件，例如，其表达产物在目的细胞中不存在，也没有相似的内源性表达产物；其序列已经被克隆或全序列测定；其表达产物易于被检测到等。常见的报告基因包括绿色荧光蛋白（GFP）及其衍生物，β-半乳糖苷酶（β-galactosidase）和萤光素酶（luciferase）等。报告基因技术具有灵敏度高，检测方便等特点，目前也被广泛应用。

二、蛋白可视化技术

（一）免疫组织化学

免疫组织化学（immunohistochemistry，IHC），简称免疫组化，是基于抗原抗体特异性反应的原理，通过标记抗体上的荧光素、酶、金属离子、同位素等来对组织细胞内抗原进行定位、定性及相对定量研究的一项技术。应用于培养细胞的免疫组化通常被称为免疫细胞化学（参见第五章），使用荧光试剂的免疫组化被称为免疫荧光组织化学（immunofluorescence histochemistry）。

免疫组化实验中，研究人员将样本与识别特定抗原的特异性抗体一同孵育，这种与蛋白质结合的抗体称为一级抗体（一抗，primary antibody），它本身自带荧光分子或发色酶，这个过程被称为直接免疫组化。或者，采用间接免疫组化，即加入一种识别一抗的二级抗体（二抗，secondary antibody），因为一个一抗分子可结合多个二抗分子，所以信号会被放大。二抗一般带有荧光分子或发色酶，实现蛋白质表达情况的可视化。

在相关实验中，选择一抗及二抗时一定要注意抗体的属性来源。例如，如果是使用兔生产的一抗，那么二抗必须是抗兔的，并且是在另一种动物中产生的。除此之外，研究人员要确定免疫组化实验结果的特异性，可以在实验中同时使用阳性对照（已知含有目标抗原的样本）和阴性对照（已知不含目标抗原的样本）来确定抗体是否有效；也可以将一抗与已知含有其抗原的溶液预先孵育来作为一抗特异性对照实验，因为这一过程中理论上会形成抗原-抗体复合物，无游离抗体与样本中的抗原结合。对于间接免疫组化，可以设计一组在没有一抗存在情况下将标本直接与二抗孵育的阴性对照试验，从而排除二抗与样本的非特异性结合。

虽然免疫组化在理论上简单直接，但在实际操作中，仍需要对许多步骤进行优化。例如，调整样本固定方法、抗体浓度、抗体与组织孵育时长，选择合适的抗原修复方案等。值得注意的是，即便是针对同一抗原的同种抗体，不同生产厂家不同生产批次的抗体效果也会有所不同。因此，研究人员在对多个样本进行免疫组化实验之前，应对每种新抗体的实验条件进行优化，从而获得最佳的免疫组化检测结果。

常规免疫组织化学存在许多局限性，包括同组样本间的差异性，单张组织切片标志物的有限性等。为规避这些限制，陆续出现了多种高度多元化的组织成像技术，实现了在单个组织切片上同时检测多个标志物，并对细胞组成、细胞功能和细胞-细胞相互作用进行综合研究。例如，多重免疫组织化学/免疫荧光技术实现了在单个组织切片上同时检测多个标志物，具有高重复性、高效率和高成本效益等优势，已经在基础和临床研究中广泛使用（Tan et al.，2020）。此外，自动化的免疫组化染色平台能够监控染色过程，对温度异常、试剂不足等状态发出警报，甚至还可以通过条形码跟踪识别使用的试剂，监测试剂库存和有效期，帮助进行试剂库存管理，以达到实验过程条件稳定、实验结果可重复度高等目的。不过人工染色仍有其不可替代的优势，例如，能够灵活地选择试剂，检索染色方法，精细优化染色方案等。阵列式断层成像技术（array tomography）可以在连续超薄切片上进行免疫组化，从而提高空间分辨率，并在成像过程中消除焦点外的荧光。这种方法还能够构建神经系统中蛋白空间定位的三维图像。其中，有一种超微切片技术，可以在显微镜载玻片上切割连续超薄切片（50～200nm），并在同一切片上依次进行多达 10 个免疫组化反应（组化检测一种抗原的存在，随后去除抗体，再进行另一种免疫组化反应）。此外，这些超薄切片也适用于电子显微镜。该技术有强大的放大效果和分辨率，因此应用前景十分广阔。

（二）酶组织化学

酶是一种能够催化生化反应的生物分子，大多为蛋白质，可以用免疫组化技术监测这些蛋白质。另外，利用酶的内源活性也可以监测这些蛋白质，即利用酶能催化某种反应产生可见的反应产物，沉淀在酶所在的部位，最后通过显微镜下观察到的可见反应产物对酶的活性进行定位或定量研究，这一过程被称为酶组织化学。酶组织化学具有简单、快速、成本低的优点，可反映病理组织病变的早期代谢失衡。酶组织化学作为生物化学和形态学之间的纽带，为传统的组织学、免疫组织化学和分子病理学提供了重要的补充信息。酶组织化学技术要求简单，自最初引入酶组织化学技术以来，几乎所有已知的酶反应都被广泛应用于多种疾病的诊断。

在神经科学领域，参与神经递质合成或降解的酶也是重要的研究对象，比如内源性乙酰胆碱酯酶（分解乙酰胆碱的酶），在脑片中通常作为乙酰胆碱的标志物。乙酰胆碱酯酶组织化学方法是如今最常用的酶组织化学方法之一。它用乙酰胆碱作为底物，经历一系列反应后最终产生棕色的硫化亚铜沉淀。后来，研究人员研究出了一种更为简单方便的直接染色法，以碘化硫代乙酰胆碱为底物检测胆碱酯酶，并在孵育液中加入铁氰化物。乙酰胆碱酯酶可将碘化硫代乙酰胆碱水解释放出乙酸和硫代胆碱，而硫代胆碱可以将铁氰化物还原为亚铁氰化物，亚铁氰化物直接以棕色的亚铁氰化铜的形式沉淀于酶活性部位。

另一种普遍用于神经科学研究中的酶是细胞色素氧化酶，它是线粒体电子传递链末端的酶，能把呼吸底物的电子经过细胞色素系统直接传递给分子氧形成水。由于神经元活动都离不开氧化能量代谢，因此，它可以标识新陈代谢活跃的神经元。正常情况下，细胞色素氧化酶的活性分布与神经元的代谢高低相一致。此外，由于活性离子的运输比蛋白质等生物大分子的合成需要更多的能量，因此细胞色素氧化酶活性与 Na^+/K^+-ATP 酶的水平呈正相关。据此，灰质内细胞色素氧化酶活性通常比白质内高，树突内比胞体内高，轴突末端比轴突干高。当神经元功能变化时，细胞色素氧化酶的活性也相应地呈动态变化。早期常用经典的吲哚酚蓝法来检测细胞色素氧化酶活性，现在常用二氨基联苯胺（DAB）法检测，DAB 作为供氢体被细胞色素氧化酶氧化，经氧化的 DAB 不断进行氧化性聚合和环化，在反应部位形成黄褐色吩嗪聚合体沉淀。该反应产物不易发生扩散，保存时间久，且定位较为准确。而且 DAB 为亲锇试剂，其与细胞色素氧化酶的反应产物能与四氧化锇反应形成锇黑，后者可用于电镜观察。此外，DAB 法结合显微分光光度分析技术，还可以对细胞色素氧化酶活性进行量化。

（三）基因和蛋白联合技术

即早基因，也称为即刻早期基因（immediate early gene，IEG），是一组在受到刺激时会短暂而迅速表达的基因，它们的蛋白产物可以标记大脑活动。目前广泛使用的有至少三个基因，包括 *zif268*、*fos* 和 *Arc*。通常这类标志物只能分辨由单一刺激激活的神经元，应用比较受限。为了克服这一限制，研究人员开发了一种双标记的分子成像技术，可以在整个大脑的细胞水平上比较不同刺激下的神经活动模式。

I-FISH（IHC-FISH）是利用 IEG 的 mRNA 和蛋白信号具有不同表达时程而设计的双标记技术，

通过免疫荧光组织化学与荧光原位杂交（FISH）相结合，可视化同一小鼠脑中响应两种不同刺激的神经元（Chaudhuri et al.，1997）。一般来说，刺激 30min 后，脑内 IEGs 的 mRNA 达到可检测水平，而刺激 2 小时内，IEG 的蛋白信号达到峰值。该技术利用这种不同的时间进程，将动物暴露在两个不同的、有适当时间间隔的刺激事件中，在一个合适的时间窗内，响应较早刺激的神经元已经产生高水平的 IEG 蛋白，响应较晚刺激的神经元刚刚产生高水平的 mRNA，而响应两种刺激或因外界因素而活跃的神经元会同时表达高水平的 IEG 蛋白及 mRNA。这样，通过显微镜观察双标记和单标记神经元就可以鉴别出响应不同刺激的神经元集群。

TAI-FISH（tyramide-amplified IHC-FISH）技术是在 I-FISH 的基础上发展起来的（Xiu et al.，2014）。为了成功实现双重标记，fos mRNA 和蛋白质信号必须在时间上是分离的：当第一个刺激的 mRNA 衰退时，其蛋白质信号应仍然相当高。然而，在许多脑区使用常规免疫组织化学和 FISH 并不能满足这一标准。为了克服这个问题，研究人员在该检测中添加了酪胺信号放大技术，利用辣根过氧化物酶对靶蛋白进行原位酶学检测，增强蛋白的免疫组织化学信号，从而扩大了分离 mRNA 和蛋白质表达的时间区间。该技术可以检测到传统方法无法检出的低丰度靶标蛋白，灵敏度高，并能应用于多个脑区，可以在单细胞分辨率下绘制整个大脑中两种不同行为的神经元表征。

（四）外源蛋白可视化技术

以上方法主要用于视见内源性蛋白，除此之外，还有些方法基于外源蛋白的特定遗传修饰实现可视化。原则上，这些方法适用于视见任何蛋白质靶标，并具有特异性。在第五章介绍了部分外源蛋白的标记方法，大多数在这里也适用。例如，在靶标蛋白序列中加入荧光蛋白，实现靶标蛋白与荧光蛋白 1∶1 标记。这种标记的主要优点是易于实施，且易于进行活细胞研究。但是，荧光蛋白与有机染料相比，其光物理性能不太理想，比如容易淬灭等，因而限制了它们的应用。后来，研究人员开发出一系列改良的方法。例如，生物系统中进行信号放大的常规手段是将蛋白质的多个拷贝募集到靶标底物（如 DNA、RNA 或蛋白质）上，因此，研究人员开发了通过原位高亲和作用将多个荧光蛋白招募到阵列标签上的技术，大大提高了荧光标记的强度。此外，研究中也常使用一些小的亲和标签，如 HA、MYC、FLAG 等。这些标签都存在特异且高效的抗体，而且长度只有几十个氨基酸，可以将融合基因的影响降至最低。抗体片段也具有许多优点，如抗 GFP 的纳米抗体，该抗体只包含一个重链可变区（VHH）和两个常规的 CH2 与 CH3 区，是已知的可结合目标抗原的最小单位。这种 GFP 纳米抗体粒径非常小（1.5nm×2.5nm）且具有高亲和力，能够在一般抗体无法接触到的区域进行特异性标记。同时，研究人员还开发了其他不依赖抗体或抗体片段的亲和标签或探针系统。例如，His-Tag 和 Tris-NTA（次氮基三乙酸）衍生的探针；生物素受体肽或 Avi-Tag，它们能在生物素连接酶的作用下链接一个生物素，从而实现蛋白质的生物化。此外，真核细胞中基因重编程方法的发展，也有利于实现将非天然氨基酸加入到目的蛋白中进行修饰标记的目的。

SunTag 系统，利用人的单链可变区片段（single-chain variable fragment，scFv）抗体的轻链和重链的表位结合区域融合成一个单独的多肽（图 6-2）。该多肽表达在细胞内，结合到与靶蛋白串联的多肽表位上，与 scFv 抗体融合的绿色荧光蛋白（GFP）能实现靶蛋白可视化。因为该系统可招募多达 24 个拷贝的 GFP，从而达到放大细胞中蛋白质信号的作用，产生明亮的荧光信号，还能够实现活细胞中单个蛋白质分子的稳定成像（Tanenbaum et al.，2014）。这项技术也可以利用化学染料实现靶蛋白的可视化。例如，荧光激活蛋白（fluorogen activating protein，FAP）是从 scFv 中筛选出的一种小分子蛋白，与特定荧光素分子共价结合产生明亮的荧光，实现了对靶蛋白的特异荧光标记。另外，HaloTag 蛋白是卤代烷脱卤酶的遗传修饰衍生物，本身不具有催化能力，但是能与多种 HaloTag 荧光配基或者生物素形成有效的共价结合。这种共价结合形成迅速，特异性高，不可逆。因此，将靶蛋白与 HaloTag 融合表达后就可实现靶蛋白的可视化。

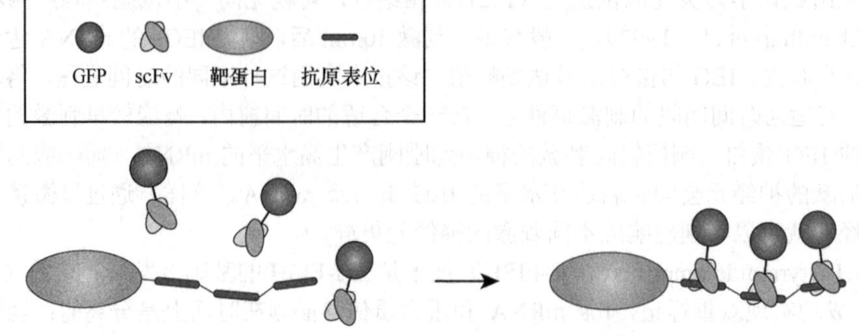

图 6-2　SunTag 系统的抗体-多肽标记策略

三、细胞及亚细胞结构可视化技术

（一）细胞染色

一般用碱性染色剂（pH＞8）标记细胞，它可以结合酸性的 DNA 和 RNA 分子，所以碱性染料标记位点通常集中在细胞核或核糖体的核酸中。研究人员可以使用这些染色剂在显微镜下观察单个神经元的细胞结构或不同大脑区域的宏观特征，如大脑皮质的不同分层或不同亚区。

尼氏染色（Nissl 染色）是一种用碱性染料显示神经组织的染色方法。其中，尼氏体是细胞质中存在的一种嗜碱性物质，主要功能是合成蛋白质，由多聚核糖体和粗面内质网构成，广泛存在于神经元的胞体和树突中。生理状态下，尼氏小体体积大且数量多，说明神经元合成蛋白质的功能较强，而在受损神经元中，尼氏小体的数量减少甚至消失。因此，尼氏染色不但能够用于显示神经元的结构，还能揭示一些神经元的功能状态。用于尼氏染色的常用染料有焦油紫、硫堇和甲苯胺蓝等。

苏木精-伊红染色法（hematoxylin and eosin staining，HE staining）是组织学中最基本和应用最广泛的染色技术之一。苏木精是碱性染料，可以将组织中的嗜碱性结构（如核糖体和细胞核）染成蓝紫色；伊红为酸性染料，可以将组织中的嗜酸性结构（如细胞内及细胞间的蛋白质）染成粉红色，使整个细胞组织的形态清晰可见。HE 染色适用范围广，对组织细胞内的各种成分都可以着色，便于全面观察组织构造，且染色后不易褪色。

（二）细胞核染色技术

在荧光显微镜下，细胞核的常见标志物包括 4′，6-二脒基-2-苯基吲哚（DAPI），赫希斯特（Hoechst）和丙啶碘化物（PI）。这些染料嵌入细胞核双螺旋 DNA 分子中，从而使细胞核可视化。其中，三种染料的激发和发射光谱各不相同。DAPI 和 Hoechst 能被紫外线（UV）激发，并发射 460～480nm 的蓝光/青光，而 PI 被 488nm 波长的激发光激发，发射大于 600nm 的红光。此外，三种染料的膜通透性不同。Hoechst 具有膜通透性，多用于活细胞染色；而 PI 不具备膜通透性，多用于死亡细胞的标记；DAPI 对细胞膜有半通透性，可透过正常活细胞产生较弱的蓝色荧光，而凋亡细胞的膜通透性增加，对 DAPI 摄取能力增强，能产生很强的蓝色荧光。因此，虽然 DAPI 可用于活细胞和固定细胞的染色，但主要还是用于固定细胞或组织的染色。

（三）神经纤维染色

神经纤维染色剂主要通过染色髓磷脂（能使轴突绝缘并提供电阻）来标记纤维束。然而，大多数脑区纤维都高度密集分布，追踪单个细胞的轴突非常困难。目前，有多种可用于标记髓磷脂的方法，如固蓝（luxol fast blue，LFB）髓鞘染色法，LFB 属于铜-酞菁染料，能将髓鞘染成亮蓝色，背景无色或者浅蓝色，该方法主要用于显示神经髓鞘的形态结构及病理变化。此外还有韦尔（Weil）染色法，主要基于含铬溶液与髓鞘形成二氧化铬，后者与苏木精反应，将髓鞘显示为黑色；魏格特

（Weigert）染色法则利用氯化铁和苏木精将髓鞘显示为深蓝色。

（四）高尔基染色

高尔基染色是一项经典的技术，用于标记单个完整的神经元及其突起。高尔基染色有两个主要优点：①可以完整地标记整个神经元的复杂结构，包括胞体、树突、树突棘等；②仅标记神经元总数的5%～10%。目前，这个方法仍被广泛应用于示踪神经元的精细形态，多用于神经发育的研究。不过，这项技术的缺点之一是研究人员无法控制组织切片中的哪些神经元被标记。

（五）结合其他技术的细胞内标记

上述方法多用于固定脑组织的神经胞体和（或）轴突的标记（表6-1）。其实，还有些方法可以在实验的过程中标记单个神经元用于后期组织学分析，以便将神经元的活动或功能与神经元结构及其在脑中的定位相关联。例如，在脑片电生理实验或在体电生理实验中，研究人员可以通过玻璃电极将化学物质（如生物素或其衍生物）注射入靶标神经元内，然后用组织学方法进行该神经元的可视化。

表6-1　用于研究神经解剖学的组织化学染色

染色	应用	外观	建议
甲酚紫	细胞核，尼氏染色	蓝色到紫色	用于检测细胞结构；不同种类神经元染色结果略有不同
苏木精	细胞核	蓝色到蓝黑	常与伊红结合使用；被称为HE染色
伊红Y	细胞质	粉色到红色	用苏木精复染；嗜酸性染色剂
硫堇	细胞核，尼氏染色	蓝色到紫色	
亚甲蓝	细胞核	蓝色	可以在固定前灌注入大脑
甲苯胺蓝	细胞核	细胞核染成蓝色；细胞质淡蓝色	常用于冷冻切片后染色
DAPI	细胞核	荧光蓝	荧光DNA插入剂；紫外线激发
Hoechst	细胞核	荧光蓝	荧光DNA插入剂；紫外线激发
PI	细胞核	荧光红	荧光DNA插入剂；绿光激发
魏格特	髓磷脂	正常的髓磷脂为深蓝色；退化的髓磷脂呈淡蓝色	结合苏木精和其他化学物质来选择性染色髓鞘
韦尔	髓磷脂	黑色	结合苏木精和其他化学物质来选择性染色髓鞘
固蓝（LFB）	髓磷脂	蓝色	
高尔基染色	填充神经胞体和胞突	黑色	随机染色单个神经元

（六）其他常见细胞亚结构染色

突触囊泡是位于突触前末梢的一种小泡状结构。在Ca^{2+}触发下，突触囊泡与突触前膜融合，将囊泡内所含神经递质以胞吐的形式释放出来，再以胞吞的形式进行部分循环回收。目前，有很多研究突触囊泡循环的可视化方法，如基于苯乙烯基（FM）染料的染色方法。其中，FM（如FM4-64或FM1-43）是亲脂染料，在水溶液中基本不发光，与质膜双层结合能发出强的荧光，FM与质膜结合后不能被动扩散进入细胞内部，但是可以进入活性依赖的囊泡运输过程，从而可视化囊泡运输机制。

线粒体绿色荧光探针Mito-Tracker Green可实现活细胞内线粒体的可视化。四甲基罗丹明甲酯（TMRM）染料是一种呈红色的线粒体荧光探针，能指示线粒体内膜电位。TMRM染料进入细胞后，被细胞中的内酯酶切割而产生阳离子衍生物——四甲基罗丹明。四甲基罗丹明与线粒体内膜负电极结合而聚集，呈现强烈的红色荧光。此外，MitoSOX 染料也是一种常用的线粒体红色荧光探针，它可以完全自由地通过细胞膜并选择性地在活性线粒体上聚集；在被超氧自由基氧化后可产生红色荧光，因此可作为线粒体超氧化物的指示剂。

自噬体为双层膜包被的圆形或椭圆形结构，能将细胞自身损伤或多余的细胞器吞噬并通过溶酶体降解。单丹磺酰尸胺（MDC）是一种嗜酸性黄绿色荧光色素，是自噬体形成的特异性标记染色剂。

四、染料示踪技术

神经元不会孤立地发挥作用，而是与它特异性的输入和输出神经元组合成一定的神经环路来共同执行功能。虽然前面介绍的高尔基染色可以初步了解神经元之间的连接是如何形成的，但这种方法受到细胞随机染色模式的限制，无法绘制神经元的连接状态。而接下来介绍的示踪技术，则可以提供神经元信息输入、输出的环路信息。

神经元示踪剂是一种化学探针，可以标记轴突路径，显示神经元的连接。示踪剂通过它们在神经元中的追踪方向来分类（图 6-3）。顺行示踪剂是指从细胞体通过轴突向突触前末端的转运，逆行示踪剂是指从突触末端向细胞体的反向转运。有些示踪剂具有高选择性，只能顺行或逆行运输，有些示踪剂则是双向的。经典示踪剂包括辣根过氧化物酶（HRP）、生物素化葡聚糖胺（biotinylated dextran amines，BDA）、二胺黄、荧光金和固蓝等。这些示踪剂可以是自带荧光，也可以是能够产生光学显微镜可观察的比色产物，如辣根过氧化物酶。许多研究人员利用病毒将基因编码的荧光蛋白（如 GFP）表达到感兴趣的大脑区域，因此 GFP 也可以作为顺行或逆行示踪剂。

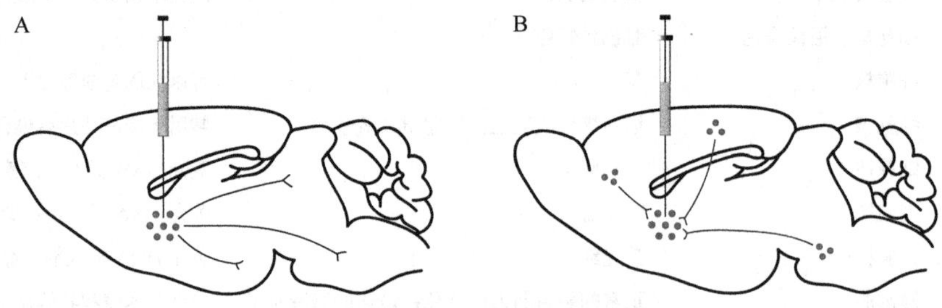

图 6-3　顺行和逆行示踪剂

A. 顺行示踪剂显示传出投射，显示接受标记区域投射的脑区；B. 逆行示踪剂显示传入投射，表示投射到标记区域的脑区

研究人员一般将追踪剂注射到活体动物的大脑中。在等待一段时间后（几天到几个星期），取出大脑，检查示踪剂是否表达。将顺行示踪剂注射到神经元的胞体或突触前末端，可以观察到这群神经元投射的区域。而在神经元胞体部位注射逆行示踪剂，则可以检测这些神经元接收的投射都来自哪些脑区。追踪实验通常与电生理或免疫组化等技术相结合。例如，在体电生理记录之后，研究人员可能想知道，大脑中的哪些神经元会向记录的神经元输入信号？此时可以注射逆行示踪剂，如辣根过氧化物酶，等待 3～7 天转运标记时间，然后取脑组织切片进行组织学检查，研究人员就可以确定哪些细胞可以投射到记录位置的细胞上。霍乱毒素 B 亚基（cholera toxin subunit B，CTB）也是一种常用的逆行示踪剂，可沿轴突和轴突终末进行逆向运输。除此之外，免疫组织化学复染和组织透明化技术可以更精确地定位逆行标记细胞。下面我们将详细介绍几种比较常用的顺行或逆行示踪剂。

（一）顺行示踪剂

1. 植物凝集素　是一种蛋白质，它对特定的糖复合物中的糖链具有极高的亲和力。有些植物凝集素对神经元细胞膜上的特定糖蛋白有高亲和力，包括小麦胚芽凝集素（WGA）和菜豆白细胞凝集素（phaseolus vulgaris leucoagglutinin，PHA-L）。结合后，它们可以内化入神经元，并在神经元，特别是轴突内顺向运输。检测这些凝集素需要利用相应的抗体进行免疫组化染色。因为脑组织内没有内源的 PHA-L，所以 PHA-L 的染色背景很低，非常适合与各种神经活性物质、代谢酶、受体、转运蛋白等免疫组化过程联合使用，因而可以提供被标记神经元的很多信息。目前 PHA-L 示踪可用于多种模式生物，如大鼠、小鼠、猪、猫、灵长类等。PHA-L 的一个缺点是需要借助微电极缓慢注射，因此注射的位点非常有限。如果的确需要大范围注射，可以选择多位点的微量注射来实现。有时微量注射会失败，例如，在注射位点出现“云雾”样棕色反应产物，而未标记出神经元或神经元的突起，其中一个原因可能是微量注射管尖端不规则导致的。

2. 生物素化葡聚糖胺　目前，细胞摄入生物素化葡聚糖胺（BDA）的机制还不清楚，不过 BDA 可以被神经元的树突及胞体摄取，然后顺向运输。BDA 已经被广泛应用在多种脊椎动物中，包括鱼类。BDA 的检测非常简单直接，与链霉亲和素孵育即可。生物素与链霉亲和素发生不可逆的反应，产生非常稳定、可被检测的产物。BDA 染色也可能出现类似 PHA-L 染色的失败，不过概率要低很多；此外，BDA 染色检测不需要借助抗体，速度非常快，对固定的组织也适用，还可以用于长距离的神经环路示踪，因此应用范围很广。

3. 生物素衍生物和羰花青染料　在上文中，我们提到生物素最早被用来与电生理技术联合应用，即电生理记录完成后，将生物素注射入细胞内，经过简单的染色展示神经元的形态，从而将功能与形态结合起来。此外，还可以将生物素注射到细胞外，少量生物素可以被神经元摄取，并标记神经元，此时，生物素具有一定的逆行运输趋势。神经生物素是一种生物素衍生物，与生物素类似，也可与电生理记录结合，直接细胞内注射。需要注意的是，神经生物素的维持时间相对较短，一般 1～4 天后就被代谢了。所以，这些化合物主要用于细胞内注射，以及短距离的顺向或逆向追踪。羰花青染料是一种亲脂染料，包括 DiA，DiI，DiO 等，它们可以被脂类组分（如髓鞘）提取并扩散，因而非常适合标记髓鞘化的纤维束。羰花青的标记不涉及主动运输，所以它的扩散是双向的。

4. 放射性氨基酸　如 ^{3}H-脯氨酸或 ^{3}H-亮氨酸，可用于顺行跨突触标记。放射性氨基酸被注射到含初级神经元的特定脑区中，其中一些通过氨基酸转运体被细胞吸收。一旦进入细胞，它们就与蛋白质结合，其中一些蛋白质通过内源性的顺行运输沿轴突传递。这些蛋白质有些在突触末端分泌，并被二级神经元摄取。这个过程可以在下一级突触传递中重复，这样就可以标记出三级神经元。使用放射自显影可检测标记束放射性同位素。由于这是一个直接的化学反应，因此还可以定量研究。

（二）逆行追踪剂

1. 辣根过氧化物酶（HRP）　可以说是示踪剂中的鼻祖，一般被认为是双向示踪剂，但是以逆向追踪为主。在脑区注射后，HRP 被内吞入神经元，以内体的形式被运输，并且可以与溶酶体融合，从而被内源性过氧化物酶降解。HRP 不能直接观察，需要通过组织化学的方法来显色。如果想增加 HRP 的信噪比，可以在孵育液中加入硫黄镍铵（nickel-ammonium sulfate）。目前 HRP 示踪逐渐被其他更简单、更特异的示踪剂代替。

2. 荧光逆行示踪剂　荧光逆行示踪剂有很多，包括双苯酰亚胺（bisbenzimide），碘化丙啶（propidium iodide），固蓝，双脒基黄（diamidino yellow）等。其中有几个现在还常在科研中应用，如双脒基黄等。但是，目前最常用的还是荧光金（Fluoro-Gold，FG）和红色荧光金（Fluoro-Ruby），它们信号强，不容易被漂白，荧光可以维持 1 年之久。正是因为 FG 的强度以及抗漂白性，FG 成为荧光逆行追踪标记的金标准。需要注意的是，虽然 FG 是一个标准的逆行标记物，Fluoro-Ruby 则是个顺行标记物，类似于 BDA。

荧光示踪剂有几个特点：第一，可以直接视见，不需要组化或者免疫组化处理；第二，可以追踪很长的纤维束；第三，可以耐受苛刻的免疫荧光操作；第四，波谱特征非常适用于双色标记实验，或者多色标记。大多数荧光示踪剂可溶于水，通过玻璃微电极局部注射到特定脑区。标记时间取决于需要标记的纤维长度，一般需要标记 1～5 周时间。

3. 霍乱病毒 B 亚基（CTB）家族　HRP 追踪的一个革命性进展是将 HRP 与无毒的霍乱毒素 B 亚单位（CTB-HRP）或与小麦胚芽凝集素（WGA，WGA-HRP）交联在一起，从而大大提升了 HRP 追踪的敏感性。CTB-HRP 和 WGA-HRP 的摄取是受体介导的，需要免疫组化检测，因此更加灵敏。CTB-HRP 属于双向追踪的示踪剂。

继 CTB-HRP 之后，研究人员又发现非交联状态下 CTB 也有追踪能力。CTB 属于逆向追踪剂，常常与罗丹明或者荧光素交联（如 CTB-Alexa 488，CTB-Alexa 594），可直接被检测。CTB 也可以与其他示踪剂，如 FG，联合使用实现多色标记。目前，CTB 是应用最广泛的逆行荧光示踪剂。

五、病毒示踪技术

上述的示踪剂虽然可以应用于许多模式动物，但是它们又存在着明显的局限性。例如，它们不能区分细胞类型及突触连接方式。相比之下，病毒示踪策略可以有效地靶向特定细胞类型，在靶标细胞内表达特定的蛋白质或者小分子示踪剂。因此，当前在神经科学研究中，病毒示踪技术已经逐渐取代上述示踪技术。病毒之所以可以成为示踪剂，主要是利用了其能够入侵并感染神经元的能力（特别是嗜神经病毒）。病毒能自我扩增，很容易被检测到。其中一些毒株释放的子代能够跨过突触连接，感染环路中的下游，从而像一种自我放大的示踪剂，逐步标记出神经元环路。

一个完整的具有感染性的病毒颗粒，包括病毒衣壳蛋白及其保护下的核酸。衣壳蛋白是由病毒基因组编码的，衣壳的不同形态是区分病毒的基础。一些病毒还有一层覆盖层，称为包膜。病毒衣壳和包膜调节病毒的附着和病毒与宿主细胞表面受体的相互作用，决定了病毒的趋向性。假病毒策略就是用另一种病毒包膜或衣壳蛋白替换原病毒的包膜或衣壳蛋白，创造出有新的趋向性和运输特性的病毒载体。

（一）概述

病毒通常分为单链或双链基因组 DNA 或 RNA 病毒。单链基因组由未配对的核苷酸链组成，而双链基因组由两条互补配对的核苷酸链组成。对于大多数 RNA 基因组病毒和一些单链 DNA 基因组病毒来说，核苷酸序列根据是否与病毒信使 RNA 互补，又可分为正义链和反义链。正义链病毒 RNA 可直接被宿主细胞翻译，而反义链的 RNA 和病毒的 mRNA 互补，因此在翻译前必须通过病毒依赖的 RNA 聚合酶转化为正义链；对于 DNA 病毒，正义单链 DNA 与病毒 mRNA 序列相同，也是编码链；而双链 DNA 病毒中同时包含模板和编码链。神经科学研究中常使用的病毒是经过改造或重组的野生型病毒株。包括腺相关病毒、腺病毒、单纯疱疹病毒、伪狂犬病毒、慢病毒和其他逆转录病毒、辛德毕斯病毒和塞姆利基森林病毒、狂犬病毒和水泡性口炎病毒、牛痘苗病毒和杆状病毒等。这些病毒在很多方面有所不同，包括病毒的运输方式、宿主选择性（感染细胞类型的特异性）、细胞毒性（对细胞健康和存活的影响）、包装能力（产生有效感染颗粒）等。研究人员在挑选合适的病毒时，也需要考虑很多因素。例如，病毒携带外源基因组长度范围（也就是理论上的装载能力），达到基因表达最大量的时间，基因表达的起始及持续时间，病毒基因组是否可以与宿主基因组整合等（Wang et al.，2019；Nectow et al.，2020）。

（二）基于腺相关病毒的非跨突触标记

基于腺相关病毒（adeno-associated virus，AAV）是一种无法自主复制的病毒，其本质就是一类非跨突触的病毒载体，我们可以借助病毒很好地观察神经元的形态，包括轴突及其细小分支。AAV 病毒以及后面提到的狂犬病毒，它们的装载能力都非常有限，一般为 3.5～5kb。

AAV 病毒有顺向标记和逆向标记两种。其中顺向标记，即病毒被注射位置的胞体吸收，并在神经元内表达目的基因或荧光蛋白，可以通过观察轴突末梢来观察病毒顺向标记的结果。一般来说，未经说明的常规 AAV 病毒均是在胞体表达，并能够在轴突末端检测，即顺向非跨突触标记，可以用于寻找靶标脑区支配的下游神经元。当我们需要寻找支配靶标脑区的上游神经元时，则要用逆向追踪病毒。2016年，卡尔波娃（Karpova）实验室通过定向进化（directed evolution）的方式构建了一种新的血清型AAV载体，即rAAV2-retro。其逆向标记的原理可能是病毒颗粒在轴突末端被轴突吸收，并沿细胞骨架逆行到核内表达。通过测试，该病毒载体在逆向标记中具有高效性（强于目前已知病毒载体和荧光染料）、广泛适用性（适用于脑内数十个区域和肌肉等外周标记）等特点，且该病毒具有携带大基因片段（如GCaMP蛋白）逆向标记的能力。犬腺病毒（canine adenovirus，CAV）也具有一定的逆向感染能力，但其转基因表达能力有限，且具有一定的毒性。

（三）借助小麦胚芽凝集素的跨突触标记

常规示踪剂跨神经示踪的能力较弱，仅能在部分二级神经元检测到，不能在三级神经元检测到。植物凝集素能够通过神经细胞膜上特异性受体胞吞入神经元内，小麦胚芽凝集素（WGA）是其中一种。聚德霍夫（Südhof）等人利用WGA的特性，构建了基于WGA的跨突触标记或操控体系（Xu et al.，2013）。在这套体系中，研究人员在下游的纹状体注射表达WGA-Cre（二者融合表达）的AAV病毒载体，同时在内侧前额叶皮层（mPFC）注射另一支AAV病毒载体（表达对Cre响应的DIO-EGFP-gene）。WGA-Cre在纹状体神经元表达，并通过胞吐释放，而后被mPFC投射到纹状体的神经元轴突胞饮。在Cre的作用下，感染了AAV-DIO-EGFP-gene病毒的mPFC神经元能够表达绿色荧光基因，从而完成了mPFC-纹状体通路的基因表达任务。由于WGA-Cre的表达可以受启动子调控，因此启动子的时空特异性决定了基因重组的时空特异性。值得注意的是，由于WGA的胞饮、胞吐并不定向，该体系的跨突触方向性取决于另一支AAV病毒的注射位置。

（四）狂犬病毒依赖的逆行跨突触标记

目前，用于逆行跨突触标记神经环路最常见的病毒是狂犬病毒（rabies virus，RV）。狂犬病毒是一种单链RNA病毒，仅能在连接神经元间进行传播，其包膜糖蛋白介导病毒的黏附和内化，使病毒粒子获得胞内运输的能力。如果病毒基因组去除编码糖蛋白（glycoprotein，G蛋白）的基因，就不能进行跨神经传播，再次获得G蛋白则可以恢复其嗜神经性。狂犬病毒经过逆向轴浆运输，一旦到达细胞体，就在胞质复制，产生较强的示踪能力。

狂犬病毒通过化学突触进行逆向示踪，不改变神经元的代谢，以时间依赖的方式逐级感染有突触联系的神经网络。有意思的是，狂犬病毒的毒力与它们诱导细胞凋亡的能力成反比。为什么狂犬病毒的强毒株（包括用于跨神经示踪的固定毒株）感染中枢系统神经元通常只引起轻微的细胞病变？研究发现，它们可以运用多种策略避免神经元功能损伤。首先，狂犬病毒的复制不会导致宿主自身转录功能受到大的影响，而且病毒基因在宿主中的表达是下调的。其次，狂犬病毒强毒株通过干扰凋亡前因子防止感染神经元的凋亡（程序性的细胞死亡）。此外，它们也能影响免疫系统，阻断感染神经元的干扰素信号转导，过度表达破坏免疫的因子来防止保护性T淋巴细胞进入中枢神经系统发挥作用。

狂犬病毒只通过逆向跨突触传递来传播。狂犬病毒从注射的皮质区逆向跨神经示踪已经进展到三级神经元，但是没有发现顺向跨神经传播的证据（如脑桥区和基底神经节）。狂犬病毒的这一特点有明显的优势，它能明确鉴别注射靶位多突触的输入。此外，即使在狂犬病毒长期感染的情况下，狂犬病毒也不引起假阳性的传播或者被过路纤维摄入。而且，狂犬病毒不能通过电突触传播。综上所述，狂犬病毒作为神经示踪剂具有较强的示踪能力，能跨突触进行示踪，并且不影响神经细胞的正常功能，是一个具有前景的神经示踪剂（宋艳等，2011）。

基于狂犬病毒的跨单突触逆行标记原理：有些情况下，狂犬病毒这种理论上可以逆行跨越无数级突触进行传播的功能，反而会干扰我们观察神经环路的联系。目前，结合狂犬病毒感染的特性及表达Cre重组酶的转基因动物品系、Cre-LoxP系统，研究人员可以实现跨单突触的逆行标记。前面提到，狂犬病毒的 G 蛋白是跨突触的必要蛋白。若 G 蛋白缺失，RV-ΔG 则失去跨突触的能力，只能停留在本级神经元中，但是其基因组的复制和转录不受影响。此时若在被 RV-ΔG 感染的神经元中给予外源性的 G 蛋白，RV-ΔG 便又可和 G 蛋白组装成完整的狂犬病毒，逆行跨突触感染上一级神经元。但是在上一级的神经元中不表达 G 蛋白，因此，跨越一级突触后的 RV-ΔG 停留在上一级的神经元中不能继续跨突触传播，从而可以实现神经环路的跨单突触标记。此外，为了能够实现 G 蛋白和 RV-ΔG 在同一神经元中的共表达，该系统还借助了禽类肉瘤病毒的外膜蛋白 EnvA 和其同源的特异性受体 TVA 来介导病毒特异性的感染。因 TVA 只存在于禽类细胞中，在啮齿类动物的神经元中并无表达，因而不会发生非特异性感染细胞的情况。

（五）顺行跨突触病毒

尽管逆行跨突触病毒已成功用于识别靶标神经元的突触前神经元，但用于标记靶标神经元的突触后神经元的顺行跨突触病毒工具仍在开发中。目前，研究人员已经发现某些腺相关病毒（如 AAV1 和 AAV9）表现出顺行跨突触传播特性。来自突触前神经元的 AAV1-Cre 能有效且特异地驱动特定突触后神经元靶区 Cre 依赖的转基因表达，从而实现轴突追踪和突触后神经元群体的功能操作。此外，AAV1 顺行跨突触病毒还可以与 Cre、Flp、Dre 三个重组酶系统联合应用，设计多种跨脑区控制神经环路的活动方案。结合交叉方法，AAV 介导的顺行跨突触标记可以根据神经元的输入和分子表达谱对神经元进行分类，并允许对嵌入在复杂脑环路中的不同功能神经通路进行前向筛选（Zingg et al.，2017）。

（六）病毒标记策略

现在，病毒标记已经在神经科学领域得到广泛应用，研究人员可以基于它开展分子、细胞、环路以及整体水平多层面的研究。接下来，我们将结合前面讨论的各种病毒标记特性来举例解析如何利用病毒研究神经元功能。

1. 记录、操控神经元 观察（成像）和干预（调控）是更好地理解神经元功能的两大法宝。这些手段一般需要具备持续性、特异性，低伤害性等。因此，AAV 病毒是非常适合的，它表达持久、使用和生产方便、细胞毒性小、与其他病毒及转基因策略兼容性高。如果想要特定靶向一类神经元，目前有两种策略：利用特定的启动子元件和重组酶驱动的转基因小鼠。Cre 驱动品系鼠与特定病毒联合应用，就可以实现在特定神经元内表达光敏通道，药敏受体，以及钙离子指示剂等。

2. 解析神经环路 破译复杂大脑环路的关键是识别不同行为或大脑功能背后的神经环路。为了破译大脑功能背后的神经环路，病毒示踪剂被广泛应用于绘制神经元集群的输入和输出通路。假设一个大脑区域已知与特定行为/功能有关，那么如何确定该大脑区域（X）的哪个神经通路介导了这种行为/功能？传统的顺行追踪方法可以识别出 X 脑区神经元的纤维及其末梢所在的脑区。但是某些脑区可能只存在该群神经元的纤维末梢，并不形成直接的突触联系，也有可能某些脑区受到该群神经元的支配，但是与所研究的 X 依赖功能无关。根据我们目前的知识，这些神经元与那些直接参与相关功能的神经元在分子或基因上不一定不同。因此，为了准确追踪所研究的 X 依赖功能的神经通路，有必要在相关的下游核团（Y）中识别接收 X 直接输入的神经元亚群。这就需要只在选定的靶区对突触后神经元进行传入依赖标记。标记输入定义的突触后神经元的一个简单策略是在源区应用顺行跨突触示踪剂，并在选定的靶区结合示踪依赖的转基因表达（图 6-4）。

3. 揭示细胞内基因功能 目前，利用病毒载体可以实现在特定脑区内，甚至特定神经元类型内操纵目的基因，然后在分子、细胞、环路和行为水平研究该基因的功能。例如，通过病毒过表达该基因，或者表达基因的组成性激活形式或者显性抑制形式，从而建立基因与正常和病理生理现象的因果关系。此外，将病毒示踪与高通量 RNA 测序结合起来，可以检测分析特定神经元内特定基因改变后，神经元内分子谱的变化。

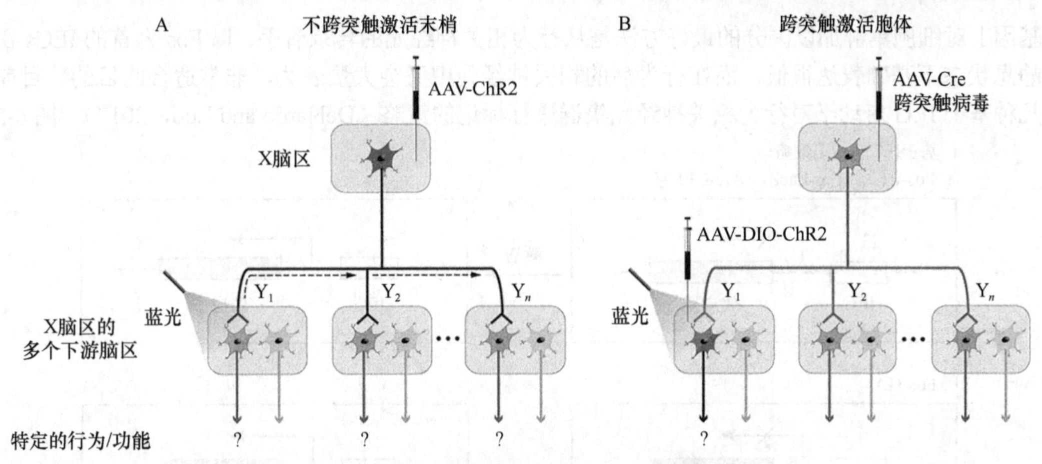

图 6-4 功能性环路顺行跨突触定位的优点

A. 已知大脑 X 区域调节感兴趣的行为/功能。X 中的神经元投射到多个下游脑区（Y）。为了绘制相关的下游通路，传统的方法依赖于在给定的脑区中激活表达 ChR2 的 X 轴突终端。但是这可能会通过反向刺激（以虚线标记）导致其他脑区的不必要激活。B. 具有顺行跨突触传播能力的病毒可以通过在下游脑区 Y 中实现 Cre 依赖的转基因表达，直接激活靶区的突触后细胞，该靶区专门接受来自 X 区的输入，并且不会引起其他脑区非特异性激活

第三节 脑功能可视化技术

一、静态下神经元功能可视化

目前，有两种方法可以用来检测已经发生的神经元活动：①神经组织的内源活性标志物分析：在组织学检查中，通过测量神经元在特定活动过程中积累的活性标志物来间接测量神经元活动；②神经组织的外源活性标志物分析：为了测量固定组织中的某些功能过程，研究人员可以在细胞发生该过程时引入一个标记物，用于随后的组织学检测。

（一）内源活性物质分析

神经元与其他细胞类似，在信号转导过程中会将胞外信号与转录活性的变化偶联。这些能快速激活并表达的基因被称为即刻早期基因（immediate early gene，IEG）。例如，给小鼠注射惊厥药物如美曲唑或者电刺激小鼠后，海马等脑区中即刻早期基因 *fos* 的 mRNA 水平明显提高。在癫痫组小鼠中，其他的 IEG（如 *c-jun*，*zif268* 和 *junB*）的 mRNA 水平也显著提高。之后一些研究发现，生理刺激也会导致 IEG 蛋白水平变化。例如，缺水会导致下丘脑 Fos 蛋白的表达增加。此外，通过热或化学刺激皮肤，可迅速诱导脊髓背角浅表层 fos 以及 *zif268* 基因和蛋白质表达升高。这说明 IEG 可能在正常神经元功能中发挥重要作用，其表达水平增加是细胞活性的一种反应。因此，IEG 可以提示大脑区域的功能。

目前，神经元的 IEG 可以分为两类：①转录调控因子，通过调控的下游基因而广泛地影响细胞功能；②效应蛋白，可直接调控特定的细胞功能。很多情况下，转录调控因子中的 *fos* 和 *zif268* 与效应蛋白中的 Arc 在行为后的表达情况是相似的。

（二）外源活性物质分析

1. 外源引入即刻早期基因 通过对行为后小鼠大脑切片进行 Fos 染色，我们可以直接观察到与特定行为相关的神经细胞集群。但是，如何能精确表征相关的神经元集群，并进行后续的识别和操控？我们知道由神经元激活导致的转录是调节突触可塑性、形成神经集群和储存信息的关键。因此，

从基因上对细胞集群加以区分的最好方法是从行为相关神经元的转录着手。以 Fos 为首的 IEGs 在动物静息状态下基础表达很低，而在行为后的相关神经元中又会大量表达，非常适合此目的。目前，有几种基于 IEG 启动子对行为相关神经元集群进行标记的策略（DeNardo and Luo，2017）（图 6-5）。

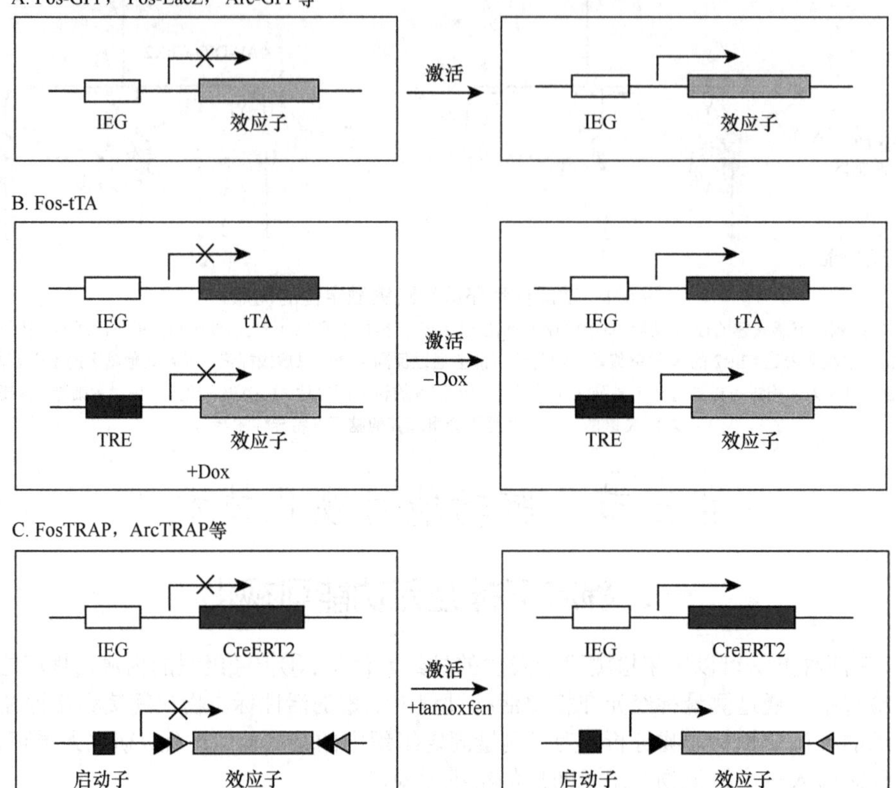

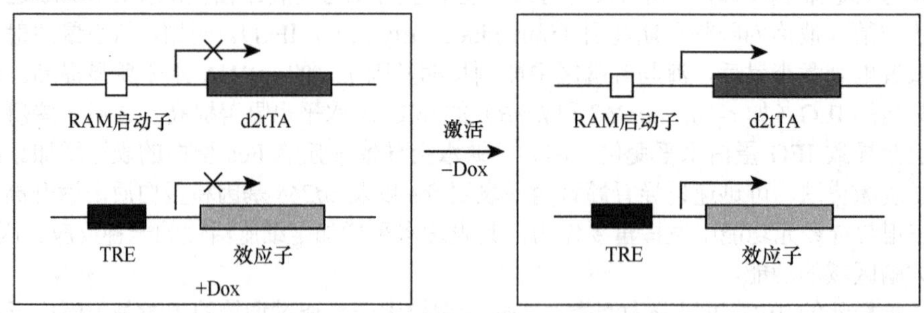

图 6-5　标记激活神经元的遗传学方法

A. Fos 和 Arc 启动子驱动转基因动物和病毒中的荧光蛋白表达，通常标记的峰值发生在活动后的几个小时，而效应蛋白持续不到一天。B. 在 Fos-tTA 转基因小鼠中，在没有 Dox 的情况下，神经活动导致 TRE 条件效应分子的表达，包括 LacZ、化学遗传工具和个体发育工具。C. 在 TRAP 转基因小鼠中，Fos 和 Arc 启动子驱动 CreERT2 在先前激活的神经元中实现 Cre 依赖的效应蛋白的永久表达。D. 在 RAM 病毒中，合成的启动子驱动表达不稳定的 tTA（d2tTA），当在没有 Dox 的情况下发生神经活动时，d2tTA 可以驱动 TRE 依赖的效应子的表达

Fos-GFP 转基因小鼠，利用 Fos 启动子表达 Fos-EGFP 融合蛋白，可以将特定行为中被激活的神经元标记绿色荧光用于后续的电生理记录或者形态观察。Arc-GFP 转基因小鼠也有类似的功能。

随后，Fos-tTA 转基因小鼠又被研发出来，这种小鼠的 Fos 启动子能够驱动多西环素（doxycycline，Dox）抑制的四环素反式激活因子（tetracycline transactivator，tTA）。当无 Dox 且神经元被激活的情况下，tTA 结合并激活四环素应答元件（tetracycline response element，TRE），转录表达下游效应蛋白的基因，包括光敏通道、荧光蛋白、药敏通道等。Fos-tTA 策略已经被广泛用来研究学习、记忆、衰老等过程的细胞学机制，不过其缺点是活性依赖的标记程度比较弱，大概是对照组的 2～3 倍，而且 Dox 的代谢慢，整个标记时间窗可长达几天，因此背景会比较高。此外，它也不能驱动效应蛋白长时间的表达，因此操控的时间窗又比较短。

为了能够长时间标记某个行为下激活的神经元集群，科研人员研发出 TRAP①转基因小鼠。在第一代 TRAP 小鼠品系里，他莫昔芬（或 4-羟基他莫昔芬）依赖的重组酶 Cre-ERT2 以活性依赖的方式进行基因重组，表达 Fos 或者 Arc 基因位点（FosTRAP 或者 ArcTRAP）。当一个神经元被激活且他莫昔芬存在时，胞质定位的 CreERT2 重组酶转位至细胞核内，并对相关基因进行重组，从而实现效应因子的持续表达。而他莫昔芬则将药物激活的标记时间窗口限定在大概 12 小时之内。第一代 TRAP 小鼠（Trap1）破坏了内源的 Fos 蛋白表达，可能会影响很多脑区的功能；而新型的二代 TRAP 小鼠（Trap2）有效地保存了内源 Fos，并用优化的 iCre 替代原来的 Cre 来调高表达（Allen et al.，2017），因而应用更广。TRAP 可以选择性地标记躯体感觉、视觉和听觉刺激以及在新环境中激活的神经元。当 TRAP 与标记、追踪、记录和操纵神经元的工具相结合时，可以灵活解决各类神经科学问题。不过需要注意的是，FosTRAP 可以很好地在海马、皮层等区域进行神经元标记，但是在某些皮层下区域则不能进行活性依赖的标记。相反地，ArcTRAP 可以标记皮层下区域，但是在某些神经元中，如皮层-丘脑投射神经元，会出现不依赖他莫昔芬的标记。

另一种是基于病毒的标记方法，通过用一些人工合成的启动子来提高信噪比，而且还可以摆脱对转基因小鼠的依赖，应用也更加灵活。如 Robust Activity Marking（RAM）系统（Sørensen et al.，2016），主要有以下特点：①具有一个人工合成的神经元活性依赖启动子，在静息条件下表达非常低，在行为期间由神经活性诱导高表达，用于神经集群标记；②改进的 Tet-off 系统，优化了时间控制；③体积小，在单个 AAV 的包装范围内；④模块化设计，启动子和效应基因易于替换，解决不同的实验问题；⑤可在小鼠以外的物种使用。RAM 系统具有高度的选择性、敏感性和通用性。

2. 外源活性标记物　也可以用来检测细胞增殖、蛋白质转运等生物学功能。比如，用胸苷激酶类似物检测细胞增殖。当细胞分裂时，它会经历细胞周期的不同阶段。细胞在有丝分裂的 DNA 合成阶段可以通过暴露于标记的 DNA 碱基对类似物来标记。BrdU（bromodeoxyuridine）是 DNA 碱基胸腺嘧啶或放射性氚化胸腺嘧啶（^{3}H-thymidine）的合成类似物，当注射到动物体内或添加至培养基中，正在合成 DNA 的细胞将替代内源性胸腺嘧啶分子的 BrdU 或 ^{3}H-thymidine 加入到新合成的 DNA 中。在随后的组织学实验中，BrdU 可以通过免疫组化检测，^{3}H-thymidine 可以通过放射自显影检测。BrdU 或 ^{3}H-thymidine 的存在表明细胞在添加外源活性标记物前后正在分裂。然而，这些标记物并不表明细胞是否会继续增殖或停止分裂转变成为一个有功能的、分化的细胞。为了回答这些问题，可以结合只存在于细胞周期特定阶段或特定类型细胞中的蛋白质的免疫组化实验。例如，Ki67 和 PCNA 是存在于细胞周期的活跃和增殖阶段，而不存在于休眠阶段的蛋白质。因此，可以通过结合 BrdU/^{3}H-thymidine 的检测以及 Ki67 的免疫组化检测，比较分化为有丝分裂后细胞的增殖细胞数量和继续分裂的增殖细胞数量。

用脉冲追踪标记分析蛋白质转运。脉冲追踪标记可以对蛋白质折叠、修饰、成熟、降解进行观察研究。将放射脉冲标记的探针注射到动物体内或添加在培养的细胞中一小段时间然后冲洗掉，由未标记的分子替代。随着时间的推移，研究人员可以通过跟踪标记在不同亚细胞器中的定位变化来观察蛋白质运输途径。在神经科学领域，脉冲追踪标记技术可以清晰地标记神经元中蛋白质的合成和运输。轴突运输是轴突和突触能发挥正常功能的基础。蛋白质以两种不同的速率传送到轴突：快

① TRAP 为活性类群靶向重组工具。

轴突运输和慢轴突运输。快轴突运输转运囊泡，而慢轴突运输转运细胞骨架和胞质蛋白。慢轴突运输没有明显的囊泡结构因此很难被观察，而脉冲追踪标记技术就解决了这样的问题。在神经元胞体附近注射放射性标记氨基酸，它们参与新蛋白的合成，然后通过内源性运输到达轴突和远端突触，最后在不同时间截取轴突来分析蛋白质的转运原理。研究发现，囊泡蛋白质以每天 50～400mm 的速度迅速进入轴突；可溶性蛋白以每天 2～8mm 的速度进入轴突；还有一些细胞骨架蛋白以每天 0.2～1mm 的速度进入轴突。

二、动态下神经元活动可视化

在第四章中，我们讨论了电生理技术，它可以以单细胞分辨率（取决于电极类型和神经组织中的位置）和毫秒级时间分辨率来记录神经活动。在第十二章中，我们讨论了以毫米（约 10 万个神经元）的空间分辨率和以秒级的时间分辨率显示整个大脑活动的全脑成像方法。而本章节中介绍的神经活动可视化方法结合了全脑成像和电生理的优点：以单个神经元分辨率且在数千个神经元中观察神经活动，同时观测这些神经元的空间关系。时间分辨率依据具体的技术可达到毫秒或秒级。这些方法可以用于可视化培养细胞、组织切片和活体中完整大脑的活动。依赖不同的荧光探针可以对不同的活动进行可视化，常用的有探测膜电位、钙浓度或突触囊泡释放的探针（Lin and Schnitzer, 2016）。这些探针包括直接在实验前添加到神经系统中的化学染料，也包括在转基因动物中表达的荧光蛋白。化学染料往往比荧光蛋白表现出更好的时间精度和信噪比。而荧光蛋白的表达可以靶标特定神经元类型，并且可以稳定表达，因而有助于在学习记忆、大脑发育，以及疾病进程中长时间观察特定类型神经元的活动变化。

（一）膜电位的可视化

膜电位的可视化技术与电生理记录非常接近，它们在指示神经元膜电压变化时都具有良好的时间分辨率（1～2ms）。但是电压指示剂必须要定位到膜上才能发挥作用，而细胞膜的体积比较小，可以检测到的染料分子数量有限，所以该技术采集到的有效信号比较弱。目前，膜电位指示剂包括电压敏感染料（voltage sensitive dyes，VSDs）和基因编码电压指示剂（genetically encoded voltage indicator，GEVI）。

1. 电压敏感染料 是响应电压变化而改变其光谱特征的染料，它们能够提供神经元的整体膜电位状态。与电生理技术不同，电压敏感染料除了检测峰值活动外，还可以检测阈下突触电位，或者实现大量神经元活动的同步观察，且完成这项任务不需要非常大的电极阵列。目前，有各种各样的电压敏感染料可选，它们在信号持续时间、强度、信噪比和毒性上略有不同。大多数染料都存在光毒性，背景噪声高的缺点，强度变化（$\Delta I/I$，I=荧光强度）在 10^{-4}～10^{-3}（0.1%）范围内，比较局限。因此，在应用这些染料时，要控制背景噪声来确保检测到可靠的信号。此外，大脑本身的光学吸收特性也会随着神经活动变化而变化，从而干扰荧光信号的测量。

2. 基因编码电压指示剂 基因编码电压指示剂（GEVI）的工作原理主要基于细胞膜电位变化会导致膜蛋白质分子形状变化这一现象。这类随膜电位改变形状的蛋白分子又被叫作电压敏感元件。当电压敏感元件与荧光蛋白连接起来时，膜电位的变化会影响荧光蛋白结构，从而改变后者的发光特性，这样就可以用荧光变化来指示细胞膜电位的变化。第一个 GEVI，是在 1997 年被研发出来的 Flash，将一个 GFP 插入 Shaker 钾离子通道中，但是这一类的 GEVI 不能表达到哺乳动物细胞中，也就大大限制了应用。直到 2007 年，基于电压敏感磷酸酶（voltage sensitive phosphatase，VSP）的 GEVI 成功应用于哺乳动物中。GEVI 将电压敏感磷酸酶的电压敏感结构域与荧光分子结合，当这些结构域检测到电压的变化时，它们的三维结构会改变进而改变其偶联分子的荧光。目前的 GEVI 包括蝴蝶家族、VSFP3 家族、ElectricPK、ArcLight 家族、动作电位加速传感器（ASAP）家族等。一般情况下，细胞膜去极化后，电压敏感结构域的移动会导致融合的荧光蛋白变暗。视蛋白（opsin）是另一类电压敏感蛋白结构域，也用来观察神经元的放电和阈下电压变化（Madhusoodanan，2019）。膜电位的改变可以导致视蛋白构象改变，进而改变视蛋白的荧光。视蛋白型 GEVI 对电压变化灵敏度高，且反应迅速。视蛋白还可以与其他荧光蛋白（fluorescent protein，fp）结合，形成荧光共振能量检测对，膜电位的变化会改变视蛋白的光谱，从而大大增加了实验的灵活性。

我们可以根据不同的响应速度、颜色、亮度和灵敏度进行 GEVI 的选择。相比于 VSDs，GEVI 的最大优势在于能够特异性地靶向细胞。除此之外，GEVI 应用时手术损伤小，指示剂表达时间长，适合对大的活体动物进行长时间的电压成像。但是，因为细胞膜上表达的荧光蛋白数量非常有限，GEVI 同样存在信噪比低的缺点。此外，动作电位具有瞬时性，荧光基团的激活和失活都比较迅速，要采集到这些快速且微弱的信号，还必须借助高速、高灵敏的相机。

（二）钙浓度的可视化

钙在几乎所有的细胞活动中都有重要作用，作为第二信使与大量结合蛋白相互作用，从而调节多种活动，如基因转录，细胞增殖、迁移，信号转导，细胞生长、分化、代谢，细胞骨架动力学，突触传递及可塑性等。在神经元中，钙动力学将电活动和生化事件联系起来，钙离子浓度的变化可以间接指示电活动的变化。钙成像是目前最成熟的检测神经元活性的成像方式。与电压敏感探针一样，钙指示剂存在化学性钙指示剂和基因编码钙指示剂两种。

1. 化学性钙指示剂染料 化学性钙指示剂染料与钙离子结合后光谱性质会发生变化，一般可分为比率型和非比率型染料。当比率型染料与钙离子结合，它的激发/发射特征会改变，因而可以通过不同波长荧光的强度改变比值反映钙离子变化。例如，Fura-2 是一种常见的比率指示剂，低钙离子浓度下，Fura-2 在 380nm 处激发；高钙离子浓度下，在 340nm 处激发。两种情况下，Fura-2 的发光波长均在 510nm。因此，通过监测 Fura-2 在 340nm 激发后发出的荧光强度与在 380nm 激发后发出的荧光强度的比值就可以反映钙浓度的变化。比率型染料可以校正消除实验中的一些干扰和不确定性，如细胞厚度差异、光照强度变化、染料浓度差异、细胞运动、自发荧光等。不过，比率染料一般需要紫外/近紫外光照射激发，但是长时间该波段的光照射可能会导致细胞凋亡。与非比率型染料相比，比率型染料的主要缺点是数据采集和测量更加复杂。

非比率型染料随着钙离子浓度的变化会发生激发或发射荧光强度的变化。常见的非比率型染料包括 Fluo-3、Fluo-4 等，其荧光强度随钙离子浓度的增加而增加。虽然荧光强度和钙离子浓度之间的直接关系对检测钙结合引起的变化很敏感，但荧光强度也容易随着染料浓度和实验条件变化而变化。此外，染料指示剂结合内源性钙离子，缓冲细胞钙离子浓度，产生不必要的效果。因此，要进行钙离子信号的定量测量，需要仔细了解指标性质、实验条件和潜在的干扰因素（如 Mg^{2+}）等。

2. 基因编码钙指示剂（genetically encoded calcium indicator，GECI） 主要是利用钙结合蛋白与钙结合时能发生构象变化而设计的。例如，1997 年报道了第一个 GECI——Cameleon，它是基于荧光共振能量转移（fluorescence resonance energy transfer，FRET），由 CFP/YFP 荧光对、钙调蛋白（calmodulin，CaM）和钙调蛋白结合肽 M13 共同组成的融合蛋白。当钙离子升高时，CaM 和 M13 构象变化而使 CFP 和 YFP 距离变小，发生 FRET 从而被检测到。2000 年，基于单个荧光蛋白的 GCaMP 被研发出来，它由 cpEGFP 和两端的 M13 和 CaM 构成。在有钙离子的条件下，cpEGFP 构象变化导致 GFP 荧光增加。通过不断改造优化，GCaMP 蛋白现在能够分辨单个动作电位，并显示阈下活动。这些探针还可以通过定位表达来显示神经元局部的电活动，包括轴突和突触终端。例如，第六代 GCaMP 蛋白有 3 种不同亚型：GCaMP6s、GCaMP6m 和 GCaMP6f，其中 GCaMP6s 灵敏性高，适合低频信号检测；GCaMP6f 有快速的动力学曲线，解离最快，适合高频信号检测。因此，实验人员可以根据自己的实验要求选择合适的钙离子指示剂。

3. 钙信号记录系统 现在我们通常用钙成像结合统计学方法，研究单个细胞和细胞网络的动态信息。根据应用场景的不同，钙成像方法可以分为离体钙成像和在体钙成像。钙成像实验的数据通常表示为随时间的变化的荧光强度或荧光强度与初始荧光水平（F0）比值。然后使用这些轨迹数据创建伪彩图，以显示其变化的空间信息。例如，可以用热颜色（黄红色）表示大变化，冷颜色（蓝紫色）表示小变化。与 VSDI 相比，钙成像产生更大、更强的可见信号变化（$\Delta F/F$ =1%～20%），但时间分辨率较低（通常是毫秒级，而不是微秒级）。

离体钙成像一般用添加了亲脂基团的钙染料作为指示剂，最常使用的可见光激发钙离子荧光探针有 Fluo-3，Fluo-4，Rhod-2 等，在荧光显微镜下用对应的激发波长就可以观察细胞内钙浓度的变化。在体钙成像则多用的是基因编码的钙指示剂，通常用病毒包装相应的载体注射到目标脑区进行表达，目前常用的是 GCaMP 系列。

现在主要有三种活体动物钙信号的检测方式，分别是双光子荧光显微镜成像、MiniScope、光纤显微成像（Yang et al.，2017）。双光子荧光显微镜能够在飞秒的时间间隔内同时发射两个长波长的光子，在同时到达目标区域后激发短波长荧光蛋白进行成像。它具有高深度、高分辨率、高信噪比和低光毒性的优点。不过，该实验需要对动物进行麻醉或头部固定，无法满足对自由活动动物的研究需求。而目前常用的自由活动动物钙成像的方式有 2 种：①MiniScope 成像，将一个微型荧光显微镜固定在小鼠颅骨上，将 GRIN lens（渐变折射率透镜）埋入目标脑区，从而观察深部脑区的神经元活动。MiniScope 可以提供 800μm×600μm 的成像视野和 1.5μm 的分辨率（Aharoni et al.，2019）。②光纤记录则是将一根光纤的一头连接石英插芯埋入目标脑区，另外一头通过光纤连接到荧光显微镜，从而收集特定脑区的钙信号。此种情况下，动物头部只需要植入透镜或插入光纤，方便自由活动，且可以植入多个透镜同时观察不同脑区之间的联系和相互作用，不过这种成像方法视野较小，分辨率也比较差。

（三）囊泡释放可视化

囊泡释放也是神经元信号传递的基本步骤，可以反映神经元信号输出活性的变化。突触囊泡释放可以通过监测定位于囊泡的遗传编码 pH 指示剂（genetically encoded pH indicator，GEPI）的信号变化来实现（图 6-6）。这些囊泡内的 pH 通常为 5.5，当囊泡与膜融合后，pH 会瞬间切换为偏碱性的细胞外环境（pH 为 7.0～7.5）。而 GEPI 在特定的波长下，其亮度会因为 pH 的改变而发生变化。最早使用的 GEPI 是一种天然的 pH 敏感 GFP，其发色团中的酚氧处于 pH 依赖的质子化和去质子化状态之间的平衡中。随后，研究人员通过氨基酸突变及筛选，获得了 pH 敏感型 GFP 突变体——pHluorin。pHluorin 在 pH 5.5 时几乎完全淬灭，在 pH 7.5 时绿色荧光强度提高约 50 倍。经过进一步的突变，又得到了 superecliptic pHluorin（SEP），其在中性的条件下会更加明亮。当 SEP 与囊泡跨膜蛋白（vesicular transmembrane protein，VAMP），突触素 Synaptophysin 或者 VGLUT 的腔侧融合时，可以指示囊泡融合。在体外培养神经元中，此类 GEPI 可以检测单个囊泡融合事件，但是当在体条件下，由于自发荧光和散射的增强，目前还是无法实现对单个动作电位的成像。不过 SEP 还是能够很好地观察神经元集群的活动变化，例如，可以用它观察小鼠嗅球内神经元对嗅觉刺激的响应。最近，研究人员尝试寻找表达橘红色荧光的 GEPI，如 pHTomato，pHoran4 和 pHuji。因为波长越长，自发荧光和散射就越低，那么就越有利于在体观察突触囊泡活性。但是，这些荧光蛋白在 pH 5.5 时荧光仍然比 SEP 高，因此还需要进一步提高它们的特性来满足实验的需求。

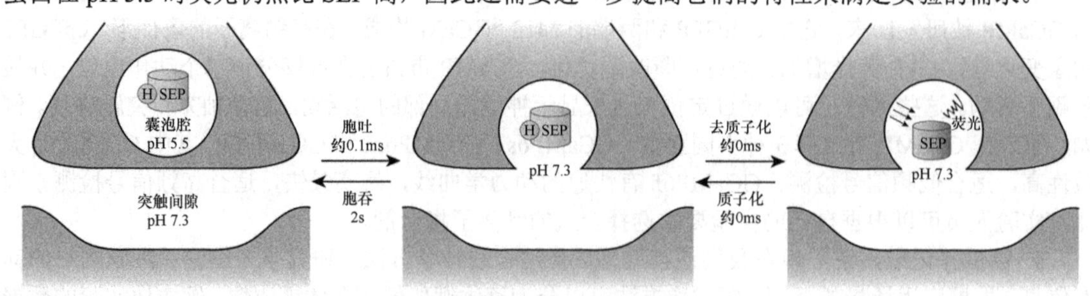

图 6-6 遗传编码的 pH 指示剂

数字资源：

Jansens A，Braakman I. 2003. Pulse-chase labeling techniques for the analysis of protein maturation and degradation[J]. Methods Mol Biol，232：133-145.

DeCaprio J，Kohl TO. 2018. Pulse-chase labeling of protein antigens with [35S]methionine[J]. Cold Spring Harb Protoc，2018（9）：10.

Zhang L，Liang B，Barbera G, et al. 2019. Miniscope GRIN lens system for calcium imaging of neuronal activity from deep brain structures in behaving animals[J]. Curr Protoc Neurosci，86（1）：e56.

（邱　爽）

参考文献

宋艳, 李宁, 黄飞, 等, 2011.狂犬病毒作为神经示踪剂的研究进展[J]. 生物技术通报, (5): 71-74, 79.

Aharoni D, Hoogland T M, 2019. Circuit investigations with open-source miniaturized microscopes: past, present and future[J]. Frontiers in Cellular Neuroscience, 13: 141.

Chaudhuri A, Nissanov J, Larocque S, et al, 1997. Dual activity maps in primate visual cortex produced by different temporal patterns of zif268 mRNA and protein expression[J]. Proceedings of the National Academy of Sciences of the United States of America, 94(6): 2671-2675.

DeNardo L, Luo L Q, 2017. Genetic strategies to access activated neurons[J]. Current Opinion in Neurobiology, 45: 121-129.

Lin M Z, Schnitzer M J, 2016. Genetically encoded indicators of neuronal activity[J]. Nature Neuroscience, 19(9): 1142-1153.

Madhusoodanan J, 2019. Genetic light bulbs illuminate the brain[J]. Nature: 437-439.

Nectow A R, Nestler E J, 2020. Viral tools for neuroscience[J]. Nature Reviews Neuroscience, 21(12): 669-681.

Sørensen A T, Cooper Y A, Baratta M V, et al, 2016. A robust activity marking system for exploring active neuronal ensembles[J]. ELife, 5: e13918.

Tan W C C, Nerurkar S N, Cai H Y, et al, 2020. Overview of multiplex immunohistochemistry/immunofluorescence techniques in the era of cancer immunotherapy[J]. Cancer Communications, 40(4): 135-153.

Tanenbaum M E, Gilbert L A, Qi L S, et al, 2014. A protein-tagging system for signal amplification in gene expression and fluorescence imaging[J]. Cell, 159(3): 635-646.

Wang D, Tai P W L, Gao G P, 2019. Adeno-associated virus vector as a platform for gene therapy delivery[J]. Nature Reviews Drug Discovery, 18(5): 358-378.

Xiu J B, Zhang Q, Zhou T, et al, 2014. Visualizing an emotional valence map in the limbic forebrain by TAI-FISH[J]. Nature Neuroscience, 17(11): 1552-1559.

Xu W, Südhof T C, 2013. A neural circuit for memory specificity and generalization[J]. Science, 339(6125): 1290-1295.

Yang W J, Yuste R, 2017. *In vivo* imaging of neural activity[J]. Nature Methods, 14(4): 349-359.

Zingg B, Chou X L, Zhang Z G, et al, 2017. AAV-mediated anterograde transsynaptic tagging: mapping corticocollicular input-defined neural pathways for defense behaviors[J]. Neuron, 93(1): 33-47.

第七章　大脑活动的操控技术

第一节　大脑活动操控技术及相关科学问题

神经科学的研究策略之一是操纵某个特定的脑内靶标（脑区、神经元或者分子），检验该靶标对动物行为或神经结构的影响来验证这一靶标的功能假说。例如，研究人员假设大脑中有一群神经元调节食欲，为了验证这一假设，其中一个核心实验是人为地抑制或激活这些神经元，以确定这群神经元在寻求食物行为中的必要性或充分性。在20年前，还很难实现这样的实验设想，但是最近10～15年，随着很多技术和工具的发展及优化，此类实验在各种模式生物中得以开展，为我们理解大脑功能提供了重要的科学依据。

本章主要介绍人为激活或抑制神经元电活动的方法。物理方法如消融神经组织以确定其在行为中的作用，冷热刺激通过降低细胞生理动力学来抑制神经活动。电刺激或电损毁则是用电流刺激神经活动或造成神经损伤。药理学方法利用化合物改变离子通道和细胞受体的功能。基于基因编码的转基因技术可以用来失活神经元或改变其基本的生理放电特性。多种技术的结合，如药理遗传学工具，允许以非内源性受体为靶点，用通常惰性的化合物来控制神经元，实现对神经元活性的时空调控。

在进行神经活动操纵实验或选择任何特定技术之前，需要明确研究目标，并恰当地理解实验结果的意义。一般来说，神经活动操纵实验可分为两种：功能获得实验和功能缺失实验。在操纵神经活动的实验中，功能获得实验通过激活神经元的活动来检验它们引起表型的充分性；相反，功能缺失实验则通过抑制神经元的活动来检验它们对表型的必要性。例如，假设有一群神经元可以调节饥饿感，也许这些神经元在食物缺乏或饥饿的情况下表现出更活跃的活动。如果人工激活自由活动小鼠的这些神经元，会导致寻找食物的行为增加，研究人员就可以得出这样的结论：这些神经元的活动足以增加寻找食物的行为。另外，如果人为地抑制这些神经元会减少动物（特别是饥饿的动物）寻找食物的行为，研究人员可以得出结论，这些神经元的活动对正常的食物寻找行为是必要的。注意，充分性和必要性的概念是完全可分离的，神经系统可能是充分的但不是必要的（反之亦然）。例如，激活神经元可能会增加寻找食物的行为，而抑制神经元则不会有显著效果。这一结果可能表明，大脑中还有其他神经元也在调节寻找食物的行为，也就是说，寻找食物的行为可能是由几群神经元协同完成的。

第二节　传统操控手段

一、物理操控

物理操控是指通过直接的物理手段操控神经元活动的方法。两种最常见的物理操纵方法是消融术和冷/热刺激。

（一）消融术

消融术，即机械性损毁大脑特定区域，是研究特定脑区对生物功能必要性的最古老的技术。在立体定位术中，研究人员可以通过切除或抽吸脑组织损伤模式动物的大脑。该技术也可用于无脊椎模式生物。例如，可以在解剖显微镜下用激光清除秀丽隐杆线虫的单个细胞，这些处理比脊椎动物的物理消融更清晰、更精确。尽管消融术在神经科学研究历史上占有一席之地，但通过物理损伤进行大脑功能缺失是一种相对粗糙的方法，通常很难控制损伤的精确度或排除组织损伤对剩余大脑结构的影响。消融实验不仅破坏细胞胞体，还会伤害过路纤维（穿过这一脑区的轴突），因此很难知道病变的影响是由于消融区域的神经元损毁引起，还是神经纤维遭到破坏从而导致其他脑区神经元轴突损毁引起。此外，有时候消融脑组织也会影响局部循环系统，进而引起整个机体的变化。物理消融的一个明显局限性是完全不可逆。

在体实验中物理消融技术用得越来越少，但是在体外培养神经元中，物理消融实验常常被用来研究轴突动力学和轴突的药物修复。例如，采用激光消融的方法损伤离体培养神经元中的轴突，该操作引起轴突迅速回缩并远离切点。如果激光消融轴突后给予药物处理，轴突收缩距离变短，则说明该药物对轴突损伤修复有一定的作用。

（二）冷/热刺激

大脑中神经元的最佳工作温度一般是 37℃，脑内存在精确的稳态机制确保大脑保持在最佳工作温度。将神经元冷却几度可以暂时减缓离子通道和细胞的动力学，有效降低神经活动水平。在体外制备实验中，只要稍微冷却浴液的温度，就可以很容易地降低离体培养神经元或急性分离脑片神经元的活动。在体条件下，有研究人员尝试在大脑中植入压电风扇（piezoelectric fan）冷却系统，它不但可以实现小型电子元件的冷却，还可以与超声技术相结合，实现神经元的刺激（Jaeik et al., 2021）。与物理上破坏脑组织不同，脑区冷却是可逆的，但前提是脑区改变的温度在一定范围内，这样才不会造成持久的损伤。因此，理论上，动物可以在冷却和非冷却条件下比较行为和各个脑区之间相关联系。

虽然冷却大脑是可逆的，但空间分辨率不够精确；特异性差，不能冷却区域内某种细胞类型；时间分辨率也不精确，因为实验完成后，神经元升温需要一定的时间，不能精确判断冷却的时程。还有一点需要注意，冷刺激多用于功能缺失实验，而热刺激技术也是多用于功能缺失实验，而不是功能获得实验，因为加热大脑往往会造成一定的损伤，而不是神经活动的增加。

二、电 操 控

微电极不仅可以用来记录神经元的电活动，还可以将电流传递到大脑或培养神经元，后者称为微刺激。将微电极插入大脑或靶标神经元的附近，并以固定的频率和时间施加电流，电极能通过改变细胞外环境来激发动作电位，例如，电压门控离子通道打开，神经元发生去极化。这样，电刺激就可以作为一种兴奋神经元的方法，非常简单，却行之有效。如果在电极上施加过量的电流就会杀死附近的细胞，造成电损伤，永久性地消融神经元。因此，微电极既能可逆地刺激神经活动，也能不可逆地损毁神经组织。电操作的空间分辨率是有限的，因为电流的注入会影响局部区域的所有神经元，无法区别细胞类型，还会影响刺激区域的过路纤维。不过，电刺激有非常精确的时间分辨率，因为电流传递的频率和时间都是可控的。

三、药 理 操 控

理论上，研究人员可以从数百种选择性结合膜受体的化合物中挑选任意一种，实现药理学上影响神经活动的功能。其中，激动剂是一种能与受体结合并引起受体激活的化合物，从而模拟内源性配体或神经递质。部分激动剂是一种能产生激动剂样效应的化合物，但不能达到完全激动剂或内源性配体的最大程度。拮抗剂与受体结合但不引起激活，从而阻止受体与内源性配体的结合，抑制其生物活性（图 7-1）。

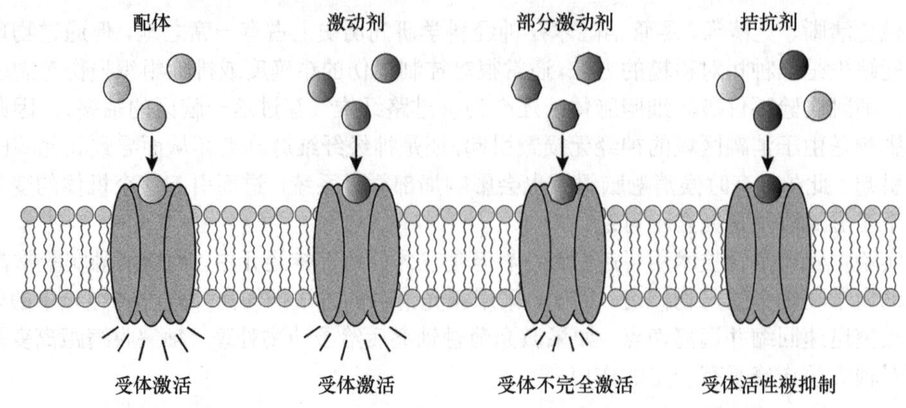

图 7-1 药理学中使用的化合物：配体、激动剂、部分激动剂和拮抗剂

这些药物中，有的是在制药实验室中针对特定受体或某些蛋白质设计的，也有许多是植物和动物自然产生的、用于保护自身的化合物或神经毒素。例如，许多四齿形目鱼类（最著名的是河豚鱼）会产生一种叫作河鲀毒素（tetrodotoxin）的化合物，该化合物是一种电压门控钠离子通道拮抗剂，可用于抑制动作电位。

许多常用的药理学药物以 GABA 受体为靶点。GABA 受体拮抗剂包括荷包牡丹碱（bicuculline）和米特拉唑（metrazol），它们阻止 GABA 受体信号转导，干扰 GABA 受体的正常抑制作用，最终产生增加神经兴奋性的效应。相反地，GABA 受体激动剂则可以降低神经元的兴奋性，例如，毒蝇蕈醇（muscimol）是一种常见的 GABA 受体激动剂，常用在行为和（或）在体电生理实验中抑制神经活动。这些药物对神经元的活动产生可逆性的干预。

有些药物则不可逆地消融神经元。例如，鹅膏氨酸（ibotenic acid）直接注射到大脑中会产生兴奋毒性作用，造成神经元不可逆的损伤。药物消融术优于物理或电消融术，因为它不影响穿过目标脑区的纤维束。因此，如果 ibotenic acid 的注射位置是精确的，那么研究人员就可以根据其对行为或生理功能的影响，分析注射部分神经元的功能，从而得出更准确的结论。

体外试验中，可以将药物添加到细胞培养基，或灌注于培养脑片的培养液中。在体实验中，如果药物可以穿过血脑屏障，则可进行腹腔注射或尾静脉注射，药物经血液循环进入大脑。如果药物不能穿过血脑屏障，可以选择脑室注射（通常选择侧脑室），注入的药物会随着脑脊液扩散到整个大脑的细胞外环境。此外，也可以通过手术在靶标脑区上方植入套管，局部注射药物。药物可以通过压力注射或微电泳导入。微电泳导入是一种使用小电流将药物从玻璃吸管中驱动出来的过程。微电泳导入的优点是，它可以将小体积的药物精准地输送到大脑的局部区域。如果要持续地、慢性地、长达数天或数周给药，可以选择植入微型渗透泵，通过植入的套管将药物注入脑内。

与传统的物理及电操控相比，药理操控靶点更明确，对脑组织的损伤也小，且大多数药理操控为可逆的，比较容易建立脑区与动物行为的因果关系。但是药理操控的手段时间分辨率不如电操控精准，空间定位也会受到药物扩散的影响。如果是腹腔或者尾静脉给药，那么作用的靶点会涉及整个大脑。此外，三种传统的处理方法均无法实现特定神经元类型的精准调控。

第三节 基因操控

一、内源性基因的干预

（一）基因敲除

现代分子生物学手段可以敲除小鼠脑中某些特定的基因，比如孤独症相关的 Shank3 敲除小鼠，阿尔茨海默病相关的 5×FAD 小鼠等。这些基因敲除小鼠可以用来研究某一特定基因与小鼠认知、运动、情绪等功能的相关性。随着神经生物学的发展，越来越多的研究需要锚定在特定脑区或特定神经元上，如果要对特定脑区或特定神经元上的内源性基因进行干扰，一般需要采用 Cre/LoxP 系统或 Flp/FRT 重组酶系统来实现特定脑区或特定类型神经元条件性敲除（图 7-2）。这类重组酶系统是通过特异位点重组酶介导其识别位点间的重组，实现基因敲除、基因插入、基因翻转、基因易位等操作。例如，Cre（cyclization recombination enzyme）是一种重组酶，它的 C 末端结构域包含催化活性位点，LoxP（locus of X-over P1）是 Cre 重组酶的识别和结合位点。当细胞基因组内存在两个 LoxP 位点时，Cre 重组酶会诱导两个 LoxP 位点间的序列发生重组，而重组的结果取决于两个 LoxP 位点的方向。关于这部分内容，也可以参考本书的第十一章，转基因动物的制备和应用。

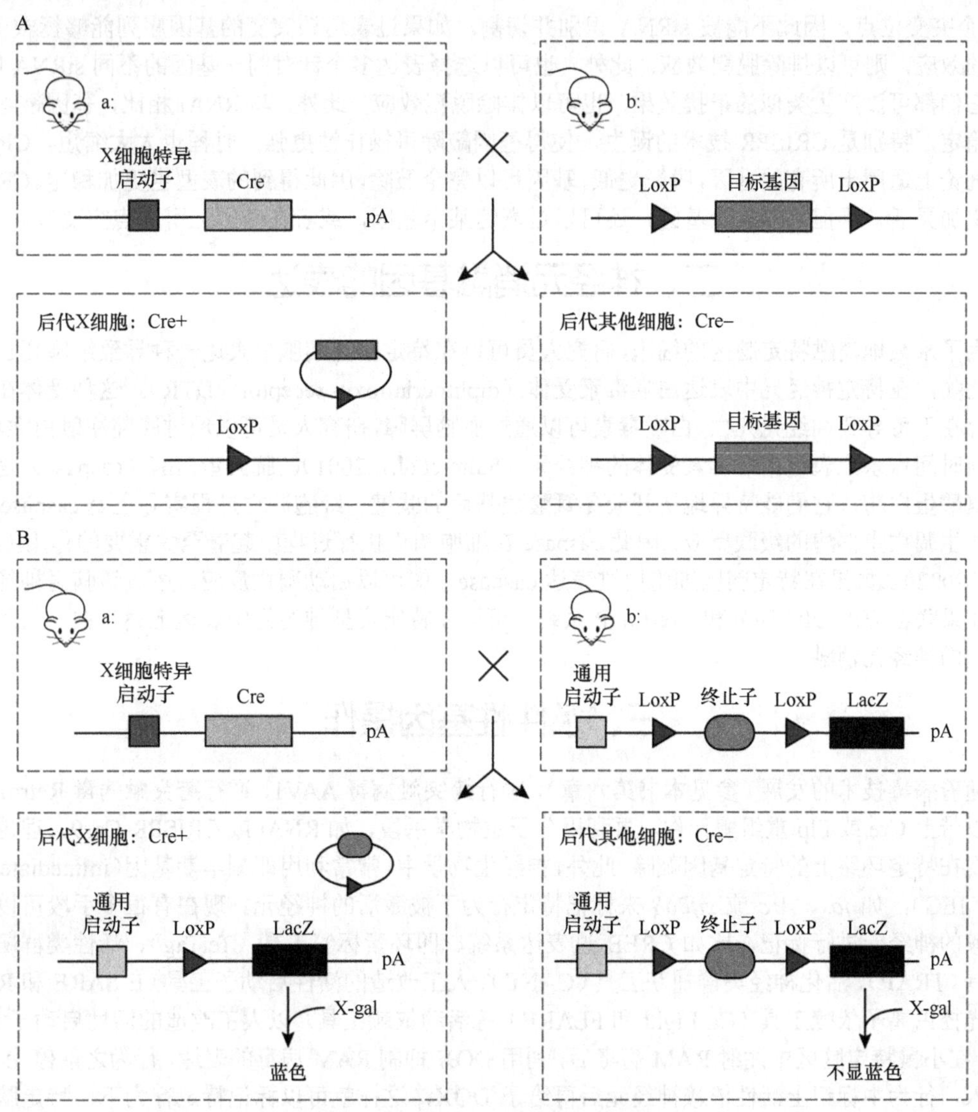

图 7-2　Cre/LoxP 系统用于基因操纵

A. 特定类型神经元的基因敲除策略；B. 通过 LacZ 表达检测 Cre 重组

（二）RNA 干扰（RNA interference，RNAi）

RNA 干扰是一种强大的实验工具，它利用具有同源性的双链 RNA（dsRNA）诱导序列特异目标基因的沉默，迅速阻断基因活性。RNAi 技术可以敲减特定基因的表达，具有特异、高效等优点，已被广泛运用于敲减各种基因的表达。进行 RNAi 敲减基因的关键在于使用适当的方法将外源性小干扰 RNA（small interfering RNA，siRNA）导入到靶标细胞内。目前最常使用的方法是利用慢病毒载体将短发夹结构 RNA（short hairpin RNA，shRNA）感染细胞，表达产生的 shRNA 经过 RNase Ⅲ家族核酸酶（Dicer 酶）切割后得到 siRNA 来发挥干扰效果，建立长效基因沉默。

与基因敲除相比，RNAi 时程短，操作简单，可适用于多种模式动物。但是 RNAi 要设计严格的对照实验来确保数据的可靠性。一般来说，阴性对照实验可以选择通用的，与目的基因的序列无同源性的普通阴性对照，不过更常用的还是定制打乱序列（scramble）阴性对照，即与选中的 siRNA 序列有相同的组成，但是序列打乱。RNAi 存在脱靶效应（off-target），所以多数情况下需要设计拯救（rescue）实验，即在表达 siRNA 的同时，过表达靶标基因序列，不过该基因特定序列中需引入 1～2 个突变位点，因此不能被 siRNA 识别并切割。如果过表达该突变的基因序列能够拯救 RNAi 带来的效应，则可以排除脱靶效应。此外，也可以选择表达多个针对同一基因的不同 siRNA 序列，如果它们都可以产生类似的干扰效果，也可以排除脱靶效应。此外，与 RNAi 相比，基因敲除技术更为稳定，特别是 CRISPR 技术的诞生，使得基因敲除可操作性更强，时程也大大缩短。CRISPR 技术理论上适用于所有的基因，脱靶更低，基因可以完全敲除，因此得到的表型也更加稳定。CRISPR 技术更加灵活，不但可以敲除基因，还可以过表达某个基因，或者在基因上引入点突变等。

二、神经元消融基因的表达

为了永久地消融特定脑区的细胞，研究人员可以在特定脑区细胞中表达一种导致细胞死亡的基因。比如，在特定神经元中表达白喉毒素受体（diphtheria toxin receptor，DTR）。这种受体在白喉毒素存在下可导致神经元死亡。白喉毒素可以通过血脑屏障，研究人员可以通过腹腔注射白喉毒素，在任何时间点杀死表达白喉毒素受体的神经元（Saito et al.，2001）。胱天蛋白酶（caspase）是一种半胱氨酸蛋白酶，它们能特异地切开天冬氨酸残基后的肽键。细胞凋亡过程实际上是 caspase 被活化并发生凋亡蛋白酶的级联反应，因此 caspase 在细胞凋亡执行过程中起着至关重要的作用（Asadi et al.，2022）。如果在特定脑区细胞内过表达 caspase，就可以启动凋亡反应，造成该脑区神经元消融。如果联合应用 DIO 序列和 Cre/LoxP 系统，可以在特定类型神经元中表达上述蛋白，从而将特定类型的神经元消融。

三、条件性基因操作

随着病毒技术的发展（参见本书第六章），顺行跨突触病毒 AAV1，逆行跨突触病毒 RetroAAV2 均可以带上 Cre 或 Flp 重组酶元件。再利用分子生物学手段，如 RNAi 或 CRISPR-Cas9，理论上可以实现在特定环路上的特定基因敲除。此外，神经生物学中，常常利用即刻早期基因（immediate early gene，IEG），如 *fos*、*Arc* 或 *zif268* 来标记特定行为下被激活的神经元。现在有很多手段可以对活性依赖的神经元进行标记，比如 CREB 过表达系统、四环素标签工具（TetTag）、活性类群靶向重组工具（TRAP）、活化神经集群捕获工具（CANE）、人工改造的活性启动子工具（E-SARE 和 RAM）以及光控钙离子依赖工具（Ca-Light 和 FLARE）等活动依赖工具。以人工改造的活性启动子 RAM 为例，在小鼠特定脑区中注射 RAM 病毒后，利用 DOX 抑制 RAM 病毒的表达，行为之前停止 DOX 的摄入，行为中标记上活性依赖神经元后再给予 DOX，这样就可以标记特定行为下，特定脑区中活性依赖的神经元，这些神经元中可以表达 CRE 重组酶，可以在 flox 小鼠活性激活神经元中敲除或表达特定蛋白（Sørensen et al.，2016）。

第四节　遗传操纵技术

一、化学遗传学

化学遗传学（chemogenetics）是利用基因技术在特定神经元上表达非内源性受体，这些受体能够被外源的配体激活，导致相应的离子通道开放，使神经元去极化或超极化，起到激活或者抑制神经元活动的效果。因为大脑中其他类型的神经元不会对外源配体做出反应，因此只有表达外源受体的神经元会受到影响。

化学遗传学策略之一是使用来自其他物种的受体-配体系统。例如，哺乳动物的辣椒素受体（TrpV1）是一种配体通道，当接触辣椒素时，它会使神经元去极化。苍蝇和其他无脊椎动物通常不表达这种通道，所以辣椒素只会使这些模式动物中表达这种受体的神经元去极化。用类似的策略也可以超极化并抑制神经元。例如，昆虫的抑咽侧体素受体（allatostatin receptor，Alstr）激活后会抑制神经元活动，但是哺乳动物中不表达该受体。因此，如果在哺乳动物大脑特定神经元集群中表达Alstr，那么抑咽侧体素能够可逆地使该神经元集群失活。虽然这些策略理论可行，但是在啮齿动物中使用时，还是遇到了一些困难。例如，啮齿动物表达内源性辣椒素受体，所以只有 TrpV1 敲除的小鼠才能用再次表达 TrpV1 来操控神经元。又如，啮齿动物虽然不表达内源的抑咽侧体素受体，但是抑咽侧体素不能穿过血脑屏障，所以必须通过手术植入导管进行局部脑区注射，才能发挥作用。

近年来，一种新的化学遗传学策略被广泛用于多种模式生物。其中用到的工具被称为特定药物激活的受体（designer receptors exclusively activated by designer drug，DREADD），是一种基于 G 蛋白偶联受体所改造的化学遗传学平台（图 7-3）。结合人工合成的特殊化合物后，人工改造的 G 蛋白偶联受体被激活或者被抑制，进而通过激活细胞内信号通路影响神经元活动。例如，hM3Dq 受体（人 M3 毒蕈碱的DREADD偶联Gq）利用内源性Gq信号通路诱导神经元兴奋，增加神经元活性，而hM4Di受体（人 M4 毒蕈碱的 DREADD 偶联 Gi）则利用内源性 Gi 信号通路降低神经元兴奋性，抑制神经活动。这些受体对配体氯氮平-N-氧化物（CNO）很敏感。CNO 是抗精神病药氯氮平的代谢物，在小鼠和大鼠中几乎没有药理学活性。重要的是，CNO 能够穿过血脑屏障，因此可以在体腹腔注射 CNO 发挥作用，作用时间通常持续 6～10 小时。使用表达 DREADD 的细胞或组织进行体外培养实验时，CNO 可以直接加入到培养液中。此外，也可以采用套管给药的方法实现特定脑区给予 CNO。

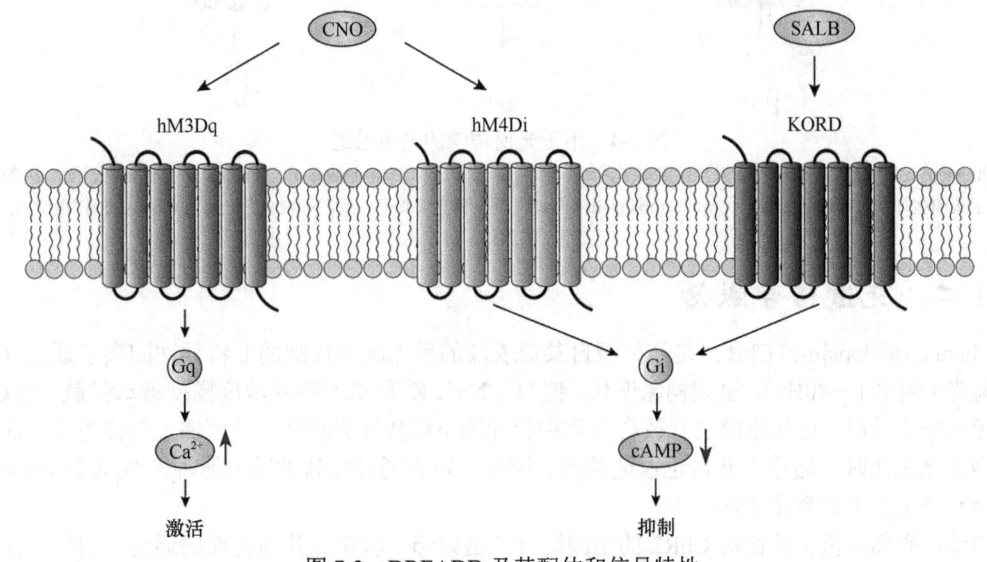

图 7-3　DREADD 及其配体和信号特性

基于毒蕈碱受体的 DREADD 可以响应纳米浓度的 CNO。然而，CNO 会反向代谢成氯氮平和其他氯氮平代谢物，这会产生脱靶效应。为了克服这一限制，研究人员开发了抑制性 κ-阿片受体 DREADD（kappa-opioid DREADD，KORD），它结合另外一种配体 Salvinorin B（SALB）。研究人员们已经证明，KORD 和 hM3Dq 可以在同一生物体中使用，以实现对神经元活动的双向控制。新开发的 KORD 具有更高的时间分辨率，因为 SALB 的药代动力学相对较快，作用时间大概半小时。此外，KORD 更适合急性的神经抑制，而 CNO 依赖的 DREADD（hM4Di）适合长时程的神经沉默。

化学遗传技术在空间上是精确的，因为神经调节仅限于基因靶向的细胞群。然而，这些技术不能提供比传统药理学方法更高的时间精度。

二、光遗传学

光遗传学（optogenetics）是指一组由光激活（“光-”）和基因编码（“-遗传学”）相结合的神经调控工具。与其他转基因技术工具一样，光遗传学工具可以高空间精度操纵脑内特定细胞类型。此外，由于研究人员可以在任何时间向神经元传递持续不同时间或不同频率的光，光遗传学技术提供了前所未有的空间和时间精确率。目前，很多实验室利用光遗传学技术对各种模式生物的神经环路展开研究，并取得重大进展。

（一）光敏通道

最常用的光敏通道是微生物视蛋白，它可响应特定频率光刺激并引起离子跨膜转运（图 7-4）。

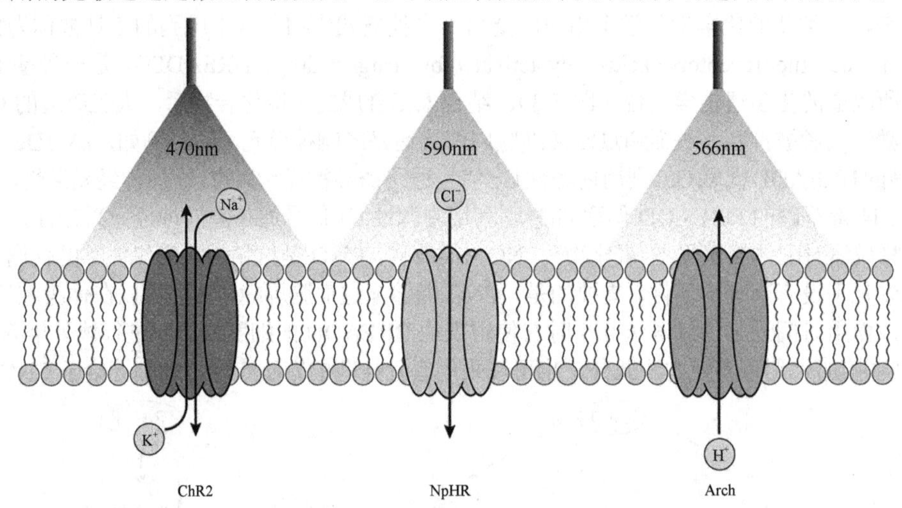

图 7-4 用于光遗传学的光敏通道

Channelrhodopsin-2（ChR2）是一种非特异性阳离子通道，可响应蓝光开放。Halorhodopsin（NpHR）是一种氯离子泵，可响应黄光将氯离子从细胞外主动运输到细胞内。Archaerhodopsin（Arch）是一种氢（质子）泵，可响应黄光将氢离子从细胞内主动运输到细胞外

（二）光遗传学激活

Channelrhodopsin-2（ChR2）是一种源自莱茵衣藻的受光脉冲控制的非特异性阳离子通道。ChR2 吸收蓝光（频率 1～40Hz），引起构象变化，使 H^+、Na^+、K^+和 Ca^{2+}沿其浓度梯度被动扩散。当 ChR2 在神经元中表达时，这些通道的开放会导致神经元膜电位快速去极化，从而诱发动作电位。重要的是，当蓝光关闭时，通道会非常迅速地关闭。因此，可以通过短暂的蓝光脉冲产生单个动作电位，而不会有持久的刺激残留效应。

当前，研究人员仍然在对 ChR2 的基因进行改造修饰，以获得其他特性的通道。例如，有些单

个氨基酸替换的 ChR2 可以响应高达 200Hz 频率的光刺激（研究人员将这种工具命名为“ChETA”）。有些突变后的通道蛋白在响应单个蓝光脉冲后能保持数分钟甚至数小时的开放，然后通过单个黄光脉冲关闭，这种 ChR2 视蛋白的衍生物被称为“阶梯函数视蛋白”（step function opsins）。研究人员们还设计了响应不同波长光激活的 ChR2 突变体。从而实现在同一个体中操纵多种细胞类型的神经活动。

（三）光遗传学抑制

用于光遗传学抑制操控的光敏通道主要有两种。其中，Halorhodopsin（NpHR）属于离子泵，来自一种嗜盐菌法老嗜盐单胞菌（*Natronomonas pharaonis*）。NpHR 响应黄光后，将氯离子泵入细胞内。Archaerhodopsin-3（Arch）来自另一种嗜盐菌所多玛盐红菌（*Halorubrum sodomense*），其响应黄光后将氢离子泵出细胞外。氯离子转运到胞内或者氢离子转运出胞外均可有效地使神经元发生超极化。与以脉冲方式给光模拟动作电位的 ChR2 不同，光遗传抑制神经元必须持续黄光照射神经元，以维持神经元的超极化。而持续黄光照射会产生热量，导致神经元损伤。因此，研究人员必须仔细考虑 NpHR 或 Arch 是否是实验的最佳工具。对于需要在数个小时内进行神经元抑制的实验，化学遗传学策略也许是更好的方法。

（四）向神经系统传递光的方法

光遗传学需要将光传递到靶标脑区或特定神经元集群。对于体外试验，如急性脑片，研究人员可以将光源直接放置在孵育槽或培养皿旁，光也可以直接耦合到显微镜光路。但是，向啮齿动物脑内传递光则具挑战性，因为需要植入能够穿透颅骨的光传递装置。此外，因为脑组织以指数方式散射光，在距光源 500μm 处仅剩余约 10%的光强度，所以需要在非常靠近靶标神经元的地方传递光。还需要注意的是，光传输系统的重量不得超过自由移动的动物所能携带的重量。目前，给自由移动的啮齿动物提供光的最常见方法是植入轻型光纤。这种策略可以靶向作用于相对较深的大脑结构。如果需要用光操控表浅皮层神经元，可以直接在大脑皮质相对颅骨处开窗，安装小型发光二极管（LED），这些 LED 也能够有效地向皮层提供光源。

（五）光遗传学研究策略及注意事项

在经典的光遗传学实验中，研究人员将相关病毒感染特定脑区特定神经元，然后分析用光直接刺激或抑制这些神经元的效果。除了刺激这些被感染的神经元胞体外，还可以刺激神经轴突投射到的下游目标区域，而这种刺激方式为研究人员提供了一种前所未有的神经解剖工具。例如，如果刺激一组神经元足以导致某种行为表型，研究人员可以进一步检验这种效应是否由特定下游大脑区域的投射介导。这些实验需要注意的是，刺激投射纤维可能会引起逆向效应，将动作电位沿轴突束传播回神经元胞体。此外，如果在某个脑区观察纤维末梢，不一定代表轴突与这个脑区有直接的突触联系，也有可能只是过路纤维。因此，研究人员应该进行仔细地对照实验，以确保它们的刺激效果确实是针对特定脑区的靶向投射引起的。比如可以采用顺行跨突触的病毒，然后观察是否在出现纤维末梢的脑区也能观察到跨突触后标记的下游神经元胞体等。

（六）光遗传操控新进展

光遗传学最近几年正在迅猛发展，成为一个整合了光学、基因操控技术、电生理以及软件控制等多学科交叉的生物工程技术。它具有独特的高时空分辨率和细胞类型特异性两大特点，克服了传统手段控制细胞或生物体的许多缺点，为神经科学提供了革命性的研究手段，它也一直处于不断优化、成熟的阶段，下面我们就简单举几个例子，相信光遗传技术在神经生物学和临床医学等领域的应用会变得越来越广泛。

1. 非侵入式光遗传操控　光遗传学是目前使用最广泛的神经元操纵技术之一。不过，它的一个缺点是需要植入侵入性光纤，光纤的插入和随后的光刺激会永久损害脑组织，而且光纤束缚会限制动物的行为。为了克服这一挑战，龚（Gong）等开发了微创光遗传学，设计了一种具有超高光敏感性的阶梯函数视蛋白 SOUL。实验表明，表达 SOUL 可以实现经颅激活位于小鼠大脑深处的神经元，并引起行为变化。此外，可通过来自硬脑膜外部的光刺激来调节猕猴皮层中的神经元尖峰并可逆地诱导神经振荡。SOUL 这种新的视蛋白提供了一种微创工具，可以用于操纵啮齿动物和灵长类动物模型中不同深度和不同大小的目标区域神经元活动，并可能进一步促成开发用于治疗神经系统疾病的微创光遗传学工具（Gong et al.，2020）。

宫崎（Miyazak）等则采用了另外的策略，使用镧系元素微粒（LMP）开发了微创“无光纤”光遗传学，该微粒在可见光谱中进行上转换发光（up-conversion luminescence）。上转换发光是指在长波长激发光的激发下，体系发出短波长光子的现象，即辐射光子能量大于所吸收的光子能量，这属于反斯托克斯现象。LMP 颗粒受到近红外光（长波长）激发，可以发出绿色或者红色或者蓝色的短波长光，从而激活光遗传元件。近红外光是可以穿透组织的，因此实现无光纤照射。去极化（C1V1）和超极化（ACR1）视蛋白能够被体外和体内 LMP 地上转换发光激活。目前，已经有实验室使用这种技术，通过激活和抑制背侧纹状体中的神经元，在距大脑表面 2mm 的深度成功地操纵了小鼠的运动行为。LMP 在注射部位保留并保持功能超过 8 周。无光纤光遗传学可以实现自由行动的动物长时间范围内神经元功能的操控（Miyazaki et al.，2019）。

2. 超微光遗传操控　虽然光遗传学应用前景广泛，但其中的光传输技术在某种程度上限制了光遗传学的应用。例如，光遗传技术控制单只动物的神经活动简单可行，但是同时记录多只动物的行为（如社交活动）就很难实现。因为光遗传学技术中用到的光源一般是通过光纤与动物头部连接。当动物自由运动时，光纤会限制动物的行动，也容易因动物的运动而被折断。而通过 LED 给光的设备又需要一个供电装置，这也会影响动物交互行为。因此，我们需要一种创新的无线技术。这项技术最好具有无线控制、无线充电、完全可植入、小型化设备等属性。最近，中美科学家合作，成功开发出首个超微型、无线、无电池且完全可植入的光遗传控制设备。该设备可以轻轻地放在动物头骨表面，通过 LED 柔性细丝探针延伸至大脑内部，控制神经元活动。这一微型设备利用了近场通信协议，与智能手机中用于电子支付的技术相同。研究人员只需通过电脑对光线进行实时无线操作，围绕在动物周围的天线可将能量传送至无线设备，从而消除了对笨重电池的需求。研究人员尝试用该系统操控小鼠的社交互动。他们发现，当两只小鼠彼此靠近时，如果用该设备激活这两只小鼠大脑中额叶皮层神经元，那么这两只小鼠就开始频繁、长时间的互动和交流，而一旦停止刺激，这两只小鼠又会迅速降低社交和互动的频率，也进一步验证了该设备的可行性（Yang et al.，2021）。

3. 光激活与光抑制同步化　之前的实验，光激活或抑制操控只能分别进行。如果要实现同时光激活和光抑制神经元，那就需要两种光敏蛋白同时表达在同一类型神经元上，保证两种视蛋白的有效膜运输、几乎同等比例分布在亚细胞结构上，并且还需要确保激活和抑制效应尽可能不会相互影响。目前已有研究开发了两种策略实现统一表达：一种方法是通过 2A 肽核糖体跳跃序列成功实现将兴奋性视蛋白和抑制性视蛋白表达在同一类型神经元上，但表达的比例不均。另外一种方法就是通过将两种视蛋白编码在同一阅读框内，实现 1∶1 比例共定位表达在同一类型神经元上。尽管这两种策略能够有效将两种视蛋白表达在同一类型神经元上，但是蓝光刺激的光强度需要避免激活红移视蛋白，因此这就需要光谱比较窄的。德国汉堡-埃彭多夫大学医学中心维格特（Wiegert）研究团队尝试将不同的蓝光敏感视蛋白和红光敏感视蛋白通过不同的连接结构融合成新的视蛋白，随后通过人胚胎肾细胞离体筛选发现蓝光激活的 GtACR2 和红光激活的 Chrimson 融合而成的 BiPOLES，在不同的激发光通道均表现出最大光电流密度，并且抑制性阴离子和兴奋性阳离子电流在峰值上具有最大的光谱分离（Vierock et al.，2021）。因此，BiPOLES 是一种双色、双向调控的光遗传学工具，性能强大，能够实现在同一实验中对同一类型的神经元进行激活或抑制，也可以实现对同一区域两种类型神经元的调控，因而有望广泛应用于神经科学研究中。

其他延伸资料

1. 实验流程

Buch T, Heppner FL, Tertilt C, et al. 2005. A Cre-inducible diphtheria toxin receptor mediates cell lineage ablation after toxin administration[J]. Nat Methods, 2（6）: 419-426.

Vogt N. 2015. Chemogenetic manipulation of neurons[J]. Nat Methods, 12: 603.

Deisseroth K. 2011. Optogenetics[J]. Nat Methods, 8: 26-29.

Zhu H, Roth BL. 2014. DREADD: a chemogenetic GPCR signaling platform[J]. Int J Neuropsychopharmacol, 18（1）: pyu007.

Vázquez-Guardado A, Yang Y, Bandodkar AJ, et al. 2020. Recent advances in neurotechnologies with broad potential for neuroscience research[J]. Nat Neurosci, 23（12）: 1522-1536.

Schlegel F, Sych Y, Schroeter A, et al. 2018. Fiber-optic implant for simultaneous fluorescence-based calcium recordings and BOLD fMRI in mice[J]. Nature protocols, 13（5）: 840.

2. 数字资源，视频等

https://www.jove.com/v/50004/fiber-optic-implantation-for-chronic-optogenetic-stimulation-of-brain-tissue.

https://www.jove.com/t/61352/focused-ultrasound-induced-blood-brain-barrier-opening-for-targeting-brain-structures-and-evaluating-chemogenetic-neuromodulation.

https://www.jove.com/v/59439/non-invasive-strategies-for-chronic-manipulation-of-dreadd-controlled-neuronal-activity.

（邱　爽）

参考文献

Asadi M, Taghizadeh S, Kaviani E, et al, 2022. Caspase-3: structure, function, and biotechnological aspects[J]. Biotechnology and Applied Biochemistry, 69(4): 1633-1645.

Gong X, Mendoza-Halliday D, Ting J T, et al, 2020. An ultra-sensitive step-function opsin for minimally invasive optogenetic stimulation in mice and macaques[J]. Neuron, 107(1): 197.

Ko J, Oh M H, Choi M, 2021. Effects of piezoelectric fan on cooling flat plate in quiescent air[J]. European Journal of Mechanics - B/Fluids, 88: 199-207.

Miyazaki T, Chowdhury S, Yamashita T, et al, 2019. Large timescale interrogation of neuronal function by fiberless optogenetics using lanthanide micro-particles[J]. Cell Reports, 26(4): 1033-1043.e5.

Saito M, Iwawaki T, Taya C, et al, 2001. Diphtheria toxin receptor-mediated conditional and targeted cell ablation in transgenic mice[J]. Nature Biotechnology, 19(8): 746-750.

Sørensen A T, Cooper Y A, Baratta M V, et al, 2016. A robust activity marking system for exploring active neuronal ensembles[J]. eLife, 5: e13918.

Vierock J, Rodriguez-Rozada S, Dieter A, et al, 2021. BiPOLES is an optogenetic tool developed for bidirectional dual-color control of neurons[J]. Nature Communications, 12: 4527.

Yang Y Y, Wu M Z, Vázquez-Guardado A, et al, 2021. Wireless multilateral devices for optogenetic studies of individual and social behaviors[J]. Nature Neuroscience, 24(7): 1035-1045.

第八章 在体电生理记录技术

第一节 相关科学问题

大脑是生物体最为复杂的系统，神经元则是神经系统结构与功能的基本单元。神经元的一个重要属性是能够产生生物电活动，单个神经元的电活动表现为动作电位，而群体神经元的电活动则表现为局部场电位和更大规模的脑电活动。神经电活动可以编码感觉信息和产生运动输出，是个体感知外部世界并与自然交互的前提。不仅如此，思维、情感、记忆和社交等高级认知功能同样是通过大脑神经电信号的产生和传导得以实现的。可以毫不夸张地说，神经电活动是一切脑功能和动物行为的物质基础。从这个意义上讲，在体准确检测神经电活动是理解大脑工作原理必备的钥匙。

在生命发展过程中，遗传因素的变异或者环境因素的侵扰均有可能损伤神经系统的结构和功能。这些损伤常常会导致脑疾病的发生并引起动物认知和行为的改变。无论是神经发育性疾病如孤独症，还是神经退行性疾病如阿尔茨海默病，通常都伴随着异常的神经电活动。与此同时，基于药理、遗传操作或神经调控等技术手段，针对性恢复受损的神经电活动则具有改善疾病症状的功效。因此，除了解析大脑工作原理外，在体记录神经元的电活动也是认识脑疾病发生、发展机制的重要途径。此外，所检测到的特征性异常脑电活动，有可能作为相关神经精神疾病的诊断标志，并为临床治疗提供有效靶点和干预策略。

自从认识到神经系统的生物电现象以来，神经科学家们一直在努力探索神经电活动的记录手段，开发了多种检测方法，包括脑磁图技术、功能磁共振成像技术和功能性近红外光谱技术等。近年来，神经活动检测技术发展迅速，尤其是钙离子成像技术得到了广泛的应用。这些技术方法都有其自身的特点和应用场景，但同时也存在各自的不足之处。要么测试对象不能自由活动，要么不具备单细胞分辨率，部分技术不能实时响应快速变化的神经电信号。与此形成鲜明对比的是，在体电生理记录技术可以在自由活动动物中记录亚秒级神经电活动的动态，并且通过立体定位可以对所记录脑区进行精确的定位。与其他神经活动记录技术（如功能磁共振成像或钙离子成像等）相比，在体电生理记录能提供神经电信号独特的时间分辨率和空间分辨率，被视为记录大脑活动的黄金标准技术。

在体电生理记录技术经历了一代又一代的发展，从早期只能记录单个神经元的活动到如今的多通道同时记录，从早期只能记录麻醉动物到如今的自由活动动物，目前已经日趋先进和成熟。利用在体电生理技术，可以实现对细胞内或者细胞外、大脑浅层结构或者深部脑区结构、单个神经元或者多个神经元的电活动进行实时记录。这些不同层面的神经电活动可以用来表征动物的不同行为特征和内在状态，进而解析特定脑功能背后的原理。此外，在疾病状态下，这些电活动也可以用于鉴定脑功能和行为异常的发生机制，进而寻找脑疾病的干预靶点。例如可以将电极植入癫痫患者的大脑用于确定癫痫病灶的位置。近年来，在体电生理记录技术还被成功应用于脑机接口，其提供的高时空分辨率脑电信号可以控制外部设备如计算机鼠标或机械臂的运动。因此，在体电生理记录技术具有广阔的应用前景。

第二节 细胞外电生理记录技术

18 世纪 90 年代，意大利科学家加尔瓦尼（Galvani）在解剖青蛙时发现电刺激可以引起一只死青蛙的腿出现抽搐的现象。这是人们第一次观察到电活动对生理活动的影响，并根据这些观察推测出神经电活动的存在，此后的电生理记录技术皆始于神经系统具有电学特性的发现。1957 年，胡贝尔（Hubel）通过亚微米级的钨丝电极成功记录到猫脑内细胞外动作电位，这项细胞外记录技术的发明不仅帮助 Hubel 和维泽尔（Wiesel）在视觉神经生理学领域做出开创性贡献，更对神经科学和神经工程学领域产生了深远的影响。在体细胞外记录（in vivo extracellular recording）是指在整体动物水平上把电极放置在神经细胞的表面或邻近部位，引导和记录神经细胞的电活动。当记录电极附近的神经元膜电位发生改变时，细胞外液中带电离子发生跨膜流动，使得细胞膜附近的细胞外液的电压随之发生变化，并与通过颅钉固定在颅骨上的参考电极之间产生电压差。根据动物是否麻醉，在体细胞外记录可分为麻醉记录（通常头部固定）和清醒记录（头部固定或自由活动）两种形式。根据电信号来源及性质不同可分为尖峰电位（spike）和局部场电位（local field potential，LFP）记录。局部场电位反映记录电极周围细胞群体膜电位变化的总和，通常是低频信号。尖峰电位反映细胞在发生动作电位时胞外邻近部位电位的瞬时变化，通常是高频信号。需要指出的是，在体细胞外记录通常很难确认记录的尖峰电位是来自同一个神经细胞还是少数几个距离邻近且发放特征类似的神经细胞的共同放电。一般来说，如果记录到的动作电位波形一致且发放符合单细胞动作电位特征，例如，尖峰电位之间时间间隔（inter-spike interval，ISI）大于绝对不应期，可认为是单单位放电活动（single unit activity）；反之，若同一个电极记录到明显不同波形的放电活动则称为多单位放电活动（multi-unit activity）。

一、单细胞电活动记录

单细胞电活动记录通常使用单根电极放置于细胞表面或附近记录神经细胞的电活动。根据记录电极与细胞膜接触与否可分为细胞贴附记录模式（cell-attached recording mode）和近细胞记录模式（juxtacellular recording mode）。细胞贴附记录模式通常使用玻璃微电极（图 8-1A），充入导电的电极内液后电极尖端与细胞膜接触，使尖端与膜形成松散连接，此记录方式可用于记录单个神经细胞的尖峰电位，即动作电位。近细胞记录模式既可使用玻璃微电极也可以使用金属微电极（图 8-1B），其中金属微电极记录又可分为单通道电极记录和多通道电极记录。近细胞记录常用来记录神经细胞尖峰电位放电，即单单位放电活动或多单位放电活动。

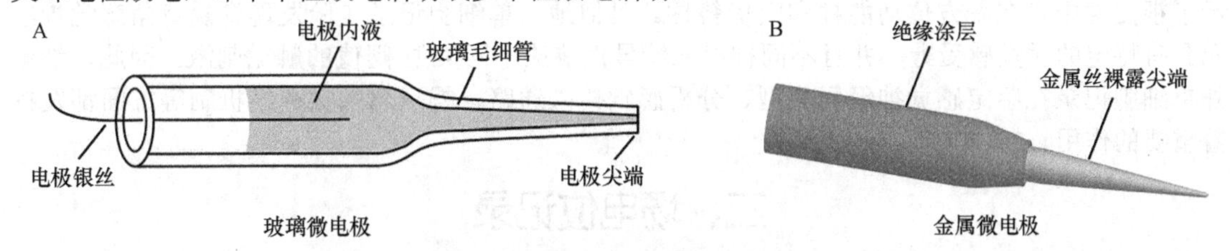

图 8-1　常用在体细胞外记录电极

A. 玻璃微电极示意图，通常把一根玻璃毛细管从中间加热拉制成两根具有细小尖端的玻璃微电极。记录时在玻璃管内充入导电电解液并通过金属引线连通电解液与微电极后端记录仪器。B. 金属微电极示意图，电极外包裹有绝缘涂层，且仅在尖端处裸露出金属部分用于记录周围电压变化

进行单单位神经放电活动记录时，首先需要选择合适的玻璃微电极或者金属微电极。然后，在脑立体定位仪上固定动物，确定待检测脑区的立体位置坐标，剪开头皮，在颅骨上钻孔，揭开硬脑膜，在微推进器的操纵下将电极下移到相应的位置，寻找待记录的细胞。记录过程中还需尽可能采用接地和添加屏蔽罩的方式来减少交流电场的干扰。记录电极与参考电极之间的电位差通过放大器放大后，经模数转换实时显示或记录到电脑中。电极下降到目标脑区深度后，利用微推进器缓慢下移电极，例如，1～2μm/step 步进式或 5～10μm/min 持续式推进电极。当电极尖端离正在放电的神经细胞较近时（通常＜140μm），可观察到快速的电位变化（动作电位）从背景噪声中分离出来，

并且电位幅度随距离变小而逐渐增大（通常能记录到＞2mV 的峰电位）。

金属微电极表面有绝缘涂层，但在电极尖端无绝缘层，电极阻抗主要取决于电极尖端裸露的大小。用于单通道细胞外记录的金属电极常为不锈钢或钨材质。为采集到信噪比更高的单个神经元信号，需要将电极的尖端做得足够小（微米级），这样可以减小电极尖端与细胞膜之间的距离，从而获得较高的信噪比。电极尖端定位准确是实验成功的重要条件。使用金属电极记录单细胞电活动，通常有两种方式可以标记所记录神经元所在的位置：①记录结束后通过电极注入一个小的电流（通常为几十微安）损毁电极尖端周围脑组织；②记录前把电极尖端沾上荧光染料（如 DiI）。记录结束后通过心脏灌注多聚甲醛（PFA）固定脑组织，通过组织切片找到损毁或染料所在位点即可确定所记录神经元在脑组织中的确切位置。

玻璃微电极一般采用加热拉伸的方法将毛细玻璃管拉制成锥形尖端，一根玻璃管从中间拉开可得到一对尖端大小相同的玻璃微电极，尖端直径可达 0.5μm 左右。使用时在毛细玻璃管中灌入导电液，使得所记录的组织与采集设备之间具有良好的导电性。导电液可使用与脑脊液成分近似的溶液，如林格（Ringer）溶液，也可使用 KCl 或 NaCl 溶液。用于单单位放电活动记录的玻璃电极一般要求尖端较细（1μm 左右），以便电极尖端能更贴近细胞。使用玻璃微电极，记录原理与方式和使用金属电极记录相似。值得一提的是，使用玻璃微电极记录神经元活动还可以实现对神经元形态重构及生化特性的鉴定，从而能实现从神经元电生理、形态、生化特性等多层面分析神经元特征及其与动物行为调控的关联性。通过在电极内液中加入 2%神经生物素（neurobiotin），电信号记录结束后通过电极尖端注入 5～20nA 方波脉冲电流使得神经生物素通过细胞膜并扩散至整个细胞，最后通过组织切片的方法可以很好地重构出所记录神经元的形态特征（Tang et al.，2014）。此外，还可以通过免疫组化染色鉴定所记录神经元的生化特征，如神经递质、神经元类型特异性标志物等。

在早期电生理学研究中，细胞外单单位放电活动记录有着十分广泛的应用，特别是在感觉神经系统中广泛应用于从外周到中枢的神经元分类及功能鉴定。例如，半个多世纪前诺贝尔生理学或医学奖获得者胡贝尔（Hubel）等人就使用微电极记录深入研究了视皮层神经元对视觉刺激的响应（Hubel et al.，1959）。在麻醉的猫视皮层进行单细胞记录并结合视觉刺激，发现神经元只对特定视觉范围内的光刺激有响应（即具有感受野），且不同细胞具有不同的感受野，并揭示了视皮层中存在着方位功能柱和眼优势柱。类似地，单细胞记录实验发现脊髓背角感觉神经元具有特定的触觉感受野，并且不同神经元特异性响应不同类型/阈值的触觉刺激。因此，细胞外单细胞记录在鉴定感觉神经元类型、分析感觉传入通路、揭示感知觉神经机制等方面都发挥着重要的作用。

二、场电位记录

场电位是局部脑区群体细胞膜电位的线性总和，既包含快速的神经元膜电位变化又包含胶质细胞慢速的膜电位振荡（Buzsaki et al.，2012），又称为局部场电位（local field potential，LFP）。因生理状态下大量神经元同步放电并不常见，不同神经元此起彼伏的膜电位波动形成的场电位通常表现为低频振荡。场电位的大小随距离的增大迅速衰减并受到信号源强度的巨大影响，据估计最远可记录范围为 200～400μm（Kajikawa et al.，2011）。通常场电位能够记录到的最清晰电位变化主要来自离记录位点最近的神经元的突触后电位，而多数神经元的同步动作电位发放则是 LFP 高频组分的重要来源（Buzsaki et al.，2012）。玻璃电极和金属电极都可用于场电位记录，一般来说阻抗更小（＜1MΩ）的电极因能获得更好的信噪比而更适用于场电位记录。

局部场电位主要包括兴奋性突触后电位（excitatory postsynaptic potential，EPSP）和抑制性突触后电位（inhibitory postsynaptic potential，IPSP），兴奋性突触后电位是阳离子内流引起，而抑制性突触后电位可以是 Cl^- 通过 GABAA 受体内流，或 K^+ 通过 GABAB 受体外流引起。抑制性突触电流产生的场电位一般比兴奋性突触电流产生的场电位小，主要原因是：①在静息状态下（膜电位–60mV），抑制性电流（反转电位–72mV）的电动势小于兴奋性电流（反转电位 0mV）；②兴奋性电流的上升速度比抑制性电流快 5～10 倍。一般来说，兴奋性和抑制性场电位是很难区分的。例如，胞体抑制性场电位与近端树突兴奋性场电位可能不易区分。因此，需要细胞内记录或单单位活动记录来确定主导事件是兴奋性还是抑制性的。

突触电信号传递绝大部分并没有在突触后细胞形成动作电位，这并不表明阈下突触后电位对于神经细胞没有意义。一个神经元往往接受成千上万个突触输入，经过突触整合过程，最终产生或不产生动作电位的信息输出。此外，神经系统一个功能的执行需要大量神经元的共同参与，这些神经元的同步化活动即产生各种模式的场电位节律性振荡（rhythmic oscillations）。早期在人类头皮脑电记录中就发现人在执行不同行为任务时，脑电信号表现出不同频率的节律性振荡占主导地位，并根据其发现的先后顺序把这些不同频段的振荡命名为 α 振荡、β 振荡等。相应地，局部场电位中也存在不同频段的节律性振荡，并且这些节律性振荡信号为脑内群体神经元编码、储存和提取信息提供了一种时间上的同步，也反映了大脑神经网络信息处理的不同活动模式。这些场电位振荡在脑内普遍存在，并受到神经科学家广泛关注。研究发现神经元的动作电位倾向于发生在场电位振荡的特定相位，因此提出神经信号的相位编码理论（Buzsáki et al.，2004），实际上这一现象对于神经同步化活动提高神经信号传递效率至关重要，从而在行为调控中发挥重要作用。例如，动物在清醒、探索状态或快速眼动睡眠时，海马 θ 波（4～10Hz）活动明显增加，执行认知行为相关任务时 γ 波（30～80Hz）活动升高，而在慢波睡眠中出现更高频的快波节律（100～250Hz）（徐佳敏等，2014）。因此，局部场电位记录在揭示神经网络振荡和同步性的产生机制方面发挥了重要作用。

除了以上描述的自发场电位外，诱发场电位的记录也十分常见。诱发场电位主要分为两种：感觉信息诱发的场电位和神经刺激诱发的场电位。感觉信息诱发场电位记录是人为给予动物或者被试一个感觉信号刺激，并记录相应感觉信息传导通路上的神经活动场电位，该方法对于感觉或运动通路的障碍有重要诊断价值。例如，听觉诱发电位可以客观地检查从耳蜗到皮层的听觉通路，适合不能配合传统行为测听方法的人群，同时也可以作为传统行为测听的辅助手段。神经刺激诱发的场电位是人为刺激突触前神经元或其神经纤维并记录突触后群体神经元的场电位反应，可以用于检测突触传递效能及其可塑性变化。早期研究中常用电刺激突触前脑区，通过注入不同强度刺激电流观察场电位幅度或电位曲线斜率的变化，从而建立输入-输出反应曲线（input-output curve）来反映突触传递的效能。研究发现某些认知训练或病理状态会导致突触传递效能发生变化，即具有可塑性，这对于揭示学习记忆的细胞分子机制发挥了十分重要的作用。此外，某些兴奋性突触可通过人为刺激诱导产生可塑性变化。例如，使用高频电刺激（100Hz，1s 或 θ 波爆发性刺激）可以诱导海马齿状回长时程增强（long-term potentiation，LTP），而低频电刺激（1Hz，15min）可诱导长时程抑制（long-term depression，LTD）。利用在体场电位记录突触可塑性在深入解析可塑性产生的胞内信号转导机制及其与生理功能的相关性研究方面具有不可替代的作用。需要指出的是，由于电刺激不具有神经元类型选择性，该方法一般适用于记录投射性质单一的神经突触。此外，电刺激除了可以激活局部神经元胞体外也可能激活经过刺激位点的过路神经纤维，从而影响两个脑区间突触传递的准确测量。鉴于以上原因，电刺激诱发场电位记录的方法适用范围比较受限。随着光遗传学技术的发展，可以把光敏感蛋白表达在特定类型神经元上从而实现细胞类型特异性刺激，通过光刺激上游神经元胞体或其神经纤维记录局部场电位很大程度上扩展了该方法的使用范围和测量精度。例如，在丘脑兴奋性神经元表达光敏感蛋白 Ochief 并在前额叶皮层埋置光电极记录光诱发的场电位，研究发现由光遗传刺激诱导的社会竞争胜利者小鼠上该突触传递效能得到提升。人工低频刺激诱导该突触 LTD 则可以降低由光遗传刺激诱导提升的社会等级，而高频诱导 LTP 可以提高动物社会等级（Zhou et al.，2017）。

三、多通道记录

（一）多通道记录技术优势

以上介绍的单通道在体单细胞和场电位记录方法，无论是使用玻璃电极还是金属电极，多用于麻醉或清醒但头部固定的动物，显然在解析神经元调控动物行为功能中的应用受到很大的限制。近年来，伴随着材料科学、微电子及电路学、大数据存储及神经电信号数据处理等科学技术的发展，植入式多通道电极记录技术取得了迅猛的发展。相比于单通道记录技术，多通道记录至少有以下几个优点。

1. 提高记录效率　我们知道，人类大脑中大约有 860 亿个神经元，它们之间通过复杂的动作电位编码传递信息，而这些电活动参与了感知觉、运动编码，及高级认知等脑功能的产生过程。任何一种脑功能的实现都依赖于大量神经元的共同参与，而单通道记录方式每次只能记录一个或少数几个神经元，在解析神经元生理功能中效率较低。因此，高通量的多通道电极能够在一次实验情况下尽可能多地收集目标区域神经元的电活动情况，这为理解目标区域神经元电活动、神经元功能以及环路机制提供了可能。

2. 更好地实现动作电位与场电位的同时记录　神经元动作电位引起的胞外电位改变较小，且该电位会随着记录距离的增大迅速降低。因此，为了有效记录神经活动引起的电位变化，需要确保电极阻抗尽量小。另外，当记录电极与神经细胞的距离足够近才能更好地记录到动作电位发放，这要求尽量减小电极尖端的直径。我们知道，同等材质下电极尖端缩小会导致阻抗升高，从而不利于记录电位波动相对较小的场电位信号。为了解决这一矛盾，多通道记录电极通过改良微电极金属丝材质及尖端镀金或铂等技术有效降低电极阻抗，可以更好地实现动作电位与场电位的同时记录。通常把多通道记录的原始数据（raw data）经过不同的滤波处理可以同时得到动作电位及场电位数据。

3. 提高记录的时空精确度　多通道记录电极可以根据实验需要设计记录位点的空间排布，从而实现高时空精度解析神经电活动。例如，高密度电极可以实现神经元不同部位同时记录（如胞体、轴丘、树突等），从而在极高的时空精确度下解析神经电信号传递及突触整合机制（Buzsáki，2004），也可以分析皮层中不同层之间信号源及传播特征（Buzsáki et al.，2012）。此外，通过改变电极记录位点在三维空间上的分布还可以实现多脑区同步记录，揭示神经网络信息传递的规律及其生理功能。

4. 实现自由活动动物记录　多通道电极可以植入动物脑内实现在自由活动动物上的慢性记录，能够在动物执行行为任务时同步记录电生理信号，从而在揭示特定行为的神经调控机制方面发挥不可替代的作用。值得一提的是脑内植入电极会引起组织排异反应产生胶质增生（gliosis）。这一现象一方面增加了组织损伤使得电极周围活性神经元数量减少，另一方面增加了电极阻抗从而妨碍植入电极长期记录效果。通过多通道电极理化特征及其与神经组织的界面效应的研究，降低或延缓胶质增生是实现多通道电极长期稳定记录的重要方向。此外，植入式多通道电极还可以通过微驱动器（microdriver）实现在动物脑内进一步调整电极位置，记录前下降电极位置能够减少电极尖端周围胶质增生并能够记录到更多细胞从而提高记录效率。

5. 实现神经元类型特异性记录　脑内神经元根据其形态、功能、电生理特性等可以分成不同的类型，有趣的是很多同种类型的神经元往往具有某些特异性蛋白表达（标记基因）。揭示神经元类型特异性的结构与功能特征是当前神经科学研究的重要方向。在多通道记录领域，近年来发展出光标签技术（opto-tagging），即在特定类型神经元上表达光敏感蛋白（如 channelrhodopsin-2，ChR2），通过光电极（见下文）记录技术在记录电信号同时给予蓝光刺激，一般来说对光刺激具有明显动作电位响应的神经元可鉴定为表达了 ChR2 的特定类型神经元。应用该技术可以精确鉴定不同神经元类型并解析其在特定行为调控过程中的活动特征。例如，利用这一技术，研究发现动物在进行社会交互行为时，前额叶皮层表达小清蛋白（PV）的抑制性神经元活动明显升高，而表达生长抑素（SST）

的抑制性神经元活动无明显改变（Liu et al.，2020），进而可以精确解析不同类型神经元在行为调控中的具体作用机制。

（二）常用多通道电极

完整的多通道记录硬件设备包括三个部分：微电极阵列及其接口，神经信号数字化和分检系统，动物行为控制与记录系统。其中优质的微电极是实现信号读取与记录的前提条件，电极器件实现以离子为载体的生物电信号与以电子为载体的通用电信号之间的相互转换，本质上是一种传感器件（裴为华，2018）。多通道电极最具有代表性的是犹他阵列（Utah array）电极和密西根电极（Michigan probes），近年来也出现了一些新的电极设计方案以改善记录质量或适应新的实验设计（图 8-2）。总体来说，在体细胞外记录神经元电活动始于微丝电极，它又经过几十年的不断发展并且目前仍在广泛使用。薄膜硅微加工技术的兴起造就了新一代允许更高密度记录位点的硅基探针。近期，互补金属氧化物半导体器件（complementary metal oxide semiconductor，CMOS）技术的利用使得多通道电极技术又向前迈进了一步，可以获得更高通量、更高密度的记录位点。

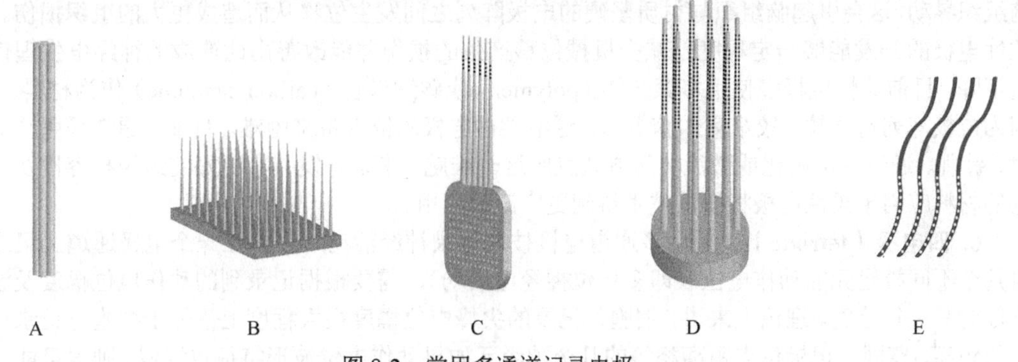

图 8-2　常用多通道记录电极

A. 微丝四电极；B. 犹他阵列电极；C. 硅基电极；D. 新型高密度探针；E. 柔性电极

1. 微丝电极　是最简单的多通道电极，主要由绝缘包被的金属微丝、绝缘支架和电极接口组成。钨、不锈钢、镍铬合金、铂铱合金等金属微丝都可被用来制作微丝电极，每根电极丝的直径可在十几到几十微米之间，并可根据待测脑区的深度确定电极丝的长度。电极丝尖端可通过镀金或铂降低电极阻抗，通常阻抗为 300～800kΩ（1k Hz 测试）的微丝电极可以同时记录到较好的多单位神经活动和局部场电位信号。受限于电极丝尺寸、加工精度、大范围侵入式采样造成的神经损伤等因素，微丝电极很难实现高通量采样。根据所使用的记录系统，目前常用的微丝电极通道数为 4、8、16、32、64。因为电极密度、精度的提高势必要求尺寸的减小，但更小的金属电极触点会引起阻抗的升高，进而增加了采集系统的噪声，降低了信噪比，所以小尺寸和小阻抗的需求是一对难以调和的矛盾。

2. 犹他电极阵列　犹他电极由犹他大学诺曼（Normann）研究组在 1989 年设计，是一种只在尖端有记录点的二维电极阵列，其加工方法是在硅材料上，通过机械切割结合化学腐蚀的方法加工出针体，针体与针体之间的绝缘和隔离通过半导体 PN 结或玻璃实现。一个犹他电极的基底尺寸约为 4mm×4mm，等间距地排列有 100 个电极位点，其中 96 个为信号传导电极。电极尖端涂有金属材质（铂或氧化铱）用于导电，电极柱上为 Parylene C 绝缘层，这是一种生物相容性非常好的涂层。犹他电极可以满足大部分神经电生理实验的需求，并在多物种脑内记录中得到很好的应用，包括啮齿类、非人灵长类及人类。目前有研究表明，该电极植入时间最长可以达到 2 年，大部分的电极最终因为生物体的排异反应或者电极本身的尖端脱落而失去信号记录能力（裴为华，2018）。

3. 硅基电极　以硅平面工艺制作的电极最具代表性的是密西根电极。与犹他电极不同的是，它的电极柱上也有通道可以记录信号，可以实现立体记录。密西根电极的宽度通常在几十到 100

多微米，厚度只有几十甚至十几微米，因而比较脆，易折断。密西根电极的针体采用硼扩散加选择性腐蚀的方法制作，将金属连线很好地覆盖在介质绝缘膜层下，在需要作记录点和接线焊盘处刻蚀介质膜层，形成通孔，暴露出下面的金属层。密西根电极的结构特点是许多记录点排列在同一个电极针体上，非常有利于实现高密度、高通量记录。通过组装这种电极阵列，记录通道数可以达到256个甚至1024个（裴为华，2018）。

4. 新型高密度探针 高通量的神经记录可以采集更多的神经元电信号从而有利于解码更大规模神经元网络的功能。通过集成130nm的CMOS技术，可以开发出包含复杂电子线路的新型探针，用于电信号的多路复用技术（multiplexing technology）并简化其输出连接，从而允许更高密度布局的记录位点。这类新型电极的代表是Neuropixels探针，在一个长10mm、宽70μm电极阵列上可分布966个记录通道，通过多路复用技术最高允许其中384个通道同时记录。采用类似的技术设计，NeuroSeeker探针可同时记录高达1356个通道的电生理信号，这也是目前通道数最多的电极阵列。

5. 柔性电极 侵入式电极阵列不可避免地要面临脑组织损伤的问题。我们知道，生理状态下呼吸、心跳等节律性活动会引起颅腔内脑组织发生节律性微小位移，此外头部运动或碰撞也会引起脑组织晃动，这会引起脑组织与材质坚硬的电极阵列之间发生位移从而造成更大的组织损伤。因此，柔性电极的开发能够一定程度上减少机械位移产生的损伤并能改善由此造成的神经电生理信号质量下降。目前柔性电极多使用多聚合物（polymer）或碳纳米管（carbon nanotube）作为材料。同时，因为电极阵列材质软，较难刺入脑组织，这给柔性电极的植入带来困难。目前，通常采用注射器注射、针刺、通过冷冻硬化或微流体等方式克服这一难题。未来开发具有更好的组织相容性及硬度控制的材料应用于柔性电极将使该技术得到更广泛的应用。

6. 四电极（tetrode） 采用多通道电极技术记录神经活动时，常在一个电极通道上记录到来自几个不同神经元的动作电位（即多单位神经电活动），需要根据记录到的动作电位幅度及波形等特征对其进行分类。理论上来讲，细胞外记录的尖峰电位幅度很大程度上依赖于细胞与记录位点之间的距离，离同一记录位点距离相等的几个神经元如果动作电位波形特征也近似，则很可能被误判为同一个神经元放电活动。采用多电极（常为四电极）联动采样，则几乎不会出现两个神经元到四个记录位点距离同时相等的情况，因而四个通道上记录的动作电位幅度会有不同，便于更好地区分单单位神经活动。微丝电极和高密度硅基电极都可设计四电极，微丝电极常将四股电极丝螺旋形拧在一起作为一个四电极联动采样，而硅基电极也可采用四个距离较近的电极位点作为一个四电极联动采样。可以看出，四电极记录方式实际上是牺牲了采样通道数以获得更高的采样精度。

7. 光电极（opto-electrode） 与光学成像（如钙成像）相比，电生理记录的一大缺点是缺乏信号源的选择能力。电极只能记录来自周围的所有神经元的信号，而光学探针可以在特定类型细胞亚群中选择性表达。传统上，电生理学家通常根据电生理特性（如记录到的波形特征）区分细胞类型，例如，皮层中的兴奋性和抑制性神经元。然而，这种方法的精确度并不高，且在皮层下很多脑区仅根据波形特征很难区分神经元类型。这个问题的一个创造性解决方案是有机结合电极记录和光遗传学刺激，即采用“光标签”技术（opto-tagging）。光电极是在传统电极基础上增加一根光纤即给光通道，以实现电生理记录的同时能将外界光刺激输入到电极位点周围。这样，表达了光敏感蛋白（如ChR2）的特定类型神经元则会对该光刺激产生响应。通过该技术，我们可以判断出所记录到的神经元是否属于某个特定类型的细胞，从而实现在体细胞类型特异性记录（Moore and Wehr，2014）。

（三）多通道记录电信号分析

市面上有多个主流多通道记录系统生产厂家，如Plexon、Neuralynx、Blackrock、A-M systems等。目前国产设备也取得了很好的发展，如江苏某公司生产的NeuroStudio电生理信号采集系统可以做到稳定高性能数据采集。硬件上主要包含多级电信号放大器、模数转换器、数据采集卡及计算机存储设备等；软件上主要包含数据采集软件及数据分析软件。信号采集时，通过多级脑电信号放大，然后经过模数转换，把信号传输并储存到计算机中。通常数据采集软件需要对信号进行滤波和采集记录，例如，Plexon 系统中经高通滤波得到高频动作电位信号并采用 40 kHz 高速采样率采样记录，而经低通滤波的场电位信号采用 1kHz 采样频率进行采集和记录。此外，信号采集软件也能一定程度上实现实时分析及同步行为学或其他信号输入（数字信号或模拟信号输入），为脑中群体神经元编码、存储和提取神经信息提供了时间的同步。最后，记录到计算机存储设备中的数据经离线分析软件进一步分析处理，主要包括动作电位信号分析和场电位信号分析。

1. 动作电位信号分析　多通道电极记录的动作电位多为多单位神经信号，在某些神经元胞体密集脑区，一根电极上可同时记录到几个甚至十几个神经元的放电活动，这给准确区分来自不同神经元的放电活动带来了很大的困难。通常需要对每根记录电极上记录到的动作电位信号进行聚类分析，以得到单个神经元的放电信号。理论上，同一神经元在同一记录电极上的动作电位波形具有一致性；而不同的神经元由于胞体形态、与记录电极距离等因素的影响，记录到的动作电位波形在幅度、时程和形状上会有差异。因此，可以基于动作电位的幅度、波宽等参数对所记录到的动作电位信号进行分类，从而得到不同神经元的单单位电信号。近年来，随着主成分分析（principal component analysis，PCA）技术的运用，使得神经元分类技术在精度上有了很大的提高。目前，大多数神经元分类软件（如 Offline Sorter，MClust）都是基于 PCA 算法对动作电位进行自动或半自动聚类分析。对于分离出的单单位神经活动可使用 NeuroExplorer 或 Matlab 等软件进行进一步的数据分析，常用分析方法包括放电频率分析、放电间隔分析、自相关和互相关分析、事件相关性分析、位置细胞分析等。

2. 场电位信号分析　动物在执行不同行为任务或处于不同生理状态时，场电位信号会呈现不同频率的节律性振荡，而在病理状态下这些振荡活动可能发生改变。对于场电位信号的处理，重要环节之一是提取这些不同频段的节律性振荡，一般采用数字滤波的方式，将原始场电位信号分别处理成 θ 波频段、γ 波频段和 ripple 频段等不同频率范围的场电位信号数据（徐佳敏等，2014）。对场电位信号常采用功率谱分析和实时频谱分析，功率谱分析能反映信号中的频谱特征，而实时频谱分析能观察信号中的频谱特性随时间变化的规律。

神经电信号既包含频域信息（rate coding），如单个神经元的放电频率（firing rate）；也包括时域编码（temporal coding），如神经元放电活动的精确时间点及其与其他神经元之间的放电顺序，还包括相位编码（phase coding），如神经元放电活动的精确时间与正在进行的场电位信号相位之间的关系。例如，研究发现啮齿类动物海马 CA1 区锥体细胞倾向于在 θ 波振荡的波谷放电，而一类中间神经元则倾向于在 θ 波振荡的波峰放电，这类放电现象被称为 θ 波锁相（phase locking）（Klausberger et al.，2003）。因此，动作电位与场电位之间的锁相关系，以及场电位高频振荡与低频节律之间的锁相关系常被用来分析并研究不同尺度神经信号之间的内在关系，这些信息有助于深入了解神经元及神经网络的信息编码机制。

第三节　细胞内电生理记录技术

大脑中的神经元主要分为兴奋性神经元和抑制性神经元。兴奋性神经元释放神经递质谷氨酸，在突触后神经元上激活阳离子（Na^+、K^+、Ca^{2+}）通道并产生兴奋性突触后电位。相反，抑制性神经元释放神经递质 γ-氨基丁酸（γ-aminobutyric acid，GABA）或甘氨酸（glycine），在突触后神经元上激活阴离子（Cl^-）通道并产生抑制性突触后电位。相应地，单个神经元往往接收成千上万个突触输入，这些输入来自突触前不同类型的神经元，有兴奋性的突触前神经元输入，也有抑制性的突触前神经元输入。这些性质不同和大小不一的突触输入，在突触后神经元分别产生兴奋性突触后电位和抑制性突触后电位。整合的突触后电位的幅度取决于兴奋性突触后电位和抑制性突触后电位的相对强度。如果足够多和足够大的兴奋性突触后电位累加达到动作电位阈值，就会触发动作电位；

如果兴奋性输入被抑制性输入抵消，达不到阈上电位，那么轴丘处就不会产生动作电位。因此，为了理解神经元电信号的发生机制，我们不仅需要记录动作电位本身，还需要测量神经元膜电位的动态变化，以及背后的兴奋性输入和抑制性输入。细胞外记录技术可以有效检测神经元的动作电位，而阈下膜电位的检测则需要依赖细胞内记录技术。

一、尖电极记录

为了进行细胞内记录，微电极尖端必须插入细胞，膜电位才能被测量。通常，一个健康细胞的静息膜电位在–60mV 至–80mV 之间，动作电位发放时膜电位可达到+40mV。早在 20 世纪 50 年代早期，霍奇金（Hodgkin）和赫胥黎（Huxley）使用玻璃电极测量了枪乌贼巨大轴突中的膜电位。他们首次完整地描述了动作电位背后的离子机制，这一进展在 1963 年获得了诺贝尔生理学或医学奖。目前，大多数细胞内记录使用玻璃微电极刺穿细胞膜，即尖电极记录（图 8-3A）。玻璃微电极填充液和细胞内液的离子成分相似，其中一根插入玻璃微电极的氯化银电线将电解液与放大器和信号处理器相连。电极测量的电压与参考电极相比较，参考电极通常是银-氯化银电线并与细胞外液相接触。

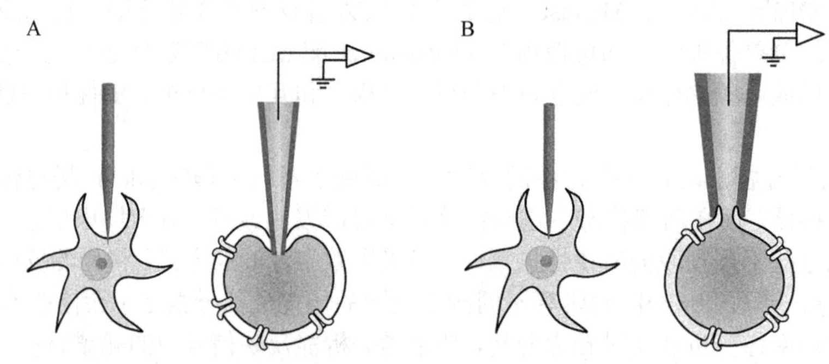

图 8-3　尖电极记录和全细胞膜片钳记录模式示意图

A. 尖电极记录采用尖端足够细的玻璃微电极，可以刺穿相对较大的神经元并且损伤程度很小，被刺穿的细胞膜封闭在电极周围，可以记录静息跨膜电位和电位变化。B. 全细胞膜片钳记录采用电极尖端开口更大也更光滑的玻璃微电极，与神经元的膜表面接触，封接在电极尖端的神经元膜可以被破膜，在电极尖端和细胞质之间形成电连续性，电极内液和细胞内液融合，测量跨细胞膜的电压变化，记录神经元的电活动

玻璃电极是从玻璃毛细管拉制而来。为了确保胞内溶液和玻璃微管中溶液之间的离子交换很少，电极尖端的孔需要拉制到很小。通常，尖电极记录使用的玻璃微电极尖端开口直径不到 1μm，阻抗通常在 10MΩ 与 100MΩ 之间。因为电极尖端足够小，可以刺穿多种相对较大的神经元，而不会对它们造成太大的损伤。被刺穿的细胞膜在电极周围封闭，从而可以记录细胞跨膜电位的变化。除了记录膜电位，还可以在电极尖端填充各种各样的染料，如路西法黄来填充被记录的细胞，以便标记细胞或者在记录结束以后在显微镜下确认所记录神经元的形态（Levy et al.，2012）。根据染料的极性，可以通过向电极施加正性或负性直流或脉冲电压达到注射染料的目的。需要注意的是，当电极尖端填充上含有神经生物素的电极内液后，微电极的阻抗通常会升高，但是高阻抗的微电极噪声较大，记录的成功率变低。因此，根据特定脑区细胞的大小，可以再使用干净纸巾轻轻打破电极尖端从而减小电极尖端阻抗。

由于电极尖端直径足够小、足够细，尖电极记录的内液中几乎没有细胞质透析，这有利于胞内记录的高稳定性和长时程性。尽管尖电极记录技术能够长时间测量细胞的膜电位，包括动作电位发放，但尖电极记录技术也存在其缺点。一个主要的缺点是，电极对细胞膜的穿透和损伤导致在微电极周围引入了一个显著的漏电流，并且电极尖端的阻抗非常高。因此，细胞的膜电位并不能被准确地钳制，从而影响了一些膜特性如膜输入阻抗的准确测量。正是因为如此，这一经典的记录技术后来逐渐被膜片钳技术所代替。

二、在体膜片钳记录

（一）电极内液和灌流液的配制

电极内液的配方需要根据相应的实验目的或记录模式来进行调整。在全细胞模式下，细胞内液与电极内液混合。因此，电极内液的组分需要与细胞内液的组分类似，且需要满足高钾、低钠和低钙。另外，不同的记录模式、不同的实验目的电极内液的组分都不同。例如，记录动作电位发放使用高钾电极内液；记录诱发的突触后电流一般使用铯离子代替钾离子。配制时需要注意调节电极内液的 pH 和渗透压，以防止损伤细胞。电极内液的 pH 需调整到生理值 7.2～7.4，渗透压调整到 280～320mOsm/L（一般略低于细胞外液或灌流液的渗透压），以试图提高记录细胞的寿命。由于全细胞模式中电极内液与细胞内液混合，也可将离子通道阻断剂、扩散药物、或标记化合物装入电极内液，用于给药或者标记神经元。

灌流液通常用于裸露的脑组织，一般为人工脑脊液（artificial cerebrospinal fluid，ACSF），其配制遵循高钠低钾原则，pH 需维持在 7.2～7.4，渗透压维持在 300～320mOsm/L。有些情况下动物颅骨开口较小也可以使用 Ringer 氏液。

（二）玻璃微电极的制备和使用

石英、硼硅酸盐或铝硅酸盐玻璃都可以用于制备膜片钳玻璃微电极。水平或者垂直电极拉制仪都可以拉制玻璃微电极。通过控制加热丝的温度，拉拔运动的速度、时间和压力以及循环次数，可以决定电极的锥度和最终电极尖端的直径。根据实验目的选择相应长度和内径的玻璃毛细管，根据细胞的大小设置相应的拉制参数。通常电极拉制后尖端直径为 1～2μm，玻璃电极进入脑脊液或人工脑脊液后的电阻值一般在 3～8MΩ。为了保证电极尖端完全清洁和光滑，电极拉制后尖端需加热抛光，以减轻对细胞膜的损伤和增加气密性，有利于细胞的顺利封接。

使用时通常通过细针或注射器，使用尖端抽吸法或尾部灌注法来填充电极内液。将充灌电极内液的玻璃微电极紧密地固定在电极支架的氯化银（Ag/AgCl）导线上，导线浸入电极内液中并有效地导电。探头固定在微操纵器上，便于对玻璃微电极的移动和定位进行精细控制。通过一个密封注射器和三通旋塞连接到电极支架的一段塑料管，实现在记录的不同阶段对电极施加正压、负压或释放压力。

（三）银/氯化银电极的电镀

由于地线长时间暴露在空气中会被氧化，经常更换玻璃微电极会刮掉银丝的氯化层，因此浸入电极内液的银丝和插入浴液的地线均需镀氯化银。实验中需要注意观察银丝的色泽，及时对银丝重新氯化。首先用细砂纸轻轻地将银丝打磨一下，目的是暴露金属银。银丝氯化的方式有多种，常用的一个方法是将待氯化的银丝和另一根银丝插入高氯溶液中（如 100mmol/L 的 KCl 溶液），通以直流电，正极连接待氯化的银丝，直至慢慢看到银丝表面均匀地变成灰黑色为止。这种方法一般较快，适用于急性镀银。另外一种常用的方法是将待氯化的银丝浸入次氯酸钠溶液中（如 84 消毒液），数小时后完成氯化，银丝表面均匀地变成灰黑色，这种方法一般较慢。

（四）全细胞膜片钳记录的基本原理

当含有电极内液的玻璃微电极与浴液接触时，电流通过玻璃微电极尖端，直接流到接地电极上。通过放大器连续施加一个测试电压脉冲（1～5mV，2～10ms），根据欧姆定律可以计算和测量玻璃微电极尖端的电阻（pipette resistance，R_p）。当电极尖端与细胞接触，电阻值会增加，用嘴或小注射器轻轻地给一个吸力，很快就会形成千兆欧姆的高阻封接。由于玻璃电极之间的玻璃是两个导电溶液之间的绝缘体，因此引入了玻璃电极电容（pipette capacitance，C_p），当形成高阻封接时，在测试脉冲的开始和结束会产生快速电容。这些快速电容通过膜片钳放大器进行补偿，直到测试脉冲理想得像一条直线（即没有电压阶跃）。一旦建立了高阻封接模式，并补偿了快速电容 C_p，实验人员就可以尝试“破入”细胞并获得全细胞模式。进入全细胞模式之后，由于细胞膜的脂质双分子层是电的不良导体，因此引入了细胞外液-膜-细胞内液形成的细胞膜电容（membrane capacitance，C_m）。当膜电位被钳制在一个恒定的电位水平记录递质释放相关实验时，由于没有电压的变化不会引起膜电容的充放电，因此 C_m 可以不补偿；但是如果是记录电压依赖性的离子通道特别是快速激活的离子通道，刺激的开始和结束会有电压的变化形成充放电，这时 C_m 就必须考虑补偿了。C_m 和 C_p 的补偿一般是采用膜片钳放大器的膜电容补偿功能完成。全细胞模式的形成也引入了玻璃电极尖端和细胞膜之间的串联电阻（series resistance，R_s），R_s 主要包括电极电阻 R_p 和接入电阻（access resistance，R_a）的总和（其中 R_a 主要包括破裂细胞膜的残余膜片电阻和细胞内部电阻）。R_s 也应被补偿，R_s 被补偿后可以减少实验中的电压和时间误差（刘振伟，2006）。在这种补偿电路中，流过玻璃电极尖端，进入细胞并穿过细胞膜到达参考电极的电流可以被精确地测量。

根据不同的测量需求，膜片钳技术发展出各种不同的记录模式。其中，全细胞膜片钳可以分为电压钳和电流钳两种工作模式。电压钳模式是人为控制细胞膜两侧的电压差，在此条件下检测跨膜电流。人为施加在细胞膜两侧的电压称为命令电压（command potential）或钳制电压（holding potential），钳制电压的确切大小需要根据具体的实验目的而定，为了使细胞处于较为稳定的状态，钳制电压一般设在细胞膜的静息电位附近。电流钳是人为控制电流，在此条件下检测跨膜电位。最常用的是通过微电极人为施予细胞膜的电流为零，此时可以观察细胞的静息膜电位。在此基础上如果给予方波或斜坡电流刺激，可以用于观察诱发的膜电位变化，如动作电位。电流钳模式下，钳制电流的设置也是需要根据具体的研究目的来决定的。

（五）在体膜片钳记录技术的应用

膜片钳记录技术最初主要应用于培养的单细胞和离体的脑片。目前，膜片钳记录技术已广泛应用于整体动物。与离体膜片钳相比，在体膜片钳可以用于记录麻醉、清醒甚至自由运动的动物的不同类型神经元的活动（图 8-4）。动物在麻醉状态时心率和呼吸更加平稳，因此记录的稳定性更高；但很多更高级的大脑功能研究如认知功能研究，则需要动物在清醒甚至自由运动的状态。通过在体膜片钳记录技术不仅可以直接测量整体动物所记录神经元的动作电位活动或膜电位，还可以区分和量化特定兴奋性输入和抑制性输入的贡献。

（六）在体全细胞膜片钳记录-动物的术前准备及手术过程

以成年 C57BL/6 小鼠为例，首先用戊巴比妥钠（60～70mg/kg）腹腔注射麻醉动物，戊巴比妥钠用生理盐水配制，肌内注射硫酸阿托品（0.25mg/kg）抑制呼吸道分泌物，在整个手术过程中定期检查动物的麻醉水平，通过测试退足反射，必要时提供辅助麻醉，并持续记录动物的生命体征（如呼吸频率、心率、体温）。将麻醉小鼠固定在立体定位装置上，用手术工具清洁目标皮层上方的皮肤和肌肉，用牙钻从目标区域钻一个小洞作为参考电极。钻孔过程中用生理盐水冷却附近的头骨和皮质，确保它们不会因钻孔而过热。将一个小 Ag-AgCl 颗粒嵌入参考电极孔中，并用牙科水泥固定，使用牙科水泥将定制的支架固定在颅骨表面，在伤口上涂抹少量红霉素软膏（或其他抗生素），防止感染和炎症。然后，将动物放回一个没有其他动物的干净笼子，并提供足够的食物和水供恢复。在此期间需要定期检查动物状况，妥善对待动物，动物需要一个星期左右的时间完全恢复，食欲不佳或有其他异常行为（如蜷缩在角落）的小鼠不宜用于后续实验。由于在体膜片钳记录过程中动物的头部通常是固定的，因此最好在训练室内进行习惯化，以缓解动物的紧张和焦虑情绪，这对于提高清醒动物头部固定记录的成功率具有重要意义。

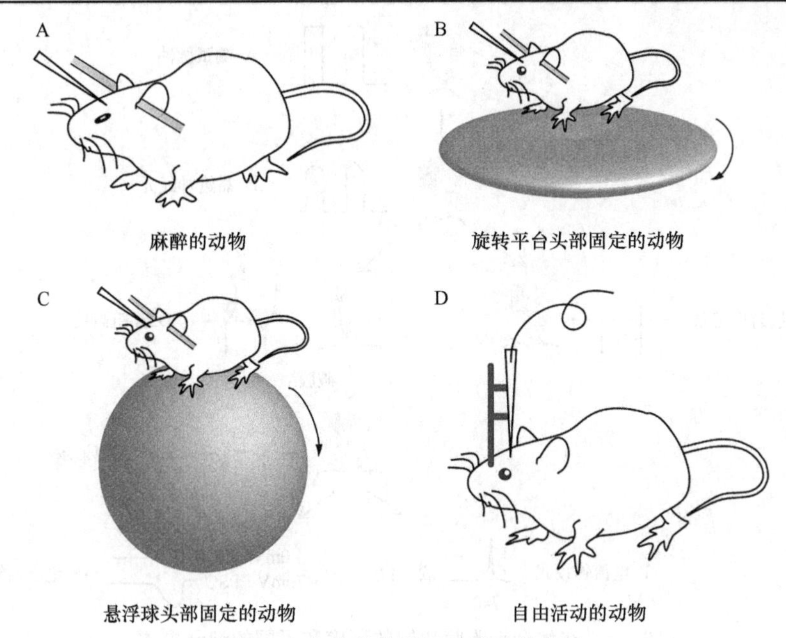

图 8-4　在体膜片钳记录技术的应用

在体膜片钳记录可以用于麻醉的动物（A），也可以用于清醒的头部固定的动物，包括旋转平台头部固定（B）、悬浮球头部固定的动物（C），还可以用于清醒的自由活动的动物（D）

（七）在体全细胞膜片钳记录的步骤

在记录时，重复上面的步骤，将小鼠麻醉固定在立体定位装置上，或者将清醒动物置于跑步板（或浮球）上，用金属棒将动物头部固定在支架上。用手术工具清洁目标皮层上方的皮肤和肌肉。打开计算机、膜片钳放大器及其他设备，打开和运行膜片钳软件 Clamplex 和 Patch Master。用锋利的注射针挑开硬脑膜的一小部分（100～500μm），排出过多的脑脊液。将装有电极内液的玻璃微电极安装在膜片钳探头上，并对电极施加正压以防止其堵塞。在立体镜的引导下，使用微操纵器（手动或电动）小心地将电极尖端移动到皮层表面。当电极接触皮层表面时，将微操读取器复位至零，然后逐渐降低电极至所需深度。将压力降低，并尽可能缓慢地降低电极到目标深度，同时检查电极电阻的变化，当电极阻值突然增加（0.3～0.5MΩ），提示电极尖端可能与神经细胞接触。在体全细胞膜片钳记录时，将维持电压设置为–40mV，使用温和的吸力，在电极尖端和细胞膜之间获得稳定的高阻封接，高阻封接稳定后，持续监测泄漏电流。当漏电流缓慢地变小，直至变为零时，轻轻地吸，直到细胞膜破裂。根据不同的实验目的，可以分别进行电压钳或电流钳模式记录。使用电流钳记录模式可以记录膜电位的改变或动作电位的发放。使用电压钳记录模式，通过钳制膜电位在不同水平，可以实时分离和记录兴奋性突触后电流（excitatory post-synaptic current，EPSC）或抑制性突触后电流（inhibitory post-synaptic current，IPSC）。具体来说，将膜电位钳制在氯离子的反转电位–70mV，可以记录 EPSC；将膜电位钳制在阳离子的反转电位 0mV，可以记录 IPSC（图 8-5）。这种方法能揭示兴奋性输入和抑制性输入的贡献以及它们之间的相互作用。

（八）双光子靶向膜片钳

传统的在体膜片钳技术是在没有视觉引导的情况下移动记录电极去寻找和记录细胞，也称为盲法膜片钳。密封电阻的变化可以反映电极尖端与邻近神经元之间的距离，一般通过电极尖端的阻抗增加，以及出现微小尖峰和类似脉动的波形来判断电极可能正在接近附近的细胞。这种方法只能通过动作电位发放波形的形状粗略地推测记录神经元的类型；或者在记录电极中填充生物素或荧光染料，记录结束后通过免疫组化的方法再判断神经元的形态和类型。

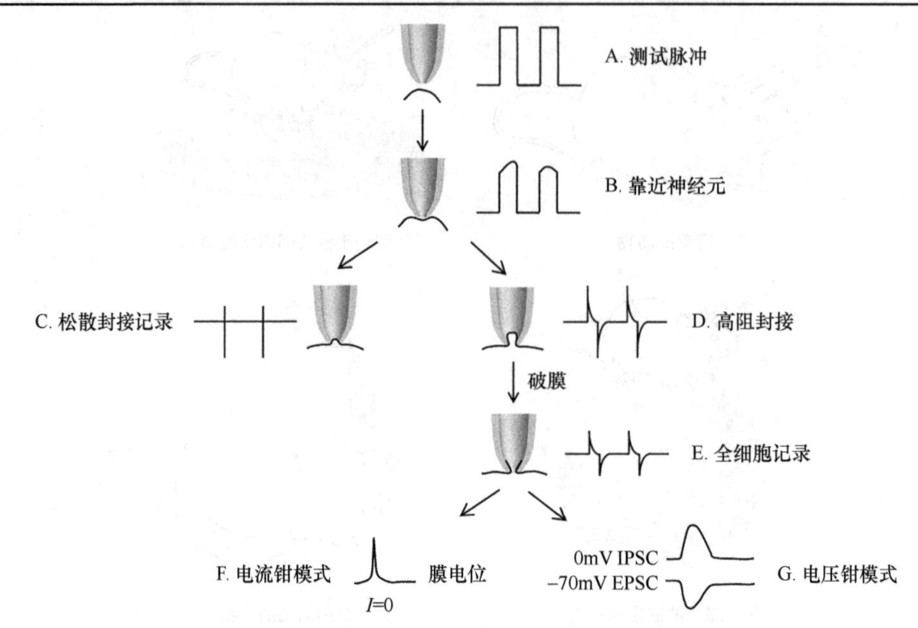

图 8-5　在体全细胞膜片钳的程序和不同的记录模式

A，B. 电极靠近细胞时能监测到测试脉冲的变化。C，D. 释放正压形成松散封接（loose seal）或高阻封接（giga seal）。E. 高阻封接破膜后形成全细胞记录模式，全细胞模式下可以进行电流钳记录或电压钳记录。F. 电流钳模式是将膜电流补偿到零，记录静息膜电位，或者给予一定步阶的电流刺激，记录动作电位发放。G. 电压钳模式是将电压钳制在一定的水平测量膜电流。通过将膜电位钳制在 2 个不同的水平可以分离 EPSC 和 IPSC

与普通的盲法膜片钳相比，双光子靶向膜片钳能实现在记录过程中看清细胞的位置和形态（图 8-6）。为了能看清和特异性记录活体大脑中的目标神经元，神经元需要被标记。一般通过转基因或者病毒注射的技术将荧光蛋白表达在神经元的细胞膜上，以此来标记神经元。在记录时将记录电极填充荧光染料可以引导对目标神经元的寻找。目标细胞被找到后，可以进行松散封接记录或者全细胞膜片钳记录。应用双光子靶向膜片钳技术可以实现活体动物深部脑区特定类型神经元的成像和膜片钳记录。目前已经有研究者利用三光子显微镜成像可视化更深层的神经元（Horton et al.，2013）。双光子或者多光子显微镜具有很强的组织穿透性，可以看到深度为 1mm 左右的神经元。

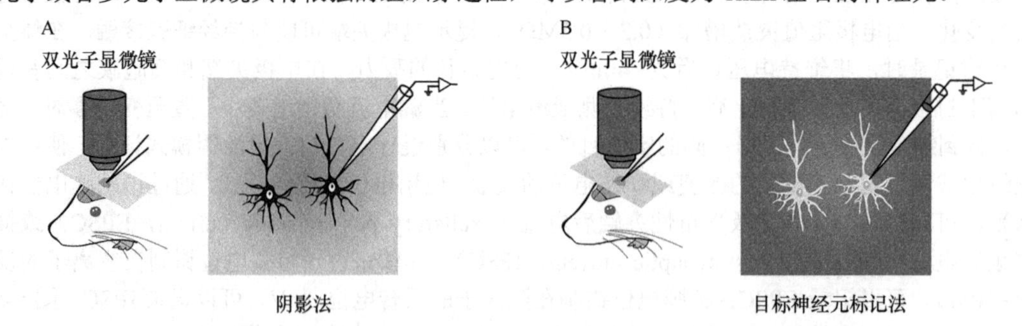

图 8-6　视觉引导的在体双光子靶向膜片钳的两种不同的方法：阴影法和标记法

A. 阴影法是在靶区周围的细胞质基质注射荧光染料使其变亮，这样目标神经元就是暗色的；B. 标记法是用转基因或荧光染料的方法将目标神经元标亮，这样也可以标记目标神经元

第四节　脑电记录

人类大脑由大约 860 亿个神经元组成，单个神经元与其他神经元可以形成上万个突触连接（Müller-Putz，2020）。大脑执行任务时，哪怕是最简单的任务，都需要大量神经元的共同参与和

协同工作。大量神经元的动作电位及其产生的相应突触后电位可以引起细胞外电位的改变，即形成场电位。通常场电位的幅度较小，只有当数量众多的神经元同步活动，形成的场电位足够大的时候，在大脑皮质甚至头皮上才能记录到可以观测的电位改变，即脑电活动。

在大脑中，单个神经元的膜电位达到发放阈值即爆发动作电位，并在突触后细胞上产生突触后电位。细胞外和细胞内电生理记录可以精确反映单个神经元的动作电位发放活动及其背后的突触电位机制。相较而言，脑电记录技术则是对大规模的神经网络活动进行探测，反映的是大脑的整体活动水平。它是一种古老的、应用非常广泛的探究大脑电活动的方法，其作为一种神经科学的研究工具已经有 100 多年的历史。目前，脑电记录可以作为一种非侵入性检测大脑电活动的方法，应用于神经和精神疾病的诊断，其采集的电信号也可应用于脑机接口。

一、脑电的基本原理

神经细胞在进行信息传递时，需要将化学信号转化成生物电信号。当大脑在进行一些任务处理时，相应脑区会有大量功能相似的神经细胞产生电信号。这些神经电信号汇集起来，穿过头骨，被戴在头上的脑电帽的电极收集，传输到电脑端，经过处理，输出的波状图形就是脑电图（electroencephalography，EEG）。大脑皮质神经元有两种类型的电活动，一种是神经元的动作电位，另外一种是突触后电位。其中，动作电位是神经元胞体的离散的电位发放，在轴突产生短暂的电流和有限的电场；而突触后电位是由于神经递质与突触后受体结合产生的电位变化，其时长更长，电场更大，因此被认为是脑电成分的主要贡献者。关于 EEG 的准确来源，目前多数学者认为脑电源自锥体细胞顶树突的突触后电位（Kirschstein et al.，2009；Hallez et al.，2007）。突触电流主要是由钠离子、钾离子、钙离子和氯离子等离子流经神经元细胞膜产生的，而脑电信号是由大脑皮质中许多锥体神经元在树突处接收信息传入时的突触电流引起的。具体来说，当突触活动发生时，在突触后神经元的树突处产生突触电流，并形成微弱电场。由于大脑皮质锥体神经元树突排列方向一致，每个神经元产生的电场方向一致。在这种情况下，当大量神经元同步活动时，其产生的电场叠加达到一定程度，在大脑皮质或头皮表面就可以被记录到。

脑电信号在穿过头盖骨时，会因为穿透障碍而产生一定的位置偏移，相邻位置之间还会产生一定干扰。此外，脑电帽的电极也并不能覆盖到头部的所有位置，只能选取固定的点来收集点周围神经元发出的电信号的一个聚合信号。因此，被测量的头皮电位是一种被“修饰”的场电位。在大多数情况下，由于电流源和记录电极之间软硬组织的畸变和衰减作用，当到达电极帽时场电位会极大衰减。另外头部组织如大脑、脑脊液、头骨和头皮的容积会导致信号被空间过滤。由于衰减和过滤，皮层神经元产生的电信号能够在头皮被测量到需要满足几个条件：一是皮层神经元距离头皮的距离足够近；二是参与活动的神经元数量需要足够多；三是皮层神经元的活动需要同步，只有同步化的大脑活动才能够在头皮水平被测量。

二、脑电记录的分类

根据对大脑有无创伤可以将脑电记录分为无损和有损两种（田银等，2020）。无损的检测方式就是不需要进行开颅手术，即头皮脑电图（scalp electroencephalograph）记录。传统意义上所说的 EEG 就是头皮脑电图，通过将脑电帽戴在头皮表面实现脑电信号的记录。头皮脑电图是目前为止测量脑电活动最常见的非侵入式方法，也是神经生物学研究目前使用最广泛的无损检测方式。这种方式的优点是无创，且没有副作用，因此目前在人类的一些行为的检测、疾病的诊断和治疗中得到了广泛应用。

有损检测方式需要进行开颅手术，即颅内脑电图（intracranial electroencephology，iEEG）记录。根据电极摆放的位置，iEEG 记录又可分为两种，皮层表面电极型和完全植入型。其中，皮层表面电极型是将电极放置在大脑皮质表面而不是真正植入大脑，在皮层记录到的电活动称为皮层脑电图（electrocorticogram，ECoG）。皮层表面电极型对神经元的损伤较小，风险也更低，在临床和动物研究中更为普遍，和头皮脑电图相比电极的空间分辨率大大地提高了。完全植入型则是将微电极植入大脑深部组织，记录到的电活动又称为立体定向脑电图（stereoelectroencephalography，SEEG），或者用于深部脑刺激。由于电极和电流源的距离足够近，因此 SEEG 的空间分辨率很高，即使记录位点的神经元密度很高，几乎所有神经元群的电活动都能被精确地捕捉到。目前，这两种有损脑电的记录通常应用于对难治性癫痫患者的精确病灶定位或诊断治疗中。

（一）EEG 记录

1. 头皮 EEG 数据采集 在进行人类 EEG 实验时，实验的所有程序和材料都须经过生物医学研究伦理委员会的审查和批准。EEG 实验入组的被试需要满足实验者既定的条件，所有受试者参加实验前都须签署被试知情同意书。在开始招募被试前，需要根据主试的实验目的设置被试的入组标准，一个合适的样本量需要尽量满足适当的人口普适特征等因素。EEG 的实验范式包括被动的实验范式和主动的实验范式。被动的实验范式是给予被试不需要主观有意识参与的实验任务如看电影，主动的实验范式是使被试感知相关的任务刺激，被试做出主观有意识的反应。图 8-7 展示了 EEG 主动实验范式的流程，实验开始前须告知受试者要进行的实验任务以及注意事项，受试者戴上电极帽坐在独立安静的采集室。整个实验准备过程完成后，根据特定的实验目的，通过计算机将相应的听觉任务、视觉任务或嗅觉任务传送到采集室的屏幕上，受试者根据实验任务做出相应的反应，头皮的电极帽将记录到的脑电信号通过放大器传输到采集室外的数据采集计算机上。实验采集记录一旦开始，实验者可以通过采集室外的计算机浏览和存储脑电数据，也可以对其进行加工处理。为了获得高质量的数据，在数据采集时受试者保持放松和对任务的注意力集中是至关重要的，否则数据的质量会受到影响，并且可能引入肌肉或者运动等伪迹干扰。因此在实验记录时可以把整个实验任务分成若干个任务小段，在每一小段任务结束后提供休息时间，让受试者休息 5～10min 以保证在接下来的实验中有良好的实验状态。

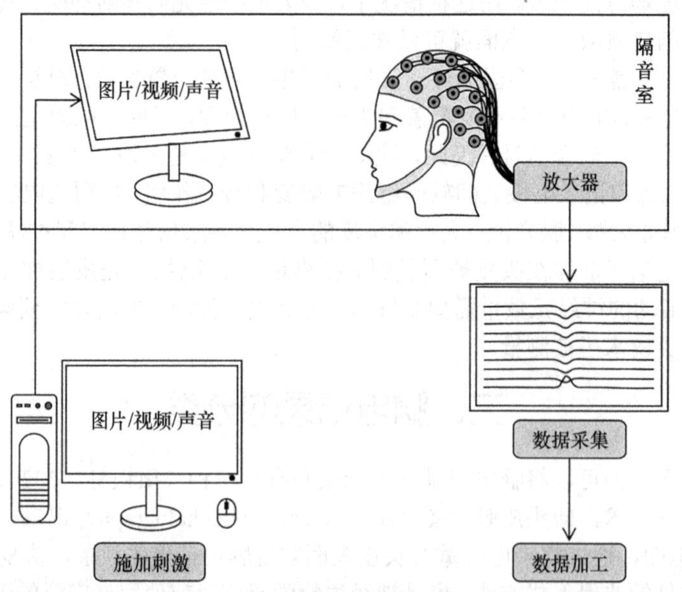

图 8-7 EEG 数据的采集流程，展示了视觉、听觉或嗅觉诱发电位实验中获取信号的流程

EEG 的实验数据采集主要设备包括，施加刺激的计算机和数据采集的计算机、放大器和转换器、电极帽等，根据实验目的，采集室外的计算机施加相应的视觉、听觉或嗅觉等任务，通过计算机传递到采集室内的屏幕上，电极帽接收和采集受试者的脑电反应，通过放大器传递到采集室外的数据采集计算机上

2. EEG 电极 为了获得高质量的 EEG 数据，最常使用的电极是 Ag-AgCl 电极，由于它的良

好的导电性能，能精确记录到非常微小的电位变化。根据电极的不同作用，电极分为三类，作用电极（active electrode，A），参比电极（reference electrode，R）和接地电极（ground electrode，G）。参比电极是用于从记录电极中减去共模噪声的电极获得单个电极的电位变化相对值，接地电极主要是通过接地线路降低噪声。大多数 EEG 记录系统包括多个作用电极，一个参考电极和一个接地电极。每个电极的命名包括两个部分，1～2 个字母和 1 个数字。字母代表的是电极在大脑中的位置，例如，Fp（frontal pole）表示额叶电极、C（central）代表中央电极、P（parietal）代表头顶骨电极、O（occipital）代表枕叶电极、T（temporal）代表颞叶电极，在中线上的电极一般标记为 Z（zero），区域之间的电极用两个字符标记（例如，FC=frontal–central）。数字代表的是距离中线的位置，数字越大代表距离中线越远。奇数用于大脑左半球，偶数用于大脑右半球。EEG 电极的数量将决定我们能从大脑中测量到的信息量，通常电极的数量在 8～128，这个数字代表记录电极的数量，电极数量越多，就可以对大脑不同区域进行更详细测量。然而，电极数量的增加也伴随着成本和实验装置复杂性的增加。

在脑电记录中，有一种定位头皮电极在大脑中分布的方法，该方法按照鼻根和枕骨凸起的连线将大脑分为两半，电极沿着鼻根到枕凸距离的 10%～20%放置，这就是国际公认的 10-20 电极放置系统。如图 8-8 所示，EEG 活动用带有 75 通道电极的电极帽和 75 通道 BrainAmp 放大器记录，电极按照国际 10-20 系统放置（Jatupaiboon et al.，2013）。在记录过程中，参考电极可以放置在不同的位点，例如，顶点，乳突，同侧耳，对侧耳，鼻尖。前额接地，阻抗须小于 10KΩ。另外在两只眼睛的外眼角放置电极，记录水平眼电图。在左眼眶上下眼睑处放置电极，记录垂直眼电图。

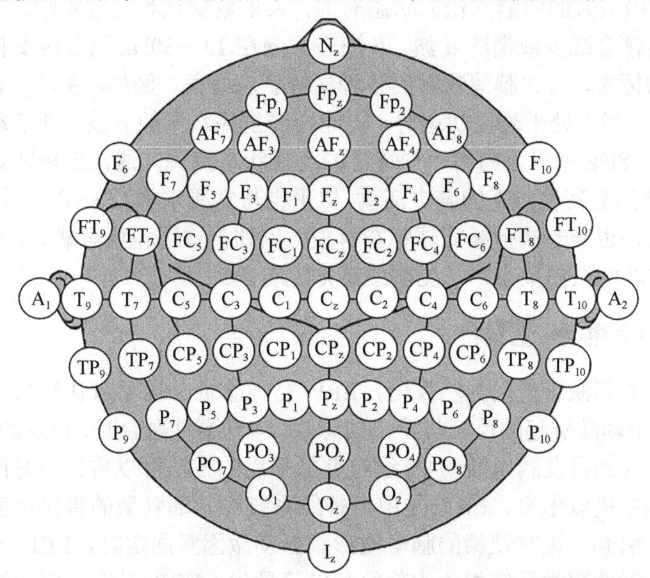

图 8-8　国际 10-20 电极放置系统，75 通道脑电图电极在人脑中的分布

一种国际公认的描述和应用头皮电极定位的方法，每个部位都有 1～2 个字母来标识电极在大脑中的位置，1 个数字来代表电极距离中线的位置

（二）iEEG 记录

iEEG 记录主要包括 ECoG 记录和 SEEG 记录两种。根据电极排布的不同，ECoG 记录电极可以分为网格状记录电极和条状记录电极。网格状记录电极在一块硅胶上排列成几排，电极间距离通常为 1cm，当然也有更高密度的网格。该种电极通常通过大型开颅术置入，这种技术的优点是可以覆盖大部分皮质和沟回，能够沿着皮层去追踪癫痫的区域。条状记录电极通常呈线性排列，也可以呈“L”或“T”形排列。SEEG 记录使用深度电极，通常有 4～18 个接点，间隔 2～10mm，电极可以是刚性的也可以是柔性的。SEEG 的一个优点是无须进行创面较大的开颅手术，电极可以通过

钻孔插入，也不需要像硬脑膜下脑电图记录那样进行第二次手术来移除电极。SEEG 的另一个特殊的优点是能够从深层皮层取样，如岛叶皮层、扣带回、内侧颞叶结构或内侧额叶壁或顶叶壁，特别是岛叶不能用网格或条状电极安全进入，大多使用 SEEG 方法检测。

iEEG 记录可以实现用胞外微电极记录单个或多个单元的神经元活动，并且可以实现在多单元活动中对峰值进行分类并识别单个神经元。相较而言，iEEG 的时间分辨率很高，可以达到电生理现象中的亚毫秒级；其空间分辨率取决于电极与电极之间的连接阻抗大小，也取决于电极周围的脑组织的容积，因此不同个体的空间分辨率需要根据具体情况评估和测量。

三、自发脑电和诱发脑电

EEG 记录的信号能够分为两种不同类型的大脑信号，第一种是自发脑电，是基于内源产生过程或没有认知心理任务静息状态时产生的；第二种是事件相关电位（event-related potential，ERP），即基于事件或外部刺激诱发产生的。

（一）自发脑电

在健康的清醒的大脑中存在着持续的自发脑电活动，包括五种频带范围的脑电波，根据它们频率大小的不同分别被命名为 α 波、β 波、θ 波、δ 波和 γ 波。α 波的频率范围在 8～13Hz，通常以余弦或正弦波的形式出现，可以在大脑后部被检测到，其幅度通常很大。目前的研究认为 α 波起源于感觉运动区，其与健康成人的清醒放松的状态有关，大多数受试者闭着眼睛时会产生 α 波，睁开眼睛、焦虑或精神集中都会减少或消除 α 波。β 波是大脑在 13～30Hz 范围内变化的电活动，也是感觉运动区活动水平的标志，与大脑清醒时的各种精神状态有关，例如，主动专注、投入任务、解决问题、兴奋或警觉等。当人处于恐慌状态时，可能会产生高水平的 β 波，其活动主要发生在额叶和中央区域。θ 波在 4～8Hz 频率范围内，与特定的睡眠状态有关，通常出现在意识趋于困倦时和深度冥想时。θ 波经常伴随着其他频率的脑电活动，似乎也与觉醒水平有关。δ 波频率范围是 0.5～4Hz，主要与深度睡眠有关，也与一些神经病理状态有关，例如，昏迷和意识缺失。γ 波的频率范围对应于 30～200Hz，这类波的振幅很小，与觉醒或感知觉有关。

（二）诱发脑电和 ERP

诱发电位是指外界刺激引起的大脑反应，ERP 是与感觉、运动或认知事件相关的经过叠加平均的脑电活动。当一个刺激引起的反应与特定的感知、运动事件融合时，自发的脑电活动会被扰乱，诱发的神经反应会嵌入到自发脑电活动中，通过叠加平均的方法可以将这些时间锁相的事件相关反应从自发的脑电活动中提取出来。ERP 是中枢神经系统对外部刺激的直接反应，是刺激事件（物理刺激和心理因素）引起的锁时锁相的脑电波形。当刺激因素固定时，ERP 不是在所有部位都可以记录到，只是在刺激的感觉系统相关的部位可以记录到。ERP 具有一定的潜伏期，即信号在刺激事件发生后的特定时间才可以被观测到。对 ERP 波形命名时，正波命名为 P，表示成分的幅值大于 0；负波命名为 N，表示幅值小于 0，字母后面的数字表示潜伏期，表示峰值波形的延迟，显示波形的极性和波形所处的时间位置。

按照刺激的感觉通路分类，ERP 可以分为视觉诱发电位、听觉诱发电位和躯体感觉诱发电位等，不同种类的 ERP 波形成分是不同的。例如，典型的刺激诱发的听觉诱发电位按照潜伏期可以分为 3 类：①早潜伏期或短潜伏期反应，即诱发电位出现在给声刺激后的 10ms 以内，包括耳蜗电图和一个由Ⅰ～Ⅵ波组成的听觉脑干诱发电位；②中潜伏期反应，潜伏期一般在 10～50ms 内；③长潜伏期反应，潜伏期一般在 50ms 以上，长潜伏期成分包括 P50（也被称为 P1）、N100（也被称为 N1）、P160（也被称为 P2）、P300（也被称为 P3）和 N400 等。典型的视觉诱发电位波形成分包含 P1、N1、P2、N2 和 P3 等。其中，P300 被认为是与注意和记忆机制有关的信息处理的指标，在科学研究中通常依赖于该指标的测量判断事件相关电位，通常认为认知功能障碍与 P300 的改变有关，其在临床研究中也有广泛的用途。产生 P300 等 ERP 成分的主要实验范式是 oddball 实验范式，是指在一项实验中随机呈现同一感觉通道的两种刺激，两种刺激出现的概率相差很大。大概率出现的刺激称为标准刺激，小概率出现的刺激称为偏差刺激。经典的 oddball 实验范式大概率刺激和小概率刺激出现的概率分别为 70%/30%或 80%/20%，该范式在一些行为学研究和情绪研究中应用十分广泛，例如，人脑普遍存在对负性刺激的加工偏向，应用该范式可以深入研究人脑对负性刺激的敏感强度信息。

四、脑电数据处理和分析

脑电图信号的幅度很小，通常在微伏特量级，这增加了脑电图信号的读取难度。此外，一般记录到的 EEG 原始数据包含噪声和伪迹，例如，眨眼、心电和运动，因此从头皮记录到的 EEG 信号不能准确地反映大脑真实的信号，对脑电图的精细化分析处理也产生了一定程度的挑战。在实际分析过程中，必须采用适当的预处理技术和去噪手段，来减小或者去除脑电图噪声的干扰，最大程度地得到有效的大脑功能信息数据。目前，常用的脑电 EEG 数据开源分析软件有 EEGLAB（https://sccn.ucsd.edu/eeglab/index.php），Brainstrom（https://neuroimage.usc.edu/brainstorm/），Fieldtrip（https://www.fieldtriptoolbox.org/）和 MNE（https://mne.tools/stable/index.html）。

（一）EEG 的预处理和去噪

EEG 预处理主要包括对 EEG 数据的转换和重组。转换就是在不改变原始有效信号的前提下，去除掉一些坏的或者伪迹信号；重组就是将连续的信号分割成信号片段。伪迹信号包括生理性的和非生理性的类型，生理性的伪迹是由靠近头部的身体部位如眼睛、肌肉和心脏产生的生理活动，或者由于受试者的运动产生；非生理性的伪迹是由于靠近 EEG 记录系统的设备、环境或者头皮-电极干扰产生。以 EEGLAB 工具箱为例，EEG 数据预处理一般包括以下步骤：

第一步，导入数据。打开 EEGLAB 软件，将 EEG 数据导入 EEGLAB 软件，加载 EEG 脑电数据的通道位置以及数据的基本信息，如采样频率，通道数等。

第二步，电极定位。使用软件显示和查看各电极的位置信息是否准确，如若不准确则需要更改电极名称或位置信息，重新定位后需更新位置信息。

第三步，剔除无用电极点。对于不需要的通道要选择去除，然后识别并修复坏通道。由于各种原因个别电极没有很好地放置在头皮上时，EEG 通道不能准确地提供大脑活动的生理信息，这就是坏通道。对于一直被标记为坏通道的通道可以被去除，其他情况下的坏通道可以用插值法进行插值处理以修复坏的通道，便于后续的处理。

第四步，重参考。常见的重参考的方法有双侧乳突参考、鼻尖参考、全脑平均参考等。在不同的研究中重参考这一步骤的顺序不一定一致，需根据具体的实验情况来决定重参考的顺序和方法。以全脑平均参考为例，EEG 数据采集时有一个参考电极，每一个电极采集的电压值是用作用电极的电压值减去参考电极的电压值得到的。EEG 系统既可以在记录过程中在线进行参考，也可以离线转换参考，实验记录过程中参考电极的位置应该尽量远离感兴趣的位置，这样对记录电极的影响较小。当实验中参考电极的位置不够合适或者电极的数量足够大时，平均参考电极可以有效地减少噪声，这一方法适用于全脑分析如功能连接和溯源等。

第五步，进行数字滤波。由于 50Hz 或 60Hz 的工频噪声、高频噪声和低频噪声的存在，滤波是必须要进行的预处理步骤。EEGLAB 软件常用的数字滤波方法有低通滤波、高通滤波、带通滤波、带阻滤波。低通滤波是将高于一定值的高频信号去除保留低频信号；高通滤波是将低于一定值的低频信号去除保留高频信号；带通滤波是将频率在下限和上限之间的信号保留；带阻滤波是将频率在下限和上限之间的信号去除或衰减，而低于下限和高于上限的信号被保留。用于脑电信号记录的滤波器的选择，取决于脑电记录中嵌入的伪迹的频率范围。

第六步，分段处理。为了研究感觉或认知事件相关电位，我们将根据特定感兴趣事件进行脑电数据的分段，以识别到感觉刺激或认知任务开始的脑电图活动的变化。按照刺激方式的不同，对EEG数据进行分段处理，即将合并的EEG数据，分成各种试次，根据实验目的和需要提取相应事件的试次，事件起始的选择非常重要，因为它代表刺激相关或者反映相关的大脑活动。分段处理后EEG数据的维度也改变，用于后面对输出波形进行观察以及叠加分析。分段的意义是标记研究人员感兴趣的信号段，并且保证ERP分段的数据长度。

第七步，基线校正。由于分段数据的基线的电活动各不相同，因此基线校正很重要。一方面可以帮助实验人员分辨刺激事件到底让被试产生了什么样的活动，另一方面可以消除线性漂移带来的伪迹的影响，让每一段数据都拥有一个差不多的起点。

第八步，去除坏的EEG片段。EEG片段通常会被伪迹污染，如果发现以下情况，EEG片段可以被去除：受试者在实验过程中闭上眼睛几百毫秒；肌电发放频率达到20 Hz以上或者幅度足够大等。去除EEG片段的一个方法是肉眼观察并标记坏的片段；另一个方法是基于峰间信号幅值的自动去除程序。

第九步，独立成分分析（independent component analysis，ICA）。应用ICA可以有效地分离和去除EEG信号中的伪迹和噪声，得到干净的脑电信号。这一方法比PCA（主成分分析，principal component analysis，PCA）和基线回归等方法更有优势，PCA一般用来提取信号的主要成分，而ICA可以提取信号的独立成分。在ICA分析之前，有时将PCA作为其预处理步骤，其好处是减小ICA的计算量。

第十步，去除或校正眼电等伪迹。这一步主要是把眼电、心电和肌电等伪迹成分去除，以得到干净的脑电信号。目前能有效去除眼电的方法有基于分解或者基于回归技术。产生肌电伪迹的主要部位位于额肌和颞肌，这个信号通常呈尖锐的癫痫样放电，在实验中一旦发现，需要受试者张开嘴巴或者放松下颌，以减少伪迹对数据的干扰和影响。此外，EEGLAB自带的插件也能去除伪迹，但它们都以统一的标准去除伪迹成分。为了避免数据失真，需要研究人员具有辨别伪迹的方法，灵活变换，熟练掌握每一种插件的使用方法。

第十一步，完成前面的预处理后可以得到一些比较干净的脑电数据，保存数据，预处理步骤完成。而后对其进行叠加平均处理进行进一步的分析（田银等，2020）。

EEG去除噪声的技术有以下几种：

（1）基于ICA的噪声去除技术。ICA是一种基于盲源分离的信号处理方法，在EEG的去噪中应用最为普遍和有效。头皮电极记录到的脑电可以看作是真实大脑信号和噪声的总和，两者之间是相互独立的。在经ICA分析以后，脑电信号可以分解成不同的统计独立分量（independent component，IC）。根据IC的时间和空间特性的信息，可以判定每个IC是为真实的神经信号还是伪迹噪声。比如，心电、眼电和肌电等IC成分都有特定的时间序列形态和空间分布，可以通过肉眼进行识别。当然，随着机器学习算法的发展，目前利用深度学习来自动判别IC是否为伪迹也在逐渐被广泛应用（Pedroni et al.，2019）。当去除掉与伪迹相关的IC成分，并对剩余的IC进行重建之后，可获得干净的脑电信号。

（2）基于希尔伯特-黄变换（Hilbert-Huang transform，HHT）的噪声去除方法（Zhang et al.，2009）。希尔伯特-黄变换方法是一种分析非线性和非稳态数据的方法，其主要步骤为，根据EEG信号的频率范围进行自适应经验模态分解（EMD）获得信号的本质模态函数（IMF），然后根据每个IMF成分的瞬时频率进行滤波，再将滤波之后的IMF成分重组（EMD的逆过程），获得去噪之后的EEG信号。

（3）基于Lp范围的噪声抑制方法（李沛洋，2018）。该方法针对脑电分析中的伪迹干扰，从多个分析方向入手，将Lp（$0<P\leq 1$）范数与自回归分析、格兰杰因果分析以及图嵌入分析等常用方法相结合，从而在一定程度上克服了传统脑电分析容易受到离群值和眼电伪迹干扰这一问题，为

伪迹影响下的脑电分析提供了新的解决方案。

（二）EEG 信号的频域分析

EEG 信号起源于大量神经元的同步活动，本质上由很多不同的节律活动组成。不同 EEG 活动的特征频率并不相同，众多的频率构成一个很宽的频谱（Cohen，2017）。在频谱分析中，一个时间序列信号可以由不同的周期信号来表征，周期的倒数即是它的频率。因此，通过频谱分析的方法可以得到 EEG 信号随频率变化的能量分布图（Cohen，2014）。此外，EEG 受到大脑内部状态和外部刺激的调节，频谱随着时间是动态变化的（Luck，2014）。在与事件相关的实验中，感官刺激或认知任务能够增加或减少在特定频率范围内的 EEG 节律活动，这些与事件相关的频谱变化被称为事件相关同步（event-related synchronization，ERS）或事件相关异步（event-related desynchronization，ERD）。ERS/ERD 可以通过时频分析方法（time-frequency analysis，TFA）来表述随时间变化的频谱。

在 EEG 的研究中，频域分析被广泛应用于识别信号的振荡和节律模式。在时间序列中，不同频率的信号叠加在一起，很难将它们区分开来，而傅里叶变换可以解决这个问题。根据傅里叶定理，任何连续测量的时序或信号，都可以表示为不同频率的正弦波信号的无限叠加。脑电信号可以看成就是由不同的正弦信号混合而成，通过傅里叶变换，就能够将这个混合信号重新分解成具有不同频率的正弦波混合从而获得频域上的信息。目前脑电的时频分析方法包含两大类：第一种是时间-频率功率分布，包含短时傅里叶变换，连续小波变换；第二种是时间-频率信号分解，包含离散小波变换，匹配追踪算法，经验模态分解。对 EEG 信号的时频分析，最简单常用的方法是短时傅里叶变换，它采用时间窗口滑移技术，将原信号在时间上分解为不同段（固定的时间窗口），计算每段信号的频谱，从而得到不同频率信号的功率随着时间的变化。连续小波变换方法是对上述方法的改进，通过对不同频率成分的信号选择不同长度的时间窗口，对低频信号使用长窗口，对高频信号使用短窗口，从而极大地提高频谱随时间变化的分辨率。

TFA 技术在 EEG 信号分析中主要应用于事件相关实验中，确认事件相关同步或异步（ERS/ERD）。大量实验结果表明，各种感官刺激或认知事件不仅产生诱发电位或事件相关电位，而且导致 EEG 频谱的瞬态功率调制。具体表现为增加（ERS）或者减小（ERD）特定频率带内的频谱功率。在应用 TFA 技术时，窗口选择非常重要，因为窗口的大小会影响到时间精度和频率精度。窗口越大，时间精度越低，频率精度越高，适合分析低频慢波；窗口越小，时间精度越高，频率精度越低，适合分析高频快波。当然，具体还得根据研究需要进行设定。时间窗可以是固定大小，也可以具有自适应性。如短时傅里叶变换的时间窗就是大小固定的，而小波变换的时间窗则可以随着频率变化而伸缩，使用更灵活。

第五节　延伸阅读

多脑区电生理同时记录

脑高级功能的实现需要多脑区构成的复杂神经网络的共同参与，因此多脑区神经活动同步记录成为神经网络功能研究的重要手段。我们知道神经细胞的动作电位发生非常迅速，且其传播速度可高达 150m/s，因此相较于光学成像技术，多脑区电生理记录的高时间分辨率能够实现更高精度地解析神经信号在网络间的传播。目前随着集成电路及高密度电极技术的发展，更多通道数的电极能够为多脑区乃至更大范围内神经元电活动的同步记录提供支持。采用多通道电生理记录可同时采集多个脑区的神经元动作电位及场电位信号，通过对不同脑区之间神经元动作电位发生的时域信息、动作电位与场电位的相位关系、不同节律场电位之间相关性及锁相关系等进行分析，可揭示不同脑区神经信号之间的相关性及信息流向。因此，多脑区同时记录和分析，可以帮助我们更清楚地了解大脑的不同脑区如何协同处理信息。此外，多脑区电生理同时记录还可采用光电极结合光遗传学操纵技术，实现对神经通路活动的人为干预和信号的同步记录，从而能够更清晰地揭示神经网络活动与动物行为或生理功能调控之间的确切因果关系。

脑机接口（brain computer interface，BCI），是指在人或动物大脑与计算机或其他电子设备之间创建连接通路，实现脑与外部设备之间的信息交换。脑机接口研究因其在认识脑、保护脑和模拟脑方面的关键作用，被认为是未来生命科学和信息技术交叉融合的主战场，尤其在神经功能损伤或神经精神疾病的治疗方面具有巨大的应用前景。例如，利用瘫痪患者运动皮层的神经信号，可以驱动外部设备，如控制电脑和机械臂，从而实现辅助患者运动功能的目标。此外，植入大脑的探针可以通过调控目标区域的神经活动来治疗疾病。例如，深部脑刺激（deep brain stimulation，DBS）已成功用于治疗帕金森、癫痫等神经精神疾病。

围绕脑机接口，世界各国都在积极布局，例如，美国国防高级研究计划局（DARPA）、脸书、谷歌、亚马逊等商业巨头已形成较高的技术壁垒。Neuralink 是一家由埃隆・马斯克（Elon Musk）创立的以“脑机接口”技术为主要研究对象的高科技公司。Neuralink 将开发马斯克称之为“神经蕾丝”的技术，在人脑中植入细小的电极，其终极研究目标是用来“上传”“下载”人的思想。近年来，我国脑机接口的研究也取得了一定程度的突破。2020 年初，浙江大学完成了国内首例植入式脑机接口临床转化研究，患者可以利用大脑皮质信号精准控制外部机械臂与机械手，实现三维空间的运动。此外，浙江大学也在自主研发闭环神经刺激器 Epilcure™上取得重大突破，并于 2021 年在浙江大学医学院附属第二医院神经外科成功完成了首例癫痫患者植入手术。术后较长时间内闭环神经刺激器运行良好，能够有效检测癫痫发作起始信号并及时给予电刺激干预，有效阻断癫痫大发作。闭环神经刺激器是一种实现“脑-机-脑”闭环的前沿技术，可同时实现神经电生理信号的采集、分析，以及神经电刺激治疗，主要用于难治性癫痫患者的治疗。2021 年底，中国“脑计划”，即“脑科学与类脑研究”作为“科技创新 2030 重大项目”已全面启动。可以预见，在中国“脑计划”项目的大力支持下，作为底层核心的脑机接口技术将迎来长足的发展。

（徐　晗　汪　军　唐慧萍）

参考文献

李沛洋, 2018. 基于 Lp(0＜p≤1)范数的脑电分析方法研究[M]. 成都: 电子科技大学.

刘振伟, 2006. 实用膜片钳技术[M]. 北京: 军事医学科学出版社.

裴为华, 2018. 植入式硅神经微电极的发展[J]. 科技导报, 36(6): 77-82.

田银, 徐鹏, 2020. 脑电与认知神经科学[M]. 北京: 科学出版社.

徐佳敏, 王策群, 林龙年, 2014. 多通道在体记录技术: 动作电位与场电位信号处理[J]. 生理学报, 66(3): 349-357.

Buzsáki G, 2004. Large-scale recording of neuronal ensembles[J]. Nature Neuroscience, 7(5): 446-451.

Buzsáki G, Anastassiou C A, Koch C, 2012. The origin of extracellular fields and currents: EEG, ECoG, LFP and spikes[J]. Nature Reviews Neuroscience, 13(6): 407-420.

Buzsáki G, Draguhn A, 2004. Neuronal oscillations in cortical networks[J]. Science, 304(5679): 1926-1929.

Cohen M X, 2014. Analyzing Neural Time Series Data: Theory and Practice[M]. MA: MIT Press.

Cohen M X, 2017. Where does EEG come from and what does it mean?[J]. Trends in Neurosciences, 40(4): 208-218.

Dallas M, Bell D, 2021. Patch Clamp Electrophysiology: Methods and Protocols[M].New Jersey: Humana

Press.

Haas L F, 2003. Hans Berger (1873-1941), Richard caton (1842-1926), and electroencephalography[J]. Journal of Neurology, Neurosurgery, and Psychiatry, 74(1): 9.

Hallez H, Vanrumste B, Grech R, et al, 2007. Review on solving the forward problem in EEG source analysis[J]. Journal of Neuroengineering and Rehabilitation, 4: 46.

Horton N G, Wang K, Kobat D, et al, 2013. *In vivo* three-photon microscopy of subcortical structures within an intact mouse brain[J]. Nature Photonics, 7(3): 205-209.

Hubel D H, Wiesel T N, 1959. Receptive fields of single neurones in the cat's striate cortex[J]. The Journal of Physiology, 148(3): 574-591.

Jatupaiboon N, Pan-ngum S, Israsena P, 2013. Real-time EEG-based happiness detection system[J]. The Scientific World Journal, 2013: 618649.

Kajikawa Y, Schroeder C E, 2011. How local is the local field potential?[J]. Neuron, 72(5): 847-858.

Kirschstein T, Köhling R, 2009. What is the source of the EEG?[J]. Clinical EEG and Neuroscience, 40(3): 146-149.

Klausberger T, Magill P J, Márton L F, et al, 2003. Brain-state- and cell-type-specific firing of hippocampal interneurons *in vivo*[J]. Nature, 421(6925): 844-848.

Levy M, Schramm A E, Kara P, 2012. Strategies for mapping synaptic inputs on dendrites *in vivo* by combining two-photon microscopy, sharp intracellular recording, and pharmacology[J]. Frontiers in Neural Circuits, 6: 101.

Liu L, Xu H F, Wang J, et al, 2020. Cell type-differential modulation of prefrontal cortical GABAergic interneurons on low gamma rhythm and social interaction[J]. Science Advances, 6(30): eaay4073.

Luck S J. 2014. An Introduction to the Event-related Potential Technique[M]. Cambridge, MA: MIT Press.

Moore A K, Wehr M, 2014. A guide to *In vivo* Single-unit recording from optogenetically identified cortical inhibitory interneurons[J]. Journal of Visualized Experiments, (93): e51757.

Müller-Putz G R, 2020. Electroencephalography[M]//Brain-Computer Interfaces. Amsterdam: Elsevier: 249-262.

NA, 1991. American electroencephalographic society guidelines for standard electrode position nomenclature[J]. Journal of Clinical Neurophysiology, 8(2): 200-202.

Pedroni A, Bahreini A, Langer N, 2019. Automagic: standardized preprocessing of big EEG data[J]. NeuroImage, 200: 460-473.

Roach B J, Mathalon D H, 2008. Event-related EEG time-frequency analysis: an overview of measures and an analysis of early gamma band phase locking in schizophrenia[J]. Schizophrenia Bulletin, 34(5): 907-926.

Tang Q S, Brecht M, Burgalossi A, 2014. Juxtacellular recording and morphological identification of single neurons in freely moving rats[J]. Nature Protocols, 9(10): 2369-2381.

Zhang L H, Wu D Y, Zhi L H, 2009. Method of removing noise from EEG signals based on HHT method[C]//2009 First International Conference on Information Science and Engineering. Nanjing, China. IEEE: 596-599.

Zhou T T, Zhu H, Fan Z X, et al, 2017. History of winning remodels thalamo-PFC circuit to reinforce social dominance[J]. Science, 357(6347): 162-168.

第九章 脑内微环境化学物质检测

第一节 概 述

人类的大脑是由数千亿的神经元构成的复杂的生物器官，其中数十亿的神经元通过数以万亿计的突触连接形成高度复杂的神经网络。作为人类的高级神经中枢，大脑是感觉、运动、情感、学习和记忆等生命活动的中心。了解大脑的结构和功能，以及解析认知、思维、意识和语言的生物学基础，是21世纪最具挑战性的科学前沿问题，也是人类认识自然与自身的终极挑战。只有充分了解神经元之间的通信方式以及动态调节机制，才有可能从根本上理解大脑的工作原理并解析大脑功能活动的神经基础，这对有效预防、诊断和治疗脑相关疾病具有重要的临床意义。

大脑的神经信号传递往往需要多种神经化学物质的共同参与，主要包括多种脑内神经递质（如谷氨酸、γ-氨基丁酸、乙酰胆碱、儿茶酚胺、神经肽等）、神经调质、能量代谢物质（如乳酸、葡萄糖、ATP等）、离子（如 Na^{+}、K^{+}、Ca^{2+}、H^{+}、Cl^{-}等）。脑内化学物质的稳态对于中枢神经系统结构和功能的维持至关重要，一些中枢神经系统疾病往往伴随着平衡的紊乱。

神经递质作为大脑化学突触传递的主要信号分子，在突触活动中，被兴奋的突触前膜释放到突触间隙，并与位于突触后膜的受体结合，引起下游神经元兴奋性改变，最终介导了神经元之间的信号转导。神经递质的正常释放对维持机体的基本生理功能具有重要作用，而神经递质的异常释放和调节与很多神经系统疾病相关，如抑郁症、帕金森病、癫痫、阿尔茨海默病及成瘾等。抑郁症作为一种情感障碍性精神疾病，发病机制复杂。经典的单胺假说认为，抑郁症是由于大脑中单胺递质（多巴胺、血清素和肾上腺素）的水平下降所引起的。临床上传统的抗抑郁药物多基于该理论而来，抑郁症能够被单胺递质重摄取抑制剂等提升单胺水平的药物所缓解。帕金森病是第二大常见的退行性疾病，影响全球超过1%的老年人口。其发病机制被认为与深部核团中的多巴胺能神经元脱落有关，主要包括黑质中的黑色素神经元，其次是蓝斑的去甲肾上腺素能神经元。目前采用的增加多巴胺前体的治疗方法，取得了一定成功。癫痫是另一类常见的神经递质性疾病，通常认为是大脑皮层中抑制性神经递质γ-氨基丁酸失衡所致。基础和临床证据表明，γ-氨基丁酸在癫痫的发病机制和治疗中具有重要作用，在遗传和获得性癫痫动物模型中均可观察到γ-氨基丁酸功能异常。研究表明，癫痫患者的脑脊液中γ-氨基丁酸浓度降低。用于临床治疗的抗癫痫药物，部分即是基于增强突触间隙γ-氨基丁酸作用的原理开发。因此，精确地分析和检测神经递质在参与并调节生理过程和疾病发生过程中浓度的时空变化，将会深入理解疾病发生机制，为临床药物的开发奠定基础。

无机盐离子是脑内微环境的重要组成部分，这些正负离子在微观层面上影响着神经元的电信号传递与其他重要生理活动，在宏观层面上也与系统性的状态变化存在紧密联系。不论是在基础研究还是临床治疗层面，对于脑内微环境中各类无机离子浓度的检测技术都有着巨大的需求。例如，脑内电信号的产生依赖于细胞各种正负离子在细胞膜内外的浓度梯度差及其跨膜移动。除了参与细胞基本电生理活动外，Ca^{2+}还作为第二信使，触发突触前递质释放，参与了神经元之间信号传递这一重要过程；Mg^{2+}在生理情况下抑制 *N*-甲基-*D*-天冬氨酸受体（NMDAR）的开放来避免过量的神经毒性作用，保护神经系统；H^{+}和 HCO_3^{-} 共同参与了脑内正常pH的维持。因此，脑内微环境中，无机离子浓度的稳定对于维持神经系统正常生理功能具有重大意义。

胞外离子浓度的变化也可以在宏观上反映神经系统状态的整体性变化。例如，小鼠从睡眠中的觉醒会触发胞外K^{+}浓度的迅速上升，并同时伴随胞外H^{+}、Ca^{2+}、Mg^{2+}浓度下降，而当小鼠自然入睡或被麻醉时则可观察到相反的变化。同时，脑内胞外无机离子浓度的异常往往与急性脑损伤以及各类神经疾病有着千丝万缕的关系。癫痫发作（epileptic seizure）是一种由于大脑持续异常放电，导致肢体肌肉抽搐，扰乱感官，影响患者意识的疾病。在癫痫发作时，K^+、Na^+、Ca^{2+}、H^+、Cl^-、HCO_3^-等正负离子在脑内神经元细胞膜两侧的浓度都会发生剧烈变化 。当大鼠的大脑遭遇缺血（ischemia）与皮层扩散性抑制（cortical spreading depression）这两类急性损伤或损伤引发的现象时，胞外K^+浓度会在数分钟甚至数秒内成倍上升。阿尔茨海默病患者的脑内被发现存在Na^+/K^+浓度失衡。由此可见，各类无机盐离子影响着大脑的方方面面，及时、准确检测脑内无机离子的浓度将会有助于我们理解脑，治疗脑。

除了神经递质和无机盐离子外，脑内还具有包括代谢产物（如乳酸、ATP、丙酮酸等）、营养分子（葡萄糖、维生素 C、氨基酸、脂质等）及其他（如可过血脑屏障的药物等）众多的小分子物质。这些小分子物质与脑行使正常功能及生理、病理状态的维持和转换都息息相关。脑内小分子化学物质的产生和释放涉及诸多生理病理过程，参与维持健康的代谢环境、响应神经元活动等。例如，维生素 C 可以有效促进少突胶质前体细胞向少突胶质细胞的分化及成熟，有效促进髓鞘的包裹及修复过程，从而对神经元起到保护作用；葡萄糖和乳酸是神经元和星形胶质细胞生长的重要因子，星形胶质细胞能制造乳酸为神经元提供能量，神经元可用葡萄糖来保护自己免受来自自身活动所积累的毒性产物的损伤。此外，在功能方面，乳酸不仅是神经元的关键能量来源和信号分子，还可以通过脑血管对乳酸稳态调节来影响哺乳动物大脑海马区神经发生，使大鼠海马区不断产生新生神经元，参与学习记忆以及情绪调控等功能。海马尖波涟漪（SPR）通过侧隔膜主动参与外周葡萄糖代谢，引起葡萄糖浓度的大幅改变。因此，开展脑神经分析化学研究，对于探索和认识神经生理、病理的分子机制，具有极其重要的意义。通过在分子、细胞以及神经环路层面精准地检测分析脑内小分子如何参与和调节生理病理过程，既可以保障中枢神经系统的正常生理过程，也可以有针对性地干预疾病的发生和发展，为临床用药提供参考。

目前，可实现不同时间空间分辨率条件下脑内化学物质分析的方法众多，主要分为非电化学技术和电分析化学法两大类。非电化学技术可以较为直观地评估机体神经元之间的化学信息交流，广泛用于取样和量化大脑及周围神经递质、神经肽与激素等。微透析是最常应用的方法之一，化学物质可在植入指定脑区的透析膜上进行交换进入透析剂中，并通过液相色谱等化学方法进行定量分析，实现诸如监测间质组织液中葡萄糖、谷氨酸等神经化学物质的浓度等功能。此外，磁共振成像、功能磁共振脑成像、磁共振波谱、正电子发射断层扫描、单光子发射断层扫描和荧光成像等光谱技术也可以对脑内微环境小分子物质进行分析。光谱技术是非侵入性的，可以提供大脑空间结构的神经元活动地图，非常适合分析灵长类动物（包括人类）。其中，正电子发射断层扫描和功能磁共振脑成像两种方法应用较多，它们都提供了神经化学活性的间接视图。在正电子发射断层扫描中，机器检测由放射性示踪剂发射的辐射。放射性示踪剂可以标记天然化学物质，以葡萄糖为例，注入体内的示踪剂会运行到使用葡萄糖作为能量的细胞中，组织细胞需要的能量越多则放射性示踪剂的累积越多，最终显示在由计算机重建的图像上。功能磁共振脑成像则利用磁振造影来测量神经元活动所引发之血液动力的改变，当神经活动增加时，顺磁性的血红蛋白结合氧气转变为反磁性的氧合血红蛋白，磁共振信号即会发生动态的微小改变。该法时空分辨率高，目前已广泛应用于分子物质对神经元活性的探究中，例如，在与奖励相关的行为过程中，通过功能磁共振信号的位置，可以观察到以多巴胺为递质的脑区被激活。电分析化学方法因其具有仪器设备简单、灵敏度高、可实现原位实时分析和多组分同时测定等优点，在近年脑神经科学活体研究中逐渐得到了广泛的应用。微电极活体伏安法、微透析活体取样-样品分离-电化学检测法及微透析活体取样-在线电化学检测法是电分析化学的三种主要的方法，其中时间分辨率相对较高且无须分离的微电极活体伏安法和微透析活体取样-在线电化学检测法较为常见。

在脑内无机离子检测方面，上述的微透析法与磁共振技术也可被应用于检测无机离子浓度，但较为少见，目前主流的方法为基于离子选择性电极的各类电化学方法和荧光成像法。电化学方法主要根据所要检测的离子类型，玻璃或碳纤电极尖端表面覆盖上对应的离子选择性膜，实现在目标区域的特定离子交换，并将化学浓度信息转化为具体的电信号读出。电化学方法设备简单、操作方便、设计灵活，且具有体积小，易携带，成本低等优点。荧光成像法通过人工设计的工具病毒感染神经元，使目标区域的神经元表达特殊蛋白，利用离子和特殊蛋白结合后发生构象变化进而产生荧光的原理，用荧光强度来指示脑内特定离子浓度的高低。其中，反映 Ca^{2+}活动的 G-CaMP 系列蛋白，自诞生二十年来已经在脑科学领域得到广泛应用。

随着神经科学的高速发展，各种新技术不断涌现，然而大脑中物质纷繁多样，如何实现脑内各类化学物质高精度、稳定地分离和分析仍具有很大的挑战。

第二节　神经递质检测

人类的大脑包含数千亿个神经元。通过突触释放的神经递质是它们之间信息传递的主要方式。准确研究神经递质的动态变化对了解神经系统的功能和研究其发病机制具有重要意义。在抑郁症、X 染色体脆性病、阿尔茨海默病等一系列病理性疾病的发病机制中，如果能准确分析和检测神经递质，就可以分析神经递质如何参与和调节生理病理过程，从而深入了解该病的发病机制，为临床药物的开发提供线索和依据。人脑中含有数百种神经递质，包括氨基酸类神经递质、单胺类神经递质、多肽类神经递质等。其中，大脑中主要的兴奋性神经递质谷氨酸和抑制性神经递质 γ-氨基丁酸，它们能够从突触前膜释放后，并迅速地与突触后膜上的离子受体结合，最终改变突触后神经元的兴奋性。对于代谢型受体的神经递质如多巴胺等，它们介导的信号转导时间比离子型受体更长、影响的范围更大。传统检测神经递质的方法是电生理检测，但是由于不同神经递质的释放存在时间和位置的差异，导致准确、长时程、高时间分辨率地检测神经递质的难度较大。最近几年，生物化学、电化学等一系列检测方法已经被开发并应用于神经递质释放的准确检测。与此同时，随着成像技术的日渐成熟可靠，可遗传编码的荧光探针也逐渐得到发展。下述是对神经递质检测的新方法的回顾归纳和总结。

一、微透析法

微透析法是一种微量化学采样与检测技术，可监测细胞外环境中神经递质动态变化过程。作为一种采样工具，微透析法可以测量直接接触细胞和其他靶结构的间隙组织液中的化学成分。微透析法是一种对被测组织损伤较小、灵敏度相对较高的方法，该方法经过几次改进，现在被广泛应用于检测大脑中不同神经递质的分布和动态变化过程。1966 年，毗登（Bito）等人在犬的大脑和颈部皮下组织植入了充满葡聚糖盐的半透膜，首次提出微透析技术。1972 年，德尔加多（Delgado）等人改进了该技术，开发了第一个微透析探针，并将探针植入 10 只恒河猴的杏仁核和尾状核。1982 年，翁格施泰特（Ungerstedt）等人极大地改进了微透析探针的设计，扩大了透析膜的表面积，从而提高了微透析探针收集分析样本的效率，成功地使用微透析法量化了大鼠脑内的单胺水平。这种采样技术具有广泛的适用性，从 1985 年到 1995 年的 10 年间，微透析法的文章数量从每年 2 篇爆发到每年 600 多篇，20 世纪 90 年代末至 21 世纪初期以每年 700～800 种出版物的增幅出现高峰，其普适性极大地促进了微透析法在生物领域的应用。

微透析法使用基于水溶性物质通过半透膜扩散的机制，以非平衡状态流出的透析液中的待检测化合物的浓度低于探针周围基质中的浓度，注入组织内的微透析探针，通过探针尖端内部管道和外部包裹的半透膜进行物质交换，将恒定流速的灌注液泵入内部管道，体内的神经递质等溶质在浓度差的驱动下被动扩散到探针中，通过在出口管的末端连续地取样，达到测量流出的液体中物质浓度的目的。若测量脑内神经递质的水平，需要将微透析探头插入待研究的脑区，在其前端用半透的中空纤维膜覆盖，透析膜是半透的，允许一部分溶质自由运输，可渗透水和分子量小于 20 000Da 的小分子溶质，将探头分别连接人工脑脊液的出入管口，并在该系统中注入人工脑脊液（ACSF），创建一个浓度梯度诱导物质通过的透析膜，再使其以一定的速度持续地流过微透析前部的半透膜，这使得液体可以和脑部的脑脊液进行分子和物质的交换。此交换的过程主要是物质按照浓度梯度从较高的浓度通过探针转移到较低的浓度区域，因此，细胞外液里面的神经递质会通过这种被动扩散的机制穿过半透膜，最终进入到人工脑脊液中，之后回收透析液，利用高效液相色谱或者气相色谱的方法将不同类别的神经递质区分开来，然后通过质谱来得出脑中不同种类神经递质的含量。

微透析系统装置主要由微透析探针、连接管、灌注介质（灌注液）、灌注泵和样本（透析液）收集装置组成。微透析探针作为微透析的关键元件，由圆柱形透析膜组成，与内外管相连，内部不断灌注液体，外部与组织间隙直接接触长度一般为1～10cm。半透膜是通过再生纤维素和聚碳酸酯以及聚丙烯腈制成得到，载留分子量为5～10kDa。

微透析探针大体上可以分为两种类型：水平探针以及垂直探针。水平探针的膜以串行方式连接进出管，而垂直探针的进出管平行放置。垂直探针较为常用。随着技术的提高，一些公司提供了商业微型探针，微型透析探针可以直接在释放神经递质的部位测量神经递质的水平，避免扩散效应。

连接管主要用于连接微透析系统的各个部件，包括注射泵、探头和样本采集装置，因此，它必须对灌注液/透析液具有惰性，并保证一定的灵活性，在试验者移动时具有一定稳定性。

灌注泵要以不同的速度向导管灌注人工脑脊液，使其与导管周围的间质组织平衡。

灌注液/灌注介质成分类似于脑脊液成分。

微透析技术的关键在于准确、可靠地校正提取样品，包括对探头回收率的测定。探测回收率是指从灌注液中流出的待测成分与标准浓度的百分比。试样回收率是影响微透析结果的重要因素。目前回收率测定主要有四种方法：外标法、内标法、反透析法和低流速法。

外标法是一种简单的体外回收率法，即取样后立即进行测定，将探针置于已知浓度的标准液中，用与体内试验相同的流速灌流探针采集，达到稳定状态后再进行检测，测定浓度与标准液的比值即为体外回收率，此方法简单，但由于体内外环境存在不同，检测结果不能严格等同于实际回收率。

内标法是往灌流液中加入已知浓度且性质类似的分析物作为内标，在分别测定内标物和待测组分的色谱面积后，根据一定的公式计算待测组分的含量。内标物不仅扩散性质与被分析物一致，而且保证体内代谢过程一致，测得的透析率作为分析物的回收率。但由于内标物选择的局限性，限制了该法的应用。

反透析法，即将一定浓度的内标物加入到灌流液中，在同样的条件下操作，测定透析液中内标的浓度，体内回收率。

低流速是尽可能地降低灌流速度，一般控制在50nl/min以下，使回收率尽可能达到100%，此时可不用作回收率校正。这种方法取样体积小，对仪器检测灵敏度要求高，采样时间长易引起样品挥发氧化。

微透析法是一种采样方法，需要与分析仪器配合使用，以方便在线实时分析和测定样品。有五个因素会影响微透析的有效性，即恢复温度、灌注速度、透析膜材料及表面、扩散系数及灌注介质。对于温度，建议使用接近体温的灌注液；对于流速，应使用较低的速度以避免探头内部压力的上升和净流体在膜上的传输，相对回收率与透析膜的大小成正比，回收率与扩散物质的分子量、半径和组织的不均匀性成反比。在脑微透析中，灌注液的组成是一个关键因素，因为灌注介质直接进入细胞外液，会影响胞外环境。一般情况下，人工脑脊液是脑微透析中最常用的灌注液介质。

微透析技术结合了灌流取样与透析技术，是逐步完善的一种新型采样技术，适用于麻醉或清醒生物体，尤其适用于较深部位脑组织的活体研究。该技术首次应用于脑部研究是1972年美国耶鲁大学报道的猴脑微透析研究。传统的微透析方法多采用微透析探针进行脑内神经递质的检测。但有限的时间分辨率、空间分辨率、膜孔径等因素，限制了其广泛应用。随着微透析技术的发展，一些实验室对微透析技术进行了深入的探索，这使得微透析具有更广泛的应用前景。微透析技术可以在体内、实时和在线样本中进行，而不影响人体正常生命过程，可用于研究物质动态变化的试验。微透析技术能够活体取样、动态成像、定量测定、采样量小、组织损伤小，具有重要的生物学意义。目前，微透析技术广泛地应用于脑内各种神经递质的检测。其经常被用来研究内源性神经递质，如谷氨酸、γ-氨基丁酸、多巴胺、去甲肾上腺素、血清素和腺苷三磷酸等在体内的释放。使用微透析法测定物质的浓度，根据样本的性质需选用不同的检测方法。单胺类物质测定主要采用高效液相色谱法，氨基酸类物质多用高压液相色谱荧光法（HPLC-FL）测定，嘌呤类物质多采用高压液相色谱紫外检测法（HPLC-UV）。目前，很多研究已经尝试在动物脑组织植入透析装置以测定神经递质动态变化。1997 年，Bita 等人将微透析装置植入大鼠前额叶皮层，测量了注射抗抑郁药氯胺酮后，大鼠前额叶皮层谷氨酸水平的变化。他们成功地记录到注射氯胺酮后，大鼠皮层谷氨酸的释放量增加。高天明教授团队在 2013 年发表的研究论文中，通过微透析法检测了慢性社交挫败（chronic social defeat stress，CSDS）抑郁小鼠模型前额叶皮层中 ATP 水平的变化，并明确了胞外 ATP 在抑郁样行为和抑郁症发展中的作用。2014 年，凯特林（Caitlin）等人通过使用微透析法测定了小鼠在经历负性刺激时前额叶皮层中多巴胺水平的变化，他们发现负性刺激会增加腹侧被盖区（ventral tegmental area）多巴胺神经元的发放频率，促进了多巴胺在前额叶的释放。胞外多巴胺水平的升高，提高了前额叶皮层神经元活动的信噪比。

随着多种实验技术的成熟，越来越多的研究者将不同技术相互融合。微透析技术同样具有很好的兼容性，可以与多种实验技术联合使用。例如，微透析与光遗传技术结合、微透析与电生理记录结合、微透析与光纤记录结合等。目前，微透析技术在各种动物模型研究中已经成为测量脑内神经递质变化不可或缺的手段，微透析技术可以通过收集胞外中的小分子物质来研究和了解复杂的脑功能。在神经生物学研究领域中，其被用来分析不同神经递质系统之间的“交流”，以及大脑中各种化学物质对神经受体的影响。该项技术在多种精神疾病和神经退行性疾病的发病及治疗机制研究中是很有价值的，已经成为一种普遍的脑化学物质测量方法。

二、电 化 学 法

电化学法是近年来对神经递质检测的一种比较流行的手段。该方法是基于氧化还原反应理论而创建的手段，可以分为在体原位电化学分析法（由微电极技术发展而来的在体分析法），以及基于微透析法对活体采样后通过电化学传感器进行在线分析的方法。在体原位电化学分析法，主要包括安培法和伏安法这两类。

安培法的原理是通过把检测电极插入到细胞表面附近进行记录，然后施加一个大于神经递质在氧化还原电位所需要的电压，神经细胞释放的神经递质扩散到电极周围时会被氧化，发生电子转移从而产生电流。每种神经递质都有自己独特的氧化还原电位，当给电极施加以恒定电位时，就可以在毫秒级别实现对电化学活性物质进行定量分析。

伏安法同样作为电化学电位的检测方法，也是基于神经递质和检测电极之间的氧化还原反应。但和安培法不同的是，伏安法向电极施加的是变化的调制电压波形，通过测量在电化学体系中电流的响应程度，来获得电化学活性物质与电极在氧化还原进程中的电位和电流关系。然后我们通过分析伏安曲线波形以及峰高等参数，来实现对于拥有不同电化学参数神经递质的定性与定量检测。伏安法主要代表性方法有微分脉冲伏安法（differential pulse voltammetry，DPV）和快速扫描循环伏安法（fast-scan cyclic voltammetry，FSCV），此外还包括有常规脉冲伏安法（normal pulse voltammetry，NPV），方波伏安法（square wave voltammetry，SWV）以及微分常规脉冲伏安法（differential normal pulse voltammetry，DNPV）等脉冲伏安法，上述的这些方法都被用于同时测量脑内的多个不同种类的神经递质。

DPV 法在检测过程中，如果用一定频率以及幅度的直流电压阶梯式线性扫描，并在此基础上叠加固定幅度为 10～100mV 的方波脉冲，在一个周期内，脉冲结束前与脉冲开始前的电流的差值即这个周期内对神经递质的电解电流差。随着电势的增加，在连续测量多个周期内的电解电流差后，可以绘制电流差相对电位变化的关系图。DPV 法最初应用于 1976 年，莱恩（Lane）等第一次利用 KI 溶液处理后的铂微电极实现了同时检测斯普拉格-道利（Sprague-Dawley，SD）鼠尾状核中维生素 C 和儿茶酚胺的浓度。目前 DPV 法普遍应用于在体单胺类神经递质的检测中。

FSCV 法与碳纤维微电极相结合在生物系统神经递质、激素和代谢物的检测中非常流行。FSCV 法测量时，微电极在细胞周围以三角波的方式快速升高和降低电压，目标化合物会在对应的电位范围内反复进行氧化还原，从而记录到交流电变化。这种方法具有很高的扫描速率（高达 1×10^6V/S），可以以 10Hz 的采样频率在几毫秒内快速获得伏安图，并确保这种电化学分析技术的高时间分辨率。FSCV 法早期被应用于检测嗜铬细胞中的肾上腺素和去甲肾上腺素，脑片中 5-羟色胺、多巴胺、去甲肾上腺素和麻醉或清醒的行为动物在体多巴胺的释放。近几年来，FSCV 方法应用比较成熟的检测体系是在脑内分析儿茶酚胺类神经递质（特别是多巴胺）的快速变化过程。

在以上两类电化学法的测量特点上，安培法和伏安法相比，其电极维持稳定电位，减少了双电层充电电流的影响，因此电极受损程度小，可以进行持续的长时程检测。但由于其只能固定提供一个电压电位，安培法不能进行多种神经递质的同时检测，电极接触面的材料反应和电势的设定都受到了限制。伏安法中 DPV 法的优点在于，可以减少双电层充电电流的影响，明显改善分析方法的灵敏度和选择性。当测量电活性物质的氧化电位差超过 100mV 时，采用 DPV 法，氧化还原电流之间的相互干扰可以有效地被排除，完成对不同物质的鉴定和定量。FSCV 相比于安培法的优势，在于可以一定程度上区分不同的神经递质，而且灵敏度高，可以达到高时间分辨率的检测效果。但是这种检测方法的使用也会受到一定的限制，例如，电极电位启动时需要保持在电解水的电压范围内；基本电流水平容易受到 pH 等因素的影响，在检测后期，这些值会发生漂移，影响真实神经递质变化的检测；另外电极寿命有限，使用时间过长后精准度会由于电压变化而降低。此外，碳纤维电极的直径可达微米级，但仍难以准确定位特定突触，难以实现亚细胞特异检测，无法同时进行多区域同时检测。

神经递质通常存在于超低水平的生物液中，需要超灵敏的检测方法。为了提高生物传感器的选择性、灵敏度和准确度，除了对电极电位进行调制外，还可以通过电极表面修饰，调控电极反应动力学，设计特异性的针对某类神经递质检测的电极。电极材料从最原始石墨烯到碳纳米管，再到金属纳米颗粒，磁性颗粒，生物传感器的开发得到进一步的发展。近年来，科学家们已经开发出，将纳米导电聚合物的电子性质与有机和无机单元在分子尺度上结合起来，组成性能可控的先进材料。组合材料具有选择性好、灵敏度高、活性中心多、均匀性好、与电极表面的黏附性强等特点，可以提供快速、准确的传感。

电化学传感器通过功能化修饰电极表面，识别元件将被测分子转变成电化学可探测物质，从而实现对物质浓度的选择性定量分析。它不仅可以实现神经分子的在体原位传感分析，而且也可以通过与微透析取样技术相结合，实现脑内化学物质的活体在线分析。电化学传感器可以分类为酶传感器和非酶传感器两类。酶传感器包括基于氧化酶的电化学传感器、基于脱氢酶的电化学传感器、基于漆酶的电化学传感器、基于谷氨酸合成酶的电化学传感器、基于核酸适配体（aptamer）的电化学传感器、基于谷氨酸合成酶的电化学传感器和多酶协同电化学生物传感器。这种生物电化学传感器可以通过特定的反应，将非电活性物质的电化学检测转化为电活性分析物，产生电化学可检测的信号，有助于检测非电活性分析物如乙酰胆碱、ATP、γ-氨基丁酸等，通常这些生物化学物质具有很高的选择性和较低的检测下限。非酶传感器可以直接检测具有电化学活性的神经递质，如氨基酸类递质和单胺类递质多巴胺、去甲肾上腺素、5-羟色胺等。

针对于兴奋性氨基酸类神经递质谷氨酸监测的酶传感器主要是基于谷氨酸氧化酶。氧化酶电化学传感器将氧气作为氧化酶的电子受体，利用检测酶催化反应过程中过氧化氢的产量，完成对被测物浓度变化的传感分析。格哈特（Gerhardt）课题组通过设计出来的自参照电极，在氧化酶的基础上，又在传感器的表面再覆盖一层全氟磺酸树脂 Nafion，避免抗坏血酸这种容易在高电位下和过氧化氢发生氧化还原反应的物质的干扰，然后固定谷氨酸氧化酶到阵列电极表面以记录总氧化电流，就可以在清醒自由活动大鼠上实现谷氨酸实时监测。安曼（Ammam）等人将 PPy/MWCNT 纳米复合材料在铂（platinum，Pt）电极上的高性能与谷氨酸氧化酶的选择性结合起来，实现了谷氨酸的检测。此外，天然的谷氨酸合成酶在催化谷氨酸氧化时不受氧气的干扰，也不同外加辅酶作用，为谷氨酸合成酶的设计提供了新思路。尽管酶传感器具有很高的选择性和灵敏度，但由于酶的变性，酶的成本较高，耐久性较差，限制了其广泛应用。因此，研制非酶型传感器是一项紧迫的挑战。谷氨酸检测的非酶传感器的设计是基于金属纳米颗粒，拉齐（Razeeb）研究组设计的垂直排列的镍纳米线阵列（NiNAE）和镀铂镍纳米线阵列（Pt/NiNAE），与普通金属电极相比，显著提高了对谷氨酸的电催化活性。

γ-氨基丁酸（GABA）是一种非电活性的神经递质，已知的 GABA 酶电化学生物传感器是由 GABA 转氨酶（GABGT）和琥珀酸半醛脱氢酶（SSDH）组成，需要辅助因子 α-酮戊二酸（α-ketoglutarate）的参与，在 GABA 转氨酶作用下，将 GABA 转化为谷氨酸[以下简称 Glue（GABA）]和琥珀酸半醛（SSA）。反应 1 中的辅酶因子 α-酮戊二酸可以从外部添加到样品中，也可以通过使用谷氨酸氧化酶（GOX）（反应 4）氧化大脑微环境中普遍存在的谷氨酸[Glu（E）]而获得。随后，反应 1 可以通过两条途径继续进行电化学反应产生指示 GABA 存在的活性分子。第一种方法是基于 SSA 与辅酶因子 NADP 在琥珀酸半醛脱氢酶（SSDH）存在下发生脱氢氧化反应生成 NADPH，然后电化学检测 NADPH 的产量（反应 2）。但这种方法的缺点是 NADP 到 NADPH 的转化是不可逆的，因此必须不断补充 NADP。另一种方法可以通过依靠谷氨酸氧化酶将反应 1 中产生的 Glue（GABA）转化为 α-酮戊二酸和 H_2O_2（反应 3）。

酶反应如下：

$$\text{GABA} + \alpha\text{-ketoglutarate} \xrightarrow[\text{SSDH}]{\text{GABGT}} \text{SSA} + \text{Glue（GABA）} \tag{1}$$

$$\text{SSA} + \text{NADP} + H_2O \xrightarrow{\text{SSDH}} \text{SA} + \text{NADPH} \tag{2}$$

$$\text{Glue（GABA）} + H_2O + O_2 \xrightarrow{\text{GOX}} \alpha\text{-ketoglutarate} + NH_3 + H_2O_2\text{（GABA）} \tag{3}$$

$$\text{Glu（E）} + H_2O + O_2 \xrightarrow{\text{GOX}} \alpha\text{-ketoglutarate} + NH_3 + H_2O_2\text{（E）} \tag{4}$$

由于检测过程分两步进行，而且添加辅酶因子 NADP 和 α-酮戊二酸等试剂，不能对 GABA 水平进行实时监测。因此，目前的 GABA 酶电化学生物传感器是一种复杂而昂贵的检测方法，迫切需要研制一种用于 GABA 神经递质检测的单一 GABA 氧化酶，以及发展实时、连续、无外界干预的准确测量 GABA 的生物传感器技术。山村（Yamamura）等人从青霉菌（*Penicillium* sp.）中分离出一种 GABA 氧化酶 Kait-M-117，可以直接催化 GABA 的氧化。这种 GABA 氧化酶只需一步反应就能氧化 GABA 生成过氧化氢。此外，阿鲁穆加姆（Arumugam）等人已经报道了将 GABase（一种市售的混合物，由荧光假单胞菌中的 γ-氨基丁酸氨基转移酶和琥珀酸半醛脱氢酶组成）修饰的微阵列探针用于体外脑片电化学 GABA 检测。该电极具有两个探头，一个探头同时带有 GABase 和 GOX 涂层，可以通过氧化脑微环境中的谷氨酸在原位产生 α-酮戊二酸，为反应 1 提供 α-酮戊二酸，使反应 1 能连续进行。在此过程中，可记录环境中谷氨酸和 GABA 的组合电流。另一个探头只带 GOX 涂层，可记录谷氨酸电流。两者记录到的电流相减即可得到 GABA 电流。另外，对于 GABA 的非酶型传感器，阿拉姆里（Alamry）等人的工作中报道了在邻苯二甲醛（OPA）和烷基硫醇试剂的混合物存在下，氧化石墨烯修饰金（Au）电极与 GABA 相互作用形成电化学活性化合物的直接电化学检测方法。

基于核酸适配体的 ATP 生物传感器可以应用于 ATP 的实时监测中，但是，目前广泛使用的适配体生物传感器对 ATP 的监测专一性不强，Yu 等人设计了一种能对 ATP 进行专一性识别的生物传感器，排除了适配体生物传感器对 AMP 和 ADP 的识别，其原理是利用适配体对腺嘌呤碱基的识别和阳离子聚合物 Pim 对三磷酸根的强结合，达到 ATP 特异性检测分析的效果。另外，多酶串联反应也可以应用在 ATP 的活体分析中，洛代（Laudet）等人开发了一种多酶型电化学生物传感器来检测 ATP，通过对含有甘油激酶和甘油-3-磷酸氧化酶的铂微电极进行表面修饰，使传感器达到高灵敏度和高时间分辨率的 ATP 检测效果。

乙酰胆碱不仅是一种具有非电活性的神经递质，而且缺乏相应的氧化酶或脱氢酶识别元件，用普通电化学生物传感器难以直接检测。利用一种结合乙酰胆碱酯酶（acetylcholine oxidase，AChE）和胆碱氧化酶（choline，ChOx）的双酶反应指示，通过在酶促反应过程中检测过氧化氢的产生，便可利用多酶串联的电化学生物传感器实现对乙酰胆碱浓度的传感分析。

在神经递质多巴胺的监测上，有一个起到重要作用的漆酶电化学生物传感器，漆酶作为蓝铜族氧化酶，能够催化酚类物质的氧化及氧气的还原反应的发生。多巴胺的结构包含邻苯二酚，属于儿茶酚胺类递质的一种，可以作为漆酶的底物。林（Lin）等人对合成的磁性颗粒进行表面漆酶功能化。在磁场作用下，磁性颗粒被填充在石英毛细管的内壁上，构成一个磁性漆酶的微反应器。当反应器放置于在线电化学检测器的上游，即可实现多巴胺的活体在线检测分析。

去甲肾上腺素（NE）是一种重要的儿茶酚胺类神经递质。戈亚尔（Goyal）等人用金纳米颗粒修饰的氧化铟锡（ITO）电极构建了去甲肾上腺素（NE）非酶电化学传感器。他们在 ITO 表面沉积了一层稳定的金纳米颗粒，让电极表现出更高的电催化活性和更加趋向 NE 的峰电位。该传感器应用在生物液中去甲肾上腺素的检测中。

5-羟色胺（serotonin，5-HT）也是一种具有氧化还原活性的单胺类神经递质，关于它的非酶电化学传感器的设计是基于高质量石墨烯包裹的金银合金（AuAg-GR）纳米杂化材料，这种材料具有均匀的结构和良好的重现性，可以灵敏检测 5-HT。另一种对于 5-HT 的高选择性和高灵敏度电化学检测的方法是通过电化学生成的聚吡咯纳米颗粒（PPyNPs）来修饰金纳米颗粒。与裸电极相比，聚吡咯涂层金纳米颗粒复合材料修饰后对 5-HT 的灵敏度提高了 320 倍。

三、荧光成像法

大脑复杂功能的实现，与神经元间高效、特定的信息交换和整合息息相关。其中，神经递质这一重要的生物小分子，参与神经元间化学突触介导的信息传递过程。随着荧光蛋白和发光蛋白的快速发展与新型显微镜技术的广泛应用，光学成像法已成为解决生物学问题的主要技术之一。对于神经递质的检测，光学成像方法由于其灵敏度高、对样品损伤小、能实时观察等优点，得到了很大的发展。目前，荧光成像的方法主要有基于 GPCR 激活开发的可遗传编码探针，化学遗传探针，基于细胞系的探针，基于下游报告基因的探针等。

（一）基于 GPCR 开发的可遗传编码探针

GPCR 是一类膜蛋白受体，现有研究指出，GPCR 只见于真核生物细胞之中，其参与很多细胞的信号转导过程，最终可引起细胞状态的改变。因为绝大多数神经递质受体都是 GPCR，所以 GPCR 可以作为一类天然受体，可以与神经递质结合，成为构建可遗传编码神经递质探针的首选框架。

当神经递质结合在 GPCR 上后，所引起的构象变化可与荧光蛋白的荧光信号变化相偶联，使用荧光成像法可对神经递质的释放进行检测。通过在 GPCR 与配体结合后构象变化最显著的第五和第六跨膜区插入荧光蛋白形成融合蛋白，GPCR 便可以在特定的神经递质释放和激活后，引起其区域构象发生变化，这种构象变化将导致与之连接的荧光蛋白也发生构象变化，最终改变其荧光强度。因此，可以利用荧光蛋白的荧光强度变化来指示神经递质浓度的动态变化。建立在 GPCR 激活原理基础上的神经递质探针，被称为 GPCR 活动激活型探针（GPCR activation based sensor），简称为 GRAB 探针。

2018 年，孙（Sun）等人基于该原理，发明了可基因编码的多巴胺探针。该探针在人源多巴胺受体中，插入对结构变化敏感的绿色荧光蛋白（cpEGFP），每当多巴胺结合在多巴胺受体上时，受体构象便会发生变化，随后 cpEGFP 的荧光发生改变，这一过程将多巴胺化学信号转化为荧光信号，结合显微成像技术，对小鼠脑内多巴胺浓度的变化进行实时监测。与此同时，惩（Jing）等人研制了可基因编码的乙酰胆碱探针，通过改变、突变筛选和优化乙酰胆碱受体，获得了对乙酰胆碱敏感光学响应的探针。其具有亚秒级的反应速度，可精确指征乙酰胆碱信号，实时检测内源乙酰胆碱信号。

迄今为止，已有多篇有关新型 GRAB 探针（包括多巴胺、乙酰胆碱、去甲肾上腺素等）的文章。此类探针可对神经递质的动态变化进行实时精确的检测。相较于传统的检测方法，GRAB 神经递质荧光探针具有高时间空间分辨率、高分子特异性、高灵敏度、高信噪比、非侵入性以及无须另外搭建检测设备，与钙信号检测系统一致等优点。通过转染、病毒注射以及转基因动物的构建等方法，研究人员可将探针表达在多种培养的细胞上、小鼠脑片或者果蝇、斑马鱼、小鼠等模式动物中，使化学信号变成直观、易于检测的荧光信号，最终神经递质动态变化的检测变得更加简单。

（二）Tango-assay

2008 年，巴尔内亚（Barnea）等人发明了 Tango-assay 技术，用于检测神经递质的释放。该技术的机制是将一种膜上的受体（如 GPCR）和一种转录因子（如 tTA）相结合，且在其间插入可被特异性蛋白酶识别的一段酶切位点（如烟草花叶病毒 TEV 酶切位点）。与此同时，将可与激活膜受体产生相互作用的一种蛋白（如 β-arrestin2）与其相对应的特异性蛋白酶相结合。当相应的神经递质激活受体以后，被激活的 GPCR 将募集阻遏蛋白 β-arrestin2 和 TEV 蛋白酶。其中，β-arrestin2 会被招募在 GPCR 周围并与之发生相互作用；而被标记的 TEV 蛋白酶会识别 GPCR 的 C 端 TEV 酶切位点并进行切割，之后非天然转录因子 tTA 会被释放出来并进入到细胞核，直接调节 *β*-内酰胺酶报告基因构建的细胞系，启动下游的报告基因萤光素酶（luciferase）的翻译表达，最终通过 luciferase 催化的荧光反应，对神经递质的释放进行检测。

Tango-assay 技术具有两个优点：其一，通过转录因子启动的报告基因的表达可以将信号放大，使得检测系统灵敏性较高；其二，由于是针对神经递质内源性受体的研究开发，使得该检测系统分子特异性较高，可直接反映细胞内的信号转导水平。

2012 年，基于该技术，稻垣（Inagaki）等人发明 Tango-mapping 系统用于探究果蝇内多巴胺的释放与饥饿感增强对糖的行为敏感性的影响的关系。然而，由于神经递质结合导致的下游报告基因的表达是不可逆的，特异性受体拮抗剂不能够阻断该过程，且其缺少外部控制开关从而导致基因表达的累积激活，时间分辨率较差，此外，该技术信噪比较低，使其在活体动物应用中受限。

2017 年，李（Lee）等人员对 Tango-assay 技术进行进一步改造，并命名为 iTango。在 iTango 系统中，配体与受体结合会导致 β-arrestin2-TEV-N 募集，但不会导致 TEVseq 裂解。然后蓝光照射会招募 CRY2-TEV-C 形成一种功能性蛋白酶，该蛋白酶可裂解 TEVseq，从而导致转录激活剂的释放并最终导致报告基因表达。

与 Tango assay 技术相比，iTango2 技术具有背景信号更低、信噪比高的优点，然而其时间分辨率相对较差，主要由于转录因子启动下游报告基因的表达需要几分钟到几个小时，所以很难发现神经递质的动态变化。

（三）Cell-based Neurotransmitter Fluorescent Engineered Reporters（CNiFERs）

阮（Nguyen）等人在 2010 年构建出了基于细胞系的神经递质探针 M1-CNiFERs。CNiFERs 具有天然 GPCR 的特性，可以检测通过激活 GPCR 引起的内源乙酰胆碱释放。把 CNiFERs 直接注射到大脑中，它可以感知乙酰胆碱释放在 100μm 以下的空间分辨率。其具体步骤是，在人胚肾细胞系中，表达代谢型乙酰胆碱受体（M1）与基于荧光共振能量转移原理构建的钙探针 TN-XXL，M1 与乙酰胆碱结合能够激活 Gq 信号通路，导致细胞中钙离子浓度升高，钙离子探针检测钙离子浓度的变化，进而反映乙酰胆碱浓度的变化。该方法保留了内源性表达受体的特异性、亲和性和时间动力学特征。

当前，用 CNiFERs 技术可以检测体内的乙酰胆碱、多巴胺和去甲肾上腺素等神经递质。多巴胺（DA）的 CNiFERs 检测在 2014 年被马勒（Muller）等公司发明，其灵敏度达到纳摩尔级，时间分辨率达到秒级，动态范围很广，对大脑影响不大。我们可以通过 CNiFERs 技术研究学习期间脑内神经递质多巴胺释放过程的动力学，将 CNiFERs 移植到小鼠额叶皮层，记录其在学习和奖赏过程中神经信号的变化。可见 CNiFERs 技术对于研究 DA 在神经系统中的复杂行为有很大帮助。

CNiFERs 技术的特点主要是对神经递质有较高的特异性、敏感性和亲和力，并且具有一定的时空分辨率，然而，在动物脑内植入外源细胞系存在一定难度，主要表现在较高的细胞移植操作要求、受体动物自身的免疫排斥反应等。

（四）SNAP-tag-based Indicators with a Fluorescent Intramolecular Tether（Snifits）

伴随着荧光技术的迅速发展，基于荧光共振能量转移（fluorescence resonance energy transfer，FRET）技术的神经递质探针的发展逐渐成熟可靠。在活体、原位条件下，利用 FRET 技术，可对信号分子进行实时动态检测，因此该技术被大量地使用于生命科学研究当中。FRET 技术通过蛋白结合或解离的构象改变，导致两个荧光基团产生荧光共振现象，不仅可对神经递质活性进行检测，还可实现神经递质在动态空间分布中的可视化。

2009 年，布龙（Brun）等人基于 FRET 技术开发半合成荧光传感器蛋白 Snifits，该探针利用荧光蛋白与发色基团之间存在的能量共振转移现象，对神经递质的浓度变化进行检测。其主要组成包括 CLIP-tag 或荧光蛋白、SNAP-tag、能够同神经递质结合的蛋白（binding protein，BP）和能与 BP 结合的带发色团的配体分子。成分中的 SNAP-tag 可特异地与苄基鸟嘌呤（benzyl guanine，BG）衍生物形成共价键。配体分子利用相应的苄基鸟嘌呤衍生物连接到 SNAP-tag 上，在分子内与神经递质结合蛋白结合。

其原理为，当没有神经递质时，配体分子便会与神经递质结合蛋白结合，此时探针处于“闭合”的状态；而当神经递质存在的时候，合成的配体分子从神经递质结合蛋白中置换出来，此时探针会切换到“开放”的状态。在此过程中，两个发色团相互的位置会产生改变，从而影响着两者之间荧光共振能量转移的效率，此过程中的构象变化可以转化为光学读数。

目前，Snifits 技术已经被应用于制作 γ-氨基丁酸探针，该探针的神经递质结合蛋白为代谢型的 GABAB 受体，其与 CLIP、SNAP 蛋白融合表达。与此同时，CLIP 与 SNAP 分别偶联着发色团，分别作为 FRET 的配体与供体。2012 年，马沙里纳（Masharina）等人运用 Snifits 技术研究出世界上首个能够用于检测活细胞表面 GABA 相应浓度的荧光比率探针 GABA-Snifits，该探针能够在哺乳动物的活细胞表面上以非常高的特异性检测出 GABA 的浓度，亦可在细胞表面感知并测量微摩尔至毫摩尔级 GABA 的浓度。除此之外，利用 GABA-Snifits，可定量 GABAB 受体变构调节剂、激动剂乃至与拮抗剂作用时候的相对亲和力的大小。然而，由于两个单独小分子的添加，使 GABA-Snifits 的结构复杂化，导致其对 GABA 的亲和力大大减弱（约 400μmol/L）。

此外，开发谷氨酸和乙酰胆碱的探针也用到了 Snifits 技术。Snifits-iGluR5，是在离子型谷氨酸受体 5（iGluR5）的基础上设计的针对谷氨酸的探针，可在 HEK 293T 细胞表面，展现出对谷氨酸最大的荧光比率变化为 1.56，这一变化高于目前其他类型的谷氨酸探针。然而，此类探针尚未应用在活体动物中，检测体内内源性神经递质的释放情况。

Snifits 技术的特点主要为非常高的灵敏度与特异性，然而，该技术也存在缺点，即必须将外源合成的发色团连到 SNAP-tag 上，会导致背景信号较高，从而制约了其在活体动物研究中的应用。

总而言之，新型成像探针的出现极大地帮助了目前有关神经递质释放的研究，让科学家有手段可以观察某些疾病当中神经递质的变化，也为药物的研发提供有力的理论支撑和路径，为精准的靶向医疗提供了新的方向和手段。

四、总结与展望

神经递质的异常释放被报道与多种疾病相关。因此，神经递质的准确检测是我们能够正确认识和研究疾病发病机制的首要也是关键的步骤。神经递质的种类很多，且部分神经递质在分子层面的差异很小，这很大程度上对神经递质的特异性检测提出了更高的要求。其次，很多神经递质会在目的脑区共同释放，如何同时检测不同递质在目的脑区的变化也是目前神经递质检测的难题。除此之外，神经递质可以通过自发的神经活动释放，也可以通过神经元的动作电位促进释放。因此传统的神经递质检测方法，如滴定法、微透析法等，在很大程度上不能够帮助我们在大脑的原位获得时间尺度的神经递质动态变化。目前，针对不同神经递质 GPCR 构建的荧光探针是能够在不同模式生物上实时观测特定神经递质释放的主要方法，拥有非常高的检测灵敏度、特异性和分辨率。通过结合目前的病毒、显微成像以及 CRISPR 遗传工具等技术，GPCR 荧光探针能够实现多通道、大范围、实时动态的神经递质检测。未来，随着探针荧光蛋白颜色的拓宽，以及更灵敏、更特异探针的开发，我们便能够更详尽地研究不同神经递质在不同生理及病理条件下的调控机制，最终帮助我们理解大脑的工作机制以及开发出更出色的靶向药物。

第三节　离子检测

脑功能的神经信号转导和脑内微环境的稳态维持需要多种神经化学物质的共同参与，包括神经递质、神经调质、能量物质和离子等。其中，关于脑内无机离子的研究由来已久，脑内各类无机离子浓度的动态变化对于神经系统正常生理功能的行使意义重大。脑内离子浓度的异常变化常常伴随着一系列神经系统疾病的发生，如帕金森病、阿尔茨海默病、亨廷顿病、抑郁症和成瘾等。由此可见，建立和发展新的检测方法，精确监测脑内各类无机离子浓度的动态变化不但能够帮助我们理解各类无机离子在神经系统中的正常功能，而且有助于研究和脑内离子异常相关的神经系统疾病的病理机制，为后续神经系统疾病临床药物的开发奠定基础。

脑内存在众多的无机盐离子类型，其中阳离子主要包括 K^+，Na^+，Ca^{2+}，Mg^{2+}，H^+等，而阴离子主要包括 Cl^-，HCO_3^- 等。这些无机盐离子在不同的脑区，细胞内和细胞外间隙，以及不同的生理过程中都呈现出不同的浓度，参与了神经系统的正常生理功能，并在病理情况下发生一定的变化。具体来看，静息膜电位的维持和动作电位的发生是神经系统功能正常行使的重要保障。其中，静息膜电位的决定性因素就是细胞内外 K^+的浓度差。在某些病理情况下，神经元的兴奋性以及静息膜电位的变化常常伴随着细胞内外 K^+浓度的异常改变。除此之外，K^+还参与了动作电位的发生，这一过程是 Na^+内流和 K^+外流共同介导的，构成了神经系统信号转导的基础。在神经系统的信号转导中发挥着重要作用的另一类无机离子是 Ca^{2+}。神经元和神经元之间的信息传递依赖的主要是化学突触，而突触前递质的释放依赖 Ca^{2+}的瞬时内流触发，突触后信号的转导也依赖 Ca^{2+}浓度的变化。Ca^{2+}作为神经系统重要的第二信使之一，在神经元之间信号的转导过程中发挥着举足轻重的作用。因此，Ca^{2+}浓度在各种生理条件和病理条件下的动态变化被广泛研究。脑内存在的 Mg^{2+}属于一种天然的 *N*-甲基-*D*-天冬氨酸受体（NMDAR）阻断剂，在生理情况下抑制 NMDAR 的开放来避免过量的神经毒性作用，对神经系统有重要的保护作用。而 Cl^-则作为脑内抑制性受体的主要功能元件维持着重要的神经系统兴奋性和抑制性的平衡。除了神经信号转导，脑内微环境的稳态对于神经系统的正常功能同样重要。这一稳态中就包括了稳定的 pH，H^+和 HCO_3^- 共同参与了脑内正常 pH 的维持。在一些病理情况下，比如缺血性癫痫，脑内的 pH 会发生变化。过往的研究说明了脑内各类无机离子在神经系统的正常生理功能和病理过程中都发挥了重要作用，因此针对各类无机离子开发检测脑内离子浓度变化的方法对于脑科学的研究意义深远。

目前实现的脑内无机离子浓度检测的方法从技术原理上进行分类主要包括微透析法（microdialysis）、电化学方法（如电流滴定法 amperometry，快速扫描伏安法 FSCV、电位法 potentiometry 等）、荧光成像法（fluorescent imaging）和磁共振成像法（MRI imaging）等方法。微透析法通过微透析探头前端的半透膜和脑脊液进行物质交换来检测脑内离子浓度。电化学方法中的各类伏安法则是在电极尖端加修饰材料来实现对特定离子的选择性，然后在电极尖端施加电压电位变化，将离子的化学浓度信息转化为电流信息来检测脑内特定离子浓度。电化学方法中的电位法则是一种在开路状态下，直接记录表面修饰了离子选择性膜的研究电极相对于参比电极的电位来分析电极表面目标离子浓度的分析方法。以上两类电化学方法有类似之处，由于离子属于非电化学活性物质，所以都需要在电极尖端修饰以辅助材料，区别在于电信息的读出方式。伏安法读出为电流信息，电位法读出为电位信息，在脑内离子的检测中用得更为广泛的是电位法。荧光成像法则是利用离子和特殊蛋白结合后发生构象变化进而产生荧光的原理，用荧光强度来指示脑内离子浓度的高低。荧光成像法是继传统的电化学方法之后最具有发展前景的检测方法。而磁共振成像的方法早期也曾被用于泛泛地检测脑内不同脑区离子浓度的高低。各类方法各有优劣，相辅相成。

本节将从技术原理、技术应用、技术优势和局限性等角度总结目前针对脑内 H^+、K^+、Ca^{2+}及其他离子的一系列检测方法，着重介绍基于电化学和荧光成像原理的检测方法及其特点，并对脑内离子浓度检测方法技术的发展趋势进行展望。

一、H^+的检测

H^+的检测换言之就是 pH 的检测。人们很早就已经认识到生理条件下 pH 稳态对细胞活力的重要性。细胞溶胶和各细胞器内微环境的 pH 稳态保证了各细胞器的正常协同工作以及蛋白质的正常功能。pH 在中枢神经系统中的作用更是复杂，pH 的改变对中枢神经系统神经元的功能和兴奋性具有很强的调节作用，而神经元的活动反过来也会影响脑内 pH。生理条件下细胞外的 pH 范围在 6.5～8.0，极微弱的 pH 变化就足以引起 pH 敏感的一系列酶动力学的改变，以及通道开放程度响应。因此，细胞内或细胞外 pH 变化 0.5 个单位或更低就足以诱导或抑制神经元的发放，影响中枢神经系统的正常功能。脑内的 pH 失衡会导致各种神经系统相关病理表现的发生。已有证据表明，大多数中枢神经元和神经网络的兴奋性因碱中毒而增强，因酸中毒而抑制。大脑中的酸中毒可能会严重损害多种功能，包括突触传递、代谢能量供应、膜运输等过程，外源性呼吸性酸中毒对神经元兴奋性和癫痫发作有显著的抑制作用。过度通气引起的呼吸性碱中毒会导致四肢发麻、肌肉颤动、眩晕等症状，在动物模型中，过度通气也会导致热性痉挛的发生。正常情况下，大脑受到血脑屏障的保护，阻止了带电荷的酸碱物质与脑间质液的直接接触。而由出生窒息引发的血脑屏障酸挤压可导致脑内代谢性碱中毒和随后的癫痫发作。在成年的小鼠动物模型中同样发现，在杏仁核、海马等多个脑区的 pH 失衡也会诱发多种情绪和认知障碍。因此，监测脑内 pH 的动态变化对于研究神经系统的生理功能和病理机制具有相当大的神经生物学意义。

脑内微环境的 pH 维持在一个比较稳定的范围，但是局部 pH 可能会有相对较大的变化幅度，考虑到局部形成的酸性或碱性微区并不会维持太久，这给 H^+活体检测方法的开发提出了一定的要求：除了准确性，还需要具备相当的时间分辨率以捕捉其瞬时的变化。目前使用的 H^+检测方法主要包括电化学的方法和荧光成像的方法，下面我们将从技术原理出发介绍各种脑内 H^+的检测技术。

（一）伏安法和快速扫描伏安法

伏安法（voltammetry）是一类基于氧化还原反应原理的电化学测量方法，通过向电极施加调制的电压波形，该电压的选择需要高于检测物质的氧化还原电位，当检测物质被氧化发生电子的转移时，电极检测到电流响应，从而获得电极过程的电位-电流关系。快速扫描伏安法（fast scan cyclic voltammetry，FSCV）则是一种具有高时间分辨率的电势扫描伏安法，该法以碳纤维微电极作为研究电极，随着电位扫描速度的增加，电化学反应动力学较慢的物质将表现得更不可逆，其氧化还原峰偏移程度将大于电化学反应速度较快的电活性物质，从而实现对不同电极过程动力学的物质进行区分。该方法和普通伏安法的区别在于 FSCV 给电极的不是恒定电压而是不断变化的电压，不同的物质在不同的电压下发生氧化还原反应产生相应的电流。该方法是目前活体检测 H^+的一种常用手段。例如，在小鼠躯体感觉皮层中，在神经元活动增加时，用碳纤维微电极结合快速扫描伏安法，测量到细胞外 pH 的碱移现象。

（二）电位法

电位法（potentiometry）属于另一种常用的电化学检测方法，是一种在开路状态下，直接记录研究电极相对于参比电极的电位来分析电极表面目标物浓度的分析方法。该法优势在于，测量回路中电流几乎为零，避免了因测量而产生的电流对脑神经功能的影响；并可以显著降低其他物质的干扰，实现定量分析。电位法被广泛用于离子等非电化学活性物质测定，例如，将 H^+选择性膜修饰于碳纤维电极上，制备选择性好和抗污染性能强的 pH 选择性电极。将该电极植入特定脑区，可实现脑内 pH 的原位检测。已有研究利用该方法结合碳纤维电极报道证明了小鼠动物模型中，腹腔注射 $NaHCO_3$ 或吸入 5%、10% CO_2 引起特定脑区的 pH 改变，该变化足够维持近十分钟。

（三）荧光成像法

除了上述的电化学方法可用于测量脑内的 pH 外，也有一系列的荧光成像方法（fluorescent imaging）被开发用于活体 pH 的实时监测。若干国内外生物公司开发的光学 pH 传感器通过将 pH 敏感的荧光涂料涂抹在特定的光纤探头上，然后将光纤植入特定组织实现对脑内 pH 的在体记录。该荧光涂料通常由惰性的长衰变时间的参比染料和短衰变时间的 pH 荧光指示染料组成，其荧光强度随 pH 的变化而变化。因此，我们可以以两种荧光染料的荧光强度比值标定 pH 的浓度范围。由于该涂料是涂抹在光纤尖端，其荧光强度的改变可以及时地被光纤接收并处理成电信号，pH 的变化也就以波谱的形式呈现出来。然而，该方法的缺点也十分明显，光纤的直径过粗，对脑组织有一定的损伤，并极易受到手术过程中血迹的干扰，影响光纤采集的信号质量。

细胞外 pH 可以用 pH 敏感的碳纤维微电极以及光学 pH 传感器测量，但它们直径太粗，损伤太大，难以做到对突触间隙和细胞内 pH 的精确测量。因此，除了上述有创的生物零件实现脑内 pH 的检测外，神经科学家还开发改造了大量 pH 敏感的荧光蛋白。例如，一种用于同时检测细胞内 Cl^-和 pH 浓度的荧光蛋白 ClopHensor，该蛋白质中的增强型绿色荧光蛋白（E2GFP）功能亚基可以同时受到 488nm 和 458nm 波长激发光的激发而发出发射光，其中 488nm 波长所激发的发射光会受到环境内 pH 的影响，而 458nm 波长所激发的发射光不会，因此 458nm 的荧光强度可以作为内参，用 488nm/458nm 发射光强度变化就可以表征细胞内 pH 的改变。如果将这些 pH 敏感的荧光蛋白与不同类型细胞的膜上或胞内的标志蛋白进行结合，同时运用双光子成像技术，根据荧光强度的变化，对活体神经元、胶质细胞以及突触间隙的实时 pH 进行检测，实现了优良的空间分辨率以及精确的亚细胞定位。例如，将 pHTomato 这种 pH 敏感的红色荧光蛋白与突触小泡蛋白 synaptopHysin 结合开发成 SypHTomato，可用于实时检测囊泡释放导致的突触间隙 pH 瞬变。

综上所述，目前脑内检测 H^+的方法主要是电化学的方法和荧光成像的方法。其中，电化学的方法测量准确性高，属于比较传统的检测手段，但是在特异性和空间分辨率上有所欠缺，较难观察到神经系统内一些局部的瞬时 pH 变化。因而基于荧光强度原理的方法后续被广泛开发应用，从前期的 pH 敏感的化学荧光染料，到后来的 pH 敏感的生物荧光蛋白，甚至到遗传表达 pH 敏感荧光蛋白的转基因动物品系的构建，使得我们能够在更细的时间尺度和空间尺度上对脑内 pH 进行在体的监测，为脑内 H^+的研究提供了重要的技术支持，为脑科学的研究提供了重要助力。

二、K^+的检测

K^+参与神经信号的转导，其浓度在脑中受到严格调控。在大多数动物细胞内 K^+浓度维持在 130mmol/L，而胞外 K^+浓度则通常维持在较低的浓度，稳定的浓度差所提供的 K^+电化学势对维持神经元的静息膜电位及动作电位超射的产生起着至关重要的作用。因此，监测脑内 K^+浓度对于我们了解神经系统的基本功能和神经系统疾病的病理机制具有相当重要的意义。

目前使用的脑内 K^+浓度的检验方法和上述 H^+的检测方法基本一致，主要包括基于氧化还原原理的电化学方法和基于荧光原理的荧光成像方法这两大类。针对 K^+的检测而言，利用 K^+选择性电极的电化学方法更加成熟，应用更加广泛。上一小节已经从技术原理的角度对各种电化学方法（伏安法、电位法等）进行了介绍，此处不再赘述。这一小节，我们将从电化学方法中最为关键的离子选择性电极制备的角度，对 K^+选择性电极的结构组成、工作原理和发展历程等方面进行系统的介绍。其中，对于如何实现电极对 K^+的选择性将是我们下面介绍的重点，这一对特定离子选择性的实现对于上述 H^+检测的技术方法同样重要。针对非化学活性的离子的检测电极都需要通过对电极进行离子选择性的修饰改造才能完成对脑内特异离子的检测。而这种修饰过的离子选择性电极根据其结构的差异可以进一步细分为液体接触式电极和固态离子选择性电极，在检测 K^+的领域，最为广泛应用的仍是液体接触式电极。下面，我们将分别对上面提到的几种 K^+检测电极进行详细介绍。

（一）液体接触式电极

K^+液体接触式电极主要结构包含惰性腔体，内参比电极，内参比溶液和敏感膜。内参比电极通常使用 Ag/AgCl 电极，参与构成工作电极。内参比溶液往往是已知的高浓度的 KCl 溶液。对于液体接触选择性电极而言，敏感膜是完成离子筛选最主要的组分，往往位于微电极的最前端 200μm 处，隔开电极内部的内参比溶液与外部的待测液体，因其对待测离子具有高度选择性，待测溶液经由高浓度向低浓度扩散，完成敏感膜内外电荷的重新排布形成电势差，即为微电极的电极电位。微电极的电动势遵循方程：

$$E = E^{\circ} + \frac{RT}{Z_L F}\ln\alpha_L \tag{9.1}$$

式中，E 为测得的电动势，E° 为标准电极电位，α_L 为待测离子活度，Z_L 为待测离子的带电荷数，R 为气体常数，T 为绝对温度，F 为法拉第常数，在理想情况下，$\frac{RT}{Z_L F} = 2.3026RT/F$，在 T=25℃时，$\frac{RT}{Z_L F} = 59.18/Z_L$。当 α_L=1 时，可以测得电极的标准电动势。该方法从原理上来说仍属于传统的电位法检测方法。

目前常使用的液体接触式 K^+选择性微电极一般有两种形式：一种是测试电极与参比电极分离的单管微电极，另一种是测试电极与参比电极整合在一起的双管微电极。当然也有基于第二种形式开发的三管微电极，可以对两种不同的离子进行同时检测。液体接触式 K^+选择性微电极因其灵敏度高、体积小、制作过程相对较简单等特点，被广泛应用于神经细胞、活体脑片的电活动、活体动物的生理和病理情况下的 K^+浓度的研究中。

在 K^+选择性液接电极的结构中最关键的部分就是离子选择性敏感膜。敏感膜的发展经历了从玻璃膜、卤化银薄膜到聚合物敏感膜的变迁，这一变迁过程同时也反映了 K^+选择性电极的发展过程。下面我们就从 K^+选择性液接电极离子选择性实现的发展历史角度进一步加深对 K^+选择性液接电极工作原理的认识。

早在 1934 年，伦吉尔（Lengyel）和布卢姆（Blum）就意识到玻璃电极能通过玻璃中混杂的 Al_2O_3 等成分的不同，对阳离子具有选择性，他们在玻璃膜内部灌入特定浓度的内参比溶液，与参比电极一同放入待测溶液中形成电路，该系统将玻璃膜内外特定阳离子的活度差转化为电势差。在这一时期，电极对特定阳离子的特异性不高，推导出以下方程式来表示混有任意两种单价阳离子溶液的玻璃电极电势：

$$E = E^{\circ} + \frac{RT}{F}\ln\left[\left(A^+\right)^{1/n_{AB}} + {k_{AB}}^{1/n_{AB}}\left(B^+\right)^{1/n_{AB}}\right]^{n_{AB}} \tag{9.2}$$

式中，E表示电磁场势能，E°表示标准电势，R为理想气体常数，T为绝对温度，F为法拉第常数，k_{AB}与 n_{AB}是给定成分的玻璃电极及阳离子对（A^+，B^+）的经验常数。可以想象，溶液中阳离子的成分，甚至酸碱度的不同都会对测量结果造成很大的影响。到了1959年，英属哥伦比亚大学的科学家欣克（Hinke）对由艾森曼（Eisenman）开发的NAS27-8（K^+敏感的玻璃电极）做出进一步改进与简化，诞生了能测量肌肉细胞等体积较大的细胞胞内K^+浓度的K^+选择性玻璃微电极。该电极的原理与此前相似，但在原有的电极外嵌套额外玻璃层，同时在电极尖端用两段蜡封存一段空气起到隔绝内外液的作用，使原本的K^+电极更稳定。但基于阳离子敏感性玻璃制作的电极往往需要较大的离子敏感表面，这就导致它需要与待测溶液有较大的接触面积，若想检测胞内K^+浓度时电极需要埋于细胞中，容易造成细胞膜的破损或组织出现孔洞，这也给检测体积较小的细胞的胞内K^+浓度带来了困难。在1971年，为了进一步减少K^+选择性电极的体积，沃克（Walker）开始探索在电极中使用液体K^+交换剂。液体K^+交换剂由一种低介电常数溶剂中的有机电解质组成，该有机电解质需不溶于水且内部结构高度分支以防止胶束形成，而低介电常数的特点使无机离子更难通过，且相反价态的离子更容易在其内部形成离子键不容易与内参比溶液发生交换。同时，一些离子交换剂展现出了对特定价态阳离子的选择性。至此，K^+选择性电极就可以通过液体离子交换剂，实现内参比溶液的离子与待测液体间的可逆电接触。为了使离子交换剂能固定在亲水电极的尖端，沃克（Walker）进一步提出了玻璃电极的硅烷化技术，简单而言，即是在亲水的电极尖端覆盖上一层疏水的硅化物，这一技术依旧是当下K^+电极制作中非常重要的一步工艺。该阶段的液膜K^+电极已经具有较短的响应时间，具备相当的时间分辨率，但是前期制备电极的液膜对Na^+的阻隔性较差，并且对带正电荷的有机物（如乙酰胆碱）同样具有较高的偏好，因此需要找寻更加特性的液膜材料。目前一种比较好的选择是缬氨霉素依赖性液膜。缬氨霉素是一种天然的十二肽，本身是一种中性的膜载体，当水合K^+进入其空隙时，水合水被去除。而对K^+检测干扰最大的水合Na^+由于体积较小，在缬氨霉素的空腔中无法将水全部脱去，因此实现了对K^+的特异性筛选。然而含缬氨霉素的液膜电阻过高，这限制了其在生物学研究中的应用。于是在1987年，西蒙（Simon）往含缬氨霉素的液膜中加入亲脂性盐和极性膜溶液令液膜内部的带电位点增加，从而有效降低电阻率，大大提高了信噪比，同时又保持了其对K^+的高选择性。基于此原理的缬氨霉素液膜也成为了现今最常用的K^+交换剂。至此，液体接触式K^+选择性电极具有了基本的雏形，后续的K^+液体接触式电极均为此电极的改良版，原理上基本相似。

（二）固态离子选择性电极

K^+选择性液体接触式电极在脑科学研究中有着广泛的使用，但由于其对内充液的依赖程度较高，使用过程需要对内充液进行定期的补充，同时对环境温度、气压和敏感膜的饱和度等都有着严格的要求，目前也开发出了固态K^+选择性电极来尝试减少电极测量过程中对内充液的依赖。

（三）K^+敏感纳米荧光探针

除了上述的基于电化学原理的K^+选择性电极之外，K^+敏感的荧光探针也被开发用于脑内K^+的检测。这种方法的优势在于能实现实时观察特定脑区在生物个体不同行为或神经元放电情况下脑内K^+浓度的变化。目前可用的商业化K^+敏感荧光探针主要有 Potassium-binding benzofuran isophthalate（PBFI），asante potassium green（APG）和 quantum dot（QDot）K^+探针三类。PBFI需要远紫外激发，开发较早，应用较广，但是受Na^+干扰较大。APG激发峰在500nm左右，和PBFI类似，早期版本的APG受Na^+干扰较大。通过在APG外层包裹一层K^+特异的滤膜，能够进一步过滤掉Na^+，提高探针的特异性。QDot K^+探针利用荧光共振能量转移（FRET）的原理，当K^+被选择性募集到传感器核心区时，会导致发色基团的吸收光谱发生改变，通过荧光强度的变化来指示K^+浓度的变化。除了K^+敏感的化学荧光探针外，K^+敏感的生物荧光蛋白探针也陆续被开发出来。但是，目前使用的K^+敏感荧光探针普遍存在对K^+特异性不够，测量范围较窄，荧光强度较弱等问题，这在很大程度上限制了其在脑科学研究中的实际应用。

综上所述，目前脑内检测K^+的方法是以基于电化学原理的K^+选择性液体接入式电极为主，该技术发展较为成熟，操作简单，灵敏度高，测量数据真实可靠。而基于荧光的K^+检测方法具有K^+选择性电极不具备的活体记录优势，但是将K^+荧光探针完美应用于活体成像仍任重而道远。

三、Ca^{2+}的检测

Ca^{2+}是在神经系统的正常生理过程中发挥极其重要作用的一种阳离子。Ca^{2+}参与神经元的发育、轴突和树突的形成、突触前的递质释放、突触后的信号转导、基因的表达调控以及突触可塑性等众多的神经系统重要功能。因此，在脑科学研究中，Ca^{2+}在众多的无机离子中具有最重要的地位。对于脑内 Ca^{2+}浓度动态变化的研究也最为广泛和深入，为此开发的检测技术手段也最为成熟。与H^+和K^+的检测主要依赖电化学技术不同的是，脑内Ca^{2+}的检测以荧光成像技术为主，且发展极为迅速。本小节将重点介绍基于荧光成像原理的脑内Ca^{2+}检测技术。

（一）Ca^{2+}荧光成像技术

Ca^{2+}荧光成像技术是指利用各种Ca^{2+}特异的荧光指示剂监测组织中Ca^{2+}浓度的技术方法。在脑科学研究中，Ca^{2+}作为神经元之间信号传递的基础，其浓度的变化本身就提示了神经元活动性的强弱。神经元在静息状态下，胞质内的Ca^{2+}浓度是相对较低的，为50～100nmol/L；当神经元中有动作电位发生时，胞质内的Ca^{2+}浓度会急剧上升10～100倍。神经元胞内Ca^{2+}浓度的升高一定程度上表征了神经元电活动的增强。通过结合对 Ca^{2+}敏感的荧光染料或蛋白质荧光探针，就能够将神经元内的 Ca^{2+}浓度通过荧光强弱的方式检测出来，进而达到监测神经元电活动的目的。和传统的电生理记录方式检测神经元电信号相比，Ca^{2+}荧光成像技术最大的优势是能够实现在活体水平对大量神经元活动性进行同步追踪，由此研究它们之间的功能联系。Ca^{2+}成像技术的关键核心是 Ca^{2+}敏感的荧光指示剂，目前使用较为广泛的 Ca^{2+}荧光指示剂主要分为化学性 Ca^{2+}指示剂和基因编码Ca^{2+}指示剂两类。下面将分别介绍。

1. 化学性Ca^{2+}指示剂 不都是荧光指示剂，我们主要介绍能用于Ca^{2+}荧光成像的荧光指示剂。化学性 Ca^{2+}荧光指示剂主要是基于 Ca^{2+}的螯合剂和荧光染料的结合开发的。螯合剂结合 Ca^{2+}，使染料发射荧光。在不同的Ca^{2+}浓度下，荧光强度会发生变化，由此检测和推算Ca^{2+}的浓度。例如，氨基苯乙烷四乙酸（BAPTA）是一种经典的Ca^{2+}螯合剂，基于BAPTA开发的BAPTA-AM（也称为BTC）就是一种常见的Ca^{2+}荧光指示剂。除此之外，还有许多其他Ca^{2+}荧光指示剂，比如：Fura2、Calcium Green、Oregon Green、Fluo3、Indo1和Rhod2等。

根据激发光的波段不同，Ca^{2+}荧光指示剂可以分为紫外光激发的荧光指示剂和可见光激发的荧光指示剂。其中，紫外光激发型主要有Indo1、Fura2、Quin2等；可见光激发型主要有Fluo3、Calcium Green、Rhod2 等。紫外光激发型的漂白反应较可见光激发型更为明显，且容易产生细胞毒性。为了避免损伤细胞，可见光型的指示剂应用范围更加广泛。根据检测的原理方法分类，Ca^{2+}荧光指示剂可以分为比值型和非比值型两类。其中非比值型荧光指示剂的检测原理比较简单，属于单波长指示剂。以Fluo3为例，激发波段为506nm，发射波段为526nm，Fluo3和Ca^{2+}结合后荧光强度比游离时增强35～40倍，信噪比高。由于此类指示剂的荧光强度和Ca^{2+}浓度成正比，因此可以通过直接读取荧光强度指示 Ca^{2+}浓度。比值型荧光指示剂的检测原理相对复杂，属于双波长指示剂，需要在两个不同的波段下进行激发和检测。其本质是荧光共振能量转移（FRET）分子，包含两种不同的荧光染料：一个为 Ca^{2+}探针，一个为参考染料。这两种染料各自有不同的激发波段或发射波段，且它们之间的距离可以随着Ca^{2+}的结合而发生变化，从而影响FRET效应，导致指示剂的激发波段或发射波段发生偏移。以Fura2为例，不结合 Ca^{2+}时，激发波段是380nm，结合 Ca^{2+}后，激发波段是340nm。分别用340nm和380nm的光去激发，得到发射光的比值，该比值和Ca^{2+}浓度成正比，由此指示 Ca^{2+}浓度。类似的还有 Indo1，激发波段是 355nm，不结合 Ca^{2+}时，发射波段是 475nm，结合 Ca^{2+}后，发射波段是 400nm，通过计算 400nm 和 475nm 两个波段的发射光比值，就可以检测细胞内 Ca^{2+}的浓度。

2. 基因编码 Ca^{2+}指示剂 基因技术的发展和探索脑的迫切需求催生了基因编码 Ca^{2+}指示剂（genetically encoded calcium indicator，GECI）。这类指示剂和化学性 Ca^{2+}荧光指示剂相比最大的优势是可以将这类基因编码的指示剂通过遗传学方法表达在特定的脑区，特定的细胞类群，甚至是特定的亚细胞结构，由此来研究脑内不同脑区，不同神经类群的不同功能，是活体脑功能研究的绝佳工具。最早开发的 GECI 是 Cameleon 蛋白，基于荧光共振能量转移（FRET）开发。和基于 FRET 的 GECI 相比，单个荧光蛋白基团的荧光指示剂在捕获钙信号上具有更好的表现。其中，又以 GCaMP 系列荧光蛋白应用最为广泛。GCaMP 系列 Ca^{2+}指示剂主要由三部分元件构成，包括绿色荧光蛋白 GFP 的变异体（cpEGFP）、钙调蛋白（CaM）和 M13 肽。不结合 Ca^{2+}时，GCaMP 蛋白不发荧光。当有 Ca^{2+}存在时，Ca^{2+}和 M13 及 CaM 结合，GCaMP 蛋白的构象发生改变，从无荧光的状态变为绿色荧光状态，荧光强度指示了 Ca^{2+}浓度。自 21 世纪初 GCaMP1 问世以来，利用结构突变筛选的办法，GCaMP 蛋白经历了多次更新换代，荧光性质在亲和性、信噪比、动力学等方面都得到了不断提升，其中 GCaMP6 系列较为经典，在神经科学研究中被广泛使用。GCaMP6 荧光蛋白有三种不同亚型：GCaMP6s、GCaMP6m 和 GCaMP6f。GCaMP6s 灵敏度最高，反应最大，适合弱信号的检测；GCaMP6f 具有最快的动力学特性，适合高频信号的检测；GCaMP6m 的灵敏度和动力学速度介于 GCaMP6f 和 GCaMP6s 之间，实验时可根据具体实验要求选择最为合适的亚型。继 GCaMP6 荧光蛋白之后，jGCaMP7 荧光蛋白也已经被开发，除了和 GCaMP6 系列类似的高灵敏性的 jGCaMP7s 和快速动力学特性的 jGCaMP7f 外，该系列还推出了本底信号高适合神经纤维成像的 jGCaMP7b 和本底信号低对比度高适合大范围成像的 jGCaMP7c。除此之外，还有和 GCaMP 相对应的 RCaMP 红色 Ca^{2+}荧光蛋白，能够通过紫外光处理实现瞬间把神经元活动转变为红色荧光，以此来活体大范围标记在特定情境下激活的神经元的 CaMPARI 系列荧光蛋白。以及适合多色成像的 XCaMP 系列荧光蛋白等众多的基因编码 Ca^{2+}指示剂可供选择，大大助力于脑科学研究。

无论是化学性 Ca^{2+}荧光指示剂还是基因编码 Ca^{2+}指示剂，两者只是在荧光标记的方式上有所不同，后者具有更特异性的表达分布。两者在整体的实验流程上是非常相似的，都包括了荧光标记，荧光激发到信号采集等过程。化学性 Ca^{2+}荧光指示剂目前多用于体外系统，包括培养细胞和脑片等，而基因编码 Ca^{2+}指示剂可用于动物的在体研究。目前较为常用的技术主要有光纤记录（photometry）、内镜记录（endoscope）和头固定式双光子成像记录（two-photon imaging）等。在活动物在体研究中，以上技术均需要在目标脑区或细胞类群外源导入和表达编码 Ca^{2+}荧光指示剂的基因，区别在于后续荧光信号捕捉采集的方式。光纤记录在脑内埋植光纤，通过跳线导入激发光，捕捉发射光检测 Ca^{2+}信号，属于细胞群体水平的记录，不具有单细胞水平的分辨率；内镜记录需要在脑内埋植内镜，具备单细胞水平的分辨率，但是对脑组织存在较大的损伤，且不便对自由活动或者复杂行为过程中的实验动物进行成像；头固定式双光子成像技术具有最高的空间分辨率，能检测亚细胞水平（树突棘）的 Ca^{2+}浓度动态变化，缺点是实验动物无法自由活动且只适用于浅表层的脑区。这些技术为接近个体生理状态下检测神经元的活动变化提供了重要的技术支持，各种方法各有优劣，实验者可根据自身实验需求进行合理选择。

（二）Ca^{2+}选择性电极法

Ca^{2+}选择性电极法是一种基于电化学原理的检测方法，和 H^+和 K^+检测电极的原理类似，通过在检测电极尖端涂上对 Ca^{2+}具有选择性的膜，将 Ca^{2+}浓度化学信息转化为电学信息，由此检测细胞内 Ca^{2+}浓度的动态变化。该方法不需要使用任何指示剂，操作简单，但是会刺穿损伤细胞，并且干扰较大。

（三）同位素示踪法

放射性同位素可作为示踪剂用来检测一些微量的变化，因此将放射性同位素标记的 Ca^{2+}（比如 ^{45}Ca）加入到细胞或者溶液中，这些放射性同位素标记的 Ca^{2+}会和细胞和溶液中普通的 Ca^{2+}进行竞争，从而实现对 Ca^{2+}浓度的测定。该方法具有高灵敏度和高精度的特点，可用来监测细胞内 Ca^{2+}浓度的瞬间变化，比如 Ca^{2+}通过细胞膜转运到细胞内的浓度和速度大小。缺点是放射性同位素存在一定的安全风险和使用限制，需要复杂的实验设备和在严格的安全管理规范下进行。

（四）磁共振法

磁共振法检测 Ca^{2+}浓度的原理是利用磁共振成像技术（MRI）来检测组织内的 Ca^{2+}浓度。实验中需要用到含氟指示剂，目前使用较为广泛的是 *n*F-BAPTA。BAPTA 是 Ca^{2+}螯合剂，将氟与之结合来指示 Ca^{2+}，属于一种非光学原理的非侵入式 Ca^{2+}检测方法。优点是对个体无损，缺点是成本高，设备要求高，且时间空间精度不高，不适合实时监测。

综上所述，目前脑内检测 Ca^{2+}的方法以基于荧光成像的方法为主，该方法在脑科学研究中应用最为广泛，技术发展也最为成熟。其他技术方法能够应用在一些有特殊要求的实验中，与荧光成像法相互补充，使得人们对于神经系统通过 Ca^{2+}行使功能的机制的理解有了质的飞跃，这些技术将助力于脑科学研究的大力发展。

四、其他离子的检测

除了上述的 H^+、K^+和 Ca^{2+}外，脑内还存在 Mg^{2+}、HCO_3^-、Na^+、Cl^-、Cu^{2+}、NH_4^+等众多其他的离子类型。这些离子对于神经系统的正常生理功能同样重要。只是，相较于上述的无机离子（H^+，K^+和 Ca^{2+}），这些离子在过去的研究中涉及较少，因此在这方面的方法研发也比较少。目前而言，针对这些离子，主要还是基于电化学的原理，利用在电极尖端修饰离子选择性的元件来检测脑内各类离子的浓度。比如，使用无铜衍生的超氧化物歧化酶（E_2Zn_2SOD）作为电极修饰材料上的生物识别元件，利用其与 Cu^{2+}的特异性相互作用，再结合脉冲伏安法实现对脑内 Cu^{2+}的检测，该方法灵敏可靠。

五、总结和展望

无机离子作为脑内微环境的重要组成部分，对于脑内微环境的稳态维持十分重要，并参与了多种生理过程，脑内离子浓度出现异常会导致多种神经性疾病的发生。因此，精确检测生理和病理过程中脑内无机离子浓度的变化，可更好地理解和认识各种神经生理和病理过程的本质，为其临床治疗奠定理论基础。

自 20 世纪开始关注脑内的无机离子到现如今，虽然困难重重，但得益于分析化学、电子科学、神经科学和材料科学等多学科的快速发展和交叉融合，针对脑内各类离子的检测研究进展飞快，技术方法方面也是日新月异。脑内化学物质的检测一般分为细胞、脑片和活体等不同层次，其中，在细胞和脑片层次上进行离子的检测虽然能够一定程度上帮助我们理解神经系统的功能，但是脱离了活体生存的生理环境，很难保证细胞之间固有的联系和相互作用。相较而言，活体层次对脑内离子的检测能够更加真实、直接地反映神经系统在各种生理、病理过程中对外界刺激的响应，从而为脑科学研究提供最为直接的信息。因此，针对活体层次开发离子检测的手段将是未来该方面技术研发的重点。

目前，传统的检测方法包括基于生化的微透析法、基于电化学原理的电化学法，而新型的检测方法包括基于荧光蛋白和新型材料的各类光学成像方法。微透析法现在使用较少；电化学方法具有高灵敏性、高时空分辨率、选择性高和可测离子种类多样等特点；荧光成像的方法损伤小，能够实现活体脑内记录，甚至有可能实现多种离子同时检测，具有相当的优势，缺点是依赖特殊的探针工具，可分析的离子类型相对局限。目前用得比较好的是针对 Ca^{2+}开发的荧光成像方法，尤其是GCaMP系列荧光蛋白，已经在脑科学研究领域得到了极为广泛的应用。因此，后续针对其他离子类型的荧光蛋白的开发也是未来该领域研发的重点。

综上所述，脑内各类无机离子检测方法的开发为研究各种离子在神经系统生理和病理条件下的功能提供了重要技术支持，使得最终阐明各种离子之于脑功能的意义成为可能。

第四节　小分子物质检测

脑内包括代谢产物（如乳酸、ATP、丙酮酸等）、营养分子（葡萄糖、维生素 C、氨基酸、脂质等）及其他（如可过血脑屏障的药物等）众多的小分子物质。这些小分子物质与脑行使正常功能及生理、病理状态都息息相关。为了检测这些重要的小分子物质，之前的研究使用了微透析、磁共振波谱、磁共振成像、功能磁共振脑成像、气液相色谱法、电化学、荧光成像等方法。这一节，我们将通过乳酸、葡萄糖和维生素 C 的脑内检测方式，来概述脑内小分子物质检测的方法学及其与病理的对应关系。

一、脑内乳酸的检测

乳酸是脑细胞无氧呼吸酵解产生的代谢产物，是机体产生化学能量 ATP 的重要一环。大脑中星形胶质细胞及神经元都可以产生乳酸。研究表明，乳酸也像激素一样运作，它会参与复杂的记忆形成和神经保护，星形胶质细胞也可在神经元激活时释放乳酸，并且能帮助神经元保持正常运作，而线粒体功能障碍导致的乳酸代谢异常易导致神经退行性疾病的发生。

乳酸的跨膜转运需要氢离子依赖的单羧酸转运体（monocarboxylic acid transporters，MCT），不同类型的单羧酸转运体与乳酸的结合能力不同，而且这些蛋白转运体的分布具有细胞特异性，这一差异对乳酸的代谢和生物学功能等有生理意义。在静息状态下，脑内会产生大量乳酸，从而使脑内乳酸浓度略高于血液中乳酸水平。脑内细胞产生的乳酸，可以跨膜释放到胞外间隙，并进而经间隙内的血管或淋巴系统引流入血液，从而进入全身循环。当血液内乳酸水平升高到高于脑内浓度时，大脑反而会从血液中摄取乳酸，此过程一般都是在运动状态中发生的。在运动状态下，大脑甚至可清除高达全身乳酸量的 11%。在运动过程中，ATP 主要是由自由流动的血糖和储存的肌糖原回收和分解产生的。当葡萄糖供应不足时，为了保持运动，身体会寻找其他方法来再生葡萄糖和 ATP。有充足的氧气时，消耗和再生会处于相对稳定的状态。然而，氧气不足会导致更多的乳酸产生。丙酮酸是糖酵解（糖原分解）的副产物，可以转化为乳酸及再生化合物 NAD^+，这是生成 ATP 所必需的。当乳酸以这种方式产生时，它通常被运送到肝脏，在那里通过糖异生来合成葡萄糖。然后葡萄糖在糖酵解过程中作为主要能量来源被运送回肌肉。研究人员正在研究乳酸穿过血脑屏障和在神经元代谢中发挥作用的能力。

缺氧和葡萄糖剥夺都会导致神经元的死亡，除非细胞在缺氧和葡萄糖剥夺发生前补充了乳酸。事实上，乳酸，而非葡萄糖，是神经元从缺氧状态中恢复的必要因素。这个过程被称为星形胶质细胞-神经元乳酸穿梭过程（ANLS），在兴奋性神经传递和神经递质（如谷氨酸转化为谷氨酰胺）的转换过程中特别活跃。星形胶质细胞-神经元乳酸穿梭过程同时产生和消耗乳酸，其中神经元中的己糖激酶比星形胶质细胞所含己糖激酶多得多，己糖激酶在乳酸生成中起到了关键性作用。在静息状态下，一半的葡萄糖被神经元利用，另一半被星形胶质细胞利用。由于星形胶质细胞只消耗大脑总能量的 10%～15%，研究人员认为星形胶质细胞产生的乳酸主要供给神经元是神经元主要燃料来源之一。所以，研究乳酸在神经元能量代谢中的作用，以及检测乳酸在脑内代谢过程中的动态水平变化对揭示脑细胞能量代谢模式和探讨多种神经系统疾病发病机制及病理过程等都有重大意义。

为了检测脑内乳酸水平的变化，研究人员一直在开创更加精准的检测技术，目前使用比较多的技术有：微透析（microdialysis）技术，质子磁共振波谱（^{1}H-MRS）技术，气液相色谱法，电化学生物传感器技术等。

（一）微透析技术

微透析（microdialysis）技术是通过灌流来提取样品，并利用透析技术来选择性提取想要检测的物质从而从生物活体内微量且动态地测量分析的方法。其检测原理以透析原理作为基础，通过在非平衡条件下，对插入生物体内中的选择性微透析探头进行灌流，物质（如乳酸）会自发地沿浓度梯度扩散，从而使要分析物质穿过膜扩散进入透析管内，并连续不断地从透析管内带出，从而达到活体取样的目的。该技术相比于穿刺取样等传统方法具有活体连续取样、动态观察等特点，且其组织损伤轻，并不会致实验动物死亡。该方法可在麻醉的实验动物上使用，也可以在术后的清醒实验动物上检测，且该方法对于深部组织和重要器官的活体研究有重要意义。以检测小鼠大脑某脑区的乳酸浓度为例，在麻醉的小鼠头部植入微透析探针和导管，待手术恢复 24 小时后进行微透析灌流操作；通过植入导管往探针内以 1.5～2μL/min 的速度灌流人工脑脊液，细胞外乳酸扩散到透析液中，然后与试剂混合[含有乳酸脱氢酶（LDH）和辅助因子 NAD（pH＝9.5），使平衡在 NADH 侧]，并在流动试管中连续被监测。通过在设定的时间点收集脑组织液的微透析样品，然后用乳酸的专用检测试剂盒来检测收集的样品。利用工作液处理后于 450nm 读取参数作标准曲线来获取乳酸浓度。高天明研究团队借助微透析技术获取了小鼠内侧前额叶皮层（mPFC）脑区的脑脊液后进行了乳酸浓度的检测，他们发现强迫游泳测试（forced swim test，FST）过程中的小鼠，其 mPFC 脑区的乳酸水平与经历强制游泳之前及不经历强制游泳的小鼠相比，明显升高，提示 mPFC 的乳酸水平可能参与调节小鼠在压力环境下的消极应对反应。

（二）质子磁共振波谱技术

质子磁共振波谱（^{1}H-MRS）利用氢原子的原子核共振频率对环境的敏感性，在不同化学环境下，其共振频率会产生特异的化学位移，通过傅立叶转换可以将这些化学位移变成按频率-信号强度分布的波谱曲线。而由于在特定分子中，氢原子的分子环境是一定的，从而其共振频率是不变的。于是这种主共振频率就可以像“指纹”一样标记想要检测的特定小分子。某物质在其特定频率下的峰面积可以反映在脑组织中该物质的浓度。质子磁共振波谱在对脑梗死的诊断及预后判断中有很大的优越性，发病 7 小时内的超急性脑梗死在缺血半暗区仅可见表观扩散系数（ADC）值轻度降低，而磁共振波谱上却已出现 *N*-乙酰天门冬氨酸（NAA）和乳酸（Lac）峰的改变，依波谱改变可反映出细胞代谢损伤所处的不同时期。脑梗死可引起长时间持续升高的乳酸峰，乳酸峰的持续升高可能是因为梗死的进展或局部炎症细胞的浸润所致，也可能是起病初代谢产生的乳酸残余。乳酸是脑病理性代谢产物之一，准确测量其浓度对颅脑疾病诊断、分级与治疗效果的评估及其他目的的分析研究起重要作用。但乳酸峰不易被检测，且乳酸易受脂类分子的影响而比实际值要高。同时，在磁共振频谱扫描中，要求精确定位，但其容易受非脑实质结构的影响导致噪声增大。基于这些，想要实现在活体中无创乃至低创伤地通过共振频谱来实现乳酸的定量分析是现在亟待解决的技术问题。

目前，追踪中枢神经系统老化症状阶段的手段很少。而研究表明相关代谢分子变化（如乳酸）与线粒体 DNA（mtDNA）突变驱动的衰老有关。研究人员使用正常衰老和过早衰老的 mtDNA 突变小鼠来建立线粒体功能障碍和衰老过程中异常代谢之间的分子联系。使用质子磁共振波谱和高效液相色谱，发现 mtDNA 功能障碍引发了小鼠大脑的一种代谢变化，会改变在乳酸形成过程中的特定酶的表达，而这种变化会引发大脑乳酸浓度变化。原位杂交实验表明，脑乳酸水平的增加是由乳酸脱氢酶转录活性的改变引起的，以促进丙酮酸转化为乳酸。所以，可使用乳酸质子磁共振波谱作为监测衰老过程这一标志的非侵入性策略。

（三）其他方法

在临床疾病检测中，可通过检测脑脊液的乳酸水平来诊断脑疾病。一般考虑到检测速度，会采用气液相色谱法或酶分析法快速进行乳酸含量的检测。还可以利用乳酸能与三价的铁离子反应形成呈亮黄色的乳酸高铁，再通过与乳酸标准管对照测定得出结果。与气相色谱法比较，此法简便、可靠，不需要贵重仪器，所测得结果与气液相色谱法相似，同样具有快速、可靠、灵敏度高、需要标本少等优点。

还有一些研究人员将超小型微电极生物传感器植入小鼠大脑用于检测脑内乳酸的瞬态变化。微电极生物传感器主要由微电极（镀铂碳纤维）和固定在尖端上的酶组成，通过酶、核酸等特异性识别乳酸的生物识别元件，进而可以设计出特异选择性和高灵敏度的乳酸生物传感器，这将为乳酸的活体脑化学分析提供重要的方法。同时，该方法也可以改造用于活体分析脑内其他重要神经分子（如多巴胺、抗坏血酸等）。这种方法具有创伤小的特点，且在应用中对乳酸的响应效果很好。该方法实现了小鼠在清醒状态下大脑乳酸的连续监测，可用于脑神经生理、病理模型实验动物中研究乳酸变化。

二、脑内葡萄糖检测

葡萄糖作为人体中重要的能量供给物质，在诊断和检测中是一项重要的指标，在体检中，我们通过监测血液或其他体液中的葡萄糖浓度来判断身体是否有如糖尿病等病变。

现如今常规的葡萄糖浓度检测手段有葡萄糖氧化酶法，其原理是使用葡萄糖氧化酶催化葡萄糖氧化反应从而释放过氧化氢；过氧化氢与色原性氧受体在过氧化物酶催化下进一步缩合为红色化合物。此物质的最大吸收峰在 505nm 处，且其吸光度值和葡萄糖量呈正比例关系。也是我们常用的临床检测血糖浓度的方法。人体的脑脊液（cerebrospinal fluid，CSF）葡萄糖浓度测定一般采取穿刺取液，体外检测的手段，成人穿刺获得脑脊液的方法和其测定出的葡萄糖浓度参考值为：①腰椎穿刺，2.5～4.4mmol/L；②小脑延髓池穿刺，2.8～4.2mmol/L；③脑室穿刺，3.0～4.4mmol/L。脑脊液葡萄糖参考值大概为婴儿 3.9～5.0mmol/L；儿童 2.8～4.5mmol/L；成人 3.6～4.5mmol/L。

如果需要检测脑中的葡萄糖含量，现在一般选择检测脑脊液的葡萄糖含量。脑脊液葡萄糖含量为血糖的 50%～80%（平均 60%），其含量高低与血糖浓度、血脑屏障（blood brain barrier，BBB）的通透性以及葡萄糖的酵解程度有关。在脑脊液的葡萄糖检测中，同样也是主要采用葡萄糖氧化酶法进行定量检测。

（一）脑脊液中葡萄糖浓度与疾病的关系

1. 脑脊液葡萄糖减少 主要见于神经系统感染性疾病，包括：

（1）化脓性脑膜炎会因为化脓菌的代谢增强而导致葡萄糖早期的明显降低，发病后 24 小时脑脊液内葡萄糖含量可降至 1.11mmol/L 以下，疾病严重时甚至会导致脑内葡萄糖浓度降低到接近零。

（2）结核性脑膜炎，因为结核分枝杆菌感染，脑内蛋白质含量增加，并通过结核分枝杆菌将葡萄糖分解成乳酸和丙酮酸使脑脊液内葡萄糖和氯化物降低。发病初期脑内葡萄糖浓度可能会稍增高或正常，以后随着病情持续而逐渐降低，最低时可降至 0.183mmol/L 以下。

（3）真菌性和阿米巴性脑膜炎以及部分流行性腮腺炎并发脑膜炎，同理是感染微生物后微生物自身代谢消耗糖，脑脊液中的葡萄糖浓度降低。

（4）此外还可见于脑寄生虫病以及恶性肿瘤如脑瘤、黑色素瘤转移癌等。低血糖患者也可见脑脊液葡萄糖含量下降。

2. 脑脊液中葡萄糖增高 主要见于以下疾病

（1）新生儿及早产儿因血脑屏障通透性较高，葡萄糖从血液中大量进入脑脊液中使葡萄糖浓度增高。

（2）糖尿病或静脉注射葡萄糖。患糖尿病时血糖增高，而脑脊液中葡萄糖也会随之增高。重症糖尿病患者的脑脊液中可发现酮体，而且会在糖尿病性昏迷以前出现。静脉注射大量葡萄糖后，血糖和脑脊液中葡萄糖也增高。当静脉输入葡萄糖后，血及脑脊液中葡萄糖的平衡需 1～2 小时，对此类患者需同时测定血糖，以资对比。

（3）脑或蛛网膜下腔出血。血糖浓度相当于脑脊液糖浓度的 2 倍，如出现血性脑脊液，则使糖含量增高；脑出血或蛛网膜下腔出血时常损害丘脑下部，影响碳水化合物代谢，促进糖原分解。

（4）急性颅脑外伤、中毒、缺氧、脑出血等所致下丘脑损伤等。由于脑部弥漫性损害，常累及丘脑下部，通过自主神经系统，促进肾上腺素分泌增多，促进糖原分解，引起血糖增高，继而脑脊液中葡萄糖增高。

（二）实验动物脑脊液中葡萄糖浓度的检测方法

在实验动物中，如果需要测定脑脊液的葡萄糖浓度，我们可以选择体外测定和在体测定两种方法。其中体外测定手段可以采用和临床检测相似的手段，也就是前文中提到的葡萄糖氧化酶法和己糖激酶法进行定量检测。同样如果要取实验动物的脑脊液，则可能需要手术穿刺的方法来取出。

文献报道应用手术可以在 10min 左右的短时间内抽取出脑脊液，取出后再进行葡萄糖浓度的测定对大鼠的创伤性较为微小，不易导致大鼠死亡。可以采用己糖激酶法，应用自动生化仪测量脑脊液葡萄糖浓度。或是采用氧化酶法，应用自动生化仪或者试剂盒测量血液葡萄糖浓度。现如今很多实验室采取使用自动生化仪的方法测定脑脊液中的葡萄糖浓度，其测量脑脊液中的葡萄糖浓度有较好的可信度，推荐使用。医用全自动生化仪一般应用终点法、速率法、电极法等几种检测方法。而终点法是常用的检查方法，其原理是将反应混合物经一定反应时间以达到平衡，在这种稳定阶段的显色反应终点，检测其颜色对特定波段光的吸收强度，以此计算待测物的浓度。该方法除用于检测葡萄糖外还广泛用于蛋白质、肌酐及某些药物的浓度监测等。

1. 实验小鼠的手术穿刺法 小鼠用乙醚麻醉后，俯于三角形棒上，用耳棒或者胶带固定其头部，使头下垂与体位成 45°角。从头至枕骨粗隆做中线切开 4mm，再至肩部 1mm，钝性分离。用虹膜剪剪去枕骨至寰椎肌肉，露出白色硬脑膜，用针头在枕骨和寰椎间 2mm 处刺破，用微量吸管吸取 2.5μl 脑脊液。相比于传统的方法，现在不断有新的取脑脊液的方法出现，比如通过参考大鼠抽取脑脊液的方法建立的一种在小鼠上抽取小鼠脑脊液的新方法，其优点在于可以保证小鼠存活的情况下多次取液。也可以多关注新文献，不断探究更简单好用的方法。

2. 实验兔的手术穿刺法 兔麻醉后，去其颈背侧区及颅的枕区皮肤上被毛，消毒。侧卧位，固定兔耳朵，并弯曲其颈部以暴露颅底，用针头刺入枕外隆凸尾端约 2mm 处。同时还有很多其他方法比如说经皮穿刺延髓池等方法，但是值得注意的是各种方法取得的脑脊液中的葡萄糖浓度可能会有差异，需要关注对照组的测定值和实验组的比较，尽量在同一组实验中采取相同的穿刺取脑脊液的手段。

3. 实验大鼠的手术穿刺法 部分文献中使用了比较前沿的技术手段来检测活体大鼠的组织液中的葡萄糖浓度，通过安培葡萄糖监测器可以连续长时程测量组织液中的葡萄糖浓度。例如，在大鼠的肩胛骨旁放置特殊的葡萄糖检测器，放置传感器并稳定后，采集单个尾静脉血样（约 5μl）。将血滴吸收到用于血糖监测器的试纸上，并记录血糖读数。使用这种测量方法，计算最接近电流读数的一个转换因子，使电流读数（nA）乘以这个因子与葡萄糖测量值（mg/dl）匹配。这种方法可以实时监测大鼠在各种活动状态下脑脊液的葡萄糖浓度，并且可与其他的监测手段关联，发现更多有突破意义的现象。

以上总结了临床和实验动物的脑脊液葡萄糖浓度测定，以及临床检测中脑脊液葡萄糖浓度升高或者降低所代表的可能出现的症状。并且介绍了在患者和实验动物上穿刺取脑脊液的技术手段，随着技术的不断革新，科学研究的不断推进，相信会有越来越多的更加方便、准确率更高的技术出现，辅助临床诊断治疗和基础实验。

三、脑内维生素 C 的检测

维生素 C（vitamin C）又称抗坏血酸（ascorbic acid），是体内重要的抗氧化剂之一，有防治坏血病的作用。人和灵长类动物的肝脏中缺少 *L*-古洛糖酸内酯氧化酶（*L*-gulonolactone oxidase），所以无法在体内合成维生素 C，而必须从食物中摄取。维生素 C 参与体内诸多的生理生化过程：比如其可以通过氧化反应来消除有害的自由基，进而减少氧化应激的损伤；并在许多酶促反应中作为辅因子，如伤口愈合和胶原蛋白合成等。

因为维生素 C 有如此重要的作用，其在全身组织中均有分布，但浓度差异很大，而脑是其中含量最高的器官之一。之前的研究表明，维生素 C 可缓解诸如癫痫、脑缺血和脑水肿等中枢神经系统疾病，并作为重要的辅酶因子，对去甲肾上腺素和多种神经肽的合成有重要的影响。

然而维生素 C 作为一个极性小分子，并不能单纯地依靠扩散自由地进出细胞膜。研究发现其从细胞外转运进胞内需要依赖于膜转运蛋白，主要的机制有两种：一种是经由葡萄糖转运体（己糖转运蛋白 1，GLUT1 和己糖转运蛋白 3，GLUT3）控制的协同扩散脱氢抗坏血酸（DHA，维生素 C 的氧化产物）；另一种是钠离子依赖的抗坏血酸钠辅助转运蛋白（SVCT1 和 SVCT2）的主动转运。大鼠脑内细胞间液中的维生素 C 浓度为 200～400μmol/L，而神经元内部的浓度约为 10mmol/L，神经胶质细胞中约为 1mmol/L。在神经元中，维生素 C 主要通过三种方式从胞内释放到胞外：第一种是通过体积调控的阴离子通道实现释放；第二种是通过与谷氨酸异相离子交换的机制；此外，维生素 C 也可以从囊泡中释放到胞外，之前的研究发现，维生素 C 会和儿茶酚胺共释放。综上所述，维生素 C 缺乏会影响多种神经递质的合成和传导，造成神经系统紊乱，而且还会增加包括阿尔茨海默病等退行性疾病的风险。基于此，在临床及基础研究中准确、实时而具有脑区特异性地检测维生素 C 的含量对于研究维生素 C 在脑内生理及病理过程中所起作用有重要意义。对于脑内维生素 C 浓度的检测，在使用过程中最常用的是电分析化学方法。电分析化学方法相比于其他方法有仪器设备简单、时间分辨率高、可同时进行多种组分测定且在原位实现实时测定等优点，在脑神经科学中具有独特的优势。

维生素 C 的电化学特性：因为脑内具有众多化学物质，包含离子、小分子和大物质蛋白质，这些物质的存在会影响维生素 C 的精准检测。而理解维生素 C 的检测基础就在于了解维生素 C 的电化学性质。维生素 C 是有两个可电离质子的水溶性六元糖酸，pK_a 分别为 4.2 和 11.8，在生理条件下，维生素 C 主要以带一个负电的离子形式存在。在电化学氧化过程中会脱去两个电子，其氧化电位是 0.05V（相对于一般氢电极），并且其氧化产物会进一步水解，生成二酮古洛糖酸。因为二酮古洛糖酸易附着在电极表面，并引起大的过电位，导致其氧化电位和脑内共存的其他化学小分子物质，如多巴胺[0.26V（相对于标准氢电极）]、肾上腺素[0.313V（相对于氯化银电极）]等的氧化电位难以分开，使得针对维生素 C 的选择性分析具有极大的挑战性。

（一）微分脉冲伏安法

微分脉冲伏安法（differential pulse voltammetry，DPV）是在线性增加的电压上增加阶梯型扫描电压，从而通过添加一定的电压脉冲来在电势改变前测定电流，从而减少充电电流的影响。该方法是用于降低噪声并更精准地测量氧化电位的电化学测量方法。

研究表明，电极表面微结构、电子量、表面修饰的官能团乃至其结晶程度等会影响电化学检测的特性。之前的研究发现将碳纤维电极分别在酸溶液和碱溶液中进行电化学处理，会显著增加维生素 C 的电子转移速率。相似地，在金电极表面，由于维生素 C 的氧化产物会在电极表面产生吸附，维生素 C 的氧化峰电位会变大为约 0.5V。而通过有机硫化物，如 2，2-二硫代双乙胺和 6，6-二硫代双乙胺，通过金原子和硫之间形成的 Au-S 键在金电极的表面形成自主装单层（self-assembled monolayer，SAM），由于单分子自组装膜末端的正电荷会与带负电的维生素 C 之间产生静电相互作用，使维生素 C 的氧化峰电位产生了约 0.45V 的负移，而多巴胺的氧化峰电位在 0.2V，从而将这两种物质分开。除了使用酸碱等化学物质来处理外，也可以通过应用不同材料来提高维生素 C 的电子转移速率，比如将带负电荷的单壁碳纳米管和具有正电荷性质的聚二烯丙基二甲基氯化铵逐层叠加在基底电极上，也实现了降低维生素 C 的过电位，加速了维生素 C 的电子转移动力学。这些方法的采用将维生素 C 的氧化电位与其他小分子区分开来从而实现了使用微分脉冲伏安法来检测分析维生素 C 的方式。

（二）实验动物脑脊液中维生素 C 浓度的检测方法

有了能够高精度筛选分析维生素 C 的电极后，就可以直接将微电极插入实验鼠的特定脑区，实现脑内维生素 C 的活体实时分析。这种通过在脑内插入电极从而实现实时分析脑内生理活性物质浓度变化的方法即为活体伏安法。

之前的研究人员通过在脑区微注射或者腹腔注射维生素 C 及维生素 C 选择性氧化酶（ascorbate oxidase，AAO）来验证检测到的伏安信号是否为维生素 C，并进而可以用来检测不同脑区及不同时间、不同刺激条件下维生素 C 的浓度变化。通过这样的方式，之前的研究发现，灌流谷氨酸后引起的维生素 C 释放，实时检测了维生素 C 和谷氨酸的异相交换行为。这一方法进一步也可以检测正常生理条件或者病理条件下维生素 C 的变化，比如在扩散性抑制（spreading depression，SD）的研究中。扩散性抑制是脑内神经细胞去极化后受到抑制，并将这种抑制在神经及胶质细胞间传播的现象，它与偏头痛、癫痫的发病过程很相似。通过活体伏安法，之前的研究员发现在扩散性抑制的过程中会伴随着胞外间质中维生素 C 浓度的变化。通过局部注射 NMDA 型谷氨酸受体的阻断剂地佐环平（MK-801）可以有效阻断扩散性抑制的传播，进而没有观测到维生素 C 的浓度变化，从而证明了扩散性抑制过程中维生素 C 的释放是受谷氨酸受体调节的。

四、展　望

综上所述，针对不同的小分子，目前主要使用的检测技术会有所不同。然而许多小分子，如葡萄糖要依靠穿刺法、维生素 C 主要依靠活体电极等来进行检测，这些方式会给实验动物带来一定的伤害和痛苦，为其临床上的使用也平添了许多阻碍。希望通过学习和研究，之后会有更好的、无伤害、高精度、高脑区特异性的检测方式。

（胡海岚）

参考文献

胡巧，史雨馨，杨晓玲，等，2020. 神经递质的可视化荧光检测技术研究进展[J]. 生物工程学报，36(6): 1051-1059.

纪文亮，张美宁，毛兰群，2019. 鼠脑中维生素 C 活体电化学分析研究进展[J]. 分析化学，47(10): 1559-1571.

李静超，欧阳彬，2018. 脑乳酸代谢的特殊性以及其生物学功能的研究进展[J]. 中华重症医学电子杂志(网络版)，4(2): 195-199.

万金霞，李毓龙，2020. 神经递质检测方法的研究进展[J]. 分析化学，48(3): 307-315.

王昕，李平，张雯，等，2019. 小鼠活体脑部生物活性分子的荧光成像研究进展[J]. 分析化学，47(10): 1537-1548.

魏欢，吴菲，于萍，等，2019. 活体电化学生物传感的研究进展[J]. 分析化学，47(10): 1466-1479.

Cao X, Li L P, Wang Q, et al, 2013. Astrocyte-derived ATP modulates depressive-like behaviors[J].

Nature Medicine, 19(6): 773-777.

Jing M, Zhang P, Wang G F, et al, 2018. A genetically encoded fluorescent acetylcholine indicator for *in vitro* and *in vivo* studies[J]. Nature Biotechnology, 36(8): 726-737.

Lee D M, Creed M, Jung K, et al, 2017. Temporally precise labeling and control of neuromodulatory circuits in the mammalian brain[J]. Nature Methods, 14(5): 495-503.

Muller A, Joseph V, Slesinger P A, et al, 2014. Cell-based reporters reveal *in vivo* dynamics of dopamine and norepinephrine release in murine cortex[J]. Nature Methods, 11(12): 1245-1252.

Nguyen Q T, Schroeder L F, Mank M, et al, 2010. An *in vivo* biosensor for neurotransmitter release and *in situ* receptor activity[J]. Nature Neuroscience, 13(1): 127-132.

Sun F M, Zeng J Z, Jing M, et al, 2018. A genetically encoded fluorescent sensor enables rapid and specific detection of dopamine in flies, fish, and mice[J]. Cell, 174(2): 481-496.e19.

Tingley D, McClain K, Kaya E, et al, 2021. A metabolic function of the hippocampal sharp wave-ripple[J]. Nature, 597(7874): 82-86.

Travica N, Ried K, Sali A, et al, 2017. Vitamin C status and cognitive function: a systematic review[J]. Nutrients, 9(9): 960.

Vander Weele C M, Siciliano C A, Matthews G A, et al, 2018. Dopamine enhances signal-to-noise ratio in cortical-brainstem encoding of aversive stimuli[J]. Nature, 563(7731): 397-401.

Yin Y N, Hu J, Wei Y L, et al, 2021. Astrocyte-derived lactate modulates the passive coping response to behavioral challenge in male mice[J]. Neuroscience Bulletin, 2: 1-14.

第十章　神经科学研究模式动物的行为学技术

第一节　模式动物与行为概述

一、模式动物与疾病动物模型

出于伦理规范和可操作性考虑，许多研究无法在人类中直接开展，而需使用线虫、果蝇、斑马鱼、啮齿目和非人灵长类等模式动物，即动物模型（animal model）。建立人类疾病的动物模型的方法主要包括：①基因编辑，如采用转基因手段敲除或过表达目的基因、敲入人类致病基因；②功能操控，如以电流刺激或损毁脑区和核团、以药物激活或拮抗受体、以光遗传学等手段扰动神经元活动；③引入致病或增加疾病风险的环境因素，如施加慢性应激、注射脂多糖或毒物等。应注意的是，采用动物模型开展研究的目的不在于全面模拟某种人类疾病的所有症状。绝大多数动物模型仅可模拟疾病的某些症状，故不可夸大动物模型的建模效果。

疾病动物模型建立之后，研究者需全面评估其效度，尤其是结构效度（construct validity）、表面效度（face validity）和预测效度（predictive validity）。①结构效度指建模方式与人类疾病的病因具有原理、概念上的可类比性。②表面效度指动物模型具有与人类疾病临床表现相似的特征（即表型，phenotype）。③预测效度指针对某种人类疾病的治疗手段可以缓解或消除动物模型的异常表型。动物模型应兼具以上三种效度（即具有聚合效度，convergent validity）方为有效。

二、动物行为与行为学测试

模式动物虽无法使用语言，但可以表达各种行为（behavior）。行为是动物应对外界环境和内在状态变化所做出的整体性、动态性和组织性活动，是神经系统功能活动在宏观层面上的反映。在《神经生物学原理》中，作者骆利群借用杜布赞斯基（Dobzhansky）关于进化之于生物学的重要性的名言指出：若不从行为角度出发，则神经系统的一切均难以理解。可见，分析动物行为（即行为测试，behavioral testing）是评估神经系统宏观功能的最根本方法和最主要途径，是神经科学研究中的重要环节。①从结构效度角度而言，行为学测试可以与在体成像、电生理记录等方法相结合，通过分析不同维度活动的动态特点解析行为的神经科学基础。②从表面效度角度而言，由于行为是模式动物最直观的输出，行为学测试可用于验证疾病动物模型构建的有效性，并可用于研究操控特定分子、细胞亚群、脑区和神经环路对行为的影响。③从预测效度角度而言，通过横向比较对照组与治疗组间的差异或纵向比较动物治疗前后的行为学改变，可评估治疗手段的效果、推动新药研发。

行为神经科学（behavioral neuroscience）是研究行为的神经生物学机制和精神心理过程的科学，与动物行为学（ethology）、实验神经心理学（experimental neuropsychology）等学科密不可分，又独具特色。神经行为学（neuroethology）则主要关注动物在自然状态下（如野外）的行为，研究动物的自然行为谱（natural behavioral repertoire）、各种行为之间的关系及其适应性意义。在很多情况下，行为神经科学研究在严格控制各项条件的实验室环境下开展。近年来，有研究者主张在更接近自然条件的实验室环境下开展实验，以让动物表达出更加多样的行为。

行为有多种分类方法。①按照产生途径，行为可以划分为先天性本能行为和后天性习得行为；②按照功能，行为可以分为摄食、领地、攻击、防御、生殖、节律、社会行为等。许多行为如学习记忆为哺乳类动物所共有，属于纲共有行为（class-common behaviors）；而筑巢、囤积食物等行为属于啮齿目动物所特有，属于种属特异性行为（species-typical behaviors）。相较而言，研究模式动物的纲共有行为，对于理解人脑功能、解析神经精神疾病的机制更具借鉴意义。

行为的评估主要包括终点测量（如进入特定区域、出现特定动作的次数与频率）和运动学特征分析（如时间、距离、速度、轨迹）。目前，许多商业化软件（如 ANY-maze、EthoVision XT）和开源系统（如 DeepLabCut）可以在线（实时追踪）或离线（分析视频）评估动物行为。在客观评估基础上，可酌情结合人工计数、定时和定性等方式分析行为。

在实验室中，影响动物行为的因素较多。为保证测试条件的稳定性和实验结果的可重复性，在操作中尤其要注意控制以下变量：①测试环境的温湿度、昼夜节律、光照强度、背景噪声等。例如，因大鼠和小鼠是夜行性动物（即夜间活跃），有研究人员采用日间关灯、夜间开灯的逆转昼夜节律模式。然而，为便于操作，大多数实验室均采取日间开灯、夜间关灯的常规昼夜节律模式。②仪器的参数信息，包括生产商、尺寸、颜色、质地、刺激强度、记录时长等。③鉴于外界因素的动态变化及动物的经历和遗传背景的个体差异，测试时应遵循随机化原则（randomization）并采用抵消平衡方法（counterbalancing），例如，应交替测试不同组别动物而不可测完一组之后再测另外一组。实验设计、随机化原则等内容将在第十三章详述。

在分析行为学数据时，应遵循盲法原则（即实验者在分析时对动物的所属组别不知情）并复核信息（如对软件分析结果进行人工核验、当软件输出的追踪轨迹异常时核查原始录像）。对于行为学结果，研究者应客观描述行为现象、谨慎解释行为数据。应注意的是，焦虑、抑郁、恐惧等情绪含有主观体验的成分，研究者无法明确动物的所感所想，故在描述这类行为时应避免拟人化（anthropomorphization），力求客观、合理（Nestler and Hyman，2010）。例如，大鼠在高架十字迷宫测试中过多探索开放臂时，研究者应将这种表现描述为“焦虑样（或焦虑相关）行为减少”，而不应说“大鼠变得不焦虑”。

根据研究兴趣和科学问题，研究者在实践中可选择适合的模式动物和行为学测试。本章主要介绍啮齿目动物、果蝇和线虫在实验室条件下的行为学测试。

第二节 啮齿目动物的行为学测试

开展啮齿目动物行为学测试时应遵循以下原则：

1. 啮齿目动物多为群居性动物，故不可将其单笼饲养以避免社会隔离应激（social isolation stress）。就小鼠而言，其在自然栖息地生活的多以“一雄多雌”模式混居，虽可有若干从属雄性，但成年雄性小鼠常因维持领地和社会等级而打斗，比大鼠更具领地性（territorial）（Deacon，2006）。如果打斗频繁、危害健康，则考虑将成年雄性小鼠单笼饲养，除此情况外可将同性别小鼠群养。此外，在自然界中大鼠是小鼠的天敌，故原则上两者不可在同一房间饲养或测试。由于啮齿目动物可以感知异性的外激素（pheromone），应避免将异性动物混养、混测。

2. 在行为学测试前全面评估动物的健康状态（包括毛发光泽与柔顺程度等外观特点、身长、体重等）。

3. 在行为学测试前令动物充分适应环境和实验者。

4. 任何行为学测试均会产生遗留效应（carry-over effects），但对动物的影响程度不同。如果需要对同一批动物开展多种行为学测试，则在安排行为测试序列（behavioral test battery）时将应激程度较低、时间较短的测试排前，将应激程度较高、周期较长的测试排后。此外，研究者难以面面俱到地观察同一批动物的各种行为，应择要选择、组合范式。

5. 在开展复杂行为学测试评估认知、情绪和社会行为等高级脑功能之前，尽可能全面地评估感觉和运动等基本功能，从而排除混淆因素，避免得出错误结论。例如，存在视觉障碍的动物在各项高级功能测试中常会有异样表现，存在运动障碍的动物在迷宫类测试中的达标时间往往延长。

目前，针对啮齿目动物的行为学评估体系日臻完善，相关行为学测试范式（paradigm）已达数百种，新颖的方法和工具不时涌现。限于篇幅，以下介绍常见的行为学测试及其原理。

一、感觉测试

啮齿目动物的视觉、听觉、嗅觉、味觉和躯体感觉（包括触觉、温度觉、痛觉、痒觉和本体感觉）等感觉功能一般需借助特定测试，根据动物的运动输出综合判断。

（一）视觉

实验者打开笼盒，在动物上方或侧方挥动手指，观察其活动模式是否改变，进而简单判断其视觉。亦可用强光照射眼睛观察其瞳孔反射以及光照前后的行为改变。此外，还可以采用视觉放置和视觉悬崖测试评估视觉。

在视觉放置测试（visual placing test）中，实验者抓住动物尾部悬置后，降低高度令动物接近台面。如果动物前肢向台面伸展，则提示其具有良好的视力。在视觉悬崖测试（visual cliff test）中，透明箱的底部采用棋盘式黑白图案制造类似悬崖的纵深感，实验者记录动物通过视觉悬崖的时间，初步判断其视力。

（二）听觉

突然出现的高分贝声音可引起动物的惊跳反射（startle response）。听觉惊跳测试（acoustic startle test）基于该原理，通过测试仪底板的压力传感器测量动物在听觉刺激暴露期间的重力加速度，并测试能引起惊跳反射的声音的最小分贝（即阈值），从而评估动物的听力与听阈。

（三）嗅觉

限制动物进食后令其定位气味源，可以简单评估动物的嗅觉功能。例如，可将带有熟悉气味或新奇且有吸引力气味的食物（如坚果仁、曲奇饼等）隐藏于居住笼的垫料中，通过记录动物挖出食物的时间评估其嗅觉。在此基础上，可采用奖赏性食物训练动物辨识具有不同气味的食物（注意，这类测试易受认知能力的影响）。此外，采用浸有同种属其他个体（尤其异性）尿液的滤纸或棉球可评估动物识别外激素的能力。

（四）味觉

与嗅觉测试相似，可以通过动物对甜味（如糖精）、苦味（如奎宁）和中性味道（水）的选择与偏好评估味觉。

（五）触觉

触摸、按压、振动等机械刺激作用于皮肤后产生触觉。针对啮齿目动物，可以用棉棒或毛笔扫动胡须，观察动物的回避行为，从而评估胡须触觉。亦可训练动物在地板质感不同的区域做出选择，评估其足掌部位的触觉。此外，可借鉴听觉惊跳测试的原理，以高速气流作为厌恶性刺激，测量动物的惊跳反射程度，从而评估受吹气部位（如背部）的触觉。

（六）痛觉

由机械、温度或化学性伤害刺激所造成的潜在或实际的组织损伤可引起疼痛。常用痛觉测试包括冯·弗雷测试、甩尾测试、哈格里夫斯测试、热板测试和福尔马林测试。此外，有研究者根据动物面部表情评估疼痛反应（Langford et al.，2010）。

（1）冯·弗雷测试（von Frey test）是评估机械性疼痛的重要手段。在该测试中，采用截面直径不同的硬质纤维细丝（即 von Frey hair）或电子探针依次刺戳动物足掌，根据动物的抬爪等行为评估其机械性疼痛阈值。

（2）甩尾测试（tail flick test）用于评估急性热痛。将动物固定后，在其尾部施加短时热辐射、热水或冰水等刺激，通过测量其尾部回避刺激源（即甩尾）的潜伏期（latency）评估痛觉阈值。

（3）哈格里夫斯测试（Hargreaves test）与甩尾测试原理相似，通过将局部热源施加于动物后足掌，根据抬爪潜伏期评估急性热痛。由于甩尾、抬爪等回避潜在伤害性刺激的行为由脊髓反射所介导，故甩尾测试和哈格里夫斯测试可用于评估疼痛信息处理的脊髓与外周组分。

（4）热板测试（hot-plate test）是将动物固定并放在 55℃左右的加热板上，记录动物抬高和舔舐后爪或跳跃的潜伏期。与甩尾和哈格里夫斯测试不同，动物在热板测试中表现出更为复杂的行为，其既涉及脊髓反射又涉及高级中枢的调节。对于上述热痛测试，往往根据对照组动物的反应情况选择刺激温度。

（5）在福尔马林测试（formalin test）中，将小剂量、低浓度的福尔马林溶液注射至动物后足，根据肢体抬高程度、舔咬注射部位等行为进行分级评分。该测试可评估前期的急性疼痛（注射后 10min 以内），亦可评估组织损伤和炎症引起的持续性疼痛（注射后 10～60min）。

二、运动测试

通过观察动物在居住笼或测试环境下的行进运动（locomotion）、步态、步幅等情况，可大致评估运动功能。亦可采用仪器更准确地测量抓力、步态、平衡能力和运动协调能力等。

握力试验（grip strength test）主要测量动物前后足能维持抓住测试网格的峰值力量。

在步态分析（gait analysis）中，通过捕获动物途经透明板的足迹分析步幅、步态和运动能力。在此基础上，可采用琴键式系统（Erasmus ladder）进一步评估其运动协调与学习能力。

在平衡木测试（balance beam test）中，训练动物通过长而窄的平衡木，以通过时间、打滑次数等参数评估其平衡能力和运动协调能力。

在转棒实验（rotarod test）中，将动物放置于转棒仪的轴套上，训练动物随转棒匀速或匀加速转动而跑动，以坚持时间、掉落时转棒旋转速度等评估其平衡能力和运动协调能力。亦可用该测试反复训练动物，评估其运动学习能力。

在自主跑轮测试（running wheel test）中，将跑轮放置或整合于居住笼中，动物将自发踩动跑轮转动，通过跑轮转数、累计行程等评估动物自发运动能力和运动节律。

跑步机测试（treadmill test）与转棒实验原理相似，旨在训练动物在倾角可变的平台上匀速或变速跑动以评估其运动能力和耐力。

此外，还可采用旷场测试评估动物的自发活动，详见相关内容。

三、学习与记忆测试

学习是获取新的知识或者更改、强化已有知识的过程，记忆则是指将信息编码、储存和提取的过程。学习和记忆是神经系统关键的基础功能，动物通过接受、储存和提取信息并做出相应行为。针对啮齿目动物，常采用依赖于空间导航能力的各种迷宫来评估学习和记忆。这些迷宫常以发明人（如赫布-威廉姆斯迷宫、莫里斯水迷宫、巴恩斯迷宫）或外形（如 Y 迷宫、T 迷宫、八臂迷宫）命名。

莫里斯水迷宫测试（Morris water maze test，简称水迷宫测试）由理查德·莫里斯（Richard Morris）创建。该测试经 40 余年的应用和优化，成为评估啮齿目动物学习和记忆的经典测试。水迷宫为直径 1 米（用于小鼠）或 2 米（用于大鼠）的矮圆柱形水池。在水中溶以特定颜料可以增加动物和水面的颜色反差以便于追踪动物运动轨迹，也可以在特定测试阶段隐藏平台位置。水迷宫任务一般分为训练阶段和测试阶段。在训练阶段，迷宫的四个象限之一放有略低于水面、仅容动物站立的小平台，迷宫四周的围帘或墙壁上贴有若干形状、颜色不同的标记（即空间标记，spatial cue）。动物被放入迷宫后游动探索，在发现并攀爬上平台后即被带离迷宫。由于水迷宫周围的空间标记和内部的逃避平台之间相对位置固定，动物将习得通过参照空间标记而定位平台。经过多次训练之后，平台从水迷宫中移除，此时记忆完好的动物依然会主动探索原平台所在的象限。根据动物在不同试验（trial）中从入水到爬上平台的时长（即逃避潜伏期，escape latency）和探索平台所在象限的时间，可分别评估其空间学习（spatial learning）与参照记忆（reference memory）能力。此外，实验者还可以更改平台位置评估动物的反转学习（reversal learning；更改平台位置并保持位置固定）和工作记忆（working memory；平台位置不断变动）。莫里斯水迷宫测试还有其他多种范式，可参考相关文献结合需求选用。

巴恩斯迷宫测试（Barnes maze test）在原理上与莫里斯水迷宫相似，可看作后者的“陆地版”，动物需要根据空间标记从迷宫平台上的多个孔道中找到唯一逃避通道。在多臂迷宫如 Y 迷宫、T 迷宫和八臂迷宫测试中，实验者可结合限制饮食和食物奖赏开展延迟非匹配样本（delayed non-match-to-sample；训练动物探索之前未曾涉足的臂）或延迟匹配样本（delayed match-to-sample；训练动物探索之前涉足的臂）任务评估空间工作记忆。

除经典迷宫测试之外，物体识别测试（object recognition test）也常用于评估啮齿目动物的学习与记忆能力。物体识别测试可在旷场或 Y 迷宫等装置中进行，较迷宫测试更加简易，现已发展出多种测试版本，如新物体偏好任务（novel object preference task）、物体位置任务（object location task）、时间序列任务（temporal order task）、原场景物体任务（object-in-context task）和原位置物体任务（object-in-place task）等范式。这些不同范式具有相似点，即动物在第一阶段（acquisition 或 sample phase，对应学习、信息编码阶段）需探索成对的、外观相同的物体（在原位置物体任务则为四个不同的物体）；经过一定试验间隔（intertrial interval；少则 5min、多则 2 天，对应记忆存储阶段）进入测试阶段（test 或 retrieval phase，对应回忆阶段）时，部分物体的特征发生改变（如两个物体之一维持原形状而另一个具有不同形状，或一个物体发生位移而另一物体维持原位）。如果动物投入更多时间探索具有新信息的物体（如形状不同、位置更换的物体），则提示其具有完好的物体识别能力。应注意的是，上述基于物体辨识的测试会受到动物的探索动机、对物体特征的偏好以及物体上残留气味等因素干扰，在描述结果、做出结论时应充分排除混淆因素。

恐惧、成瘾相关情绪性记忆的行为学测试将分别相关内容中详述。

四、焦虑、恐惧与抑郁相关测试

（一）焦虑样行为测试

焦虑是指在缺乏客观威胁的情况下出现的高度警觉、唤起和负性情绪状态，是焦虑障碍的主要表现。抗焦虑药和抗抑郁药等药物可以降低人和动物模型的焦虑水平，而中到重度的应激可以增加焦虑水平（陆林，2020）。现有评估大小鼠焦虑样行为的测试有 30 余种，但以 3 种“趋-避冲突测试（approach-avoidance conflict test）”最为常用，即高架十字迷宫测试、旷场测试和明暗箱测试。这三种测试的共同点在于构建了一个既新奇又有潜在危险的区域，如高架十字迷宫的开放臂、旷场的中央区和明暗箱的明箱。通过分析动物探索不同区域的特点（尤其探索时间、次数、距离），评估其对“致焦虑”区域的趋近和回避，从而反映其焦虑样行为。

在三种测试体系中，高架十字迷宫测试（elevated plus maze test）应用最为广泛。在该测试中，迷宫的四个臂高于地面，动物往往偏好两个封闭臂、回避两个开放臂。如果实验组动物对开放臂的探索较对照组显著减少，则解释为焦虑样行为增加。高架十字迷宫亦有多种变体如高架 T 形、L 形、O 形和方形迷宫，其测试原理类似。

在旷场测试（open field test）中，旷场箱的中央区开阔且光照较强，周围区尤其是四个角落相对封闭、光照较弱。在这种场景下，动物往往偏好周围区而在中央区活动较少。如果实验组动物对中央区的探索较对照组显著减少，则解释为焦虑样行为增加。一般而言，旷场测试的前 5～10min 主要用于评估焦虑样行为。随着时间推移，动物逐渐表现出对单调测试环境的适应，因此在更长时间的时间窗内（如 30min 至数小时）可用该测试评估动物的自发活动。

在明暗箱测试（light-dark box test）中，动物往往偏好黑暗、狭小的暗箱，回避光照强烈、更为开阔的明箱。如果实验组动物对明箱的探索较对照组显著减少，则解释为焦虑样行为增加。

福格尔冲突测试（Vogel conflict test）亦可用于评估动物的焦虑样行为。动物经限制饮水 24～48 小时后进入测试笼，笼中水瓶的出水口被舔舐数次后可被触发通电。在此情境下，动物对水的渴求与饮水时受到的厌恶性电击构成冲突。如果动物舔水并受电击次数减少，则提示其焦虑样水平升高。然而，由于电击诱发疼痛，该测试易受到动物痛阈的差异所影响。如果动物的痛阈升高，则舔水、受电击次数将增加，但这并不代表动物焦虑样水平降低。

经典焦虑样行为测试虽然具有良好的操作性，但是存在明显缺点，包括测试时间过短（5～10min）、动物适应测试场景之后探索行为随时间推移逐渐减少。由于这些局限性，这类测试难以在同一动物中重复使用，且其仅能反映动物在某个时点的焦虑样行为，难以持续反映动物的焦虑状态。

（二）恐惧相关测试

焦虑是对预期但尚未发生的威胁所产生的负性情绪反应，而恐惧则是对正在或已经发生的威胁产生的负性情绪反应。考虑到焦虑与恐惧的本质区别，部分研究者主张将两者明确区分，而在精神科临床上仍将各种恐惧症归类于焦虑障碍。此外，由于恐惧是一种主观体验，故有人主张应将恐惧条件反射（fear conditioning，常被误译为“条件性恐惧”）更名为威胁条件反射（threat conditioning）（LeDoux and Daw，2018）。这些重要但具有争议的问题虽超出本章节探讨范围，但有助于引起研究者对相关测试的局限性的重视。

根据是否依赖学习和经验，可将恐惧分为先天性恐惧和习得性恐惧。在习得性恐惧相关测试中，常采用具有负性效价（negative valance，即厌恶性）的非条件性刺激（unconditioned stimulus，US；常规为电击）诱导动物产生负性情绪（即“恐惧”），其代表性测试为恐惧条件反射测试。在该测试中，实验者采用单室测试箱以巴甫洛夫条件反射（Pavlovian conditioning）的方式将中性的条件刺激（conditioned stimulus，CS）与厌恶性的非条件刺激（电击）相关联。在训练阶段，动物经反复训练形成对 CS 的恐惧记忆。在测试阶段，单独提供 CS 即可引发动物产生僵住（freezing）等防御性行为以及神经内分泌和交感神经系统的激活。根据 CS 的性质，可将恐惧条件反射分为场景性（contextual fear conditioning；以测试箱内部背景为 CS）和线索性（cued fear conditioning；以声、光或气味线索为 CS）。在场景性恐惧条件反射的测试阶段，动物进入与训练阶段相同的场景中，具有完好恐惧记忆的动物将以僵住表现为主。在线索性恐惧条件反射的测试阶段，动物则进入不同的场景中，在声、光等线索的诱导下出现僵住行为。随后，如果反复提供 CS 而无 US，动物的僵住行为将逐渐减少，表明恐惧记忆出现消退（extinction）。鉴于恐惧记忆的动态特点，通过调整范式中各个阶段的试验次数和时间间隔，可评估恐惧记忆的获取、巩固、提取、更新、消退、自发恢复以及遗忘等不同环节。此外，在场景性恐惧条件反射范式中，如果将训练阶段与测试阶段的情境保持一定相似性，则可以评估动物的模式分离（pattern separation）能力。如果结合听觉惊跳反射与线索性恐惧条件反射，则成为恐惧强化惊跳（fear-potentiated startle）测试，亦可用于评估恐惧相关行为。

具有双室的穿梭箱（shuttle box）也常用于评估恐惧学习与记忆。在训练阶段，穿梭箱两室之一（指定为 A 室，另一室指定为 B）提供 CS（声、光线索或黑暗场景）和 US（电击）的刺激组合，当动物自由进入或限制于 A 室中则受到 CS 和 US 刺激。在测试阶段，A 室出现 CS 后，动物表现出进入 B 室的回避或逃避行为（回避指 CS 出现后、电击出现前进入 B，逃避指受电击期间进入B)。此即为主动回避测试(active avoidance test)。在被动逃避测试(passive avoidance test)中,双室采用类似明暗箱的“一明一暗”设置。在训练阶段,动物一旦进入暗室,则两室间通道关闭,足底受到电击。在测试阶段,动物被放入明室中。受之前的学习经历影响,动物往往于明室中活动,进入暗室的潜伏期显著延长。回避测试装置亦有其他版本,可以采用Y迷宫或T迷宫开展。

在无相关学习经历的情况下,某些刺激如突发的巨响、天敌的气味或视觉信息的追近可诱发恐惧/防御行为。在实验室中,常将这些刺激标准化并观察其对动物的行为学影响。例如,三甲基噻唑啉(trimethylthiazoline,TMT)为狐狸尿液和粪便的特殊成分之一,可引起小鼠瞳孔放大并表达逃跑或僵住行为。又如,来自上空的视觉追近(looming,如快速扩大的深色圆斑)或掠过(sweeping)信号可引发逃跑或僵住反应。通过分析这些行为的持续时间、出现概率、速度以及逃跑潜伏期等指标,可研究动物的先天性恐惧。

(三)抑郁样行为测试

抑郁障碍是一类以情绪或心境低落为主要表现的疾病的总称,伴有认知与行为改变。目前,抑郁障碍是仅次于心血管疾病的第二大疾病负担源,亦是与自杀关系最为密切的精神障碍。因此,采用抑郁相关动物模型和行为学测试解析抑郁障碍的机制是当今脑疾病研究的重点之一。常用的抑郁样行为测试包括强迫游泳、悬尾实验和糖水偏好实验等。

Porsolt于1977年报道了大鼠强迫游泳测试(forced swim test),发现该测试可用于抗抑郁药和抑郁症治疗手段的筛选。强迫游泳经改良后可用于小鼠,是目前应用最为广泛但也饱受争议的抑郁样行为测试(Molendijk et al.,2015)。该测试的硬件较为简单,主要包括圆柱形水杯(如大号烧杯)和摄像机。大鼠强迫游泳范式一般包括测试前(pretest或preswim,15min)和测试(swim test,6min)两个阶段,两者间隔24小时在不同房间进行。小鼠强迫游泳范式仅有测试阶段,一般录制6min、分析后5min视频(前1min内绝大多数小鼠均表现为挣扎模式,参考价值有限;亦可分析后4min视频)。当动物被放入水中之后,首先主要表现出攀爬行为(climbing或struggling,即前肢交替运动、攀爬杯壁),之后可出现游动行为(swimming,即在杯中水平游动)或漂浮行为(floating或immobility,即完全不动或仅有维持平衡性动作)。由于抗抑郁药往往显著增加动物挣扎的时间、减少其漂浮的时间,故以挣扎时间缩短、漂浮时间增加作为抑郁样行为增加的指标。强迫游泳具有良好的可操作性,但应严格控制环境变量(如水温、室内温湿度、背景噪声、光照)、避免无关因素干扰(如动物尾部触碰杯底、旁边同时进行的测试产生视听干扰)。

动物在强迫游泳中表现出的漂浮行为极易让人联想到抑郁症患者的情绪低落、兴趣减退,故有研究者一度将这种行为描述为“行为绝望”,进而认为该测试具有良好的表面效度。然而,很多研究者对这种拟人化表述进行了批评,并主张将漂浮行为理解为动物在不可逃脱的急性应激情境下产生的、受认知功能调节的“被动应对行为(passive coping behavior)”,具有适应性意义(Molendijk et al.,2015;Gururajan et al.,2019)。从其他效度角度考虑,慢性应激等抑郁症诱发因素可增加漂浮时间,故强迫游泳具有一定构建效度;慢性抗抑郁药治疗可以显著增加动物挣扎时间,故强迫游泳具有一定预测效度。在尚无更理想的抑郁样行为测试问世之前,强迫游泳无疑将被继续广泛使用。然而出于上述考虑,研究者在分析、描述结果时一定要客观,避免过度解释(overinterpretation)。

悬尾测试(tail suspension test)与强迫游泳在原理和行为表型分析等方面相似。将动物尾部倒悬固定使其无法接触地面,动物将表现出挣扎、摇摆(swinging)和不动(immobility)行为。实验者录制6min视频并手动分析(可全程分析,也可分析后5min或后4min)。如果动物的不动时间增加,则解释为抑郁样行为增加。此外,可采用微型模块记录动物在测试过程中的加速度。悬尾实验具有与强迫游泳类似的效度特点以及缺点。

抑郁障碍的另一核心症状是快感缺失,即患者不能从日常活动中获得乐趣。糖水偏好测试(sucrose preference test)可以从快感降低或缺失角度模拟抑郁障碍的临床表现。在该测试中,动物需单笼饲养，在测试前限制饮水。在适应期之后，居住笼中供有一瓶低浓度蔗糖（或糖精）溶液和一瓶常规饮用水，实验者通过计算相对液体消耗量评估动物对糖水的偏好。如果动物对糖水的偏好减少或丧失，则提示其具有快感缺失样行为。除糖水偏好实验外，可对雄性小鼠进行雌鼠尿液嗅闻测试（female urine sniffing test）。如果雄鼠对雌鼠尿液的偏好减少或丧失，则提示其奖赏寻求能力受损、具有快感缺失样行为。

习得性无助测试（learned helplessness test）可在前述的穿梭箱中进行。在训练期，动物被限制在其中一室，并在这种无法逃脱的场景中多次受到随机的、非条件性电击。在 24 小时之后的测试期，电击变为条件性刺激（即有声、光等线索提示），动物可在连通的双室中自由活动。实验者根据动物的逃避失败次数、电击期间逃避次数与潜伏期、电击前主动回避次数等综合评估其抑郁样行为。由于动物在反复接受不可预知和不可控制的电击后出现显著行为改变，故可调整习得性无助范式用于抑郁症动物模型的构建。

在旷场实验的基础上，于旷场中央放置果仁或食丸等，评估动物从进入旷场到首次摄食的时间间隔，此即为新奇抑制摄食测试（novelty-suppressed feeding test），可以从快感、动机减少的角度反映抑郁（及焦虑）样行为。此外，睡眠障碍、饮食障碍等躯体症状是抑郁障碍的常见伴随症状，故在开展前述抑郁样行为测试的基础上，可以评估动物的睡眠、饮食、体重等情况。

应注意的是，涉及游泳、悬尾和电击的行为学测试具有较强的遗留效应，在设计实验时应合理安排行为测试的顺序。

（四）奖赏行为测试

吗啡、甲基苯丙胺等天然或合成的成瘾性物质（substance）引起成瘾，表现为持久性对成瘾性物质的渴求和强迫性用药行为，是当前重大公共卫生与社会问题之一。以下重点介绍自身给药测试和条件性位置偏爱测试。

成瘾性物质具有奖赏作用（rewarding）和强化作用（reinforcing），可增加正向情绪以及关联行为的概率。自身给药测试（self-administration test）利用成瘾性物质的这些特点，结合操作性条件反射（operant conditioning）原理，训练动物通过按压杠杆或探鼻使定量药物经导管快速递送至静脉、侧脑室或脑区，可有效评估某种药物的奖赏效应及其引起的成瘾行为。在训练过程中，可将药物递送与声、光等条件性刺激相匹配，以固定比率（fixed ratio，即压杆或探鼻次数与递药次数之间的比率固定）训练动物稳定给药。随后可采用渐进比率（progressive ratio，即需要不断增加压杆或探鼻次数以获得药物直至预设断点）方式训练，评估药物的强化效应。之后，可以停止递送药物进行成瘾行为消退训练，并可通过线索、应激等诱导成瘾行为的恢复（reinstatement）。

条件性位置偏爱（conditioned place preference）测试箱由类似于穿梭箱的双室组成，但测试期间不施加电击。双室在外观（如颜色、透明度、内衬图案、照度）和材质（如底板表面粗糙程度）上均有不同，以便在场景层面加以区分。在训练前阶段，动物自由探索双室，排查动物对某侧室是否存在偏好，进而对箱内场景或异常动物进行调整。在训练阶段，动物在其中一室（又称为伴药箱）接受药物注射并留置一段时间（如 30min）；4～8 小时后，动物在另一室（又称为非伴药箱）接受生理盐水等溶剂注射并短期留置。在测试阶段，动物不接受任何注射并在测试箱中自由探索，实验者分别记录动物在两室中的探索时间、次数等并计算偏好指数。如果动物在测试阶段偏好伴药箱，则提示该药物具有奖赏作用。值得一提的是，如果将具有正性效价（positive valance）的成瘾性物质改为具有负性效价的刺激如氯化锂、致痛物质或电击，则该设备可用于开展条件性位置回避测试（conditioned place avoidance/aversion test）。

（五）社会行为测试

啮齿目动物与其他哺乳类动物相似，具有丰富、复杂的社会行为。这些社会行为对于防御天敌、增加觅食成功率、保卫资源等具有重要意义。

优势等级秩序（dominance hierarchy）指动物群体中的个体依据社会地位的高低所形成的排序。优势等级秩序通过个体间竞争建立并维持相对稳定，有利于减少个体间争斗、优化资源配置、维持群体结构稳定。啮齿目动物的社会等级可以通过钻管测试（tube test）进行评估（Fan et al.，2019）。小鼠钻管测试的主要装置为内径 3cm、长度 30cm 的透明管。因内部狭窄，透明管仅容一只小鼠通过。完成适应和钻管训练之后，在管道两侧将两只小鼠对向放入，小鼠接触后将互相推挤。最终，社会等级较高的小鼠留在管中，而社会等级较低者则退出管道。经过循环（round-robin）测试，即可判定每只小鼠在同笼群体中的社会等级。钻管测试具有良好的可操作性、稳定性以及与其他相关测试的一致性。除钻管测试之外，可采用攻击行为（agonistic behavior；二鼠相遇，低等级者攻击行为少、防御行为多）、拔须（barbering；低等级动物被高等级者拔须）、尿液标记（urine marking；高等级动物的尿液标记范围较低等级者大）测试和可见洞穴系统（visible burrow system；在水和食物不易获取的情况下，高等级动物获得更多资源）等评估啮齿目动物的社会等级。

以孤独症为代表的孤独症谱系障碍（autism spectrum disorder）是导致我国儿童精神残疾的最大病种，其主要临床表现包括社会交往障碍和交流障碍。孤独症相关基础研究的重点是评估动物模型的社会行为，常采用三箱社交偏好测试（three-chamber social preference test）评估啮齿目动物的社交能力和社会识别能力。三箱社交偏好测试装置为一矩形箱，箱体内部由隔板分隔为三个室。其中，两个侧室内各放有一个金属镂空笔筒，侧室之间由中央室连通。当被测动物适应测试环境后，将其未曾接触过的陌生动物限制于其中一个侧室的笔筒中，另一侧室的笔筒中放置不具有社交信息的玩具动物、物体或不放置物品。在这一社交偏好（social preference）测试阶段，具有完好社交动机和社交能力（sociability）的被测动物会与陌生动物频繁互动（如嗅闻，sniffing）并更多探索相应的侧室。如果被测动物与陌生动物的互动明显减少，并失去对相应侧室的偏好，则提示其社交能力受到损害。社交偏好测试完成之后，可继续进行社会新奇（social novelty）测试。在该阶段，侧室之一放入被测动物在上一阶段已接触过的动物，而在另一侧室放入一个尚未接触过的新动物。具有完好社会识别能力的被测动物会偏好新动物，而与已接触过的熟悉动物互动明显减少。如果被测动物失去对新动物的偏好，则提示其社会识别能力受损（Rein et al.，2020）。应注意的是，在描述物体识别、社交新奇等测试的结果时应将“偏好”、“识别”和“记忆”等概念加以区别。

除上述方法之外，可采用计算机视觉和深度学习技术对居住笼或测试箱中的多只动物进行追踪并分析其嗅闻（如对头面、躯干和肛门生殖器部位的嗅闻）、相互梳理（allogrooming，可保持清洁、强化个体间关系、散播群体气味）等社会行为，亦可在隔音箱中记录动物的超声发声（ultrasonic vocalization），评估其声音/听觉相关社交行为。亦有研究者并不从疾病角度出发，而是单纯聚焦某些社会行为如玩耍行为（juvenile play）、侵犯行为（aggression）等的神经生物学机制。此外，虽然常见社会行为测试均适用于大鼠和小鼠，但在设计课题时应注意两者社会行为的差异（如群居性与领地性问题），合理选择模式动物。

（六）其他问题与小结

在不借助专业仪器的情况下，可人工分析啮齿目动物的部分行为尤其是居住笼行为（home-cage behavior），观察动物在较为自然状态下的探索模式、四肢协调、翻正反射（righting reflex）等，定量评估梳理（groom）、睡眠、挖掘、后肢站立（rear）等行为，还可分析动物的昼夜活动节律特点。此外，亦可采用 IntelliCage、PhenoTyper 等商业化设备分析居住笼行为。

近年来发展的触屏系统和虚拟现实系统令测试情境和方案更加丰富多样。其中，虚拟现实系统可以将复杂认知测试与感觉运动刺激、在体成像与操控技术相融合，可满足个性化需求。此外，以 DeepLabCut 为代表的深度学习技术快速发展，既可以通过监督学习替代人工进行终点测量和运动学特征分析，又可以通过非监督学习检出研究人员难以察觉的精细动作序列和行为模式（Mathis et al.，2018），提升了分析质量、拓展了分析维度。随着范式、硬件和软件的迭代升级与创新，行为学技术将继续蓬勃发展，推动脑功能和疾病机制的研究，助力揭示大脑的奥秘（Carter et al.，2015；

Crawley，2007；Wahlsten，2010）。

以上根据研究热点简单介绍了啮齿目动物的常见行为学测试。对于每种测试，研究者应结合本节和相关文献，掌握其基本原理，熟悉其应用场景和范围，了解其优缺点，并根据具体实验条件优化范式、规范操作。

第三节 果蝇的行为学测试

黑腹果蝇（*Drosophila melanogaster*）与人类的基因组有61%同源性，无论在遗传、发育和进化方面均具有一定保守性。同时，果蝇的繁殖周期短、基因改造便捷、饲养成本低廉，是遗传学、发育生物学、分子生物学等学科的经典模式生物。与哺乳类动物相比，尽管果蝇的神经系统结构相对简单，功能却一应俱全。果蝇通过神经网络调控睡眠、摄食、交配、躲避等本能行为，以及学习、记忆、社交等高级行为。结合近年来快速迭代的生物技术、成像技术以及计算机技术，果蝇为解析神经科学领域问题提供了重要的工具模型。

一、本能行为

与哺乳类动物一样，果蝇的本能行为无需学习即可自然发生。而果蝇的本能行为，大多也存在于哺乳类动物甚至人类中。因此，对果蝇本能行为的解析有助于揭示调控这些行为的神经生物学机制，为认识和治疗相关疾病提供重要的科学线索。

（一）运动行为

运动是生命活动不可或缺的组成部分和基本行为表现，占据动物生存的核心地位。运动行为不仅反映了个体的发育和健康程度，也是完成觅食、躲避捕食者、捍卫领地、繁殖等其他行为所必需的基本能力。运动行为是本能的自主运动，检测运动能力有助于初步评估动物的生理状态，也可以为各种其他行为测定和神经调控机制解析提供重要的基础数据。利用果蝇运动行为检测，可以从遗传学角度出发，解析运动相关神经环路，助力神经疾病的机制研究和药物筛选。

检测果蝇攀爬和飞行等行为，有助于客观评价果蝇成虫的运动能力。其中，攀爬行为（climbing behavior）的检测可以通过果蝇活动监控系统（*Drosophila* activity monitor system，DAMS）实现。通过监测果蝇攀爬活动对红外光束的打断频率，或者通过视频监测果蝇活动轨迹，量化成虫的运动能力。同时，可以结合机械干扰的方式给予应激扰动，记录随后一段时间内成虫的持续活跃时间、活动轨迹和距离。通过高分辨率/帧率摄像装置对成虫在物体表面的运动进行记录，使用DeepLabCut、FlyWalker 等软件对果蝇爬行的步态等参数进行精细量化分析。针对果蝇飞行行为（flight behavior），则可以对果蝇在头背交界部位进行固定。在摄像头监控下，记录果蝇振翅的单次飞行时间。而近年开发的果蝇飞行模拟器系统，则通过微针吹气和环境视觉模拟虚拟飞行环境，记录果蝇飞行转动过程中扭矩的变化，以此反映果蝇飞行过程中的各种参数变化。该方法具有灵敏、可控、精确的特点，不仅可以应用于果蝇飞行行为记录，也适用于果蝇基于视觉的认知研究。

不同于成虫，果蝇幼虫的主要运动方式是身体从尾端到头端传播的蠕动爬行。对果蝇幼虫运动行为的测定通常采用视频记录方式，测定幼虫在琼脂平板上的运动过程。幼虫在记录期间自发向前爬动、转动头部和小幅度转向，而在一些理化刺激因素出现时则可能出现后退、大幅转向、头部竖起、拱背、扭曲、滚动等行为表现。由于多种行为表现可能同时存在，分析时需要针对具体表现进行时间、距离、出现频率等参数的测定。对幼虫运动行为的分析方式，同样可以应用于条件性学习以及趋化/逃避等行为的研究中。

（二）摄食行为

生物体需要摄入富含营养和能量物质的食物，满足个体生存和种群繁衍。尽管与哺乳类动物味觉器官存在巨大的解剖学差异，果蝇对食物的偏好性与哺乳类动物却惊人相似。与哺乳类动物一样，果蝇偏好富含糖、氨基酸和低盐的“营养”食物，而厌恶苦味的“有害”食物。因此，果蝇也是研究味觉感受和摄食行为（feeding behavior）的良好模式生物。通过对食物染料标记测定摄食量、记录摄食动作的实时影像等多种手段，可以从不同角度对果蝇摄食行为进行评价和量化。以下列举几种目前比较公认的果蝇摄食行为测定方法：

1. 双色食物抉择测试（binary food choice assays）　食物偏好是动物倾向选择营养食物（富含糖类和氨基酸等物质），而拒绝有害食物（通常带有苦味）的本能行为。双色食物抉择实验是检测果蝇摄食偏好的经典评价方法。使用两种不被消化吸收的染料，分别标记不同口味食物。让羽化4～6 天的成年果蝇自由摄食含染料食物后，利用分光光度法对果蝇腹部的染料量进行检测，实现对不同口味食物偏好性的量化分析。这种方法简单灵敏，可以对果蝇在自然状态下的进食量进行高通量检测和量化。此外，也可以使用放射性同位素代替色素标记食物饲喂果蝇，利用闪烁计数器实现对食物绝对摄入量的快速测量。但是，这两种方式均存在一定的局限性。其中，染料迅速通过消化道，无法排除排泄对实验结果的影响，不适合进行长期测量。由于果蝇组织的背景信号较高，也可能对分光光度法检测的结果造成干扰。与染料比色的方式相比，使用同位素标记的检测方式可以克服比色法背景信号高的缺陷，具有更高的灵敏度和准确性。同时，同位素可以经由肠道吸收，因此适合进行长期记录。但是，同位素会经由肠道永久性进入组织器官，因此无法精细区分摄入和已吸收的食物，更适用于测量摄食总量。此外，这两种标记方式均要在测量前处死果蝇，因此无法实现对个体摄食行为的连续动态监测。

2. 毛细管摄食测试（capillary feeding assay，CAFE）　将含有蔗糖及酵母提取物等成分的液态食物注入带刻度的玻璃毛细管，随后将注满食物的毛细管插入果蝇饲养管中，允许果蝇成虫从开放的管口自由进食，通过监测毛细管内液面变化衡量食物的消耗量。该方法无需对食物进行额外标记，可以直接对果蝇个体或果蝇群体的摄食量进行精确、动态的定量检测，其间可以随时更换提供食物的毛细玻璃管，对果蝇的正常活动干扰较小。该方法适用于几分钟至整个成虫生命周期的摄食行为测定，可以通过加载单个或多个毛细管对果蝇的摄食量及摄食偏好进行测定。这种以实时成像为基础的检测方式更加直观准确，但也存在一些局限性。例如，检测通量较小，被检测的果蝇需以“倒挂”姿态进食，与自然进食状态有一定差异。

3. 伸喙反应（proboscis extension response，PER）　果蝇的舐吸式口器称为喙（proboscis），是果蝇成虫的进食器官，用于感受味觉和摄食。果蝇的喙表面分布大量毛发状的感受器，每个感受器容纳多种味觉神经元，负责感受甜、苦、酸等不同味觉。当感受到可口食物时，饥饿的果蝇会伸长喙，准备进食。例如，含有果糖、蔗糖等糖类的甜味食物刺激味觉感受器，果蝇的喙反射性伸长，表现出摄食欲望；而苦味食物则激活感受器苦味受体、抑制伸喙反射发生，果蝇表现为拒绝食物。因此，可以通过记录伸喙反应发生的频率，对果蝇的味觉感知、食物偏好和摄食欲望进行判断和量化。通常，在进行伸喙反应测试前，对果蝇成虫禁食 36～72 小时。将饥饿的果蝇固定于监控镜头前，使用携带不同食物的纸条或玻璃微管接近果蝇口器，视频记录喙的伸长频率和长度。目前，该方法是对果蝇摄食行为动态检测使用最为广泛的方法之一，该范式同样可以应用于对果蝇学习记忆的研究。

近年来，随着自动化检测技术和光遗传学技术的快速发展，果蝇摄食行为的自动化分析系统不断问世，例如，基于微电路检测的果蝇-食物互作分析系统（Fly Liquid-Food Interaction Counter，FLIC），基于电容量检测的 FlyPAD，以及在 FlyPAD 基础上引入光遗传学操控模块的 optoPAD 等。这些系统可以实现对果蝇摄食行为低干扰、高通量、高灵敏度的长时程便捷检测，正在逐渐受到研究者的关注。

（三）昼夜节律与睡眠行为

与其他生物相似，果蝇感受昼夜及季节更替，产生以 24 小时左右为周期的节律性行为模式，称为昼夜节律。果蝇白昼活动多，夜间活动少，表现出明显的“昼行性”特点。在清晨和黄昏时段（或人工照明模拟光照改变时），果蝇活动最为频繁，表现为规律性的晨-昏双峰模式，而在其他时段则表现为相对活跃和静息交替的状态。其中，果蝇在静息阶段表现出运动减弱、对外界刺激反应减弱、静息容易被打断并恢复活跃等特征。如果果蝇表现这些静息状态特征 5min 以上，即被认为处于睡眠状态。

果蝇缺少哺乳类动物“眼睑闭合”等典型的睡眠特征，睡眠也并非处于绝对静止状态。但有趣的是，果蝇睡眠与哺乳类动物有许多共同特征，例如，同样由昼夜节律驱动、与神经活动的变化吻合、夜间睡眠更加稳固、睡眠随衰老减少并且碎片化、睡眠剥夺后出现睡眠补偿等。这些现象提示，调控果蝇睡眠的方式和机制可能与人类以及其他哺乳类动物非常相似。因此，果蝇同样被广泛应用于人类睡眠及相关疾病的机制研究。

起初，对果蝇昼夜节律和睡眠的研究大多使用果蝇活动监控系统，通过设置在玻璃管中心的红外线光束检测果蝇在玻璃管中的穿越次数。但是，这种检测方式存在一些限制和短板：①果蝇可能在红外线光束的一侧活跃，但由于没有穿越光束，无法检测到活动迹象，因此降低了检测的分辨率和准确性。②对果蝇的精细运动和健康状态无法进行准确判定。例如，处于摄食、自我清洁、警觉或疾病状态的果蝇可能被误判为睡眠状态，导致检测偏差。③无法实现对睡眠质量及睡眠-觉醒切换过程的精细检测。因此，近年来研究人员更多地通过成像设备记录果蝇活动，并开发了多种高通量监测系统。这些成像依赖的果蝇活动检测系统，可以更加直观和精细地对果蝇进行各种状态下的观察和记录，并据此对调控节律及睡眠的基因和神经环路进行快速筛选。其中，Flybox 系统等成像依赖的高通量检测系统同时集合了用于睡眠剥夺的机械刺激模块、光遗传学刺激及荧光检测模块，能够实现对果蝇节律/睡眠相关神经环路的精细解析和人工操控。此外，通过头部固定处理，可以对活体果蝇进行睡眠/清醒状态下的双光子钙成像（two-photon functional calcium imaging）或局部场电位（local field potential，LFP）记录，进而实现对节律及睡眠调控脑区的神经元活动记录及脑电分析。

（四）生殖行为

1. 交配行为（mating behavior） 果蝇的生殖交配活动中，雄性占据求偶（courtship）的主导地位，雌性则主要表现为接受或拒绝。雄蝇在发现感兴趣的雌蝇后，一边振动单侧翅膀唱“求偶歌”，一边接近、追逐雌蝇，用前腿和喙轻触雌蝇，蜷缩腹部尝试与雌蝇交配，这些表现又被称为求偶行为（courtship behavior）。如果雌蝇选择接受求偶，在交配后约 40 小时开始产卵。由于具有可以储存精子的特殊结构——纳精囊（seminal receptacle），交配后的雌蝇即便没有再次交配，也可以不断地产卵。而近期交配过的雌蝇则倾向于通过逃避、防御、振翅、踢踹等各种动作排斥求偶。因此，通常选用 4～8 日龄的成熟处女雌蝇与雄蝇配对。为模拟果蝇的自然交配环境和节律，选择上午 9～12 点在昏暗恒温的环境进行实验。将果蝇放入透明的观察小室后，通过视频采集方式对求偶和交配行为进行记录。对 20～60min 内的求偶频率、交配次数、求偶成功率、交配潜伏期、交配持续时间等参数进行统计和分析。

2. 产卵行为（oviposition behavior） 雌性果蝇在交配后，卵巢中的卵子成熟度增加，产卵量显著增加。不同于哺乳类动物，果蝇没有筑巢、喂养或庇护后代等典型的母性行为。但是，雌性果蝇会利用足、唇瓣和产卵器等器官对环境进行探测和评估，并选择适合后代生存的产卵环境，为后代寻找最为合适的生存环境。通常，产卵基质硬度、食物丰富程度、温湿度、光线等都是影响果蝇产卵行为的重要因素。雌蝇在选定产卵地点后，弯曲腹部通过产卵器向产卵基质排卵，随后进行腹部清洁和休息，并再次开始搜索新的产卵地。因此，可以制备产卵观察板，将雌性果蝇放入含有食物的观察小室中，视频记录产卵行为，并对 24 小时内的产卵量进行计算。

（五）趋性行为

环境的理化因素诱发生物发生具有一定方向性的运动方式，被称为趋性行为（taxis behavior）。根据刺激种类的方式不同，趋性行为具有多重形式，包括趋光性、趋化性、趋地性、趋温性、趋湿性等。这里将针对典型的果蝇趋光性和趋化性行为进行简单介绍。

1. 趋光行为（phototactic behavior） 为了适应自身发育需要，果蝇的偏好行为会随发育进程和外界条件变化发生调整。为了减少身体的暴露，果蝇幼虫更加偏好钻入黑暗的食物中，表现出避光行为（light-avoidance behavior）。而羽化后的成虫则偏好明亮的地方，表现为趋光行为（phototactic behavior）。相较成虫的趋光行为，幼虫避光行为更加稳定，并且易于检测，是解析光信号诱发神经活动的理想行为范式。

幼虫的自发运动以向前爬行和转弯为主。运动过程中，幼虫向前持续蠕动并形成直线轨道，在感受到环境光线强度的变化后，通过头部运动探测光亮度的空间梯度，随后通过转头、弯曲和蠕动等动作转向，选择较暗的方向作为新的前进方向。检测幼虫避光行为可以通过将测试环境进行明暗分割，在测试开始时所有幼虫都处于明暗交界区。5～10min 后对处于明/暗区的幼虫进行数量统计，进而反映光偏好性。该方法便捷，适合对幼虫趋光性进行高通量筛选。但这种方式无法排除幼虫逃避反应的群体效应，此外，不利于对个体精细动作的检测和干预。对此，近年发展出了新的光斑测试（light spot-based assay），用以测试幼虫逃离光的能力。该方法使用 LED 光源在测试环境中制造直径 2cm 左右的源性光斑，记录和分析单个幼虫在进入光之前、其间和之后的一段时间内的快速反应的行为细节。通过高分辨率视频记录，分析幼虫在趋光过程中的运动细节，例如，身体不同部位的瞬时速度、行进方向变化、转向角和相应的角速度等。该方法排除了群体效应和广适应性的干扰，可以有效实现对果蝇避光行为的检测和分析。

2. 趋化行为（chemotaxis behavior） 是细菌、线虫、昆虫等动物中普遍存在的定向运动行为。在暴露于有吸引力的气味梯度时，果蝇幼虫会向高浓度方向发生迁移运动。由于嗅觉器官位于身体的前端，幼虫在向前爬行的同时摆动头部，感受诱导剂的浓度差异，并根据浓度梯度重新调整前进方向。果蝇幼虫可以被许多与食物气息相似的气味吸引，因此，这些香味物质都可以作为趋化诱导剂。将果蝇幼虫放置在琼脂板上后，在观察皿的一侧滴加诱导剂，随后通过视频记录幼虫的爬行轨迹，分析爬行距离、速度、行进角度等相关参数。

（六）攻击行为

攻击行为（aggressive behavior）是一种与生俱来的本能行为，是获取和保护生存资源的重要方式。这种复杂的社会行为受到遗传、激素和环境因素的影响，对生存至关重要。食物、领地和潜在配偶等生存资源的削减会增加动物的攻击行为，果蝇也不例外。在果蝇中，雌雄果蝇都会与同性争夺资源，但是只有雄性果蝇会进一步建立在种群中的等级关系。通常情况下，雄性果蝇开始攻击行为时，会竖起双翅、彼此接近，随后出现拍打、扑击、扭打、拳击、追逐和撤退等动作；而雌蝇通常攻击性较弱，主要以对峙、拍打和推搡为主。有战斗经验的雄性在行为中更容易成功取胜，赢家更有可能再次获胜，而输家则更有可能输掉。

因此，通常选用日龄接近的同种性别果蝇进行攻击行为测定。在实验前 24 小时完成对果蝇的染料标记，以方便识别攻击过程中的每只果蝇个体。由于短期饥饿和单只个体隔离等处理会增加果蝇的攻击性，因此常被用来诱导攻击行为。由于果蝇在自然环境中的攻击行为通常发生在清晨上午，攻击实验通常在饲养环境给光开始后的 5～6 小时内进行。实验时，在透明的实验记录皿中放入少量食物，并将两只果蝇在未麻醉的情况下通过软管移入记录皿中。随后，对放入的果蝇进行视频记录，并对攻击潜伏期、频率、攻击持续时间、各种攻击行为表现的发生频率进行分析，进而量化攻击行为。结合遗传学和光遗传学手段，有助于筛选攻击相关的基因、解析调控攻击行为的相关神经环路。

二、学习与记忆

利用果蝇作为模式动物，可以将视觉、嗅觉、空间觉等信号与奖赏或惩罚信号相偶联和条件化，通过奖赏或者惩罚的方式，建立条件化学习记忆范式。通过这些模型进行基因筛选和光遗传学操作，可以推动对学习记忆相关基因和环路的研究。

（一）基于嗅觉的条件化学习模型

1. 厌恶性强化操作性条件反射范式（aversive reinforced operant conditioning paradigm） 是最早在果蝇中发展的行为学范式之一。使用气味与电击配对，利用嗅觉信号建立条件化联系。当气味A出现时，给予电击惩罚；而出现另一种气味B时，则没有电击。随后，将果蝇放入T迷宫，T迷宫的一个管臂带有气味A，另一个管臂带有气味B。成功学习并建立条件反射的果蝇会选择回避带有气味A的管臂。这种记忆至少可以维持24小时，而周期性训练后的果蝇，可以产生至少5～7天的记忆。

2. 嗅觉偏好条件范式（olfactory appetitive conditioning paradigm） 基于果蝇对食物气息的本能偏好，可以使用蔗糖溶液或其他奖赏性气味物质替代电击，同样可以建立条件化学习范式。给予饥饿的果蝇蔗糖溶液，在短暂进食（30s）后，将果蝇移入T形迷宫进行学习。在T迷宫的一个管壁中放置滴加了蔗糖溶液的滤纸，另一管壁中放置滴加无关气味溶液的滤纸。随后，去除滤纸和气味，再次将果蝇移入 T 迷宫，对停留在各管壁的果蝇数量和停留时间进行统计，据此反映条件化学习效果。

（二）基于视觉模拟的空间学习记忆模型

基于果蝇飞行模拟器的学习记忆模型：将果蝇头背部固定于视觉飞行模拟器上，通过选择不同图形参数给予条件性刺激。当果蝇飞向一种图形A时，给予惩罚（如热刺激），而飞向另一图形B则不受惩罚。经过条件化训练后，果蝇会选择尽量飞向图形B，而回避图形A。在接下来的一段时间内，即便不再给予惩罚信号，果蝇依然会回避飞向曾经遭受惩罚的图形。在躲避过程中，果蝇自身产生向左或向右的扭转力矩，通过检测扭力可以判断果蝇飞行过程中对方向的选择，并以此反映学习记忆能力。

果蝇幼虫对黑暗表现出与生俱来的偏好，通过利用这一特性，可以将视觉输入作刺激条件，与食物或电击等奖惩信号相关联。在给光开始或处于明亮环境时，给予食物信号。或者在黑暗环境中，给予幼虫电击。经过10次左右训练，幼虫会习得并记忆奖惩因素出现的明暗特征，改变原有的趋暗习性，表现出对明亮环境的偏好。

针对果蝇的行为学范式正在不断被开发，但值得注意的是，与其他动物模型一样，为了确保检测数据的可靠性和可重复性，果蝇行为学检测需要严格控制年龄、性别、饮食以及环境因素，并避免在进行行为学检测前麻醉果蝇。此外，如需多次进行同种行为学检测，尽量确保在同一时段以避免受到节律相关因素干扰。

第四节　线虫的行为学测试

秀丽隐杆线虫（*Caenorhabditis elegans*，简称 *C. elegans*，以下称线虫）是一种多细胞线形真核生物，自然界中居住在土壤中，以细菌为食，无寄生特性，无毒无害。线虫个体小，全身透明，成虫仅1～1.5mm长；培养方便，实验室中通常培养在涂布有大肠杆菌的琼脂平板上，饲养成本较低。当实验需要大量线虫时，如蛋白质纯化，还可以在发酵罐中大规模液体培养。线虫生活史短，室温下（20～22℃）性成熟只需 3.5 天，寿命仅 2～3 周，适于衰老和寿命机制研究。线虫有 5 对常染色体和 1 对性染色体，雌雄同体基因型为 XX，雄虫为 XO，其基因组已经测序完成，大约编码 19 000 个基因，其中 40%与人类基因类似，在进化上保守性较高。线虫为经典的遗传学模式动物，通过化学诱变、基因沉默等方法，结合行为学或者荧光显微分析，易于进行正反向全基因组遗传学筛选，也能方便地通过质粒显微注射得到转基因品系，或进行基于 CRISPR/Cas9 等技术的定点基因编辑。尤为难得的是，线虫品系还可以长年冻存于液氮罐或者超低温冰箱中，需要使用时再解冻复苏即可。

成年线虫体细胞数目固定，成年雌雄同体有 959 个体细胞，其中包括 302 个神经元和 56 个神经胶质细胞。这些神经元之间的结构联系已经绘制完全，通过神经递质、神经肽、间隙连接等进化保守的通讯方式形成较为复杂的神经网络。线虫具有觅食、交配、产卵、趋向和逃避（对温度、机械刺激、气味分子、渗透压、光照、氧浓度、重金属离子等均有反应）等本能行为反应，并有一定的集群、成瘾（如酒精依赖性和尼古丁依赖性），以及学习和记忆能力（如食物-嗅觉关联性学习与记忆；温度记忆等）。因此，线虫能够以结构简单的神经网络，完成相对复杂多样的行为。

一、运 动 行 为

实验室中，线虫一般在半固体琼脂平板线虫生长板（nematode growth plate，NGP）上培养，主要运动方式是身体从头端到尾端传播的“S”形摆动爬行（crawling）。对线虫运动行为的测定可以在体视显微镜下人工观察运动的姿态和相对速度，如 unc-13 突变体由于神经递质释放受阻，其运动极其缓慢，而 trp-4 突变体因为本体感觉受损，其身体部分的摆动幅度明显大于野生型线虫。更精确的运动行为学分析，可以采用视频记录方式，拍摄线虫在琼脂平板上的运动过程。线虫在记录期间自发向前爬动、自发后退、摆头和小幅度转向，而在一些理化刺激因素出现时则可能出现后退、大幅转向（Ω turn）等行为表现。根据实验的目的，可以具体分析运动速率、摆动幅度、前进后退转换的频率、运动转向频率等参数。

线虫在液体中，表现为在局部空间范围内游泳样的摆动（swimming），其运动缺乏方向性，摆动频率可达每秒 1 次。通过人工观察或者视频拍摄，可分析摆动频率、协调性、摆动空间范围等参数。在不同遗传背景、环境刺激、营养、应激和衰老等条件下，这些参数都可能会有所改变。

视频拍摄和软件分析，为更方便、更精准、更高通量地分析线虫的运动行为学参数提供了可能。近年来出现的相应软硬件系统有 Worm Tracker 2.0（Schafer lab）、The Parallel Worm Tracker（Goodman lab）、The Multi Worm Tracker（Kerr lab）、OptoTracker（Gottschalk lab）和 WormLab（MBF Bioscience）等，提供了对单条线虫，甚至最多同时对 120 条线虫进行视频跟踪和运动行为参数分析的平台。

二、摄 食 行 为

线虫的肠道仅由 20 个细胞组成，分为 9 个节段，长度约为体长的 80%（接近 1mm）。相对简单的线虫肠道却完成了哺乳类动物消化道的许多复杂功能，如消化、代谢、排便、应激、免疫、寿命调节等。也正由于线虫肠道结构简单，其储存食物能力缺乏，因此线虫在培养平板上表现为不停歇地进食。

在有大肠杆菌的标准培养平板上，线虫鼻尖有节律地沿着平板表面摆动，称为摄食（foraging）。这种摆动行为主要由 RMD 运动神经元控制。随着鼻尖的摆动摄食行为，大肠杆菌经口器先后进入大小两个吞咽泡（pharyng），然后通过大吞咽泡和肠之间的连接阀进入肠道，并在此过程中完成对大肠杆菌的碾碎。其间，两个吞咽泡之间的位置相对变化（pharyngeal pumping rate），表明了进食频率。在没有食物的时候，进食频率显著降低，但是如果在培养平板中添加

5-羟色胺，可以恢复进食频率。因此，虽然可以通过咽电图记录（EPG，electropharyngeogram recording）来监测摄食行为，一般实验中多以人工观察或者视频拍摄统计吞咽泡间位置相对变化作为量化摄食行为的主要参数。

三、生殖行为

1. 交配行为 线虫有两种性别，雄虫和雌雄同体（hermaphrodite），可自体受精或双性生殖。实验室中一般传代培养或者保种，均只需培养雌雄同体，在品系杂交、回交等遗传学操作时才需要用到雄虫。但是自然环境下雄性个体仅占群体的0.2%，通过热激、特定基因突变（如him-5基因）等方式可以增加后代中雄虫比率。雄性通过其化学感受神经元，探测雌雄同体释放出的外激素（pheromone），并向雌雄同体靠近。雄虫尾部结构特殊，为扇形结构，并有9对机械和化学感受的尾扇神经元（ray neuron）。在接触到雌雄同体以后，雄虫以尾扇包住雌雄同体体壁，同时身体贴着雌雄同体前后滑动，通过触觉调整自身体态，完成对生殖孔的定位，随后将交合刺（spicule）插入雌雄同体生殖孔并完成射精过程。雄虫的交配能力一般在成虫第5天就已经严重衰退。检测雄虫交配能力，可在培养平板中置入一定比例的雌雄同体和雄虫（如2只雄雌同体和4条雄虫），然后记录其后代中雄虫的数量。如需获得精确的参数，可以通过视频拍摄，以人工及软件分析其交配行为中各种具体行为参数，如搜寻时间、生殖孔定位所耗时间、交配时间、交配次数、交配成功概率等。

2. 产卵行为 线虫的产卵一般主要集中在成虫第1～3天。由于雌雄同体自身产生的精子数目较少，通过自体受精，一般可产250～300颗卵，但是通过跟雄虫交配，其产卵量可以达到1000颗。“卵满则溢”，产卵具有一定的随机性。在环路机制上，雌雄同体特异性神经元（hermaphrodite specific neuron，HSN）激活后释放5-羟色胺，引起生殖孔肌肉张开，从而将卵排出。检测产卵行为，可以通过对培养平板上一定数量的雌雄同体（如5只），计数其在一定时间内（如24小时或48小时）的产卵量（egg number）。另外一种方式是计数其子代线虫的数目（brood size）。

四、趋性行为

线虫对环境信息敏感，具有典型的趋化行为和趋温行为。

1. 趋化行为 线虫具有高度发达的化学感觉系统，使其能够检测与食物、危险或其他动物相关的各种挥发性（嗅觉）和水溶性（味觉）物质。它的大部分神经系统（神经元和神经胶质细胞）和超过5%的基因都参与识别环境化学物质。化学物质可以引起线虫趋化性（chemotaxis）、快速回避（avoidance）、整体运动能力的变化以及进入和退出休眠态（dauer state）阶段。线虫对很多气味分子具有趋向性，但对另外一些气味分子具有厌恶性，但是其喜好型气味分子（如异戊醇和丁酮）浓度过高时，也会表现为回避行为。当引诱剂（attractant）存在时，线虫会向高浓度方向发生迁移运动。这种运动并不是直接奔向引诱剂，而是当线虫的运动方向上引诱剂浓度越来越高时，它的转向频率会很低，而当其运动方向上引诱剂浓度越来越低时，其转向频率会增加，从而逐渐趋近引诱剂。实验中通常采用直径9cm的NGM平板，表面无大肠杆菌食物，然后在平板上定点滴加1μl引诱剂（该位置同时滴加叠氮钠溶液，使成功找到引诱剂的线虫在该位置处瘫痪，便于计数），另一点滴加100～200只线虫，吸干溶液让线虫与琼脂直接接触，1小时以后清点引诱剂位置线虫的数量。线虫趋化行为分析的平板分布实验通常会在引诱剂添加点的对称位置以酒精作为对照，通过比较引诱剂和酒精处线虫的数量比例，得到趋化系数（chemotaxis index，CI）。趋化系数=[（引诱剂位置线虫的数量）–（对照物位置线虫的数量）]/ [（引诱剂位置线虫的数量）+（对照物位置线虫的数量）]。引诱剂的滴加浓度、位置、点位数以及对照物的选用等可按照具体实验需要更改。

2. 趋温行为（thermotaxis behavior） 线虫对环境温度极其敏感，一般可以在15～25℃的温度环境中生活。不同温度对线虫生成速度、代谢、繁殖、衰老和寿命影响很大，实验室中一般标准培养温度是20℃。如果把线虫在一定的温度下培养，然后移入具有温度梯度的空间中，它在其给定环境温度（T）下表现出的特定导航模式，是由其培养温度（Tc）的“记忆”决定的。当 T＞Tc 时，线虫沿着梯度向较冷的温度移动，这种行为称为负趋热性（negative thermotaxis 或者 cryophilic behavior）；在 Tc 附近的温度下，线虫在等温线附近活动；当 T＜Tc 时，线虫的运动要么是无规律的，要么是趋向更温暖的温度（积极的趋热性或嗜热行为，positive thermotaxis 或者 thermophilic behavior）。实验中可采用两端控温（一端较冷、另一端较热）的钢板，铺以 10cm×15cm 凝胶平层，形成温度梯度（可调整两端温度，使得从左到右凝胶平层每厘米升温 1℃），在中间位置滴加 100～200 只线虫，吸干溶液让线虫与凝胶直接接触，1 小时以后清点各温度区间内的线虫数量，从而形成温度分布图。

五、逃避行为

趋利避害是所有动物的本能，在触碰厌恶性气味、重金属离子、高渗等刺激下，线虫会启动快速逃避反应，表现为头部回缩、后退、大幅度转向等，从而逃离不利环境。以下简要介绍几种常见的回避行为（avoidance behavior）及其检测方法。

1. 轻度触觉反应（gentle touch response）　以玻璃棒粘接一根眉毛，在体视显微镜下，轻轻划过线虫体表，观察其是否有回避反应。mec-4 等突变体无明显轻度触觉反应，可以作为对照。

2. 鼻尖触觉反应（nose touch response）　放置一根眉毛在线虫的前进方向，在体视显微镜下，观察其触碰到眉毛以后是否回避。

3. 嗅觉回避行为　以一根 200μl 规格的黄色吸管，吸取几微升厌恶性气味分子（如 1-辛酮），悬空靠近一只正在向前爬行的线虫头部，观察其是否回避（统计回避发生的概率、响应时间、回避时大幅度转向的比例等参数）。

4. 对重金属离子 Cu^{2+}、奎宁和高渗等的回避行为　以 Cu^{2+}为例，将一根 200μl 规格的黄色吸头的尖端通过酒精灯加热后拉细，吸取几微升 Cu^{2+}溶液，滴向一只正在向前爬行的线虫正前方，观察其是否回避。另一种模式是滴向线虫的尾巴，让溶液沿着线虫身体向头部扩散。注意液滴不能太大，否则线虫会漂浮在液滴中摆动。

osm-9 等突变体无明显鼻尖触觉反应和对气味分子、重金属离子 Cu^{2+}、奎宁及高渗溶液等的回避行为，可以在这些实验中作为对照。

六、学习与记忆

线虫虽然神经结构简单，但是也有一定的学习与记忆能力。下面以食物-气味关联性学习与记忆（food-odor associative learning and memory）为例，简要介绍其测定方法。

食物能够强化线虫对特定气味分子的趋化性，实验中可采用直径 60cm 的 NGM 平板，加入大肠杆菌作为食物，然后在平板上滴加 200～300 只经过一定时间预饥饿和引诱剂（如丁酮）处理的线虫，吸干溶液让线虫与琼脂直接接触，在平皿盖子上滴加 2μl 10%丁酮（溶于 95%乙醇），盖上平皿盖，1 小时以后清洗线虫，等待一定时长后（如 0.5、1 或 2 小时），以检测趋化行为分析的平板分布实验检测线虫对引诱剂的趋化系数，判断其被食物刺激的影响。此外，线虫对盐（如氯化钠）-食物、温度-食物都能形成关联性学习与记忆，对其培养温度具有一定记忆能力；遭遇有害菌以后，能够形成一定记忆增强对该菌的逃避反应。

（王晓东　刘怿君　康利军）

参考文献

陆林, 2020. 沈渔邨精神病学[M]. 6 版. 北京: 人民卫生出版社.

Carlson N, 1994. Physiology of Behavior[M]. 5th ed. Boston: Allyn & Bacon.

Carter M, Shieh J, 2015. Guide to Research Techniques in Neuroscience[M]. 2nd ed. Amsterdam: Elsevier.

Crawley J N. 2007. What's Wrong with My Mouse? Behavioral Phenotyping of Transgenic and Knockout Mice[M]. 2nd ed. New Jersey: John Wiley & Sons.

Deacon R M J, 2006. Housing, husbandry and handling of rodents for behavioral experiments[J]. Nature Protocols, 1(2): 936-946.

Fan Z X, Zhu H, Zhou T T, et al, 2019. Using the tube test to measure social hierarchy in mice[J]. Nature Protocols, 14(3): 819-831.

Gururajan A, Reif A, Cryan J F, et al, 2019. The future of rodent models in depression research[J]. Nature Reviews Neuroscience, 20(11): 686-701.

Heinrichs S, 2007. What's Wrong with My Mouse? Behavioral Phenotyping of Transgenic and Knockout Mice[M]. 2nd ed. New Jersey:John Wiley & Sons.

Langford D J, Bailey A L, Chanda M L, et al, 2010. Coding of facial expressions of pain in the laboratory mouse[J]. Nature Methods, 7(6): 447-449.

LeDoux J, Daw N D, 2018. Surviving threats: neural circuit and computational implications of a new taxonomy of defensive behaviour[J]. Nature Reviews Neuroscience, 19(5): 269-282.

Mathis A, Mamidanna P, Cury K M, et al, 2018. DeepLabCut: markerless pose estimation of user-defined body parts with deep learning[J]. Nature Neuroscience, 21(9): 1281-1289.

Molendijk M L, de Kloet E R, 2015. Immobility in the forced swim test is adaptive and does not reflect depression[J]. Psychoneuroendocrinology, 62: 389-391.

Nestler E J, Hyman S E, 2010. Animal models of neuropsychiatric disorders[J]. Nature Neuroscience, 13(10): 1161-1169.

Rein B, Ma K J, Yan Z, 2020. A standardized social preference protocol for measuring social deficits in mouse models of autism[J]. Nature Protocols, 15(10): 3464-3477.

Wahlsten D, 2010. Mouse Behavioral Testing: How to Use Mice in Behavioral Neuroscience[M]. Amsterdam:Elsevier.

第十一章　转基因动物制备和应用

第一节　转基因动物原理及相关科学问题

转基因技术是通过分子生物学技术，人为地分离、修饰或组合具有特定遗传性状的目的基因，将其通过特定途径导入到目标生物体的基因组中。导入基因的表达会引起目标生物体的特定性状发生可遗传的修饰改变，从而达到改造生物特性、获得新的生物体的目的。将外源DNA引入动物生殖细胞被认为是发育生物学和遗传学领域的重大技术进步，其彻底改变了几乎所有生物学领域，并为在完全动物背景下模拟多种人类疾病提供了新的遗传学方法。

自19世纪末以来，操纵遗传物质一直是遗传学家的不断追求。遗传物质的操纵最初是作为改善和优化物种品质的一种重要手段，但随着研究的深入，研究人员在噬菌体和果蝇中发展了随机诱变筛选以对最终表型进行评估的方法，才使基因操纵的潜力得以浮现。再结合基因克隆，染色体图谱和DNA测序等技术的重要进展，转基因动物成为科学研究的重要工具。

神经生物学领域常用的模式动物包括绒猴、大鼠、小鼠、斑马鱼、果蝇和线虫等。由于小鼠相对便宜，繁殖力强，生理生化方面与人类相近，基因修饰技术成熟，而且小鼠基因组的染色体映射和特征方面已有大量的生物信息学数据，可以快速便捷地应用于新的科学问题的研究上，因此在接下来的章节中，我们将主要讨论目前领域内经典的转基因小鼠制备技术，主要包括如何在基因组随机位置引入目的基因片段以及如何在基因组的特定位置引入修饰。

转基因动物模型广泛应用于神经生物学科学问题的解析。最基础的，通过转入特定的转基因片段或者敲除特定的基因来探究目的基因的功能。进而，结合组织特异性的启动子以及荧光蛋白标签，可以对特定的细胞类群进行标记，从而探究其发育或生理活动模式。在此基础上，整合组织特异性重组酶等关键元件，可以实现对特定的细胞类群进行遗传学操作，即在上述标记的基础上操纵特定基因（敲入或敲除），更加深入全面地解析目的基因的功能。代表性的转基因动物应用将在第三节中介绍。

第二节　转基因动物制备技术

广义上的转基因动物制备技术主要包含两种。早期，领域内发展了狭义上的转基因动物制备技术，也就是利用不同的手段将制备好的外源目的DNA片段，随机地整合进细胞的基因组中，从而研究和解析特定外源基因/蛋白（如包含特定点突变的蛋白）对动物的影响。

然而，狭义上的转基因动物制备技术只能研究目的基因过表达产生的功能效应，并不能解决内源目的基因的生理性功能。为了更加深入地研究基因功能，研究人员发展了另外一种制备技术——基因靶向修饰，也就是将外源的DNA片段整合进特定的基因组位点或者修饰特定的基因组位点，从而实现目的基因的敲除，进而研究该基因的功能。当然，在该技术的发展过程中，其作用已经不仅限于直接“敲除”目的基因，目前已经延伸到了定点敲入目的片段从而实现如表达报告基因、目的基因被条件性敲除等功能。接下来，将分别对这两种转基因动物制备技术进行介绍。

一、转基因动物制备

狭义上的转基因动物制备是指将包含目的基因的外源DNA片段，通过显微注射、病毒转染等方式递送到受精卵的原核中，进而随机地整合进基因组 DNA 中。例如，人类癌症的第一个小鼠遗传学模型就是通过上述制备方法，在特定组织中过表达癌基因生成的。这里外源转基因在特定发育阶段的某些组织类型中的表达取决于所使用的启动子或调控元件的性质。

为了制备转基因小鼠，需要以下步骤：①制备特定的目的基因片段。最开始的片段仅包含少数基础组件，随着研究的深入，研究人员发现特定调控元件以及原位基因组原件的加入可以让转基因的表达更加符合生理性情况，因此在小片段转基因的基础上又发展了大片段转基因。②通过原核注射或者病毒转染等方法将外源目的基因片段随机地整合进生殖细胞基因组中。③由于对于每一个生殖细胞，转基因的插入位点不同，转基因的表达情况也会有差异，因此需要对获得的多个转基因种群进行鉴定，从而获取目的转基因小鼠。

（一）目的基因制备

1. 小片段转基因　最开始，转基因小鼠的制备基于小片段转基因。小片段基因需要至少包含三个基础的组件：①特定的启动子（promotor），可以是广泛表达于各个组织中的启动子如 CMV，也可以是表达在特定细胞类型中的启动子；②最终想要表达的目的基因的 DNA 片段；③合适的转录结束的多腺苷酸化（polyadenylation）信号片段（终止子）。最常用的终止子片段来自于猿猴病毒（simian virus 40，SV40）的基因组。

然而，研究人员很快发现，仅仅基于这三种基础的组件，表达目的基因的细胞类型以及目的基因的表达水平经常不符合该基因的生理表达水平，甚至会不表达。随着分子生物学研究的深入，研究人员认识到，由于插入的位点是随机的，这些位点附近的一些调控元件也会不同程度上影响外源基因的表达情况。在这个过程中，一些关键分子组件参与并调控基因生理性表达的机制逐渐被解析。于是，研究人员在上述小片段的基础上加入了一些元件，包括增强子（enhancer）、内含子（intron）和绝缘子（insulator）等，使得小片段转基因的表达更加高效。

增强子是一种组织特异性调控元件，是基因组上一段可以和转录调控蛋白识别并结合的区域，与调控蛋白结合之后，基因的转录作用会明显加强。在转基因片段中加入增强子可以显著促进其正确表达。内源基因的增强子可以在目的基因的上游，也可以在目的基因的下游，甚至也会出现在内含子之中。

内含子是基因中的一个非编码 DNA 片段，隔开了相邻的外显子。在转录过程中，内含子也会被转录进前体 mRNA 中，但是随着 mRNA 的加工、成熟，内含子会被切除。有研究证明，内含子的加入会促进转基因的表达。

绝缘子是基因组的调控元件之一，是一种边界元件，可以阻止更加远端的调控元件如增强子对启动子产生影响从而干扰转基因表达。在转基因片段中加入绝缘子同样地可以防止远端调控元件对目的片段的影响，使转基因片段的表达更能模拟其生理性表达情况。

因此，随着研究的深入，研究人员不断改进转基因的设计方案，上述元件的加入使小片段转基因的表达模式更加稳定以及符合生理情况。

2. 大片段转基因　通过小片段转基因的介绍大家可以发现，随着更多基因组中原本就有的关键元件的加入，转基因的表达变得更加准确，更加符合基因的生理性表达模式以及表达水平。于是，在上述工作的基础上，研究人员发展了酵母人工染色体（yeast artificial chromosome，YAC）和细菌人工染色体（bacterial artificial chromosome，BAC）等技术，利用大于 100kb 的 DNA 片段，构建能包含几乎所有调控元件的载体。如此长的长度，几乎囊括了目的基因的所有调控元件。因此在这种情况下，以 YAC 或 BAC 等大片段作为载体，利用大片段上的启动子，可以使插入的目的基因的表达水平和表达细胞类型与生理情况下保持高度一致，最大程度上降低由于转基因片段随机插入基因组所导致的位置效应。

YAC 的克隆容量可达几百至几千，尽管 BAC 的克隆容量（350kb）较 YAC 小，却具有许多 YAC 所不可比拟的特点。BAC 的复制子来源于单拷贝质粒 F 因子，故 BAC 在宿主菌内只有极少数拷贝数，可稳定遗传，无缺失、重组和嵌合现象。BAC 以大肠杆菌为宿主，转化效率较高，常规方法（碱裂解）即可分离 BAC；蓝白斑，抗生素，菌落原位杂交等均可用于目的基因筛选；而且，可对克隆在 BAC 中的 DNA 直接测序。上述特点使得 BAC 与 YAC 系统相得益彰，从植物到小鼠乃至人类系统都得到广泛应用，成为目前转基因研究的热点和发展方向之一，并极可能在人类基因组及其后基因组计划中发挥巨大作用。

（二）原核显微注射

在目的片段完成构建后，需要利用原核显微注射（pronuclear microinjection）或病毒介导等方法将片段递送至生殖细胞中，这里将对显微注射的方法进行介绍。通过原核显微注射含有目的基因的溶液将转基因引入受精卵母细胞中可能是产生转基因生物的最直接方法。这种技术经过不断的改进，已经非常成熟，目前已广泛地应用于脊椎动物和无脊椎动物，产生携带转基因的动物。这里我们将对原核显微注射的关键步骤做一个简单的介绍。

为了进行原核显微注射，首先需要制备含有目的基因的片段。如上文所介绍的，可以是小片段，也可以是基于 YAC 或者是 BAC 的大片段。

同时我们还需要收集方法体系中最关键的材料——受精卵，作为显微注射的受体细胞。理论上母鼠一次排出的卵母细胞数目是有限的，为了同时获取大量的受精卵，需要对适龄的母鼠进行超排卵（superovulation）。母鼠的最佳操作年龄在第一次自然发情前（年龄为 3～4 周），或者是 2～3 月龄的成年鼠。对母鼠按照特定的时间规律注射孕马血清促性腺激素（pregnant mare serum gonadotropin，PMSG）和人绒毛膜促性腺激素（human chorionic gonadotropin，hCG），以促进卵细胞的超排。接着将超排母鼠和公鼠交配，从而使卵母细胞受精。在供体母鼠与公鼠交配后的第二天上午，解剖供体母鼠，取出子宫颈，以收集卵母细胞。在这个过程中，尽量不要使用二氧化碳或者麻醉剂，以保证卵母细胞的质量。

DNA 片段的注射。将受精卵的一端固定在抓持毛细管（holding capillary）上，进行观察。理论上此时细胞中可以看到两个清晰的分离的原核（pronuclei），如果没有看到，就直接丢弃该细胞。调整受精卵的位置，使得原核的位置尽量靠近注射点。接着将含有 DNA 片段的针头刺穿透明带（zona pellucida），刺入细胞，接着对针头加压，在原核看到明显的凸起后，可以停止。注射毛细管的开口需要严格控制。如果开口太大，容易导致受精卵的损伤；如果开口太小，则会导致片段难以注射进细胞，以及容易造成大片段 DNA 如 BAC 片段的损伤。

最后，完成操作的胚胎必须放置到可以发育到足月的环境中。目前在体外的培养环境中，小鼠胚胎还无法完成整个发育过程，因此只能将胚胎放回到准备好怀孕的假孕母鼠的输卵管。为了使母鼠的身体提前收到“怀孕”的信号，需要在显微注射之前将其和输精管切除或者不孕的公鼠进行交配，同时在注射当天会挑选有明显阴栓的假孕母鼠，增加胚胎存活并正常发育的概率。

（三）阳性种群筛选

在普通转基因小鼠中，转基因片段插入到基因组中的随机位点。难以避免的，插入位点附近的调控元件可能会影响外源转基因的表达模式包括表达细胞类型以及表达量。同时，随机插入的位点本身可能在小鼠正常生理活动中发挥重要功能。因此不管是小片段转基因动物还是大片段转基因动物，一开始获得的种群都要经过多重严格的鉴定。

所有从原核注射得到的原始种群（G_0 founder）均应该被视为不同的独特转基因品系。有时某个 G_0 founder 中的转基因可能为多位点插入，因此在其产生的 G_1 中会存在基因位点的分离而导致来自于同一个 G_0 的 G_1 出现不同性状。为了避免这种现象的发生，通常情况下 G_1 而不是 G_0 可以被认为是稳定的均一品系。具体的鉴定方法可以包括以下几个方面：

首先，最直接的一点，我们需要明确该种群基因组中确实整合了目的基因片段。为了验证这一点，可以取所有 G_0 founder 小鼠的组织如趾头或者耳朵，提取基因组 DNA，再利用常规 PCR，明确基因组中目的基因的存在。在这一步，可以除去所有目的基因阴性的小鼠，仅留下阳性小鼠进行下一步的鉴定流程。

其次，如果转基因片段中带有标签（如 HA 标签，荧光标签等）的话，可以对转基因动物的组织进行组织免疫荧光，对标签进行特异性的染色，观察：①标签是否有表达；②目的细胞类型中标签的表达情况；③非目的细胞类型中标签的表达情况。最为理想的结果是标签只表达在目的细胞类型中，且完全不表达在非目的细胞中，以证明转基因的特异性表达。

最后，需要在功能上对转基因小鼠进行鉴定，观察其在细胞或者个体水平是否正常发挥预期功能。如 Cre 转基因工具鼠，需要对 Cre 转基因是否发挥重组酶功能进行确认。为了确认这一点，可以将 Cre 转基因工具鼠和荧光蛋白报告基因（如 LSL-tdTomato）工具小鼠杂交，获得同时带有 Cre 组件和依赖于 Cre 才能表达的荧光蛋白组件。理论上，有 Cre 重组酶活性的细胞，会表达 tdTomato 荧光蛋白，所以只需要对表达荧光蛋白的细胞类型进行分析鉴定就可以明确 Cre 发挥功能的细胞类型。再例如化学遗传学 hM3Dq 和 hM4Di 工具鼠，理论上在给予工具鼠口服或者注射特定的配体化学物质——氯氮平（clozapine）后，目的细胞上的 hM3Dq 或者 hM4Di 受体与配体结合，进而激活或者抑制目的细胞的电活动。因此化学遗传学工具鼠可以实现远程无损伤调控目的细胞类型的电活动，是一种神经生物学领域重要的工具。因此在鉴定这类小鼠时，在细胞水平只需对目的细胞类型的电活动进行分析即可。

可见，在获得一个全新的转基因小鼠品系后，一定要进行严格的转基因表达、功能上的验证，确认其确实符合假设后，才能将其应用于兴趣问题的解决，不然最后很可能获得错误的结论。

二、基因靶向动物制备

（一）转座子系统

转座子（transposon）又称为跳跃基因，是一种可在基因组内插入和切离并能改变自身位置的 DNA 序列。20 世纪 40 到 50 年代，细胞遗传学家芭芭拉 · 麦克林托克（Barbara McClintock）通过对玉米粒镶嵌颜色的观察分析，发现了转座子系统，证明了基因组不是一个静态的集合，而是一个不断在改变自身构成的动态有机体。芭芭拉也因为这个重要发现在 1983 年获得诺贝尔生理学或医学奖。

转座子可以根据其工作的机制是“复制-粘贴”还是“剪切-粘贴”分为 I 型转座子和 II 型转座子两类。I 型转座子又被称为逆元件（retro element），该型转座子会先被转录为 RNA，然后该 RNA 被逆转录再次成为 DNA，才被插入到目标位点中。II 型转座子的转座并不经过转录，而是直接对本身的 DNA 片段进行“剪切后粘贴”。因此 II 型转座子又被称为不复制转座子。

转座子的特征，使得其成为一种天然的基因递送工具，研究人员利用这一工具实现转基因小鼠的高效制备。主要过程就是将外源待表达的 DNA 片段构建到转座子质粒中去，并和转座酶 mRNA 一起显微注射到小鼠受精卵中，转座酶将外源 DNA 片段从质粒中切离下来，插入到小鼠基因组中去。常用于哺乳动物转基因的转座子系统包括：piggyBac、Sleeping Beauty（SB）和 Tol2。其中，piggyBac 转座子在转座酶的辅助下特异性识别基因组中 5′-TTAA-3′位点，精确地剪切和插入不留下印迹；并且在随机插入基因组的过程中，更倾向于插入有活跃转录的位置；而且转座效率比其他两个高。

相对于传统转基因，转座子系统的插入位点会有一定的偏好性，如 piggyBac 转座子倾向于插入到转录活跃的区域，且插入位点为 TTAA。而且由于其依赖于注射剂量，转座子系统有着更高的插入效率，容易形成多位点插入，不像普通转基因，一般为单位点插入。

（二）基于同源重组的定点修饰策略

基于同源重组（homologous recombination）的修饰策略是最为常用且经典的定点修饰策略。同源重组是遗传重组的一种类型。在自然界中，真核细胞在发生减数分裂时，同源染色体（homologous chromosome）相互靠近，接着其非姐妹染色单体（non-sister chromatid）的部分染色体片段互换，重新组合。同源重组是自然界中生物多样性的重要原因之一。马里奥・卡佩奇（Mario Capecchi）和奥利弗・史密斯（Oliver Smithies）一直致力于构建基于同源重组的基因定点修饰策略。马里奥利用哺乳动物细胞，证明了外源导入的 DNA 片段可以和基因组 DNA 发生同源重组。奥利弗基于人的细胞，也类似地证明了利用外源 DNA 可以靶向内源基因。

然而一开始马里奥和奥利弗利用的细胞系并不能直接用于定点修饰小鼠的制备，马丁·埃文斯（Martin Evans）的重要工作补齐了这一不足。他利用了早期胚胎或原始性腺中分离出来的一类细胞，即小鼠胚胎干细胞（embryonic stem cell，ESC），作为工具细胞。在 ESC 上进行基因修饰后，将其注射进另一只小鼠的胚胎中。由此产生的嵌合体小鼠（由未修饰受体胚胎分化而来的细胞和修饰过的 ESC 分化而来的细胞产生的嵌合体）性成熟后进行繁育，筛选带有定点修饰的幼鼠。此时带有定点修饰的幼鼠则可以通过常规的繁育进行扩繁。

由于利用胚胎干细胞在小鼠中引入定点修饰这一重要贡献，马里奥·卡佩奇（Mario Capecchi），马丁・埃文斯（Martin Evans）和奥利弗・史密斯（Oliver Smithies）三位科学家共同获得了 2007 年诺贝尔生理学或医学奖。

基于同源重组的定点修饰策略广泛地应用于定点修饰小鼠的制备中。最开始，该方法应用于定点敲除目的基因，从而在所有体细胞中敲除目的基因后研究特定基因的功能。不仅如此，该方法还广泛地应用于基因的定点敲入。这样，定点敲入的目的基因可以直接利用内源基因的启动子及其完整的调控的元件，忠实地表征内源基因在空间和时间上的表达模式。但是，该方法在利用内源启动子表达外源基因后，往往会影响甚至是破坏该内源基因的正常表达，纯合的定点敲入小鼠甚至是会完全失去该基因的功能。因此在实验过程中，需要结合实际的实验目的需求，明确转基因小鼠的制备手段。

（三）基于 CRISPR/Cas9 的定点修饰策略

基因编辑（gene editing）指对特定目标 DNA 序列进行 DNA 插入、删除、修改或替换的一项技术。CRISPR/Cas 系统（clustered regulatory interspaced short palindromic repeat/CRISPR associated）是一种高效的基因编辑手段，相对于传统的手段，可以实现高精度操作目的序列，自 2013 起被广泛地应用于各个领域。

CRISPR/Cas 系统由 CRISPR 序列元件与 Cas 基因家族组成。其中 CRISPR 由一系列高度保守的重复序列（repeat）与同样高度保守的间隔序列相间排列组成。而在 CRISPR 附近区域还存在着一部分高度保守的 CRISPR 相关基因（CRISPR-associated gene，Cas gene），这些基因编码的蛋白质具有核酸酶活性的功能域，可以对 DNA 序列进行特异性的切割。

之前的基因编辑方法都依赖于蛋白质的空间结构来识别目的序列，从而进行切割，导致面对个性化的目的序列进而设计的识别蛋白的难度非常高，而 CRISPR/Cas 系统实现在 RNA 的引导下对目的基因进行编辑，其发展以及应用对基因编辑领域产生了革命性的影响。CRISPR/Cas 系统因其简单的组成成分和设计，一经发现便受到了极大关注。目前已经在体外培养的细胞以及多种模式动物，包括猪、猴子等大动物中实现了靶向基因修饰。基于 CRISPR/Cas 系统的转基因动物制备流程简便，只需要将带有 Cas9 以及 sgRNA 的片段显微注射进卵母细胞中，仅需一代就可以获得目的种群动物。

CRISPR/Cas 系统也存在一定的弊端：首先，其切割位点必须含有 PAM（protospacer adjacent motif），限制了 Cas9 系统对任意序列进行切割；其次，其识别位点长度为 20bp，特异性有限，可能会造成一定的脱靶效应。而且相对于基因敲除的高效率，基于 CRISPR/Cas 系统基因敲入的效率就会低很多。

第三节　转基因动物的应用

一、可调控性

早期研究基因的功能时，研究人员会在所有体细胞中敲除特定基因，或者在所有细胞中表达特定基因，从而尝试得出结论：目的基因对特定的功能产生影响。然而随着研究深入，人们认识到，基因功能的系统性阐述，需要同时考虑“空间”和“时间”的信息：哪一种细胞类型中的目的基因在何时发挥特定功能？

为了回答上述问题，研究人员进行了不断的探索以及新型遗传学工具的开发。首先，基于组织特异性启动子可以实现在特定组织中表达转基因，再结合条件和诱导系统，则可以实现在特定组织和特定时间引入体细胞突变。目前领域内最广泛使用的条件和诱导系统包括重组酶系统和四环素（tetracycline，Tet）诱导系统。

（一）重组酶系统

最广泛应用的重组酶系统包括 Cre-loxP 系统和 Flp-FRT 系统。其中，Cre 是一种重组酶，研究人员在噬菌体 P1 中发现了 Cre。Flp 重组酶有着和 Cre 重组酶类似的功能结构，来自于酿酒酵母。在 Cre-loxP 系统中，loxP 是一段长度为 34 碱基对的、有方向性的 DNA 序列，Cre 重组酶可以识别两个 loxP 位点，进而介导两个 loxP 位点之间的 DNA 重组。两个 loxP 位点之间的相对方向决定了重组的结果：如果两个位点同向，则两个位点间序列会被切除；如果两个位点反向，两个位点之间序列会发生倒位；如果两个位点在两条染色体上，会导致染色体之间的易位，两个位点的远着丝粒段发生互换。Flp 重组酶是 Cre 重组酶的同源蛋白，与 Cre 系统类似，其可以识别两个 FRT 位点并进行重组。Flp 重组酶已经开发出 Flpe 和 FlpO 等突变体以实现更高的重组效率。由于这两种重组酶发挥作用并不需要其他物种特异性辅助蛋白或者相关因子的帮助，因此该系统可以快捷地应用于其他生物系统如小鼠中。

重组酶系统在组织特异性启动子的帮助下可以实现在空间上精确地操控目的基因。该体系需要两种转基因小鼠，一种是组织特异性表达重组酶的小鼠，另一种是目的基因被 loxP 或者 FRT 位点包围的小鼠，通过基因敲入方法将两个相同方向的 loxP 位点引入目的基因的两端，则产生可以被条件性敲除目的基因的转基因小鼠。将两种小鼠品系杂交后，则可以实现在特定的细胞类型中表达或者敲除目的基因，实现精确的空间上的调控。该方法可以帮助我们揭示在传统基因敲除中会导致胚胎致死的基因的作用。

另外也可以在转基因片段之前加上 Cre 依赖的 STOP 序列，实现转基因的表达依赖于 Cre 的活性。也就是说，在没有 Cre 表达的细胞中，STOP 序列会停止后续目的序列的转录翻译；只有在表达 Cre 的细胞中，两个 loxP 位点发生重组，位点之间的 STOP 序列被切除，后续的目的序列才会正常转录翻译。从而实现基础的基因表达的可调控性。有意思的是，这里提到的两种重组酶系统是相互独立的，也就是说，Flp 重组酶并不会识别 loxP 位点，Cre 重组酶也不会识别 FRT 位点，两个重组酶系统互不干扰，可以平行发挥功能。因此在最新的工作中，有研究人员在一个模型体系中同时使用这两种重组酶系统，进行多维的遗传学操作。

Cre 重组酶系统在雌激素受体的帮助下可以进行高效精确的时间上的调控。雌激素受体只有在与相应配体结合的情况下才能进入细胞核发挥功能，研究人员利用这一特性，将突变雌激素受体的配体结合结构域与 Cre 重组酶融合（Cre-ERT 或 Cre-ERT2）。在没有相应配体 4-羟基他莫昔芬（4-OHT）存在的情况下，融合蛋白定位于细胞质中，Cre 重组酶不能识别细胞核中的 loxP 位点，不会发挥重组作用。而在添加相应配体情况下，融合蛋白与配体结合，进入细胞核内，进而识别

loxP 位点，发挥重组酶功能。该方法可以实现在特定的时间窗口引入 Cre 重组酶活性从而进行精确的时间上的调控。

（二）四环素诱导系统

重组酶引起的重组效应往往是不可逆的，而转录转激活系统可以实现可逆地打开和关闭基因表达，目前最为常用的转录转激活系统是四环素诱导系统。在该系统中，关键的组件是编码 VP16 反激活结构域和源自大肠杆菌四环素抑制蛋白（TetR）的融合序列，该序列编码的融合蛋白可以特异性结合四环素和目标转基因中长达 19-bp 的 tet 操纵子序列（tetO），从而诱导目的基因转录。该系统有两个版本。在原初的系统即 Tet-Off 系统中，没有四环素存在时，tTA 蛋白与目的转基因上游的 tetO 序列结合，促进目的基因的表达；在四环素存在的情况下，tTA 与四环素结合，重组蛋白不能与 tetO 序列结合，转基因不能正常表达。在改进的系统即 Tet-On 系统中，以相反的方式工作：rtTA 蛋白只有在四环素存在的情况下结合 tetO 序列，并开启下游目标转基因的表达。

四环素或多西环素（毒性较小的四环素类药物）有着便捷的体内递送方式，可以注射到小鼠体内或简单地添加到它们的饮用水或者食物中发挥功能。四环素诱导系统的组织特异性可以通过将 tTA 或 rtTA 序列放在组织特异性启动子后实现。

二、神经活性依赖工具鼠

利用组织特异性表达重组酶，结合重组酶依赖的目的基因片段，可以实现对特定细胞群体的遗传学操作。在神经生物学领域，利用遗传编码工具靶向活跃细胞群是一个主要挑战。研究人员开发了一种方法名为活跃群体靶向重组（targeted recombination in active populations，TRAP），对特定时间点活跃的神经元类群进行标记，进而对该类群体进行更进一步的遗传学操作。

该方法利用小鼠模型包含两个重要组件。其中一个组件，是他莫昔芬依赖的重组酶 CreER，CreER 重组酶只有在他莫昔芬存在的情况下才会进入细胞核发挥重组酶的作用，介导 loxP 位点之间的重组。而且，该基因是由神经系统早期反应基因 Fos 的启动子驱动的。显然，只有同时满足细胞受到激活以及给予他莫昔芬这两个条件时，该组件才会发挥功能。为了验证上述组件的表达是否符合预期，还需要另外一个组件，比如依赖于 Cre 重组酶的 tdTomato 标签。经过验证发现，TRAP 系统可以提供对特定躯体感觉、视觉和听觉刺激以及新环境中激活的神经元的选择性标记。除了用于标记的组件外，当与用于记录和操纵神经元的工具结合使用时，TRAP 为理解大脑如何处理信息和产生行为提供了一种强有效的方法体系（图 11-1）。

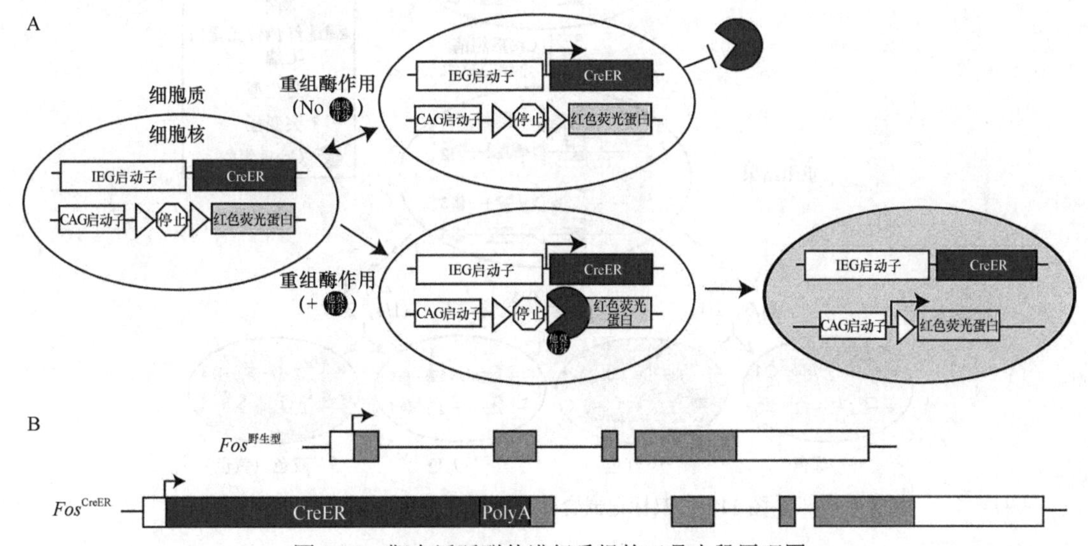

图 11-1 靶向活跃群体进行重组的工具小鼠原理图

三、双标记嵌合体分析

随着转基因技术的成熟，研究人员逐渐开发出更多的遗传学工具，广泛应用于神经生物学研究。2005 年，骆利群研究组发展了双标记嵌合体分析（mosaic analysis with double markers，MADM）模型，利用该模型可以创新性地对少数特定细胞同时实现标记以及基因敲除。

MADM 模型的核心包含三个遗传学组件：①组织特异性的 Cre 或者 Flp 重组酶，用于介导 loxP 或 FRT 位点之间的重组；②绿色荧光蛋白 DNA 片段的 N 端和红色荧光蛋白的 C 段连接在一起，中间被 loxP 位点或者 FRT 位点隔开，该片段简称为 GT（Green-tdTomato），且定点插入于特定染色体的近着丝粒端；③红色荧光蛋白 DNA 片段的 N 端和绿色荧光蛋白的 C 端连接在一起，中间被 loxP 位点或者 FRT 位点隔开，该片段简称为 TG（tdTomato-Green），位于上述染色体的同源染色体上，且位于相同位置。在非目的细胞中，重组酶不发挥作用，GT 和 TG 两个片段都不是完整的荧光蛋白基因片段，不会表达荧光蛋白。在目的细胞中，重组酶发挥功能。当重组酶在细胞周期 G_0/G_1 期发挥作用时，同源染色体上两个 loxP 位点或者 FRT 位点发生重组，从而使两种荧光蛋白的片段恢复完整，所以该细胞同时表达绿色和红色荧光蛋白；当重组酶在细胞周期的 G_2 期发挥作用时，带有完整红色和绿色荧光蛋白基因片段的染色体可能进入同一个子细胞产生黄色细胞，此时另一个子细胞为无色。也有可能两个片段分别进入两个子细胞中，产生一个红色细胞和一个绿色细胞。由于染色体间重组酶发挥功能的效率较低（约 1%，不同组织以及细胞会有差异），因此该模型可以实现在少数特定目的细胞类群中引入标记，从而实现高分辨率的稀疏标记（图 11-2）。

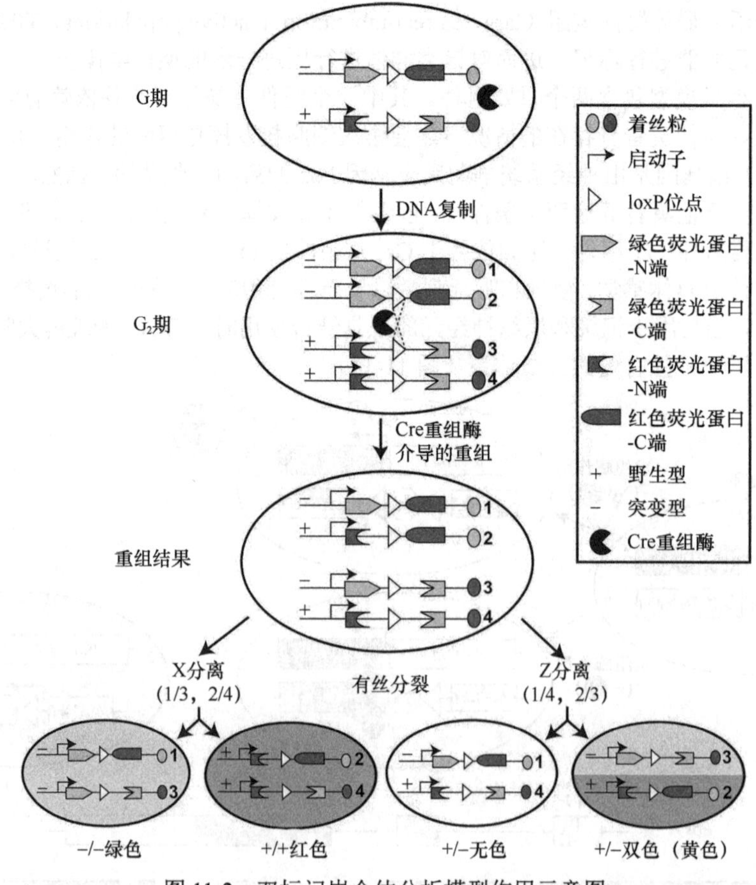

图 11-2 双标记嵌合体分析模型作用示意图

放射状胶质前体细胞（radial glial progenitor，RGP）负责产生几乎所有的新皮质神经元。为了深入了解 RGP 分裂和神经元产生的模式，研究人员基于 MADM 模型体系，构建了 Emx1-CreER; MADM 小鼠模型。其中 Emx1-CreER 组件可以实现在给予小鼠他莫昔芬的情况下，标记皮层中的兴奋性神经元前体细胞。因此，利用该模型，研究人员在小鼠不同发育阶段，对皮层中的兴奋性神经元前体细胞进行克隆水平分辨率的标记和追踪，并发现 RGP 遵循一个特定连贯的发育模式，在该模式中，它们的增殖潜力以可预测的方式减少。而且进入神经发生阶段后，单个 RGP 产生 8～9 个神经元。

（刘 冲）

参考文献

傅继梁, 2006. 基因工程小鼠[M]. 上海: 上海科学技术出版社.

李宁, 2012. 高级动物基因工程[M]. 北京: 科学出版社.

张健, 2009. 转基因动物技术[M]. 北京: 科学出版社.

Ahmad S F, Mahajan K, Gupta T, et al, 2018. Transgenesis in animals: principles and applications-a review[J]. International Journal of Current Microbiology and Applied Sciences, 7(10): 3068-3077.

Alexander G M, Rogan S C, Abbas A I, et al, 2009. Remote control of neuronal activity in transgenic mice expressing evolved G protein-coupled receptors[J]. Neuron, 63(1): 27-39.

Chen P X, Wang W, Liu R, et al, 2022. Olfactory sensory experience regulates gliomagenesis via neuronal IGF_1[J]. Nature, 606(7914): 550-556.

Doudna J A, Charpentier E, 2014. The new frontier of genome engineering with CRISPR-Cas9[J]. Science, 346(6213): e1258096.

Feschotte C, Pritham E J, 2007. DNA transposons and the evolution of eukaryotic genomes[J]. Annual Review of Genetics, 41: 331-368.

Gao P, Postiglione M, Krieger T, et al, 2014. Deterministic progenitor behavior and unitary production of neurons in the neocortex[J]. Cell, 159(4): 775-788.

Gomez J L, Bonaventura J, Lesniak W, et al, 2017. Chemogenetics revealed: DREADD occupancy and activation via converted clozapine[J]. Science, 357(6350): 503-507.

Guenthner C J, Miyamichi K, Yang H H, et al, 2013. Permanent genetic access to transiently active neurons via TRAP: targeted recombination in active populations[J]. Neuron, 78(5): 773-784.

Lewandoski M, 2001. Conditional control of gene expression in the mouse[J]. Nature Reviews Genetics, 2(10): 743-755.

McClintock B, 1950. The origin and behavior of mutable loci in maize[J]. Proceedings of the National Academy of Sciences of the United States of America, 36(6): 344-355.

Zong H, Sebastian Espinosa J, Su H H, et al, 2005. Mosaic analysis with double markers in mice[J]. Cell, 121(3): 479-492.

第十二章 脑功能成像技术

第一节 概　述

人类大脑是由数百亿神经元和百万亿级以上神经突触连接构成的神经网络动力系统，该系统时刻进行着庞大且精细的信息流处理，通过这些神经元信息的传递、整合和加工处理，从而支配和调节着各式各样的日常活动。大脑无论在静息状态或执行各种任务时都需要消耗能量，通过摄取葡萄糖和耗氧维持相关脑区的功能运行。由于大脑组织不储存能量，为了满足大脑活动对能量的需求，神经元放电时周围区域的脑血管会扩张，大幅增加血流量，为需要能量的神经元提供营养。因此，大脑活动与其周围的血流量存在着密切的关系，脑神经活动与脑血管间的实时调控作用，对大脑正常工作非常重要。时至今日，人类对于大脑的工作与运行机制还知之甚少，而脑功能成像技术是一种观测大脑功能活动的研究方法，将脑内动态活动从点到面可视化地绘制出大脑活动图谱，已经成为研究脑科学与脑疾病的重要手段。随着现代科技快速发展及多学科交叉融合创新，脑功能成像技术在原有的技术基础上，不断地进步与升级，多种功能强大的脑功能成像手段相继诞生。脑功能成像技术的飞跃发展不仅推动了人类对大脑功能的认识，也促进了临床脑疾病精准诊疗的进步。

在体脑功能的量测方法有很多种，每种脑功能成像方法具有不同的时间分辨率、空间分辨率及便携性，如图 12-1 所示。包括直接通过电极记录神经元电活动，如脑电图、皮层脑电图等。而大部分的脑功能成像技术主要是通过测量脑神经元活动的代谢状态间接地反映神经元活动情况，如内源信号光学成像、多光子光学显微成像、功能磁共振成像、超声功能成像、正电子发射断层成像等。研究人员在 1890 年提出了假设“大脑具有一种内在机制，血液供给随功能活动的区域变化而发生相应的逐步变化”，该现象称为神经血管耦合效应，主要是指大脑神经元活动与血流、血氧的改变（两者合称为血流动力学）有着密不可分的关系。当外界给予刺激时，神经元活动时会消耗氧气及养分，与神经元活动有关的突触释放引发一系列的信号传送到附近的血管，引起为神经血管耦合效应使得氧气经由神经元附近的微血管中的血红蛋白运送过来。不仅神经元活动区域的脑血流会改变，局部血液中的脱氧与含氧血红蛋白的浓度，以及脑血容量都会随之改变。因此，大部分的脑功能成像技术都是通过量测脱氧与含氧血红蛋白的改变来反映神经元活动

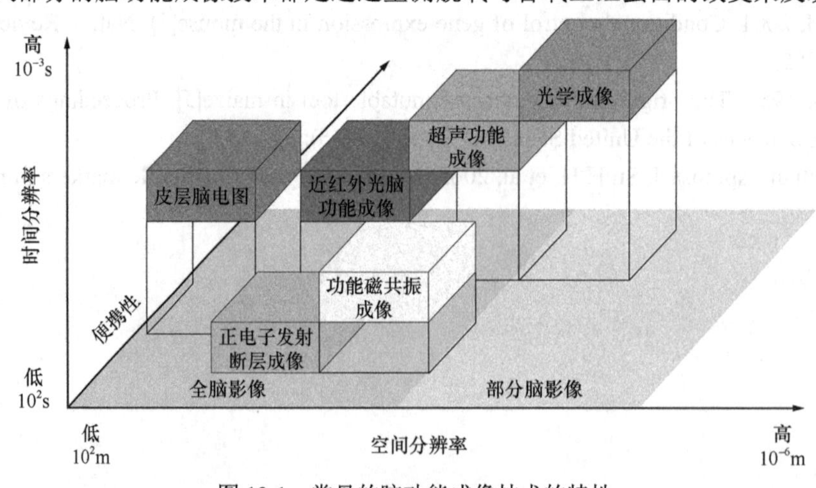

图 12-1　常见的脑功能成像技术的特性

情况。此外，也可通过荧光离子或神经递质的代谢来反映神经元活动情况。本章将逐一介绍当前常用的在体脑功能成像技术的原理及其应用。

第二节 光学成像技术

一、光学成像概述

光学成像技术已经广泛应用在我们的日常生活当中，如医疗、教育、娱乐、军工、航天等。几何光学理论和波动光学理论是近代光学成像的基础，利用光学的吸收、反射、折射、透射等特性，通过不同的光学成像原理与系统，可以获取不同时间和空间尺度的神经影像。先前的研究已经证明，当神经元电活动时，局部脑组织代谢活动（葡萄糖、氧含量）变化和脑血流动力学变化之间存在紧密联系。不同于电生理信号纪录直接采集神经元的电活动，大部分的光学脑功能成像技术是建立在神经血管耦合效应的基础上，通过定量检测代谢产物的变化，间接表征脑功能活动。

二、内源信号光学成像技术

（一）内源信号光学成像原理

内源信号光学成像（optical intrinsic signal imaging，OISI）技术是一种基于量测组织内源信号变化的脑功能成像技术，该技术检测神经元活动引起的内源信号变化，以此间接反映脑功能激活状态，被广泛用于新皮层功能结构的绘制。由于该技术系统架构简单、具有良好的空间分辨率，并且能长时间在体记录，且系统架构简单等特点，为脑功能研究提供了一个有力的工具。虽然内源信号光学成像技术具有以上所述的优点，但内源光信号通常非常微弱，在活体成像的实验过程中容易受生物噪声影响，如呼吸、心跳以及 0.1Hz 低频血管周期性波动等，这些生物噪声引起的反射光强会严重干扰由神经元活动引起的光信号，导致图像的信噪比降低。因此，如何通过图像信号处理方法有效地从噪声中提取真正由神经元活动引起的信息，是内源信号光学成像技术的关键。

内源信号的来源是由神经元活动引起的物质成分及运动状态改变导致的组织光信号变化，内源意指信号由组织本身的光学特性（包括光吸收和散射）产生，而非其他施加在组织上的外源物质（如染色或者荧光标记等）所引起。研究人员在 1937 年发现组织内的血红蛋白（hemoglobin，Hb）会引起内源性光吸收的变化，由于血红蛋白是近红外和可见波段脑组织中的主要吸收色团，通常认为脑皮层功能活动引起的氧合血红蛋白和脱氧血红蛋白的浓度变化与内源光的吸收有关。后续的一些研究显示，在离体神经纤维、培养神经元、脑片及活体动物皮层都存在与神经活动相关的光散射变化，引起光散射变化的内在生理机制目前尚不完全清楚，其可能涉及神经元细胞膜去极化、动作电位发生过程中离子和水分子运动，毛细血管舒张或神经递质释放等多种因素。由此可知，在体的脑功能活动的内源信号以神经活动引起组织的光吸收变化为主，而在离体细胞、神经纤维或脑片等研究以内源信号的光散射变化为主。

内源信号光学成像技术的硬件系统主要包括电荷耦合器件（charge coupled device，CCD）相机、成像光源、光成像主机等，如图 12-2 所示。CCD 是一种半导体器件，它能够将入射光线转化为电流输出，并将电荷存储及转移产生电压变化，即能够把光学影像转化为数字信号。内源信号光学成像系统就是采用特定波长的非相干单色光直接照射脑皮层，利用高灵敏度的数字 CCD 相机对皮层反射和散射光进行成像，成像数据通过算法处理后，可反映神经活动过程中局部脑血流动力学变化（包括脑血容量、氧合和脱氧血红蛋白浓度）引起的光吸收特性变化。可见，内源信号光学成像技术的硬件系统架设相对简单，虽然使用较敏感的 CCD 相机能够提高影像的信噪比，但如何通过算法有效地移除生物噪声及血管伪迹，从而提高图像质量是内源信号光学成像技术的核心。内源信号光学成像技术的分析方法一般使用叠加平均及差分等方法从噪声中提取信号，但在某些情况下仍无法完全去除噪声与血管产生的伪迹影响。研究人员根据图像数据的质量，相继提出过以下的代表方法：①通过局部相似度最小化方法与差分法结合，可进一步提高对血管伪迹预测的效果；②使用主成分分析、独立成分分析，或两者结合对数据做预处理后，可提高伪迹提取与去除效果。这些方法的应用，都能进一步增强图像信噪比，从而提高图像质量。

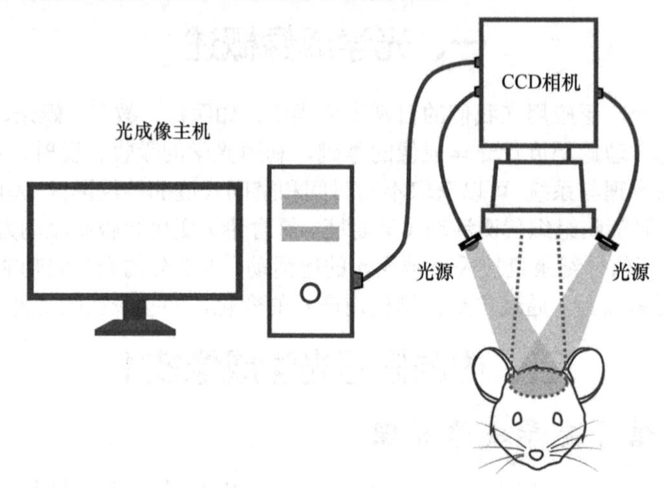

图 12-2　内源信号光学成像系统架构

（二）内源信号光学脑功能成像的应用

内源信号光学成像技术最早是在 1986 年研究人员提出，利用该技术观察到了大脑皮质的结构，随着技术的发展，内源信号光学成像通过采集脑功能激活状态的神经血管反应，可以研究大脑各皮层的结构及其功能分区，如视觉皮层、躯体感觉皮层、嗅觉皮层及与空间注意力有关的顶叶皮层；此外，内源性光源成像能用于检测病理状态下的神经血管反应，如脑梗死、癫痫及脑外伤等脑疾病。

内源信号光学成像已广泛地应用在小动物模型中的生理功能与病理机制的研究中。内源信号光学成像技术具有较大的成像视野，可应用于大型实验动物模型的跨皮层功能区的研究，研究人员使用内源信号光学成像测量清醒猕猴的初级运动皮层和初级躯体感觉皮层的活动（Friedman et al.，2020），通过收集伸手和抓握任务期间内源信号光学图像的变化，发现初级运动皮层中负责处理伸手和抓握动作的编码区域是分开的，且初级躯体感觉皮层可能存在编码物体接触的功能单元。该团队还利用内源信号光学成像技术证明了猕猴大脑视觉皮层中不同区域（V1、V2、V4）对颜色表征存在功能差异，初步反映了视觉皮层具有层级式处理信息的特点（Du et al.，2022）。此外，研究人员将内源信号光学成像技术与光遗传学结合（Nakamichi et al.，2019），通过颅内定位注射将遗传腺相关病毒（adeno-associated virus，AAV）载体转入感兴趣脑区的神经元中，确定了视觉皮层 V1 和 V2 的边界，以及皮层间的投射模式，揭示了认知功能中不同皮层区域之间的连通性。上述研究显示内源信号光学成像技术在实时神经活动监测方面具有很好的应用场景。

三、近红外光成像技术

（一）近红外光脑功能成像原理

近红外光脑功能成像（functional nearinfrared spectroscopy，fNIRS）技术是近年来新兴的一种非侵入式脑功能成像技术，该技术是基于比尔-朗伯（Beer-Lambert）定律，通过测量脑内组织对近红外光吸收量的变化来反映脑皮层功能状态。该技术具有如下的优点：①由于光学组件与磁场的电磁兼容性好，适用于多模态成像，可以与脑电、经颅磁刺激等手段配合使用；②其对头部运动不敏感，纠正运动伪影的技术方法相对成熟，适合用于运动任务期间持续采集脑功能信号；③准备工作简单，采集装置易于佩戴，头型与头发浓密均不会影响信号。近红外光脑功能成像的空间分辨率（1～2cm）优于脑电信号，但低于功能磁共振影像；它的时间分辨率（10～100Hz）高于功能磁共振影像，但低于脑电信号。整体而言，近红外光脑功能成像技术使用方便、易于移动、灵活性强，适用对象的范围广。

脑组织中存在丰富的微血管，包括毛细血管、微动脉、微静脉等，这些微血管中的血红蛋白负责运输氧气和二氧化碳等分子，由于血红蛋白是近红外光在脑组织中的主要吸收体，而氧合和脱氧血红蛋白对特定波长的近红外光的吸收系数不同，如图 12-3 所示。例如，在波长 650～800nm 处氧合血红蛋白（HbO_2）的吸收系数小于脱氧血红蛋白（HbR），在波长约 700nm 处氧合血红蛋白的吸收系数几乎为零，因此，可以通过此波长范围的红外光获得血液或组织中脱氧血红蛋白水平。另外，在波长 800～900nm 处，氧合血红蛋白的吸收系数大于脱氧血红蛋白，在波长约 800nm 处氧合和脱氧血红蛋白有相同的吸收系数，此波长范围的红外光可以获得血液或组织中氧合和脱氧血红蛋白的总体水平。由此可知，通过监测多种波长的近红外光的反射和投射光线强度变化值，可以定性地反映特定脑组织区域的不同状态（兴奋态和静息态）。

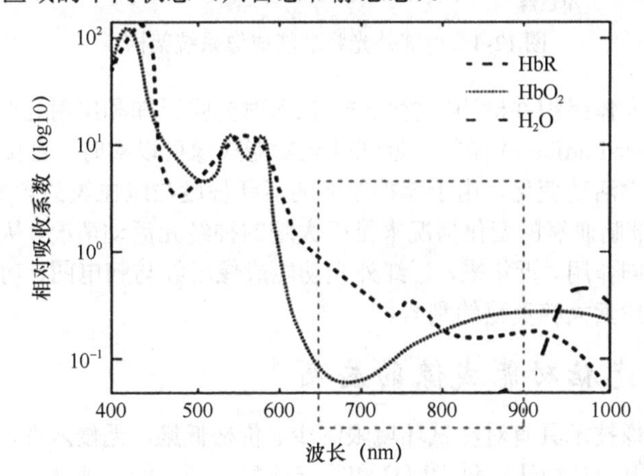

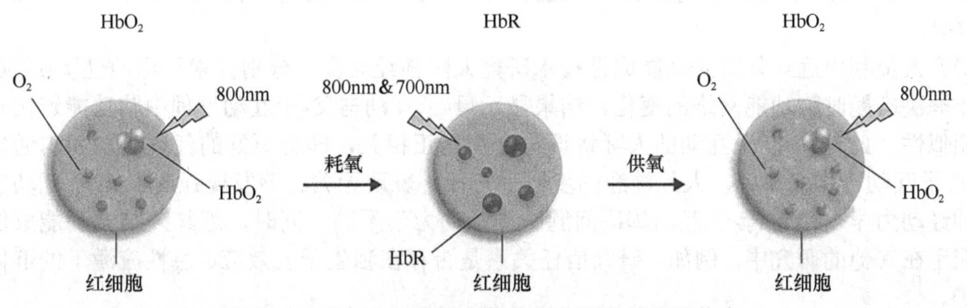

图 12-3 脱氧血红蛋白与氧合血红蛋白的光吸收率

近红外光系统一般由单色器、光源发射器、检测器、图像采集与分析主机等组成，如图 12-4 所示。当复色光发出后，单色器将其色散处理为各种波长的单色光，经由光源发射器发出，再通过检测器将光源转化为电信号，在电路转化数字信号下得到由波长和亮度组成的数字化光谱数据。因此，量测的接口主要由多个成对的光源发射器-检测器组成，放置到需要探查的区域。一般而言，光源发射器到检测器的距离成人为 2.5～5cm，儿童为 1.5～3cm。然而，为了降低干扰源，近期研究开始采用较短的发射器-检测器间距（小于 1cm）。除此之外，头部运动及头皮上发射器-检测器间距的变化都会影响信号的质量，因此，通过算法减少伪迹干扰是近红外光功能成像的关键技术之一，目前较常使用的方法包括数字滤波、预白化、自适应滤波、主成分分析和独立成分分析等。针对不同的伪迹干扰需要，选择合适的方法以提高图像质量。

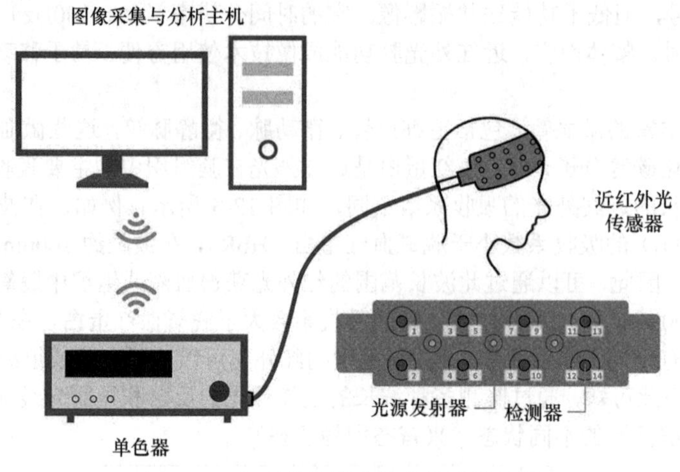

图 12-4　近红外光脑功能成像系统架构

使用近红外光照射人体组织并检测出射光强，在入射光强已知和出射光强可测的情况下，通过修正后的比尔-朗伯（Beer-Lambert）定律，近红外光功能成像可以实时、直接检测脑组织的血氧参数，反映脑内血流动力学活动变化，由于脑神经元的活跃程度与脑血氧的含量变化程度密切相关，因此，可以通过测量局部脑血氧的变化情况来推断大脑的神经元活动情况，从而分析大脑在执行任务时各个脑区之间的协同作用。近年来，近红外光功能成像已经与脑电图、功能磁共振成像等脑成像技术一样，成为人类探索大脑奥秘的利器。

（二）近红外光脑功能成像的应用

近红外脑光功能成像技术具有对测试环境限制少、价格低廉、无侵入性，可用于婴幼儿、老人群体等优势，被广泛应用于多种认知科学研究和临床疾病诊断，如心理学、认知神经科学、运动人体科学、非侵入式脑机接口、驾驶状态脑监测、神经反馈、脑功能疾病、脑调控监护和评估、脑功能康复等。

研究人员利用近红外脑光功能成像技术研究人际神经同步，分别探索了母-子互动或父-子互动合作解决问题时脑功能网络的变化。结果显示母-子互动与父-子互动过程中脑功能连接具有一定的相似性。此外，母-子互动的人际协调与合作呈正相关，即有更好的任务表现和沟通情况，但在父-子互动合作任务中，人际神经同步似乎与任务表现无关。该发现强调了父-子互动解决问题的神经动力学可能与母-子互动解决问题的神经动力学不同。同时，近红外脑光功能成像技术也被应用在其他的研究中，例如，研究信任关系是否存在独生子女效应、急性应激下的群体决策表现等。

近红外光脑功能成像技术也被应用在疾病的辅助诊疗中，与脑电图、功能磁共振成像相比，近红外光脑成像技术在孤独症患者诊断过程中更加方便。研究人员使用 ε-复杂性系数进行孤独症谱系商数测试后将被试者分为强烈自闭组和弱自闭组。同时，利用近红外光脑功能成像采集自闭症儿童进行同步任务实验时的脑功能活动，结果发现，通过近红外光脑功能成像评估自闭症儿童的严重程度的准确率可达到 90%以上。此外，研究人员使用近红外光脑功能成像技术评估镰刀状贫血儿童的脑血流，并发现与正常儿童相比，患有镰刀状贫血儿童的含氧血红蛋白与脑血流都显著下降。

研究人员利用近红外光脑功能成像技术监测经颅直流电刺激的效应（Yaqub et al.，2022），建立脑功能网络闭环调节模式。通过近红外光脑功能成像连续监测刺激期间脱氧与氧合血红蛋白变化，提供实时大脑状态反馈，明确脑功能网络连接增强的阶段性变化，解析不同阶段的神经调控效应，结果显示开始刺激的前6min网络连接性增强，6min后网络连接程度下降。近期，研究人员结合近红外光脑功能成像技术与经颅直流电刺激，应用于帕金森患者的治疗评估（Simpson et al., 2022）。

四、多光子显微成像技术

（一）双光子显微成像的原理

双光子显微成像技术对脑科学、神经生物学和生命科学领域的研究与发展至关重要。传统的光学显微成像无法对细小的生物分子及其结构进行观察，双光子荧光显微成像结合了激光扫描共聚焦显微镜和双光子激发技术进行脑成像，相比原来单光源的荧光显微成像技术，具有高空间分辨率和强穿透性等特点，能实现亚细胞水平观察神经元活动及血管动态成像等微环境的生命活动信息和动态特性。目前使用最多的双光子荧光显微成像是钙成像技术，通过将外源性荧光信号和生理现象耦合联结，记录荧光信号表示细胞内游离钙离子浓度变化，反映神经元的活动情况。钙成像技术被广泛应用于在体或离体实验中，可在单细胞的分辨率下同时监测成百上千个神经元的群体活动。

荧光显微成像的原理是利用光子能量转换时释放出的光信号来成像，如图12-5所示。当荧光物质吸收光的能量后，由低能级状态转变为高能级状态，当其回到低能状态时会释放出荧光。在单光子荧光成像中，短波长激光照射下的一个荧光分子或原子只能吸收一个光子，处于基态的荧光分子或原子跃迁至激发态，并通过辐射跃迁释放能量发射一个荧光光子；而双光子荧光激发过程是在高密度双倍波长的激发光照射下，处于基态的荧光分子或原子吸收一个光子后跃迁至基态和激发态之间的虚能级，在几飞秒内接收第二个光子，通过两个光子的能量进行叠加使处于基态的光子跃迁至激发态，通过弛豫过程释放能量发射荧光。

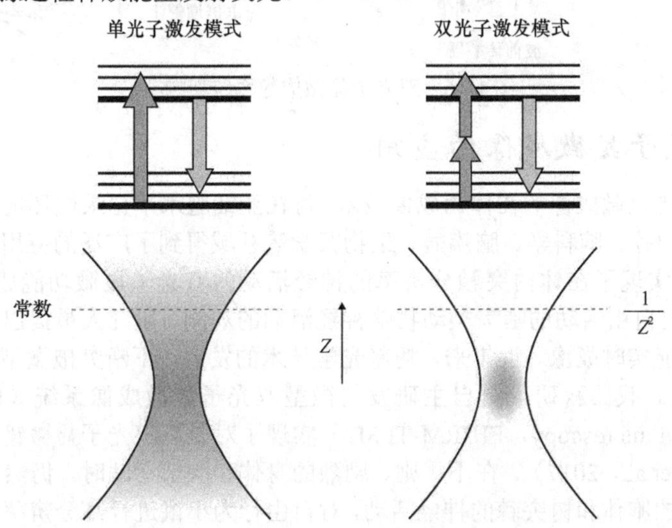

图12-5　单光子与双光子的能量激发模式

双光子显微成像的系统主要包括飞秒激光器、双光子物镜、光电倍增管（photomultiplier tube, PMT）、波前传感器、过滤器、检流振镜、可变形镜、二向色镜及系统控制主机等（Qin et al., 2020），如图12-6所示。其中飞秒激光器是双光子成像技术的关键器件，通过两次激光照射使光子跃迁至激发态。早期阶段使用的光源是染料飞秒激光器（100fs脉宽、630nm）。虽然染料飞秒激光器也有一定成像能力，但使用烦琐不适合商用。双光子显微镜的光源目前为钛宝石飞秒激光器。该器件具有较宽的近红外波长调谐范围，且穿透更深，对生物组织的损伤更小。相比单光子荧光显微成像技术，双光子荧光显微成像技术的成像深度更深，大约可达新皮层的2/3层，其深度约为450μm，虽然可通过激发功率增加成像深度，但信噪比会随深度而降低，较优的双光子成像的深度约限制在450μm内。因此，为了提高成像深度，三光子荧光显微成像技术也在近年来逐渐成形，与双光子成像原理类似的三光子显微成像技术采用的激发光波长更长，对组织的穿透性更强，且能进一步提高信噪比，目前三光子活体脑成像可超过700μm，在研究深层脑组织的结构及功能研究中发挥着巨大的作用。

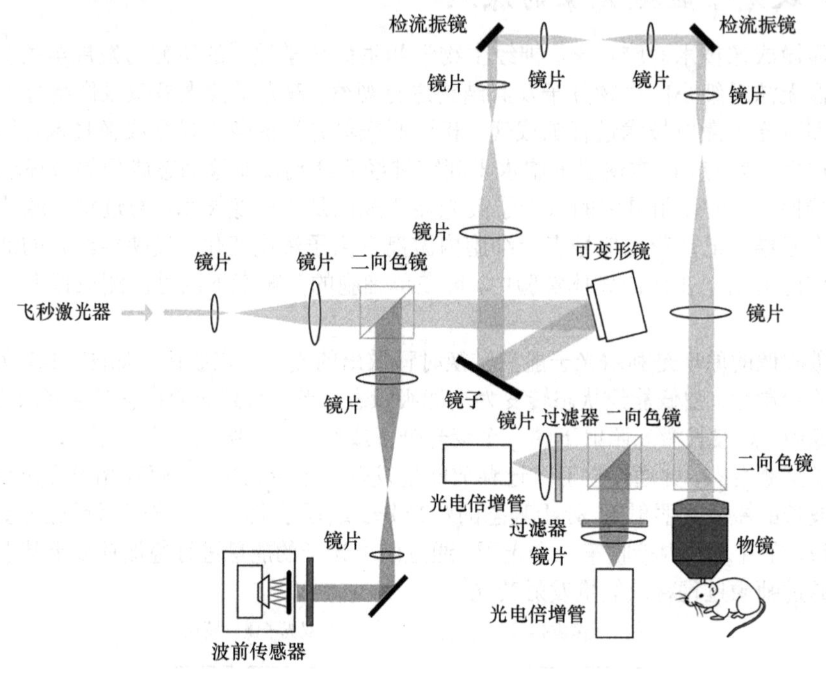

图 12-6　双光子显微成像系统架构

（二）双光子显微成像的应用

基于双光子荧光显微成像的在体钙成像技术，可在亚细胞水平记录微环境的生命活动信息和动态特性，在免疫治疗、脑科学、脑疾病、生物医学等领域得到了广泛的应用。研究人员在头部受限的清醒小鼠上实现了在体内突触分辨率的神经活动的双光子显微功能成像（Tian et al.，2009）。为了实现对自由活动的啮齿类动物脑神经活动的观测，研究人员提出以微型头戴式双光子显微镜进行脑功能实时成像。近年来，随着光学技术的发展，不断突破微型显微镜的尺寸、重量和分辨率的限制。我国科研人员自主研发的微型双光子显微成像系统（fast high-resolution miniature two-photon microscopy，FHIRM-TPM），实现了对微型双光子显微镜在自由运动下成像限制的突破（Zong et al.，2017），在不规则、剧烈的身体和头部运动时，仍然可以记录GCaMP6f标记的皮层神经元的胞体和树突棘的神经活动，对自由行为小鼠进行高分辨率脑成像研究具有重要作用。

双光子激光扫描显微镜成像之前的研究仅限于大脑的单个功能区域。近期，中国、德国和英国的科学家们合作开发了一种多区域双光子实时体外探测器（multiarea two-photon real-time in vitro explorer，MATRIEX）（Yang et al.，2019），该技术允许观测在直径 12mm 内的多个大脑功能区域，已经成功在麻醉和清醒下采集小鼠的初级视觉皮层、初级运动皮层和海马 CA1 区单神经元活动的实时功能成像，实现了对多个目标区域同时进行单细胞分辨率的双光子钙成像。随后，研究人员提出的正交轴显微镜方法，可以同时观测局部神经元活动和整个大脑功能网络，以研究局部神经元环路和全脑功能网络动态之间的关联，拓宽了皮层结构研究的空间尺度（Barson et al.，2020）。双光子荧光显微成像技术在小动物的脑功能成像应用中已相当成熟，但在非人灵长类动物上的应用才刚刚开始。由于大动物存在脑组织表面增生严重、脑组织移动幅度大、基因编码探针表达效率低等困难，使得长时期的清醒猕猴脑部神经活动的双光子成像一直未能实现。研究人员通过在猕猴视觉皮层颅内定位注射腺相关病毒，转入编码钙探针 GCaMP5、GCaMP6s 基因。这些基因在猕猴视觉皮层获得了稳定且高效表达，结合新设计的成像窗口能有效防止颅内感染及硬脑膜增生，最终在清醒猕猴认知行为实验中，实现了超过 6 个月的双光子成像（Tang et al.，2018）。该团队进一步应用清醒猴双光子钙成像技术，在皮层层面证明了猕猴 V4 皮层中存在编码圆弧和角这类中等复杂度特征的功能区的精细结构（Jiang et al.，2021）。

（三）多光子显微成像的应用

由于信号背景比以及深部脑组织散射现象带来的成像深度的限制，双光子显微成像技术在脑科学研究的应用具有一定局限性，虽然插入光学探头镜或放置内镜等方法能进入深脑部采集荧光信号，但对大脑会造成损伤。因此，与双光子成像原理类似的三光子显微成像技术被发展出来。该技术利用的激发光波长更长，对生物组织的穿透性更强，且能进一步提高信噪比，实现更高的成像深度，在研究深层脑组织的结构及功能研究中发挥着巨大的作用。研究人员利用三光子显微成像技术实现了对成年斑马鱼脑部进行细胞分辨率的结构和功能成像（Chow et al.，2020）。相比之下，因为三光子激发的背景抑制和更长的激发波长减少组织衰减，1300nm 三光子显微镜可以用 GCaMP6 对整个密集标记皮层和成年小鼠大脑中完整的海马进行活动成像。研究人员展示了三光子深度脑钙成像的定量表征结果，并与 920nm 激发下的双光子显微成像进行对比。研究结果表明，1320nm 的三光子显微成像在信号强度和成像对比度方面都具有优势（Wang & Xu，2020）。

第三节　磁共振成像技术

一、磁共振成像概述

磁共振成像（magnetic resonance imaging，MRI）技术是临床影像诊断中最常用的方法之一，也是脑科学研究的重要手段之一。磁共振成像过程中不会产生辐射，不用显影剂就可获得对比度较高的清晰图像。MRI 从 1982 年正式用于临床，早期主要用于组织结构成像，随着相关技术的快速发展，以及研究人员发现血流和血氧的改变与神经元活动有关，在 1992 年首次应用功能磁共振成像（functional magnetic resonance imaging，fMRI）技术观测人脑在刺激任务状态下的血氧水平依赖（blood oxygen-level dependent，BOLD）的变化，随后，fMRI 广泛地被应用在研究人及动物的脑或脊髓。本节从介绍磁共振基本原理开始，随后，描述基于血氧水平依赖的磁共振脑功能成像及磁共振扩散张量成像的原理与应用。

二、磁共振成像的基本原理

磁共振图像信号的来源是原子核净磁矩的变化。原子是由原子核及其周围轨道中带有负电荷的电子构成，原子核由不带电的中子和带正电荷的质子组成。每个原子核都有一个量子力学特性称为自旋（spin），原子核如同地球自转一样，以一定频率绕轴高速旋转。原子核中带正电荷的质子均匀分布在表面上，原子核自旋伴随着同时进行的正电荷自旋，移动的电荷使原子核周围出现磁场，会伴随产生磁矩或磁偶极矩，类似微小电流回路。原子核的自旋由核内的质子数和中子数决定，如果中子数和质子数均为偶数，则不会产生核磁，称为非磁性原子核；相反地，如果中子数或质子数有一个为奇数或两个皆为奇数，则称为磁性原子核，这类原子核能够产生表现为一个净磁矩的角动量。

人体组织内的磁性原子很多，常见的如 ^{1}H、^{14}N、^{31}P、^{13}C、^{23}Na、^{39}K、^{17}O 等，均可作为磁共振成像探查的指标。由于氢原子相对磁化率较高，且以水分子形态存在人体中，所以相对含量较高。因此，大部分的磁共振成像是对氢原子（^{1}H）成像。一般情况下，在无外加磁场时，人体内部大量质子的自旋磁矩方向是随机的，每个质子产生的磁化矢量会相互抵消，在宏观上整体不显示任何净磁矩。在外加主磁场后，人体内的质子不再无序排列，而是呈现两种规律性排列，一种是与主磁场方向平行且同向（低能级氢质子），另一种是与主磁场方向平行但反向（高能级氢质子），低能级氢质子比高能级氢质子的数量多出数个 ppm，两者相互抵消后，在宏观上会产生一个与主磁场 $\boldsymbol{B}_0$ 平行的净磁化矢量 $\boldsymbol{M}_0$，磁共振成像利用氢质子能量相抵后的微弱信号成像。当主磁场强度增高，多出来的氢质子成比例增多，则磁共振信号的强度增加。例如：在绝对零度（$T = 0\text{K}$），外磁场为 0.1K 时，低能级氢质子通常比高能级氢质子多 1ppm；在 $T = 0\text{K}$，外磁场为 0.5K 时，低能级氢质子通常比高能级氢质子多 5ppm。可见，磁共振系统的主磁场越强时，图像信噪比越高。

在主磁场中，质子除了自旋运动外，还会围绕着主磁场轴进行旋转摆动，这种现象称为进动，其进动频率（也称拉莫尔频率）与外加主磁场的大小成正比，称为拉莫尔（Larmor）定律，计算公式为：

$$\omega_0 = \gamma \boldsymbol{B}_0 \tag{12.1}$$

式中，ω_0 为拉莫尔进动频率，γ 为原子核的磁旋比（氢质子约为 42.5MHz/T），$\boldsymbol{B}_0$ 为施加的主磁场强度。质子自旋产生的小磁场可分解为纵向磁化分矢量和横向磁化分矢量。主磁场 $\boldsymbol{B}_0$ 的方向（z 轴）为纵向磁化分矢量，低能级氢质子与主磁场方向相同，而高能级氢质子与主磁场方向相反，由于低能级氢质子多于高能级氢质子的数量，最后会产生一个与主磁场同向的宏观纵向磁化分矢量。由于质子存在进动现象，其横向磁化分矢量以主磁场方向为轴，在 x-y 平面不停地做旋转运动，但各个氢质子的横向磁化分矢量处在平面的不同位置，即相位不同，彼此的横向磁化分矢量相互抵消，不会产生宏观横向磁化分矢量，只产生宏观纵向磁化分矢量。宏观纵向磁化分矢量的大小与该组织含有的质子数量有关。

在主磁场中，如果没有外界的干扰，宏观纵向磁化分矢量大小与方向会保持稳定，不会切割接收线圈产生电信号。但若外加一射频场 $\boldsymbol{B}_1$ 后，组织中宏观横向磁化分矢量发生改变，会切割接收线圈产生电信号，接收线圈会探测到旋转的宏观横向磁化分矢量的大小。撤去射频场后，横向磁化矢量衰减，纵向磁化矢量恢复的过程中会导致磁通量的变化，进而可以采集信号进行成像，这个宏观纵向和横向磁化分矢量恢复到净磁场平衡状态的过程即为核磁弛豫。以 90°射频脉冲为例，90°脉冲激发后，此时的宏观纵向磁化分矢量消失为零，并产生宏观横向磁化分矢量最大值；关闭 90°脉冲后，宏观纵向磁化分矢量由零逐渐增加到最大值，且宏观横向磁化分矢量从最大值逐渐减小到零。

弛豫时间有两种，T_1 弛豫时间和 T_2 弛豫时间，如图 12-7 所示，T_1 弛豫时间定义为纵向磁化分矢量由零恢复到原来数值（最大值）的 63%所需要的时间，T_2 弛豫时间定义为横向磁化分矢量减少至最大值的 37%所需要的时间。T_1 弛豫所需的时间是将质子群内的能量向质子外传递到其他分子，需要时间较长；而 T_2 弛豫的时间则发生在质子群内部的传递，所需时间较短，所以 T_1 值都恒大于 T_2 值。此外，组织的成分结构、主磁场强度及外加磁场强度都会影响 T_1 和 T_2 弛豫时间，一般情况下，主磁场强度增高时，T_1 值会增加，而 T_2 值变化不明显。磁共振信号的强度与 T_1 成反比（T_1 越长信号强度越弱），与 T_2 成正比（T_2 越长信号强度越强）。简言之，磁共振成像就是利用各种组织本身的 T_1 弛豫和 T_2 弛豫时间不同，产生的宏观磁化矢量差异来成像。

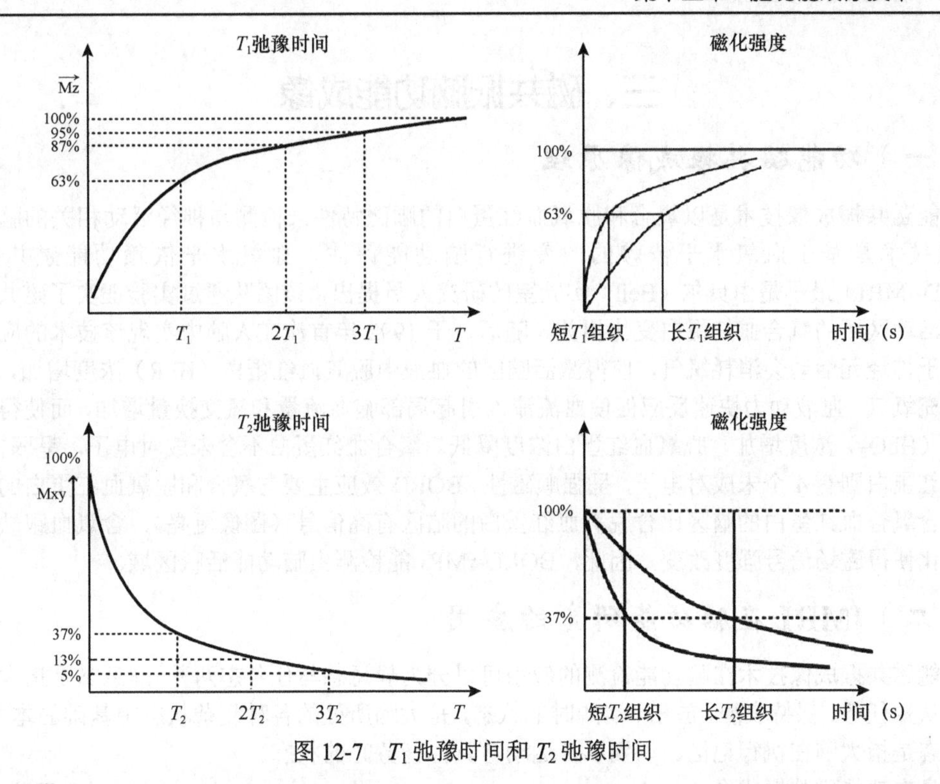

图 12-7 T_1 弛豫时间和 T_2 弛豫时间

磁共振成像仪由主磁体系统、梯度系统、射频系统、计算机系统、扫描床及其他附属设备等构成，如图 12-8 所示。主磁体系统可以分为永磁型、常导式电磁型和超导式电磁型，主磁体场的性能指针包含以下几点：①主磁体强度，即静磁场强度，一般通过特斯拉（Tesla，T）来表示；②磁场均匀度与稳定性；③主磁体的有效孔径；④液氦挥发率等。梯度系统的作用是产生小于主磁场且可随空间位置线性变化的梯度场，可叠加在主磁场上进行磁共振信号的空间定位编码。射频系统在磁共振成像中的功能是实施射频激励、接收和处理的射频信号，射频线圈可以分为发射线圈和接收线圈，根据成像的组织部位使用不同射频线圈。计算器系统的主要作用是控制用户和磁共振系统间的通信，并且对采集到的图像进行重建和分析。

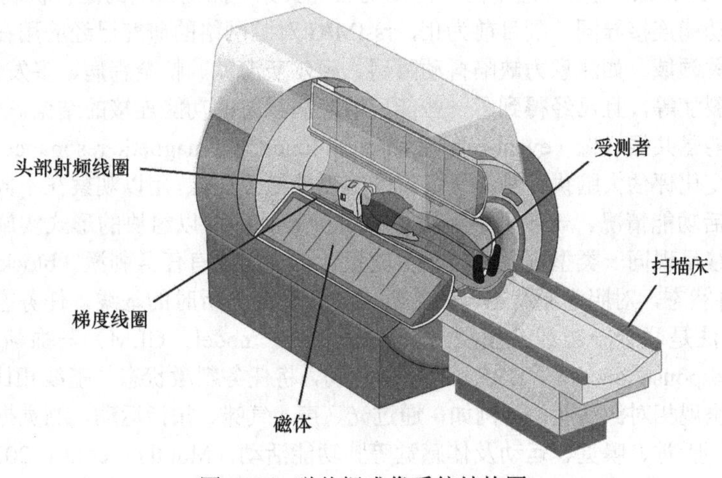

图 12-8 磁共振成像系统结构图

三、磁共振脑功能成像

（一）功能磁共振成像原理

功能磁共振成像技术是以氧合和脱氧血红蛋白的顺磁特性来检测与神经活动相关的脑血流变化，该技术是基于血氧水平依赖的改变进行脑功能评估。血氧水平依赖功能磁共振成像（BOLD-fMRI）最早是由贝尔（Bell）实验室的研究人员提出，该团队通过实验证实了磁共振信号与大脑活动区域的氧合血红蛋白变化相关。随后，于1992年首次在人脑中实现该技术的应用。

由于神经元活动会消耗氧气，使得激活脑区的血液中脱氧血红蛋白（HbR）浓度增加，为了更快地补充氧气，血液动力快速反应促使血流流入引起局部脑血流量和氧交换量增加，而使得氧合血红蛋白（HbO_2）浓度增加，脱氧血红蛋白浓度降低。氧合血红蛋白不含未成对电子，呈弱抗磁性；脱氧血红蛋白则有4个未成对电子，呈强顺磁性。BOLD效应主要与氧合和脱氧血红蛋白的浓度相关，富含氧合血红蛋白的脑区比含脱氧血红蛋白的脑区有高信号（图像更亮），含氧血跟缺氧血比例的变化使得磁场信号强度改变，因此，BOLD-fMRI能检测出脑功能活跃区域。

（二）fMRI在脑功能研究的应用

功能磁共振成像技术在脑功能检测的应用可以分为静息态与任务态两种。静息态是指大脑不执行具体认知任务，保持安静、放松、清醒时的状态，是大脑所处的各种复杂状态中基础的本质状态；而任务态是指大脑在执行记忆、识别以及运动等具体任务时的状态。

静息态功能磁共振成像（resting-state functional magnetic resonance imaging，rs-fMRI）是一种反映脑内自发神经活动的方法，通过测量时间序列相关动态水平影像功能，呈现大脑在静息态下的有规律的功能活动网络，这种低频且与时间相关的血氧信号波动，称为静息态网络。该方法不需要实验设计，也没有实验假设，要求最小的实验依从性，避免了任务态功能磁共振研究中与激活范式相关的潜在表现干扰因素，在临床研究中相对容易实施。常用的静息态脑功能网络分析方法有功能连接（functional connectivity，FC）、局部一致性（regional homogeneity，ReHo）以及低频波动振幅（amplitude of low-frequency fluctuation，ALFF）等影像特征描述大脑的协同性和自发活动。FC表示不同脑区间的协同性；ReHo描述相邻体素区域的活动步调的一致性；ALFF则揭示区域自发活动的信号强度。rs-fMRI主要描绘不同脑区间的相互关系，探究大脑的运行机制，比如健康状态、疾病状态的网络功能连接异同。到目前为止，rs-fMRI对脑网络的研究已经应用在神经认知科学及神经精神疾病相关领域，如注意力缺陷抖动障碍、阿尔茨海默、帕金森病、多发性硬化、强迫症、抑郁症、精神分裂症等，且已经得到了一些能反映疾病状态的功能连接的结论。

任务态脑功能磁共振成像（event-related cerebral functional magnetic resonance imaging）是一种以血氧水平依赖变化评估大脑执行具体任务时的脑功能激活图像，用以观察在不同时间段对应不同事件的脑区域激活功能情况。一般采用组块（block）设计，即以组块的形式实施刺激，并在每个组块内重复或连续呈现同一类型刺激。整个实验设计至少需要有任务刺激（block on）和对照刺激（block off）两种状态，对照刺激状态一般为静息态，作为分析时的基线，任务态脑功能磁共振成像的主要分析方法是联合一般线性模型（general linear model，GLM）与血流动力学响应函数（hemodynamic response function，HRF）的模型驱动，将任务刺激状态与基线相比，和任务显著相关的大脑区域会呈现相对激活状态。例如，通过光、声、气味、扣指运动、触觉振动等相关任务刺激事件研究视觉、听觉、嗅觉、运动及体感觉等脑功能活动（Mouthon et al.，2020）。任务态脑功能磁共振成像除了应用在脑科学的基础研究外，在临床应用方面也是一个研究热点，其被越来越多地用于脑疾病中的高级功能检测，例如，帕金森病在高级视觉功能的缺失、脑梗死患者在康复期间的脑运动皮层功能恢复评估等。

四、磁共振扩散张量成像

（一）磁共振扩散张量成像原理

磁共振扩散张量成像（diffusion tensor imaging，DTI）通过检测大脑内水分子扩散运动特性来研究大脑神经纤维特性，能够提供观察与追踪白质纤维束的微观结构，可实现活体观察大脑功能连接网络的完整性和连通性，当前各国脑计划中的绘制脑网络图谱主要采用这种无创性脑微结构成像方式，该技术不但成为脑科学领域的重要技术手段之一，对于临床上研究脑神经精神疾病的功能连接也极具潜力。

磁共振扩散张量成像技术在 1994 年首次提出，是基于弥散加权成像（diffusion weighted imaging，DWI）的原理基础上发展和深化而来的。它利用组织中水分子自由热运动的各向异性的原理，检测组织的微观结构。扩散是一种常见的现象，任何分子都会进行自由扩散运动，即分子随机位移的热运动，又被称为布朗运动。在自由介质中，给定时间内的分子扩散概率分布为三维高斯分布，即分子在空间随机运动的轨迹长度可用一个扩散系数表示，例如，在 37℃温度条件下，水的扩散系数约为 $3.1\times10^{-3}m^2/s$。在自然条件下，水分子在各个方向上的扩散速度相同，称为各向同性。然而，在组织内的扩散情况与在水中不同，组织中的水分子运动会受到周围微观结构限制，与细胞膜或其他大分子发生碰撞、妨碍运动、沿边缘运动等现象，其扩散随机运动的距离受到限制。不同组织限制水分子扩散运动的排列和分布也不同，如果水分子在各方向的受限扩散是对称的，称为各向同性扩散；如果受限扩散是不对称的，则称为各向异性扩散。人脑中的神经纤维使得水分子在各个方向上的扩散不完全相同，沿着神经纤维走向扩散的水分子比垂直于神经纤维扩散的水分子更快，通过这种各向异性的程度获得扩散张量成像。

扩散张量成像是在扩散成像的基础上，在更多方向上施加梯度场（6 个以上方向），每个方向上均使用相同的扩散敏感因子（b）值（1000 以上），再计算各个方向上水分子的扩散张量而成像。扩散张量成像信号受表观扩散系数（apparent diffusion coefficient，ADC）值、b 值以及 T_2 像（T_2 透过效应）影响。水分子扩散能力越强，ADC 值越大，ADC 图信号越高。ADC 图信号变化，提示脑组织中水分子扩散能力变化。b 值越大，扩散功能检测能力越强，但随着 b 值升高，信噪比会降低。为了进一步量化扩散程度，研究人员提出一些各向异性参数，常用的不变量参数有平均扩散率（mean diffusivity，MD）、各向异性分数（fractional anisotropy，FA）、相对各向异性（relative anisotropy，RA）等。其中 MD 指成像体素内各个方向扩散幅度的平均值，其值越大，说明水分子扩散能力越强；FA 指体素内扩散各向异性的程度，脑白质中 FA 值与髓鞘的完整性、神经纤维的致密性及平行性呈正相关；RA 指扩散张量的各向异性与各向同性的比值。FA 和 RA 值为 0～1 的标准化范围，RA 的意义与 FA 相似，数值越高表示各向异性越高。

弥散峰度成像（diffusion kurtosis imaging，DKI）是一种基于扩散张量成像的延伸的新兴 MRI 技术，其建立在水分子非高斯分布模型基础之上，能更准确地描述水分子扩散时的受限程度和不均质特性。该技术联合了 DTI 的扩散张量和峰度张量对水分子扩散的受限过程进行评估。DKI 采用与传统 DWI 同一类型的脉冲序列，但施加的扩散敏感梯度场方向更多，至少为 15 个，b 值至少为 3 个，且需要的 b 值更高。DKI 技术可作为评估的扩散参数有平均扩散峰度（mean kurtosis，MK）、径向峰度（radial kurtosis，RK）、轴向峰度（axial kurtosis，AK）、峰度各向异性（kurtosis anisotropy，KA），以及 DTI 的扩散参数等。MK 是 DKI 应用最有价值的参数，代表多 b 值下扩散峰度在所有方向的平均值，是评价组织微结构复杂程度的指标。MK 值与组织微结构复杂程度相关，MK 值越大，结构越复杂（如细胞密度大、细胞异型性及细胞核多形性明显等）；KA 值由峰度的标准偏差推算，表示水分子的各向异性扩散程度，其值越大则代表组织结构越紧密越规则；AK 值是与扩散张量平行方向上的扩散峰度平均值，RK 值是指垂直于扩散张量方向上峰度的平均值，两者大小量化了水分子的扩散受限程度，由于扩散受限主要在径向，因此，RK 较 AK 更为重要。

（二）磁共振扩散成像的应用

1. 正常脑白质纤维成像 利用 DTI 可获得一系列完整的正常脑白质纤维图像，对照神经解剖学图谱具有良好的拟合结果。目前显示的神经纤维束包括：弓状束、上下纵行束、钩回束、前连合、胼胝体、锥体束、薄形束、楔形束、内侧束、红核脊髓束、顶盖脊髓束、中盖束、三叉神经丘脑背侧束、上中下大脑脚等，可以达到 1.5mm 分辨率的精准在体绘制全脑连接图谱。

2. 脑肿瘤成像 胶质瘤是发病率最高的原发脑肿瘤，肿瘤组织的结构排列混乱及其占位效应，使得肿瘤周围组织产生水肿及受压移位等，影响水分子扩散的方向和程度。扩散参数的变化有助于鉴别肿瘤类型和级别，不同级别的胶质瘤治疗方案和预后评估不同，因此，术前准确分级尤为重要。通过 DKI 的多种扩散参数（MK、RK、AK）可对胶质瘤进行准确分级与预测肿瘤增生程度。研究人员发现 MK 值与肿瘤恶性程度呈正相关，ADC 值与其呈负相关，MK 值比 ADC 值和 FA 值更能有效区分低级别和高级别胶质瘤。这些扩散参数可用于指导脑外科手术方案制定，并可作为术后疗效评估。

3. 脑血管病成像 DTI 可以显示纤维束的受压和变形情况，以及血肿、梗死区与纤维束的关联。不同时期脑梗死的 ADC 值和 FA 值均会有不同的变化，在超急性期病变区的 ADC 值降低，FA 值轻微增高；在急性期病变区 ADC 值和 FA 值比健侧相应区低；亚急性期病变区 FA 较健侧相应区明显下降，ADC 值变化则不一致；慢性期病变区较健侧相应区 FA 值低，而 ADC 值高于健侧相应区。DTI 有助于判断白质纤维束损害程度与身体相应部位功能障碍的关系，对于判断临床治疗效果、患者恢复和预后有较大意义。

4. 多发性硬化成像 多发性硬化（multiple sclerosis，MS）是一种可累及大脑白质、皮层及深层灰质，形成多灶性脱髓鞘斑块的中枢神经系统自身免疫性疾病。DTI 可显示神经纤维脱髓鞘后扩散各向异性的异常，有助于 MS 的诊断，同时，还可以对 MS 进行更准确的临床分期，对病情进展及转归进行预测及随访。MS 急性期的 ADC 值和 FA 值均下降；慢性期的 ADC 值上升，FA 值虽仍下降但比急性期高。

5. 肌萎缩侧索硬化成像 肌萎缩侧索硬化（amyotrophic lateral sclerosis，ALS）是一种进行性肌肉无力的疾病，通常在发病后 6 年内死亡。DTI 有助于诊断皮层脊髓束变性的范围和严重程度，并利于早期发现病变，其影像显示 ADC 值升高和 FA 值降低，这些微小的变化反映了继发轴索脱失后细胞外容积的扩大。

6. 阿尔茨海默病成像 阿尔茨海默病（Alzheimer disease，AD）是大脑最常见神经退行性疾病，临床上以记忆障碍、失语、失用、失认、视空间功能损害、执行功能障碍以及人格和行为改变等全面性痴呆表现为特征。传统磁共振图像呈现为颞叶前部和海马区的萎缩和异常高信号，但对早期 AD 的敏感性和特异性不高。DTI 对观察早期 AD 较为敏感，在轻度或早期 AD 的颞叶脑白质 FA 值明显降低，且其与临床的严重程度相关，颞叶脑白质早期的轴索膜或髓鞘的破坏和脱失造成了神经纤维密度降低，被认为是 FA 降低的可能原因。

第四节 超声成像技术

一、超声成像概述

超声波是一种振动频率大于 20kHz（人类听觉范围上限）的弹性机械波，由声源机械振动产生，在媒介如空气、液体和固体复合物中形成质点的周期性机械振动，实现能量的传播。超声波需在介质中传播，其传播速度在不同介质中均不同，在固体中最快，液体中次之，气体中最慢。如在水中的声速为 1540m/s，而在金属中为 6400m/s。由于水是哺乳动物组织主要的组成成分，因此，超声波在软组织间传播速度与水接近。超声波在传播的过程中能量集中且有良好的指向性，会发生反射、折射、衍射、衰减等现象。由于人体不同的组织器官具有不同的声学特性（声阻抗和衰减特性），超声波穿过不同的组织器官时会发生不同程度的反射和衰减，由此产生频率各异的回声。因此，超声波也被广泛应用于人体内部器官的探测。医学上使用的超声频率范围为 0.2～100MHz，其中用于超声成像诊断的频率范围为 0.5～15MHz。

常见的磁共振成像技术具有极好的深度穿透能力，且能提供较为广阔的成像视野，但其时空分辨率较低；而光学成像技术能提供较高的时空分辨率，但成像视野有限，且穿透性较差，需要通过有创式的开窗或植入，才能探查较深的组织。相比之下，超声波成像能深入穿透到组织内部而不会造成组织损伤，且不会失去其相干性，在深度上具有良好的时空分辨率，但其灵敏度较低。一般而言，超声主要应用于组织或器官的结构成像，用于提供器官的位置、大小和形态等。研究人员在 2011 年提出一种崭新的“超声脑功能成像技术”，可以直接测量由神经血管耦合引起的微小脑血容量变化，以优越的时空分辨率和高灵敏度动态绘制大脑功能激活图，成像大脑激活时全脑微血管动力学响应，实现大脑活动的可视化。迄今为止，该技术已用于啮齿类动物以及清醒非人灵长类动物的脑功能和脑疾病研究，具有极大的临床应用潜力。

二、功能超声成像的原理

超声波在各种介质中传播的速度不同，是由于不同介质间的声阻抗和衰减特性不同。声阻抗定义为密度和声速的乘积，由于介质层间的声阻抗特性不匹配，使得声波经过两种介质分界处时会产生反射与透射。被界面反射回的声波为反射波，而穿过界面进入右侧介质的能量为透射波。当超声波传播经过介质界面时，两种介质的声阻抗大小会影响透射波与反射波的声压大小。我们设定第一种介质声阻抗率为 Z_1，第二种介质声阻抗率为 Z_2，有以下几种情况：①当 $Z_1>Z_2$ 时，透射波声压较小，入射波与反射波反相，入射波与反射波合成减小；②当 $Z_1<Z_2$ 时，透射波声压较大，入射波与反射波同相，入射波与反射波合成增大；③当 $Z_1\gg Z_2$ 时，超声波接近全反射；④当 $Z_1\approx Z_2$ 时，超声波接近全透射。超声波在介质中传播会发生衰减（振幅与强度减小），衰减程度与介质的衰减系数成正比，与距离平方成反比。当超声波倾斜入射到介质时，除产生同种类型的反射和折射外，还会产生不同类型的反射和折射，这种现象称为波型转换。此外，超声波还有多普勒效应（Doppler effect），活动的介质对声源做相对运动可改变反射的回声率，这种效应使超声波能探查心脏活动、胎儿活动及血流状态。

生物体的组织结构是一种复杂的介质，超声波在体内传播时，经过不同声阻抗和不同衰减特性的器官与组织，从而产生不同的反射与衰减。这种不同的反射与衰减是构成超声图像的基础。根据接收到的回声信息，以灰阶显示出多种超声图像，称为声像图。超声波反射成像是当前最常用的超声成像方式，根据成像的信号源可分为回波幅度信号成像（A 型、B 型和 M 型成像模式）和回波频移信号成像（D 型成像模式）。其中 B 型超声成像是临床上应用最为广泛的成像模式，而且多数 B 型超声成像设备同时兼容 A 型与 M 型成像方法。D 型成像模式即超声多普勒成像法，能够对移动器官和组织的运动信息进行检测，广泛用于心脏、血管及血流成像。常见的几种反射成像模式说明如下。

（一）A 型超声成像

A 型超声成像的模式是振幅调制型，简称 A 超，它提供的是一维空间信息。A 超的形式最简单，是最早应用于医学诊断的成像仪器，现在较少使用。超声探头发出的声波以铅笔样的窄直线方式传播，遇到生物体组织时因组织介质的不同声阻抗发生反射，每遇到一种介质就产生一个回波，通过接收这些回波振幅和回波数量的信息对组织状态进行检测诊断。临床上对这个模式的使用主要是量测组织或器官的距离，比如眼科及颅脑疾病的探查。

（二）B 型超声成像

B 型超声成像模式是亮度调制型，简称 B 超，提供二维空间信息。B 超最简单的工作模式，与 A 超非常相似，但是 B 超的工作原理是利用探头波束的动态扫描获得多组回波信息，将回波强度以灰阶显示，回波越强则图像亮度越高，从而形成断面图像。由于 B 超可以清晰地显示器官的各种切面图，是目前临床超声影像诊断中主要采用的方式。

（三）M 型超声成像

M 型超声成像模式是运动扫描型，又称超声光点扫描法，这种成像方法可以同时提供一维空间和一维时间的信息。它在声像图上加入了慢扫描锯齿波，使回声信号自行移动扫描，显示含有时间信息的回声位置曲线图。这种超声成像主要用于心血管系统的探查，可以动态地了解心血管系统形态结构和功能状况，称为超声心动图。

（四）D 型超声成像

D 型超声成像模式是利用多普勒效应原理设计，简称 D 超，可同时获得二维空间和移动的信息。当超声探头与介质之间存在相对运动时，反射信号的频率会发生改变，其变化的频差即为多普勒频移。多普勒频移与物体的运动速度有关，通过算法加工处理可以得到相应的速度。目前临床上的应用主要是彩色多普勒超声与经颅多普勒超声。彩色多普勒超声成像主要是利用血液中运动的红细胞对声波的散射，产生多普勒效应，在二维图像上显示彩色的血流影像。不同颜色代表血流方向和其相对运动速度等动态信息。

超声血流成像的主要方法，包括频谱多普勒、彩色多普勒、功率多普勒等。其中功率多普勒可以显示血流功率在空间的分布及动态变化，即移动的红细胞引起的高频信号，该信号的平均强度称为“功率多普勒”值，它与单位体积中的红细胞数量成比例，从而反映血容量的时空分布。大脑活动与供应相关神经元的血管扩张（神经-血管耦合）密切相关，意味着功能超声成像测量的血容量可以用作神经元活动的指标，以推断大脑的功能活动。传统的超声多普勒血流成像主要局限性在于灵敏度不够，帧速率太低导致成像速度慢（约 60f/s），无法捕捉瞬时的血流动力学变化，且无法检测出小血管的低速血流。而发生脑内血流动力学反应的主要是小血管，因此，常规的超声成像无法应用在小血管成像上。功能超声成像技术是通过平面波传输与电子设备的高度兼容实现高帧速率（大于 5000f/s）和灵敏的多普勒超声成像。

超声成像系统主要构成器件包括：信号发生器、功率放大器，功率量测仪、超声换能器、图像储存器、图像分析主机等，如图 12-9 所示。常规的超声图像一般通过在图像平面上按序扫描聚焦光束来获取，且二维图像通常由 64～512 条光束构成，这种串行化架构将图像的帧速率限制在约 60f/s。相比之下，超快超声成像利用了以多角度发射平面波的并行化架构，并通过相干平面波合成获得对比度增强的二维图像，图像的帧速率不再受聚焦光束顺序扫描的限制，而是受脉冲平面波通过介质传播并返回换能器阵列的传播时间限制，从而实现帧速率约为 30 000f/s，超高的帧速率为功能超声成像技术的发展提供了广泛的可能性。

三、超声在脑功能成像的应用

研究人员在 2011 年首次实现了 100μm 空间分辨率和亚秒级时间分辨率的脑血容量成像，这种超声脑功能成像技术的穿透深度可达 15mm，可以记录行为小鼠的全脑活动。研究人员利用超声脑功能成像技术检测到 87 个被激活脑区，这些脑区涉及感觉和运动整合的功能模块，证实超声脑功

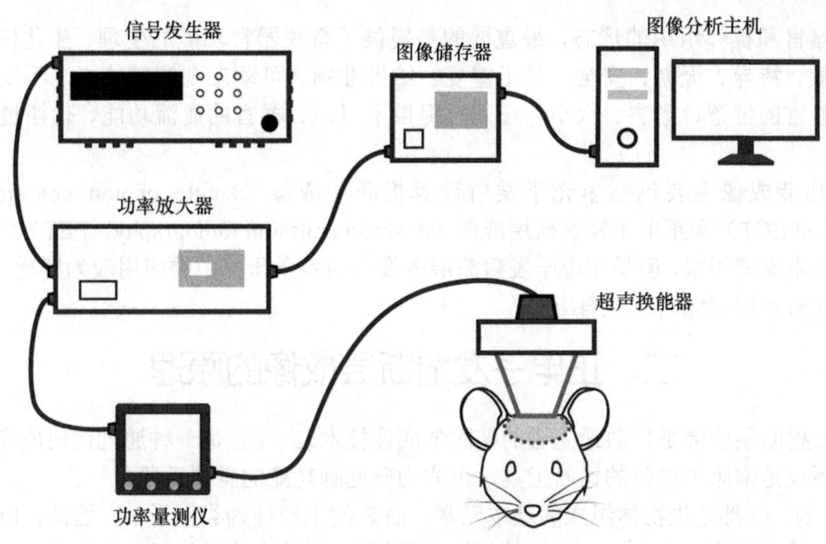

图 12-9　功能超声成像系统架构

能成像技术能够实时监测正常和疾病状态下小鼠的全脑活动。这种分辨率与灵敏度打破了当前中尺度成像的科学障碍，突破了超声波只能对大血管成像的限制，能够绘制大脑微小血流动力学变化图，并通过神经血管耦合揭示实时的神经活动。

再者，为了同时或者较短时间内获取大脑相距较远的功能连接关系进行全脑功能成像，需要将图像从二维空间扩展到三维空间，即体积成像技术。研究人员经过 20 多年的探索尝试，于 2019 年提出四维超声成像技术，并利用该技术对小鼠全脑进行了快速成像（Rabut et al.，2019），成功将超声神经成像扩展到四维（三维空间+时间），观察到了位于 6mm 深处的上矢状窦和威利斯（Willis）环，特别是脑皮层中较小的血管，并且他们通过不同的实验验证了该技术的可行性。

近期，研究人员基于功能超声成像技术，开发了一种新型的微创脑机接口技术（Norman et al.，2021）。该技术具备出色的空间分辨率（100μm）、灵敏度（约 1mm/s）和成像视野（几厘米），通过可视化局部血容量的变化，绘制大脑深处精确区域的活动。研究人员在猕猴硬脑膜外植入超声探头，记录后顶皮层（posterior parietal cortex，PPC）的脑血容量变化。通过解码猕猴运动诱发的超声成像信息，预测猕猴的运动计划对应的大脑活动，实现了预测猕猴运动方向的单次解码。此研究内容显示了超声脑功能成像技术在脑机接口领域应用的巨大潜能。

第五节　核医学成像技术

一、核医学成像概述

核医学是通过核技术与放射性核素来诊断、治疗和研究疾病的一门新兴学科，它是核技术、电子技术、计算机技术、化学、物理和生物学等现代科学技术与医学等多学交叉融合的产物。该技术是一种可定量且动态分析的活体分子影像技术，可用于对生物体生理、生化、功能、代谢等信息的多维成像，在临床诊断及科研上被广泛使用。

核医学成像的过程是将放射性同位素标记在某种化合物上作为示踪剂（也称为放射性药物），通过静脉注射将示踪剂注入生物体内，带有放射性核素的示踪剂进入生物体后，参与体内特定组织器官的循环和代谢过程，在体内形成了射线源，体外利用 γ 射线检测装置追踪探查，通过测量放射性同位素在人体内的分布密度来成像，以数字、图像、曲线或照片的形式显示出患者体内器官的形态和功能。由于放射性药物能够正常地参与生物体的物质代谢，因此，核医学成像的图像不仅反映了器官和机体组织的形态，最重要的是提供了有关器官功能的生理、生化信息。核医学成像具有灵敏、特异、无创、安全、易于重复、结果准确、可动态观察等特点，不仅反映了生物体内组织、器官的位置、形态、大小，还同时提供了组织、器官的血流功能、代谢过程等多方面的信息。

核医学功能成像主要包括单光子发射计算机断层成像（single photon emission computed tomography，SPECT）和正电子发射断层成像（positron emission tomography，PET）两大技术，这两个技术的基本原理相似，但是正电子发射断层成像在脑科学研究中的应用较为广泛，本节将主要介绍正电子发射断层成像的原理与应用。

二、正电子发射断层成像的原理

正电子发射断层成像是目前最先进的核医学成像技术之一，它是一种通过代谢成像检测大脑活动的方法，不仅是临床中重要的诊断工具，也成为研究脑功能的重要手段之一。

由于 C、N、O 都是生物体组成的基本元素，而 F 的生理行为类似于 H，因此，PET 成像技术中常用的放射性核素为 ^{11}C、^{13}N、^{15}O、^{18}F 等，可以在不影响生物体生理、生化及代谢过程的条件下，获得某一正常或病灶组织的放射性标记密度分布，对比功能、代谢变化评估生物体的状态。在脑科学研究中，使用不同示踪剂能观察脑内局部能量代谢、氧代谢、血流灌注、各种神经递质和受体等的变化，特别是用于绘制脑内不同神经递质活性的各种配体，正电子发射断层成像量测可以反映大脑各个区域的活动情况，从而了解更多关于大脑如何工作的信息。正电子发射断层成像技术也可用于脑部疾病的诊断，通过放射性核素示踪剂异常的代谢变化进行动态连续监测，如脑肿瘤、卒中和神经元损伤疾病都会导致大脑代谢发生巨大变化。

正电子发射断层成像量的基本条件包括放射性核素示踪剂和正电子发射断层成像量扫描仪。其中 PET 主要由探测器环、电子系统、控制系统、符合探测电路器及图像分析主机等组成，如图 12-10 所示。可以发射正电子的放射性核素是正电子发射断层成像的核心要素。放射性核素的制备是利用回旋加速器，在环形路径中加速带电粒子束（质子），这些带电粒子轰击靶核（稳定核素），通过核反应产生正电子放射性核素，并合成相应的放射性核素示踪剂。将不稳定的核素示踪剂注入生物体后，这些核素在衰变过程中每个多余的质子转变为一个中子（n）、一个正电子（β^+）、一个中微子（v），使其达到稳定状态，释出的正电子在组织中运行很短路程内（1～3mm）可与周围的负电子相互作用，发生湮灭辐射而产生一对光子（γ 射线光子），这两个光子的发射方向相反，且能量均

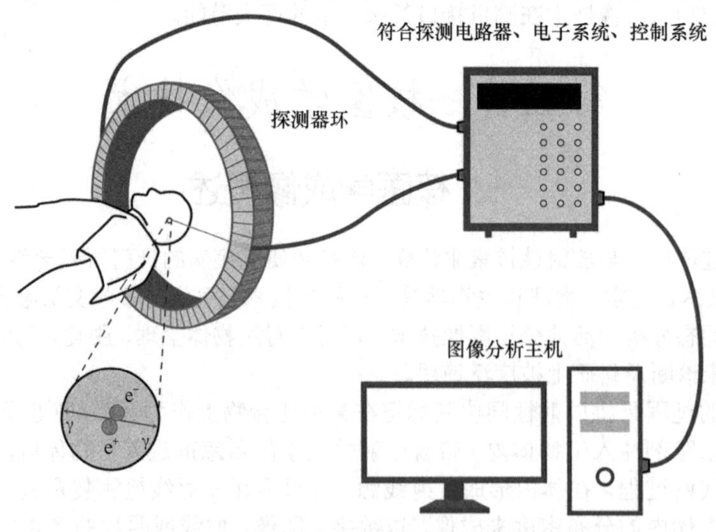

图 12-10　正电子发射断层成像扫描系统架构

为 511keV。

$$P \rightarrow n + \beta^+ + v \quad (12.2)$$

PET 成像是利用两个 γ 射线光子方向相反的特征，在探查目标的周围放置一系列成对（互成 180°）排列的探测器，各个探测器收到的输出信号如果在很短时间内发生（通常小于 15ns），符合探测电路，则认为这两个探测器空间联机上有组织释放 γ 核素的现象，从而获得组织的正电子核素的断层分布图，显示出组织的位置、形态、大小和代谢功能。

三、正电子发射断层成像在脑功能的应用

（一）葡萄糖代谢成像

正电子发射断层成像最常用的放射性核素示踪剂为氟代脱氧葡萄糖（^{18}F-FDG），是葡萄糖的类似物，可用于检测局部葡萄糖代谢率。^{18}F-FDG 通过与葡萄糖运转相同的途径进入细胞内，细胞内的 ^{18}F-FDG 被磷酸化形成 ^{18}F-FDG-6-PO_4，^{18}F-FDG-6-PO_4 不会发生糖酵解而滞留于细胞内。因此，在发生放射性衰变前，^{18}F-FDG 的分布情况可以反映细胞对葡萄糖的摄取和磷酸化水平。^{18}F-FDG 发生放射性衰变后，^{18}F 衰变成 ^{18}O，与环境中的一个 H^+形成葡萄糖-6-磷酸（G-6-PO_4），此产物会以普通葡萄糖的方式进行代谢。

基于脑细胞活动与葡萄糖代谢的密切关联性，^{18}F 在脑疾病上的研究主要关注在脑肿瘤、癫痫灶、早老性痴呆、脑血管疾病、抑郁症等。此外，^{18}F 也可以应用在脑科学方面的研究中，已知大脑在执行特定任务时，如视觉刺激、听觉刺激、情感活动、记忆活动等会引起相应脑区的葡萄糖代谢率升高，因此，可以借助葡萄糖代谢率评估大脑特定区域的功能情况，但此成像方法需要较长的摄取时间才能获得与任务有关脑区的 FDG 积累，并不适用于短时间内完成任务的脑功能实验。因此，基于 FDG 的正电子发射断层成像更适合用于疾病状态的检测。

（二）多巴胺能受体系统成像

多巴胺是一种神经递质，是用于帮助细胞之间传递神经冲动的化学物质。多巴胺递质系统参与多种脑功能活动，包括食物摄入、运动协调、认知、情绪、奖赏等，它主要有四条通路：①黑质纹状体通路，多巴胺能神经元位于中脑黑质，其神经纤维投射到纹状体（尾状核和壳核及中央杏仁核），主要作用是与乙酰胆碱能神经元共同调节肌肉紧张及共济活动；②中脑边缘通路，多巴胺能神经元位于中脑脚间核顶端背侧，其神经纤维投射到边缘前脑（伏隔核和嗅结节），此通路与复杂的情绪和行为有关；③中脑-皮层通路，多巴胺能神经元位于中脑腹侧，其神经纤维投射到前额叶，此通路与高级精神活动有关；④结节-漏斗通路，多巴胺能神经元位于丘脑下部弓状核，其神经纤维下行投射到正中隆起的门脉，这条通路与内分泌有关。已知多巴胺 D_2 受体是精神分裂症和帕金森病（Parkinson disease，PD）的重要研究靶点，主要分布在纹状体中。多巴胺 D_1 和 D_3 受体与情绪、运动、奖赏反馈以及认知功能相关，广泛分布在中脑边缘和中脑皮层投射通路。目前已有多种多巴胺示踪剂用于突触前、突触后以及代谢过程，来研究多巴胺通路相关的功能与疾病。

左旋多巴（*L*-DOPA）是多巴胺的前体，能够通过血脑屏障进入脑组织，在芳香氨基酸脱羧酶（AADC）作用下转化成多巴胺，储存在神经元胞体的多巴胺囊泡中，当神经元被激活时释放。^{18}F-FDOPA 是 *L*-DOPA 的类似物，作为示踪剂被广泛应用在多巴胺能受体系统，它在通过血脑屏障后被 AADC 脱羧转变为 ^{18}F-DOPA 储存于多巴胺囊泡中，被纹状体摄取和释放。根据纹状体对 ^{18}F-DOPA 释放和清除的代谢速度可以测定多巴脱羧酶的活性及多巴胺在脑内的分布。AADC 是合成多巴胺能神经递质的关键酶，某些疾病患者的 AADC 活性程度可以通过 ^{18}F-FDOPA 示踪剂的正电子发射断层成像呈现，如帕金森病患者的 AADC 活性明显降低。

多巴胺转运体（DAT）是位于多巴胺能神经元突触前膜上的转运蛋白，负责将突触间隙的多巴胺递质通过主动转运的方式再摄取回突触前，控制多巴胺传递的时空动态。DAT 不仅可以用于评

价突触前多巴胺能神经纤维末梢的功能状态，也可以用于研究药物成瘾或帕金森综合征。精神兴奋剂可卡因或精神药物利他林都可以与DAT结合，因此，可以借助 ^{11}C 或 ^{18}F 标记可卡因，^{11}C 标记利他林进行DAT-PET成像，但由于两者与DA的T结合力和特异性较差，且代谢动力学较慢，已较少使用。目前应用最广泛的DAT示踪剂是 ^{11}C-甲基-N-2β-甲基酯-3β-（4-F-苯基）托烷（^{11}C-CFT）。

^{11}C-NNC112是一种新型的 D_1 受体示踪剂，其进入脑内后的分布与脑内 D_1 受体分布有较好的一致性，可用于评估中枢神经系统 D_1 受体的结合势和结合率，是一种较理想的 D_1 受体示踪剂。还有一些类似的示踪剂，如 ^{11}C-NNC756、^{11}C-NNC687、^{11}C-SCH39166，可通过PET成像来研究帕金森综合征。^{11}C 标记的雷率必利（RAC）可以与 D_2 受体结合，其结合力适中，不会因为结合力过高导致不可逆，且具有很强的特异性，不会与5-羟色胺（5-HT）受体结合，被广泛应用于 D_1 受体的正电子发射断层成像研究。但是由于 ^{11}C 半衰期较短限制了监测时间，所以，另一种 ^{18}F 标记的苯甲酰胺类化合物 ^{18}F-fallypride开始应用于临床及基础科学研究，因为这种标志物具有较好的特异性和非特异性结合比。

（三）胆碱能系统成像

胆碱能系统，是指神经末梢释放的乙酰胆碱（acetylcholine，ACh）作为神经递质。乙酰胆碱在大脑中的通路主要与学习和记忆等认知功能相关，使用合适的示踪剂可以检测其相关的受体，如乙酰胆碱M型受体（mAChR）和乙酰胆碱N型受体（nAChR）的分布、活性以及代谢水平，可用于研究相关通路的脑功能和脑疾病。

乙酰胆碱M型受体，即毒蕈碱型乙酰胆碱受体，通常也叫代谢型乙酰胆碱受体，存在于突触后膜，除了结合乙酰胆碱外，还主要结合毒蕈碱。已有多种类型示踪剂应用于非人灵长类动物检测乙酰胆碱M型受体，如 ^{11}C-TRB、^{11}C-NMPB及N-2-^{18}F-Pluoroethyll-a-piperidyl benzilate等，其中 ^{11}C-NMPB示踪剂的成像特异性更强，能与 M_4 亚型受体结合。乙酰胆碱N型受体，即烟碱乙酰胆碱受体，通常也叫离子型乙酰胆碱受体，能对尼古丁产生特异性的响应。（+/–）-EXO-2-2（2-^{18}F-fluoro-5-pyridyl）-7-azabicyclo[2,2,1]heptane是一种与nAChR有良好亲和力的拮抗性示踪剂，其进入脑内与乙酰胆碱N型受体的分布较一致，即在丘脑和下丘脑中的摄取率较高，在新皮层和海马体的摄取率中等，在小脑中的摄取率最低。

（四）5-羟色胺系统成像

5-羟色胺（5-TH）是一种抑制性神经递质，又名血清素，它在调节情绪、学习、食欲、睡眠、性行为、冲动控制、心律及神经内分泌活动等方面有着重要的作用。5-TH能神经元主要集中在低位脑干的背内侧中缝核，中缝核上部的上行神经纤维投射到纹状体、丘脑、边缘前脑以及大脑皮质；而中缝核下部的下行神经纤维投射到脊髓的后角、侧角和前角。5-羟色胺受体的种类很多，目前已知的5-羟色胺受体主要有7种（5-TH_1、5-TH_2、5-TH_3、5-TH_4、5-TH_5、5-TH_6、5-TH_7），包含16种受体亚型。

5-TH_1a受体主要分布在海马体、杏仁核、下丘脑和新皮层等脑区中。示踪剂 ^{11}C-WAY-100635与5-TH_1a受体有较好的亲和力，可以很好地标示5-TH_1a受体在脑中的分布，已有研究利用 ^{11}C-WAY的正电子发射断层成像检测精神类药物与5-TH的结合，探索药物的作用机制及治疗效果。5-TH_2a受体大量分布在大脑新皮质区，在小脑和脑干中几乎没有。^{18}F-altanserin是一种拮抗类示踪剂，与5-TH_2a受体的结合具有特异性，已广泛用于研究5-TH_2a受体相关通路的定量检测。

（五）γ-氨基丁酸系统成像

γ-氨基丁酸（GABA）是中枢神经系统中一种重要的抑制性神经递质，主要分布在大脑皮质、海马、丘脑、基底核和小脑中，与多种功能调控有关，如视觉形成、发育、睡眠、学习、记忆以及情绪等。GABA受体主要分为三类：GABA-A受体、GABA-B受体和GABA-C受体。大脑中GABA-A

受体的含量最多，它与焦虑、抑郁等精神疾病相关，其活性位点可与多种类固醇精神药物结合。目前临床上常使用作用于 GABA-A 受体的药物——苯二氮䓬类（benzodiazepines，BZD），其主要起到抗焦虑，抗癫痫，抗惊厥，肌肉松弛和镇静催眠的作用。可以利用示踪剂与 BZD 活性位点结合进行正电子发射断层成像。

^{11}C-FMZ 是目前应用比较广泛的结合 BZD 活性位点的示踪剂。研究结果显示，不同脑区对 ^{11}C-FMZ 的摄取量不同，最大差异可达 10 倍，在枕叶内侧皮层的摄取量最高，在其他大脑皮质区、小脑、丘脑的摄取量则逐渐降低，而在纹状体和脑桥几乎没有。^{11}C-RO-15-4513 是与 GABA-α5 亚型受体特异性结合的 PET 影像示踪剂，相较于 ^{11}C-FMZ，其摄取量在边缘系统中较高，在枕叶和小脑中较低。通过不同的 GABA 受体示踪剂的正电子发射断层成像，可非侵入式地标记出脑内不同受体及其亚型在脑中的分布。

（赖欣怡）

参考文献

Barson D, Hamodi A S, Shen X L, et al, 2020. Simultaneous mesoscopic and two-photon imaging of neuronal activity in cortical circuits[J]. Nature Methods, 17(1): 107-113.

Chow D M, Sinefeld D, Kolkman K E, et al, 2020. Deep three-photon imaging of the brain in intact adult zebrafish[J]. Nature Methods, 17(6): 605-608.

Du X, Jiang X R, Kuriki I, et al, 2022. Representation of cone-opponent color space in macaque early visual cortices[J]. Frontiers in Neuroscience, 16: 891247.

Friedman R M, Chehade N G, Roe A W, et al, 2020. Optical imaging reveals functional domains in primate sensorimotor cortex[J]. NeuroImage, 221: 117188.

Jiang R D, Andolina I M, Li M, et al, 2021. Clustered functional domains for curves and corners in cortical area V4[J]. eLife, 10: e63798.

Mouthon M, Khateb A, Lazeyras F, et al, 2019. Second-language proficiency modulates the brain language control network in bilingual translators: an event-related fMRI study[J]. Bilingualism Language and Cognition, 23(2): 251-264.

Nakamichi Y, Okubo K, Sato T, et al, 2019. Optical intrinsic signal imaging with optogenetics reveals functional cortico-cortical connectivity at the columnar level in living macaques[J]. Scientific Reports, 9: 6466.

Norman S L, Maresca D, Christopoulos V N, et al, 2021. Single-trial decoding of movement intentions using functional ultrasound neuroimaging[J]. Neuron, 109(9): 1554-1566.e4.

Qin Z Y, Chen C P, He S C, et al, 2020. Adaptive optics two-photon endomicroscopy enables deep-brain imaging at synaptic resolution over large volumes[J]. Science Advances, 6(40): eabc6521.

Rabut C, Correia M, Finel V, et al, 2019.4D functional ultrasound imaging of whole-brain activity in rodents[J]. Nature Methods, 16(10): 994-997.

Simpson M W, Mak M, 2022. Single session transcranial direct current stimulation to the primary motor cortex fails to enhance early motor sequence learning in Parkinson’s disease[J]. Behavioural Brain Research, 418: 113624.

Tang S M, Lee T S, Li M, et al, 2018. Complex pattern selectivity in macaque primary visual cortex revealed by large-scale two-photon imaging[J]. Current Biology, 28(1): 38-48.e3.

Tian L, Hires S A, Mao T Y, et al, 2009. Imaging neural activity in worms, flies and mice with improved GCaMP calcium indicators[J]. Nature Methods, 6(12): 875-881.

Wang T Y, Xu C, 2020. Three-photon neuronal imaging in deep mouse brain[J]. Optica, 7(8): 947-960.
Yang M K, Zhou Z Q, Zhang J X, et al, 2019. MATRIEX imaging: multiarea two-photon real-time *in vivo* explorer[J]. Light, Science & Applications, 8: 109.
Yaqub M A, Hong K S, Zafar A, et al, 2022. Control of transcranial direct current stimulation duration by assessing functional connectivity of near-infrared spectroscopy signals[J]. International Journal of Neural Systems, 32(1): 215.
Zong W J, Wu R L, Li M L, et al, 2017. Fast high-resolution miniature two-photon microscopy for brain imaging in freely behaving mice[J]. Nature Methods, 14(7): 713-719.

第十三章　神经科学研究的实验设计与数据分析

在神经科学研究中，技术与方法的选择需服从核心科学问题和整体研究设计，而通过技术与方法获取的数据和资料则需经过科学的整理与分析。无论开展探索性（exploratory）、假设推动性（hypothesis-driven）或是数据推动性（data-driven）研究，实验设计与数据分析均为贯穿始终的重要环节。

在介绍相关知识之前，我们首先了解一下《自然》系列杂志的报告总结（reporting summary）中关于统计学分析与研究设计的要求（图 13-1）。

Reporting Summary

Nature Portfolio wishes to improve the reproducibility of the work that we publish. This form provides structure for consistency and transparency in reporting. For further information on Nature Portfolio policies, see our Editorial Policies and the Editorial Policy Checklist.

Statistics

For all statistical analyses, confirm that the following items are present in the figure legend, table legend, main text, or Methods section.

- The exact sample size (n) for each experimental group/condition, given as a discrete number and unit of measurement
- A statement on whether measurements were taken from distinct samples or whether the same sample was measured repeatedly
- The statistical test(s) used AND whether they are one- or two-sided
  Only common tests should be described solely by name; describe more complex techniques in the Methods section.
- A description of all covariates tested
- A description of any assumptions or corrections, such as tests of normality and adjustment for multiple comparisons
- A full description of the statistical parameters including central tendency (e.g. means) or other basic estimates (e.g. regression coefficient) AND variation (e.g. standard deviation) or associated estimates of uncertainty (e.g. confidence intervals)
- For null hypothesis testing, the test statistic (e.g. F, t, r) with confidence intervals, effect sizes, degrees of freedom and P value noted
  Give P values as exact values whenever suitable.
- For Bayesian analysis, information on the choice of priors and Markov chain Monte Carlo settings
- For hierarchical and complex designs, identification of the appropriate level for tests and full reporting of outcomes
- Estimates of effect sizes (e.g. Cohen's d, Pearson's r), indicating how they were calculated

Field-specific reporting

Please select the one below that is the best fit for your research. If you are not sure, read the appropriate sections before making your selection.

Life sciences　　Behavioural & social sciences　　Ecological, evolutionary & environmental sciences

Life sciences study design

All studies must disclose on these points even when the disclosure is negative.

Sample size	*Describe how sample size was determined, detailing any statistical methods used to predetermine sample size OR if no sample-size calculation was performed, describe how sample sizes were chosen and provide a rationale for why these sample sizes are sufficient.*
Data exclusions	*Describe any data exclusions. If no data were excluded from the analyses, state so OR if data were excluded, describe the exclusions and the rationale behind them, indicating whether exclusion criteria were pre-established.*
Replication	*Describe the measures taken to verify the reproducibility of the experimental findings. If all attempts at replication were successful, confirm this OR if there are any findings that were not replicated or cannot be reproduced, note this and describe why.*
Randomization	*Describe how samples/organisms/participants were allocated into experimental groups. If allocation was not random, describe how covariates were controlled OR if this is not relevant to your study, explain why.*
Blinding	*Describe whether the investigators were blinded to group allocation during data collection and/or analysis. If blinding was not possible, describe why OR explain why blinding was not relevant to your study.*

图 13-1　《自然》系列杂志对于统计学分析与研究设计的要求

译文如下。

报告总结

自然作品集（Nature Portfolio）希望提高我们发表工作的可重复性。本表单为报告的一致性和透明性提供了框架。有关自然作品集相关政策的更多信息，请参阅我们的编辑政策和编辑政策清单。

统计学

对于所有统计分析，确认以下项目在图例、表例、正文或方法部分中出现。

□ 以离散数字和测量单位的形式提供每个实验组或实验条件的确切样本量（n）。

□ 声明测量是否采用不同的样本进行或者是否重复测量相同的样本。

□ 所采用的统计检验方法以及该方法是单尾还是双尾（仅以名称描述常见的测试；在方法部分描述更复杂的技术）。

□ 描述所检测的所有协变量。

□ 描述任何假设或校正，如正态性检验和多重比较的校正。

□ 全面描述统计参数，包括集中趋势（如均数）或其他基本估计值（如回归系数）以及变异（如标准差）或相关的不确定性估计值（如置信区间）。

□ 对于零假设的检验，提供检验统计量（如 F、t 和 r）和置信区间、效应量、自由度和 P 值（在任何合适的情况下，提供 P 值的精确值）。

□ 对于贝叶斯分析，提供先验分布的选择和马尔可夫链蒙特卡罗法设置的信息。

□ 对于分层和复杂设计，确定测试的适当级别并全面报告结果。

□ 提供效应量的估计值（如 Cohen's d 和 Pearson's r）并说明其计算方法。

特定领域的报告

请在下方选择最符合您的一个研究方向。如果您不确定，请在选择之前阅读相应部分。

□生命科学　□行为与社会科学　□生态、进化与环境科学

生命科学研究设计

所有研究必须公开以下几点，即便公开为阴性。

样本量：描述如何确定样本量。详述用于预先确定样本量的统计方法。如果未进行样本量计算，描述如何选择样本量并解释为何该样本量是充足的。

剔除数据：描述任何剔除数据的情况。如果没有数据被排除在分析之外，说明这一情况。如果有数据被排除在外，描述排除情况并陈述理由，说明是否预先制定了排除标准。

重复：描述为验证实验发现的可重复性而采取的措施。如果所有重复实验的尝试都成功，确认这一点。如果有任何结果未被重复或无法被重复，陈述这一点并说明原因。

随机化：描述样本/生物体/参与者如何被分配到实验组中。如果分组不随机，说明如何控制协变量。如果分组与本研究不相关，解释原因。

盲法：描述研究者在数据收集和/或分析过程中是否对分组不知情。如果盲法无法实现，说明原因或者解释盲法与本研究无关的原因。

本章将对标神经科学领域一流杂志的要求，从实用角度出发，扼要介绍实验设计（experimental design）、数据收集（data collection）、数据分析（data analysis）和数据可视化（data visualization）方法。科研选题虽不在本章讨论范围内，但如何开展具有新颖性、重要性、连续性、独创性、完整性和及时性的创新研究，避免开展东施效颦、钻牛角尖、狗尾续貂或虎头蛇尾的平庸研究，是每位研究人员在设计实验之前应考虑的首要问题。考虑到人群研究和动物研究既独具特点又存在共性，本章限于篇幅仅以后者为例。读者可根据兴趣和需要，进一步阅读统计学专著深入学习相关内容。

第一节 实验设计与数据收集

- 关键词：设计方案，设置对照，确定样本量，随机化
- 范例：研究应激与氟西汀对小鼠探索活动的影响

> 某研究生拟分析抗抑郁药氟西汀对慢性应激小鼠在旷场中探索活动的影响。为实现该研究目的，应如何设计实验？

在科研选题过程中，研究者须拟定核心科学问题，并将其分解为若干可通过实验回答的具体问题。随后，研究者需针对每个具体问题设计若干实验。实验（experiment）是采用一系列技术与方法观察对象（subject）特征或控制对象变量，通过获取和分析数据以修正现有假设或建立新假设，进而认识自然现象和规律的过程。合理的实验设计应符合统计学要求，是获取高质量数据的前提。

一、实验设计基本原则与方案

在神经科学实验中，自变量（independent variable）指研究者感兴趣的、拟分析其对研究对象有无影响的内、外因素（factor）。因变量（dependent variable，又称应变量）指需进行测量和记录的变量（指标），如研究对象的特征、状态、反应或变化。此外，实验中还有许多因素需要控制以排除其影响，即控制变量（control variable）。常见的实验设计原则与方案如下。

（一）单组实验

在少数情况下，某些实验不设置独立处理组，仅对单个组别的实验对象开展研究。在单组设计中，可以设定自身为对照，纵向分析因变量在接受干预处理前后的变化。例如，在光遗传学实验中观察激光激活特定神经元（简称“给光”）前后动物行为的变化，或在电生理实验中记录某种受体激动剂灌流前后离体神经元电活动的变化。这种设计即被试内设计（within-subjects design），在不设置平行对照的情况下，可用于单组实验。此外，在单组实验中，也可对不同因变量进行两两相关分析，或根据不同实验对象在某个因变量上的个体间差异与自然分布进行亚组的划分与组间比较。然而，实验对象的因变量往往处于动态变化之中。如果不设置平行对照，除非处理前后差异非常明显，否则单组实验的说服力和意义较为局限。如要明确某个或几个因素的影响并尽可能排除混淆因素，最佳的方法是设置对照组和处理组进行两组或多组实验。

（二）两组实验

在两组实验中，可根据随机化（randomization）等原则将实验对象分为对照组和处理组，或根据实验对象的生物学特点（如遗传背景、年龄、性别等）选设两个独立的组别，通过比较因变量的组间差异明确某一因素的效应。此即为独立样本设计（independent-samples design），是十分常见的设计方法。例如，在本节的范例中，可以选设两组动物评估慢性应激对行为的影响，其一为非应激对照组，另一为应激处理组；或可评估氟西汀用药对行为的影响，其一为溶媒（vehicle）对照组，另一为氟西汀给药组。

除独立样本设计之外，还可采用被试内设计比较每组动物在处理因素（又称干预，如范例中的应激或氟西汀、光遗传学实验中的“给光”、脑区给药等）干预之前和之后的变化。在匹配样本设计（matched-samples design，又称配对设计，paired design）中，所有样本按因变量从高到低（或反之）排序，将每两个相邻样本配为一个随机入组的对子，然而这种设计中的两组样本失去独立性。

（三）多组实验、单因素设计与析因设计

对于三组或三组以上的实验，可采用单因素设计（one-way design）和析因设计（factorial design）。

1. 在单因素设计中，一般包括一个处理因素（treatment factor，为自变量），该因素可以有多个处理水平（level）。在开展本节的范例实验之前，可调研文献并设计实验以确定应激的时程和氟西汀的剂量。如要选择最佳的应激时程，则可采用单因素设计，如设置非应激对照组、1 小时急性应激组、7 日亚慢性应激组和 21 天慢性应激组。在这一设计下，组间唯一的处理因素为应激。该因素有四个水平（水平数量与实验组数量相等），即：无应激、急性应激、亚慢性应激、慢性应激。

在明确最佳的应激时程之后，如要进一步明确氟西汀的最佳治疗剂量，情况稍复杂。由于氟西汀可能难以提升正常对照小鼠的探索活动水平（即天花板效应，ceiling effect），单纯对非应激小鼠给予氟西汀无法有效解答关键问题。此时，一般需要设置非应激溶媒组、应激溶媒组以及应激+不同剂量氟西汀给药组。在这类特殊情况下，对照组与各应激给药组之间虽存在两个因素（应激和氟西汀）的差异，但依然被视为单因素设计。

2. 在析因设计（factorial design）中，一般有两个或以上的因素，每个因素有两个或以上的水平。例如，在典型的双因素析因设计（two-way factorial design）中，存在两个因素，每个因素可以有多个水平。采用析因设计不仅可以分析每个因素的主效应（main effect），还可以分析因素之间的交互作用（interaction）。本节范例采用的就是典型的双因素析因设计。由于每个因素各有两个水平（无应激与应激、溶媒与氟西汀），故这种设计又被称为 2×2 析因设计。如果将主因素之一的药物干预设定为溶媒、低剂量氟西汀干预、高剂量氟西汀干预三个水平，则该实验为 2×3 析因设计。与单因素设计的特殊情况相似，在某些双因素析因设计的实验中也可包括多个因素，但其中某些因素可以转化为主要因素的不同水平。以上述实验为例，研究者如要比较单用氟西汀和氟西汀联合褪黑素对应激效应的干预作用，则可将干预主因素设定为溶媒、氟西汀给药、氟西汀合并褪黑素给药三个水平，即变成 2×3 析因设计。

在多因素析因设计实验中，可以分析多个主因素的主效应以及主因素之间的交互效应。例如，研究者要比较慢性应激和氟西汀给药对青春期和老年动物的影响。此时，主效应共有三个，即年龄、应激、给药，每个因素各有两个水平，该设计即 2×2×2 因素设计。

析因设计具有全面、高效的优点，可以探讨各处理因素的效应以及因素间的交互作用。然而，其缺点亦很明显。当因素和水平数量增多时，组数和总样本量倍增（例如，采用 2×3 析因设计，每组 12 只动物，则共需 72 只动物），数据分析也更加复杂。

（四）重复测量设计

在前述被试内设计中，可以比较每组动物某指标在处理因素干预之前和之后的变化。如果干预前后测量次数为 2，则这种被试内设计又被称为前后测量设计（premeasure-postmeasure design 或 pretest-posttest design）。如果对同一研究对象的同一指标（如动物体重）的测定≥3 次，则这种被试内设计又称为重复测量设计（repeated measures design）。重复测量设计可在一定程度上控制研究对象个体差异对因变量的影响，且可以节约样本。然而，多次采用同一种测试记录某些因变量的变化（如动物对旷场中央区的探索）可引起或放大遗留效应（详见第十章）。

除了上述常见实验设计之外，还有相关设计以及研究遗传与环境因素互作的特殊设计（如交叉寄养，cross-fostering）等，此处不展开介绍。在很多实验设计中，不同因变量之间多可以进行相关和回归分析，故相关设计（correlation design）很少被单独采用。

二、对照的设置

设置对照（control）可以有效排除实验因素之外的混淆因素对因变量的影响。在理想情况下，

对照动物除不接受实验处理之外，在其他方面均应与处理组动物完全一致。然而在现实中，研究者需根据实际情况将最主要的混淆因素排除，使对照组尽可能接近理想情况。神经科学研究中常见的设置对照方法如下。

溶媒指溶解、递送药物的溶剂。常见溶媒包括生理盐水（一些药物需用乙醇、二甲基亚砜或乙酸等溶解，再以生理盐水稀释）、人工脑脊液或和玉米油。由于递送药物操作（如注射、灌胃）会引起实验动物应激并可能造成其他不适，为排除药物递送操作对因变量的干扰，对照动物应接受递送溶媒操作，即溶媒组。

在制作疾病动物模型时，同样应尽量排除常规、非关键操作的影响。例如，对于涉及手术的实验（如大脑中动脉栓塞），对照动物需经历与手术组相同的麻醉、放置在手术仪器上等过程但不接受关键操作（即伪手术，sham surgery）。对束缚应激实验中的对照动物，可将其从居住笼拿出但不放入束缚管中，稍后再将其放回居住笼。当然，也可以将对照动物不进行操作，但这种条件显然不如前者更接近理想中的对照。

在化学遗传学实验中，可以保持操控病毒相同而改变药物水平（即对照组使用溶媒，处理组使用氯氮平-*N*-氧化物等），也可以保持药物（氯氮平-*N*-氧化物）相同而改变操控病毒（即对照组感染不表达操控元件的对照病毒，处理组感染表达操控元件的病毒）。在光遗传学实验中，为排除激光热效应的干扰，感染了对照病毒的对照组动物也要接受光照。

三、抽样、效应量与样本量的选择

总体（population）指具有某类特征的研究对象的全部集合。样本（sample）指按特定规则从总体中抽取出来的部分个体的集合。抽样得到的样本数量即样本容量（又称样本量，sample size），一般以 n 表示（与总体个数 N 对应）。在实践中，研究者选取一定容量的样本，通过观测并分析每一个样本来推断总体的特征和规律。在抽样过程中，由于抽样的偶然性造成的样本特征与总体特征的差异称为抽样误差（sampling error）。为了使从样本研究中得出的结论推广到总体，样本应具有代表性，避免出现超出误差许可范围的有偏样本。

常见的抽样方法包括简单随机抽样（simple random sampling）、系统抽样（systematic sampling；又称等距抽样，interval sampling）、分层随机抽样（stratified random sampling）、整群抽样（cluster sampling）、便利抽样（convenience sampling）等。其中，简单随机抽样较为常见，相关内容在随机性原则中简单介绍。

对上述概念与内容的理解，可以 C57BL/6J 小鼠为例。其广义上的总体是任何时期所存在的该品系小鼠的全部集合。在某一时间范围内，其总体是全球所有供应方可以提供的以及所有实验室拥有的该品系小鼠的集合。显然，研究者只能在某个时间点从某个地区的某个供应方购得一批小鼠。出于这种局限性，研究者在购入甚至繁殖动物环节很难控制抽样，因此面临的更多是确定样本量和分组问题。以下首先探讨确定样本量的基本原则。

样本量的估计与设定要为数据分析而服务，要符合统计学原理。理论上，每组样本量至少为 2 方可计算标准差。然而，对于如此小的样本量，无论正态性检验、参数检验或非参数检验的统计学效能（statistical power，又称假设检验效能，power of a hypothesis test）均很低，难以得到有效的结论。统计学效能即不做出假阴性决策的概率，记为 $1-\beta$，β 为Ⅱ类错误即假阴性错误的概率。一般而言，统计学效能不得低于 0.75，否则容易犯Ⅱ类错误（罗家洪，郭秀花，2018）。为确保抽样的代表性和统计学的效能，必须增加样本量。在实际应用中，研究者既要保证样本量相对充足、不影响统计学效能，又要遵守研究机构的伦理要求、不一味追求大样本量。

样本量与效应量（effect size，又称标准化均差，standardized mean difference）密切相关，后者是衡量处理因素效应大小的统计学指标，通俗理解就是组间差异有多大。如要获得较大的效应量，样本量要随之增加。计算效应量的常见方法包括 Cohen's d 和 Hedge's g，其计算公式因实验设计和组数不同而有所区别。以两组样本量相等的数据为例，Cohen's *d* 的计算公式为组间均数之差除以两组样本的合并标准差（pooled standard deviation），可以理解为组间均数究竟相差几个合并标准差。一般而言，*d* 值为 0.5（即两组间均数仅相差 0.5 个合并标准差）表明效应量较小，*d* 值为 0.75 表明效应量中等，而 *d* 值为 1 则表明效应量较大。由于神经科学基础研究中的样本量往往偏小且组间样本量不一定相同，选择经过特定校正的 Hedge's *g* 更为准确，其原理和计算公式可参见相应资料（如 https://www.psychometrica.de/effect_size.html）。

在特定检验水准和效应量水准之下，可以计算出不同样本量所对应的统计学效能。例如，将独立样本 *t* 检验的检验水准设为常见的 0.05，将 Hedge's *g* 值设为对应于中等效应量的 0.5。在此前提下，每组样本量 *n* 如果为 10 则统计学效能为 0.18（即平均每 100 次实验中有 18 次的组间差异具有统计学意义），*n* 如果为 30 则统计学效能为 0.48，而 *n* 如果为 65 则统计学效能可达到 0.81。在动物实验中，研究者很少将 *n* 设为 30 以上。为解决样本量与统计学效能之间的矛盾，有学者提出了 RePAIR 方法（reduction by prior animal informed research），通过利用以往实验所获取的对照动物数据优化样本量设定，从而既减少后续实验的样本量又不削弱统计学效能（Bonapersona et al., 2021）。目前，基于 RePAIR 方法的计算工具已在线发布（https://utrecht-university.shinyapps.io/repair），读者可按需设定检验水准和效应量并计算样本量。

在神经科学的诸多领域中，也有一些经验性（empirical）样本量选择方法，且不同领域内默认样本量与数据获取方式略有不同。一般而言，行为学实验以动物为单位，每组样本量为 10 左右。在分子生物学实验中，可以来自动物个体的样本为单位，每组样本量为 6 左右；也可以多只动物合并后的样本为单位（如每组 2～3 个样本合为 1 个），样本量为 3 或以上。在电生理学实验中，一般以来自 2 只或以上动物的脑片或细胞为单位，每组样本量为 6 或以上（脑片或细胞）。在形态学实验中（如神经元树突长度与分支点分析），一般以动物为单位，每只动物选择 6 个或以上神经元，每组样本量为 6 左右。

四、随机化原则

实验设计的重要原则之一是随机化（randomization），即按照每个处理因素以概率均等的方式随机选取样本。正确的随机化方法包括完全随机化（completely randomized，即 CR）与随机化区组（randomized block，即 RB）。采用随机化方法可以有效避免选择偏倚（selection bias），平衡（balance）组间样本，确保各组样本的独立性和组间的可比性，有利于数据的统计学分析。

完全随机化是指针对每个处理因素随机抽取样本，样本排序亦随机，适用于样本量相对较大或样本异质性相对较小的情形。如果各组样本量相等则称为平衡设计（balanced design），不等则称为非平衡设计（unbalanced design）。随机化区组适用于相对复杂的设计，又称为配伍设计（注意与配对设计相区别），指将不同处理因素或同一处理因素不同水平以等数量的方式放入区组（block），可以实现更加均衡的样本分配。例如，针对本节开篇的范例，可以设置每个区组含有 4 个单元（即对照+溶媒、对照+氟西汀、应激+溶媒、应激+氟西汀，简称为 A、B、C、D），不同区组之间四个单元的顺序随机排列（如区组 1 为 BDAC、区组 2 为 DCAB 等）。在对样本进行随机化编号与分组时，可以参照随机数字表，或通过在 Excel 的单元格中输入“=RAND( )”命令生成随机数字实现，而 SPSS 等商业化软件亦具有相应功能。读者可参考后文所附文献（Festing，2020），其中有详细介绍。

随机化原则不仅应体现在实验设计当中，而且应贯穿于实验始终。在实验过程中，正确的随机化方法通过抵消平衡（counterbalancing）可以有效避免观测顺序和场地等因素的干扰。其他方法则因随机化不充分，无法排除混淆因素的干扰。例如，在处理组随机化（randomization to treatment group）方法中，虽然样本入组随机化，但是测试顺序不随机，而是按照 AAAA、BBBB、CCCC、DDDD 的方式进行。如此操作无法排除组间的差异究竟源自处理因素的效应还是时序或其他环境变量的影响，因而是错误的。

需要注意的是，当样本量偏小时，随机化设计可能导致因变量（如动物在旷场中的探索行为）在处理之前即存在组间差异。此时，可以采用前测试（pretest）分析每只动物的基线表现，根据前测试结果均衡分组之后再引入处理因素。

通过以上内容，我们扼要介绍了实验设计的对照原则、随机化原则和区组原则。实验设计还需遵循重复（replication）原则，即重复例数和次数越多，实验结果的可信度越高。在实际研究中，为提高效率，可以采用相对简单的设计（如独立样本设计）开展预实验（pilot experiment）或实验，随后采用较复杂的设计（如单因素或析因设计）对前期结果进行重复与拓展。

五、实验设计的常见误区

（一）简单问题复杂化

初学者在设计实验时，往往将多种独立因素整合到一个实验去解答。这种方案貌似省时，却会显著增加实验操作和数据分析的难度，前者如当天时间线拉得过长，后者如多因素方差分析的标准更加严格。更优化的办法，则是在一个实验回答 1～2 个因素的影响，通过不同实验，将各因素的效应“逐个击破”。这样可以让实验设计变得干净漂亮。

（二）因素设置过多

在本章范例的实验设计基础上，可以将设计复杂化，比如研究不同年龄阶段和性别的影响。然而，随着因素数量和每个因素水平数量的增加，经统计学分析得到显著性差异的可能性也显著降低，犯Ⅱ类错误的风险增加。读者可以根据第二节内容设想：在一个四因素多水平的重复测量设计中（包括三个组间处理因素、一个组内时间因素），各主效应和各交互作用将何等复杂。在这种情况下，可以考虑设计独立的实验分别研究每个因素的影响。或者可以设置自身对照，如同一只动物在青春期和老年期的表现，分年龄段统计数据。

（三）不合理减少因素

将双因素设计简化为单因素设计。比如，将本章范例中的非应激溶媒组省略。如此设计容易忽视药物本身对结果的影响，无法研究溶媒所载药物与应激的相互作用，统计学由较严格的双因素方差分析简化为较易发现统计学显著性差异的单因素方差分析，犯Ⅰ类错误（即假阳性错误，以 α 表示其概率大小，见第二节检验水准部分）的风险增加。

（四）预实验造成主观偏倚

客观看待预实验结果。预实验有时在退出配种或做其他实验后洗脱的动物中开展，样本量也较为有限。在这种情况下，样本的代表性存疑，从预实验结果推断总体情况的条件有限，因此要谨慎看待阳性结果。在重复实验前不能草率做出结论，阳性结果仅能说明得到某种结果的可能性较大。

需指出的是，上述误区与问题虽无截然对错之分，但需要更合理的设计或分析方法进行优化。

（五）数据的收集与存储

在完成实验设计后，研究者按照计划开展实验并获取数据。对于收集的原始数据（即源数据，source data），应注意保存和备份（建议同时进行物理备份和云备份），并注意加密以保护数据安全。

很多杂志如《自然》《自然・神经科学》《自然・通讯》等要求作者在论文接收后上传源数据。同时，作者可以将与发表文章有关的原始数据存放于受认可的数据存储库（repository）。常见的综合性存储库网站如下：https://zenodo.org/，https://data.mendeley.com/，https://figshare.com/，https://datadryad.org/。

最后，我们回到本节开篇的范例。按照以下流程图，可以回答实验设计与数据收集的基本问题（图 13-2）。

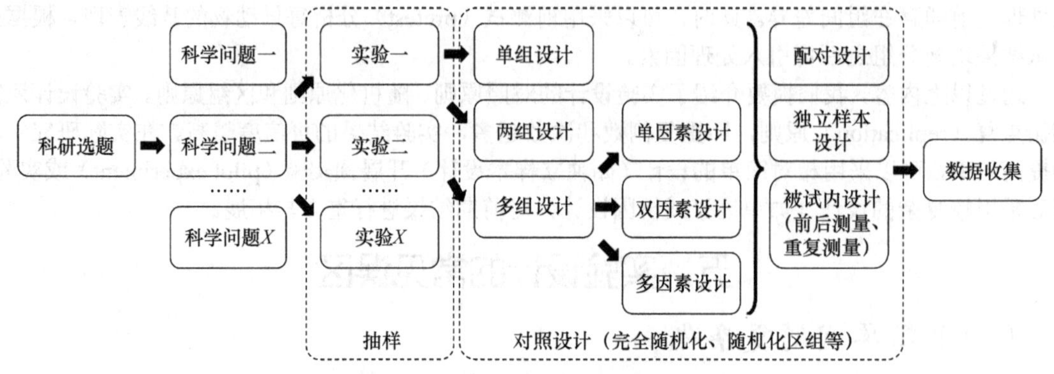

图 13-2　实验设计与数据收集的基本流程

第二节　数据的分析

- 关键词：数据、统计描述、参数估计、假设检验、事后检验
- 范例：应激与氟西汀影响小鼠探索活动的数据

> 该研究生在完成实验设计之后，采用旷场实验记录了不同组别小鼠的行为。动物编号、实验分组和主要行为学指标数据如表 13-1 所示。对于这组数据，应该如何进行分析？

表 13-1　某一实验动物编号、实验分组和主要行为学指标数据汇总

Animal ID（renumbered）	Condition	Treatment	Total distance traveled（m）	Time in center zone（second）	Entries to center zone
1	Control	Vehicle	31.571	18.03183188	28
2	Control	Vehicle	18.539	10.72988218	11
3	Control	Vehicle	29.191	2.837345244	38
4	Control	Vehicle	37.551	9.276311193	34
5	Control	Vehicle	23.884	12.55416488	32
6	Control	Vehicle	28.139	9.448099247	29
7	Control	Vehicle	27.253	19.58371415	24
8	Control	Vehicle	18.511	1.504382665	13
9	Control	Vehicle	25.957	1.186122772	29
10	Control	Vehicle	33.28	19.83867334	39
11	Control	Fluoxetine	28.798	7.608161225	22
12	Control	Fluoxetine	27.511	5.665624994	25
13	Control	Fluoxetine	16.554	17.98622036	8
14	Control	Fluoxetine	28.007	18.19683507	31
15	Control	Fluoxetine	23.702	19.70011932	22
16	Control	Fluoxetine	28.749	3.932044115	25
17	Control	Fluoxetine	24.582	12.66196563	31
18	Control	Fluoxetine	25.679	0.931788247	24
19	Control	Fluoxetine	29.699	18.57053647	19

续表

Animal ID（renumbered）	Condition	Treatment	Total distance traveled（m）	Time in center zone（second）	Entries to center zone
20	Control	Fluoxetine	25.002	16.60997359	25
21	Stress	Vehicle	30.882	7.307406544	26
22	Stress	Vehicle	28.018	6.131212567	23
23	Stress	Vehicle	24.64	0.401516293	29
24	Stress	Vehicle	25.795	13.08311844	32
25	Stress	Vehicle	26.288	12.82774673	33
26	Stress	Vehicle	40.855	4.187331897	30
27	Stress	Vehicle	29.59	15.1769087	24
28	Stress	Vehicle	25.947	8.837148668	18
29	Stress	Vehicle	23.419	16.72249357	13
30	Stress	Vehicle	19.018	15.04746691	29
31	Stress	Fluoxetine	28.444	14.66808174	18
32	Stress	Fluoxetine	29.372	12.7495029	22
33	Stress	Fluoxetine	16.575	13.25822581	14
34	Stress	Fluoxetine	19.396	10.75258318	21
35	Stress	Fluoxetine	20.406	14.57100223	20
36	Stress	Fluoxetine	19.495	18.02655967	13
37	Stress	Fluoxetine	23.62	3.827140997	28
38	Stress	Fluoxetine	22.192	5.35072296	20
39	Stress	Fluoxetine	18.217	19.28532224	28
40	Stress	Fluoxetine	22.527	0.904422899	10

如前文所强调，实验设计应符合统计学原理。研究者经过代表性样本抽样、按照实验设计开展实验、收集数据之后，需要整理数据（如表 13-1 根据动物编号和分组将数据排序），并采用相应的统计学方法分析数据（即统计分析，statistical analysis），方可获取可靠的结果并做出合理的结论（Wilcox and Rousselet，2018）。

统计分析的方法包括统计描述（又称描述性统计，descriptive statistics）和统计推断（statistical inference），后者即用已知的样本信息推断未知的总体特征，包括对总体参数大小进行估计（即参数估计，parameter estimation）和组间总体参数比较（即假设检验，hypothesis test）（颜艳等，2021）。关于统计分析在软件层面的实现，本节不做具体介绍。

一、数　　据

实验数据（亦称为资料）主要包括以下三类。三类数据在一定条件下可以互相转换。

1. 定量数据（quantitative data，又称计量数据），指某个可量化指标的高低大小的数据，在神经科学研究中最为常见。

2. 分类数据（categorical data，又称定性数据、计数数据、名义数据等），指按实验对象属性或类别（如动物品系与性别、神经元和星形胶质细胞等细胞类型）分别汇总的数据。

3. 等级数据（ordinal data，又称半定量数据），指按实验对象属性的程度或等级（如某脑区投射到靶脑区的轴突密度、同笼动物的社会等级）获取的数据。

在本节范例中，获取的数据主要为定量数据。其中，总活动距离（total distance traveled，单位为米）、中央区探索时间（time in center zone，单位为秒）为连续型变量（continuous variable），即不同取值可存在连续变化，任意两个值（如 6.6 和 8.8）之间可无限取值。进入中央区探索次数（entries to center zone，无单位）为离散型变量（discrete variable），即不同取值只能以整数为单位，任意两个值（如 6 和 8）之间的取值有限。

不同类型的实验设计和数据所适用的统计学方法不同。以下以两组实验和因素设计实验为例，介绍常见定量数据的统计分析原则与方法。

二、统 计 描 述

统计描述指选用恰当的统计指标和统计图表对数据的数量特征和分布规律进行描述。以图的形式展示并描述数据，即为数据可视化，将在第三节介绍。统计描述先于参数估计和假设检验，是统计分析、数据信息化的首要环节。通过统计描述，研究者虽然无法掌握数据的规律，但是可以了解数据的结构（尤其是分布）和总体情况。以下介绍定量数据的统计描述。

（一）数据的分布

数据的分布常用频数分布（frequency distribution）描述。频数分布为 n 个变量值在各个变量值区间（连续型变量）或变量值处（离散型变量）的个数分配，可以由频数分布图直观地展示。如果频数分布中间高、两侧低、左右大致对称，则认为该数据为对称分布，反之则为偏态分布。其中，连续型变量的最常见分布形式是正态分布（normal distribution），又称为高斯分布（Gaussian distribution，以该分布奠基者之一、德国数学家 Johann Karl Friedrich Gauss 命名），其典型特点为曲线呈中间高、两侧低、左右对称的钟形。在实际应用中，样本量往往有限。如果某连续型变量呈对称分布，且分布曲线具有正态分布曲线的特点，则称之为 t 分布（t-distribution）。如果样本量无限大，则 t 分布将无限接近标准正态分布，故可以将正态分布理解为 t 分布的特例。

在上述分布中，分布曲线只有一个高峰（peak），又称为单峰分布（unimodal distribution）。个别连续型变量还可呈双峰（bimodal）甚至多峰（multimodal）分布。对于离散型变量，其常见的分布形式包括二项分布（binomial distribution）、泊松分布（Poisson distribution）和负二项分布（negative binomial distribution）。

（二）数据的集中趋势

数据的集中趋势常用均数（mean）和中位数（median）等平均数（average）描述。均数即算数均数，计算方法为各样本的变量值之和除以样本量，适合描述近似正态分布的数据。中位数是将 n 个变量值从小到大排列，取位居中间的单个数（n 为奇数）或两个数的均数（n 为偶数）。中位数对应于百分位数（percentile）体系中的第 50 百分位数，适合描述呈偏态分布的数据。

（三）数据的离散趋势

数据的离散趋势常用方差（variance）、标准差（standard deviation，SD）和四分位数间距（inter-quartile range，IQR）等描述。方差的计算方法为离均差平方和（sum of squares of deviations from mean，即各观测值与均数的差值平方后求和）除以 n–1（即自由度，用于校正偏差）。标准差为方差的算数平方根。方差和标准差主要用于反映服从正态分布的数据的平均离散水平，其值越大提示数据越离散。

在百分位数体系中，因第 25、50 和 75 百分位数将所有观测值分为四个等分，故又被称为四分位数（quartile）。四分位数间距是第 3 四分位数（即第 75 百分位数，又称上四分位数）与第 1 四分位数（即第 25 百分位数，又称下四分位数）的差值，其值越大提示数据越离散。

数据的离散程度还可以用极差（range，又称全距，即最大值与最小值之差，记为 R）和变异系数（coefficient of variance，即标准差除以均数，以百分比表示，简称 CV）描述。

在撰写研究论文或报告时，服从正态分布的数据以均数±标准差（记为 mean ± SD）描述数据分布特征，不服从正态分布的数据以中位数和四分位数间距[记为 median（IQR）]描述数据分布特征。在很多文献中，数据常以均数 ± 均数的标准误（standard error of the mean，SEM）的方式表示。均数标准误反映的是简单随机抽样时经多次抽样（可构成抽样分布，sampling distribution）所得到的样本均数之间的离散程度，即均数抽样误差的大小，其计算方法为标准差除以样本量 n 的算数平方根，故与标准差成正比、与样本量成反比。在学习应用统计学知识时，应注意区别均数标准误与标准差的意义。

三、参数估计

参数估计指通过样本的统计指标（即统计量，statistic）推断总体的相关指标（即参数，parameter）。研究者在掌握了样本数据的分布特征（如 t 分布）和样本均数的抽样误差（即 SEM）之后，根据样本信息可以估算总体参数的值或区间，即点估计（point estimation）和区间估计（interval estimation）。

点估计直接以样本统计量（如均数或标准差）作为总体参数的估计值，由于其未考虑抽样误差，意义有限。

区间估计则在考虑抽样误差的基础上，按设定概率（$1-\alpha$）确定包含总体参数的范围，即置信区间（confidence interval，CI）。概率 $1-\alpha$ 即置信度（confidence level），一般取双侧 95%。在置信度确定的情况下，增加样本量可减小区间宽度。就总体均数而言，采用特定公式可以计算单一总体均数的置信区间、均数不等的两个正态总体均数之差的置信区间。其计算结果可以提示，在 $1-\alpha$ 的区间内包含了总体均数，但错误的概率为 α（如 CI 为 95%时，α 为 0.05）。

四、假设检验

参数估计仅可部分满足研究者通过样本信息推断总体特征的需求。在现实应用中，时常会遇到这类问题：某组均数可计算的样本是否来自某个均数已知的总体？两组或多组样本是否来自均数不等的总体？这类问题需要假设检验解答。以下首先介绍假设检验中的重要概念和思想。

1. 检验假设包括零假设（又称无效假设，null hypothesis，以 H_0 表示）与备择假设（alternative hypothesis，以 H_1 表示）两种。假设检验是围绕 H_0 进行的，即拒绝 H_0 则接受 H_1、不拒绝 H_0 则拒绝 H_1。每种统计检验方法的 H_0 具有共性，即各组样本来自同一总体、组间差异无统计学意义。

2. 指示组间差异有无统计学意义的水平称为检验水准（又称显著性水准，significance level，以 α 表示），常设值为 0.05。

3. 概率（probability，记为 P）广义而言用于度量随机事件发生可能性的大小，取值范围为 0～1。假设检验中的概率代表当零假设成立时将其错误拒绝的几率，可以理解为零假设成立的可能性大小。若 $P<\alpha$（如常设值 0.05），说明错误地拒绝零假设的概率极低（$P\leqslant 0.05$ 的事件又称小概率事件），此时认为组间差异具有统计学意义，或者说组间具有统计学显著性差异（significant difference）。

需要强调的是，假设检验虽然用了反证法思想，但其结论具有概率性，并不是证明（prove）某假设绝对成立与否的过程。此外，研究者需要将统计结论与专业结论相结合以得出最终的、科学的结论。以下扼要介绍常用的假设检验方法。关于每种方法的计算公式，不做深入探讨。

当进行两组或多组独立样本的均数比较时，如果样本量较小（在动物研究中十分常见），则要求相应的总体服从正态分布（即正态性，normality）且其方差相等（即方差齐性，homogeneity of variance）。

（一）正态性检验与方差齐性检验

正态性检验的方法包括图示法和计算法。在常用图示法中，分位数图（quantile-quantile plot，Q-Q plot）的效率较高。分位数图是以观测的分位数（*X* 轴）对被检验分布的期望分位数（*Y* 轴）作图。如果数据点基本分布在从左下到右上的对角线附近，则可判断该数据服从正态分布。在计算法中，可以采用矩法分别计算数据的偏度（skewness）和峰度（kurtosis），亦可采用单个指标做正态性检验[如夏皮罗-威尔克（Shapiro-Wilk）正态性检验、达戈斯蒂诺（D'Agostino）*K* 方检验]。由于神经科学基础研究中的样本量偏少，故常采用适合样本量小于 100 的 Shapiro-Wilk 检验（*S-W* 检验）。科尔莫戈罗夫-斯米尔诺夫（Kolmogorov-Smirnov）检验（*K-S* 检验）虽在理论上可用于正态性检验，但其应用前提为总体的均数和方差已知，因此在实践中难以用于检验正态性，而多用于分析两组大样本量数据的分布是否一致，进而判断两组是否来自同一总体。

传统上比较两组样本方差的方法为 *F* 检验，目前常用更为稳健且不依赖总体分布形式的莱韦内（Levene）检验。针对这一问题，不同统计分析软件采用的方法也有所不同。例如，GraphPad Prism 采用 *F* 检验而 SPSS 采用 Levene 检验。对于多组样本方差比较，可以采用 Levene 检验和巴特利特（Bartlett）检验。

（二）参数检验

如果总体的分布形式已知，对总体的未知参数进行的假设检验称为参数检验（parametric test）。常见参数检验如下。

1. 双组实验数据——*t* 检验　采用独立样本设计获取的呈正态分布的数据，如组间样本具有独立性，则以独立样本 *t* 检验（independent-samples *t* test，又称非配对 *t* 检验，unpaired *t* test）分析。在实际应用中，独立样本 *t* 检验最为常用。如果两组方差齐（equal variances assumed），应采用合并方差 *t* 检验（pooled variance *t* test）；如果两组方差不齐，为减少 I 类错误概率，应采用异方差 *t* 检验[separate variance *t* test，有时称为韦尔奇-萨特思韦特（Welch-Satterthwaite）异方差 *t* 检验或 Welch *t* 检验]。

采用配对设计获取的数据以配对样本 *t* 检验（paired-samples *t* test）分析。此外，对于两对互相依赖、此消彼长的相对值（如动物在旷场中央区和周围区探索时间的百分比）的比较，或同一研究对象（如血液样品）分别接受两种不同处理的比较，或同一研究对象处理前后指标的比较，亦应选用配对样本 *t* 检验。

如果将单组样本或多组样本中的每组数据与设定常数（代表已知总体均数，包括理论值、标准值或经大量观测所得的稳定值，如动物探索半侧旷场的理论值为 50%）进行比较，需采用单样本 *t* 检验（one-sample *t* test）。

当样本量 *n* 较大时（一般大于 30），用于判断样本均数与总体均数有无差异的检验称为 *Z* 检验（*Z*-test），可认为是 *t* 检验的特例。

2. 因素设计实验数据——方差分析　对于 3 个或 3 个以上组别的数据，若要推断各组均数之间的差异是否具有统计学意义，需采用方差分析（analysis of variance）。方差分析亦称为 *F* 检验，取自其奠基者、英国统计学家费希尔（Fisher）的首字母。

应用方差分析时，样本需要满足独立性、正态性和方差齐性。对于比较不同处理因素或同一处理因素不同水平的影响的单因素设计实验数据，应采用单因素方差分析（one-way ANOVA）。对于 2×2 设计等双因素析因实验数据，应采用双因素方差分析（two-way ANOVA）。

方差分析的主要思想是变异分解。在单因素设计实验中，数据有三种不同的变异，包括总变异（total variation，指所有组的所有观测值之间的差异，简写为 SS 总）、组间变异（variation between groups，指各组之间样本均数的差异，简写为 SS 组间）和组内变异（variation within groups，指各组内部不同研究对象观测值的差异，在完全随机设计中又称误差变异，简写为 SS 组内）。每种变异通过相应的离均差平方和（即观测值与相应均数的差值平方后求和）计算，SS 总=SS 组间+SS 组内。由于组间变异和组内变异均与自由度有关，还需将各部分的离均差平方和除以相应的自由度，得到均方差（mean square，缩写为 MS，简称为均方），反映其平均变异。组间均方（MS 组间）与组内均方（MS 组内）的比值即为 F 统计量。当 H_0 成立时，F 统计量服从 F 分布。

从“F=MS 组间/MS 组内”这一公式可以看出，当组间均方和组内均方接近时，F 统计量值约等于 1。如果 $F \leqslant 1$ 则接受 H_0，即各组样本来自相同的总体（或其总体均数相等），表明不同处理因素或同一处理因素不同水平无作用。当组间均方大于组内均方时，$F>1$。根据 F 界值表，可查到相应的 P 值。如果 P 值小于 α（如 0.05）时，则拒绝 H_0，即各组样本来自不同的总体，表明不同处理因素或同一处理因素不同水平的作用不尽相同。如果要进一步了解哪种处理因素或处理因素的哪个水平造成了组间差异，需要采用事后检验（post hoc test）进行各组样本均数的两两比较。

对于 2×2 设计等双因素析因设计产生的数据，应采用双因素方差分析。在双因素（以及多因素）方差分析中，组间变异被分解为各因素主效应的变异和因素间交互作用的变异。主效应指某个因素独立于其他因素的效应，是该因素各水平效应的平均差别。在范例中，主效应包括应激因素的主效应（即在注射溶媒和注射氟西汀的动物中，应激产生的平均效应）和氟西汀因素的主效应（即在对照和应激动物中，氟西汀给药产生的平均效应）。因素间的交互作用指某因素的效应随另外一个或多个因素的变化而变化。如果因素之间不存在交互作用，则说明各因素的效应彼此独立，只需分析主效应。如果因素之间存在交互作用，应进一步分析各因素不同水平之间的差异。有教科书将其他因素水平固定时同一因素不同水平的差别称为单独效应（simple effect）。然而在实际应用中，比较同一因素不同水平间的差异应采用事后检验。此外，在析因设计中，当因素数为 2 时，交互作用又称一阶交互作用；当因素数大于 2 时，还需分析二阶、三阶交互作用等。

在单因素设计实验中，如果数据满足独立性和正态性但不满足方差齐性，可以采用 Welch 或布朗-福赛思（Brown-Forsythe）方差分析。在大多数情况下，推荐使用统计学效能更高并可使 α 维持在理想水平（即犯Ⅰ类和Ⅱ类错误的概率相对均衡）的 Welch 方差分析。Brown-Forsythe 方差分析主要用于呈偏态分布的数据。对于析因设计实验而言，如果数据不满足方差齐性，则需考虑对数据进行变换（data transformation，如 Box-Cox 变换、对数变换等）或采用非参数检验方法。

3. 重复测量设计实验数据——重复测量方差分析　在被试内设计中，对同一指标的多次测量将产生重复测量数据（repeated measures data）。在两组或多组实验中，如果组间因素仅有一个（可以是不同因素或同一因素的不同水平），需对重复测量数据进行两因素多水平分析。其中，因素一为组间因素、其水平数为组数，因素二为组内因素（即时间）、其水平数为测量次数。两因素多水平分析的特例为两因素两水平分析。此时，组数为 2、重复测量次数为 2（即前后测量设计）。以此类推，如果重复测量数据的组间因素有两个（如在 2×2 析因设计的基础上进行重复测量），则需进行三因素多水平分析。由于重复测量数据不满足独立性，一般选用重复测量方差分析（repeated measure ANOVA）而非多因素方差分析。在实际应用中，对于前后测量设计实验的重复测量数据，如果研究者根据文献和经验假定时间对实验结果无影响或不关注时间的影响，亦可以选用双因素（或多因素）方差分析。

针对两因素多水平设计，应采用双因素重复测量方差分析（two-way repeated measure ANOVA）。针对三因素多水平设计，应采用三因素重复测量方差分析（three-way repeated measure ANOVA）。对于未设置平行对照的单组实验，也可以进行重复测量方差分析，即单因素重复测量方差分析（one-way repeated measure ANOVA）。重复测量方差分析主要适用于连续型变量，数据需要服从或近似服从正态分布并且满足“球对称”（sphericity）条件。如果不假设“球对称”，可采用格林豪斯-盖塞尔（Greenhouse-Geisser）法进行校正。

除重复测量方差分析之外，还可以选择适用于两组实验的霍特林（Hotelling）T^2 检验和适用于多组实验的多变量方差分析（multivariate analysis of variance，MANOVA；注意与多因素方差分析相区别）处理重复测量数据。关于重复测量方差分析的变异分解、“球对称”的假设检验、多变量方差分析等内容，读者可参阅专业书籍。

4. 相关设计实验数据——Pearson 相关系数 变量之间的相互关系大致可以分为相关关系和函数关系。如果两个变量之间的关系无法以方程的形式表示，但可以用某种相关性指标进行度量和描述，则为相关分析（correlation analysis）的研究对象。如果两个变量之间存在相互依存关系，可以用方程的形式表示，则为回归分析（regression analysis）的研究对象。

在很多情况下，研究者关心双变量（bivariate）之间是否存在线性关系（linear relationship），此时需采用相关分析判断两个变量之间是否存在线性相关（linear correlation）关系以及相关的方向和程度。如果两变量呈正态分布，可以计算皮尔逊相关系数（Pearson correlation coefficient，又称 Pearson 积差相关系数，Pearson product-moment correlation coefficient）并做假设检验。样本的相关系数以 r 表示，其总体的相关系数以 ρ 表示。r 的取值范围为–1～1。r 值的正负指示相关关系的方向性，其为正值时表示正相关（positive correlation；1 为完全正相关）、为负值时表示负相关（negative correlation；–1 为完全负相关）、为 0 时表示零相关（zero correlation）。r 的绝对值提示相关关系的密切程度，一般认为其值≥0.9 为很强相关（very high）、0.68～0.89 为强相关（high/strong）、0.36～0.67 为中等相关（modest/moderate）、≤0.35 为弱相关（low/weak）（Taylor et al.，1990）。

在计算 r 之后，需要采用 t 检验对其是否来自 $\rho=0$（即零相关）的总体进行假设检验。如果相关系数假设检验中的 P 统计量小于 α（如 0.05），则拒绝其来自 $\rho=0$ 总体的假设，可以认为两变量的线性相关关系具有统计学意义。需要注意的是，相关分析中的 P 统计量提示的是两变量存在直线相关关系的可能性，而不是其关系的密切程度。

相关分析可以解答双变量之间是否相关，但无法回答相关的两个变量是如何联系的。研究者如果要建立可以描述双变量之间的函数关系，则需选用回归分析。一元线性回归（simple linear regression）用于分析双变量之间的直线函数关系，该关系以直线回归方程表示。在建立回归方程之后，需采用方差分析或 t 检验对该方程做假设检验，以明确样本所来自的总体的直线回归关系是否存在。双变量线性回归关系既可以用直线回归方程表示，又可以用散点图中的样本回归直线作为直观的描述形式。此外，回归分析还包括多元线性回归（multiple linear regression）、逻辑斯谛（logistic）回归和泊松回归等，此处不做具体介绍。

双变量直线相关与回归中的另一个重要统计量为决定系数（coefficient of determination），以相关系数的平方（即 r^2）表示。r^2 值的大小反映了回归贡献的相对程度，即回归关系在因变量（或相对次要变量）的总变异中所能揭示的比率。在范例中，应激+溶媒组的总活动距离与中央区探索时间的直线相关系数 $r=-0.455$，则 $r^2=0.207$，提示总活动距离仅可以解释中央区探索时间的变异性的 20.7%。

（三）非参数检验

如果对总体的分布形式所知甚少，对其形态和其他特征进行的假设检验称为非参数检验（non-parametric test）。非参数检验不受总体分布的限制，可用于任何分布形式的资料，实践中主要用于不服从正态分布且方差不齐的数据。如果对满足或近似满足 t 检验或 F 检验条件的数据进行非参数检验，则会降低检验效能。常见的非参数检验基于秩转换（rank transformation），即将定量数据按大小、将等级数据按强弱转换为秩，随后计算检验统计量。

1. 双组实验数据——Wilcoxon 符号秩检验与 Mann-Whitney *U* 检验 威尔科克森符号秩检验（Wilcoxon signed rank test）用于配对样本差值的中位数和 0 比较以及单个样本中位数和总体中位数的比较，可以理解为配对样本 t 检验和单样本 t 检验的非参数检验版本。

曼-惠特尼（Mann-Whitney）U 检验又称 Wilcoxon 秩和检验（Wilcoxon rank-sum test），用于推断定量数据或等级数据的两个独立样本所来自的两个总体有无差别，可以理解为独立样本 t 检验的非参数检验版本。

2. 因素设计实验数据——Kruskal-Wallis *H* 检验和 Scheirer-Ray-Hare 检验　克鲁斯卡尔-沃利斯（Kruskal-Wallis）*H* 检验用于推断定量数据或等级数据的多个独立样本所来自的多个总体有无差别，适用于单因素设计实验，可以理解为单因素方差分析的非参数检验版本。若 $P<\alpha$，拒绝 H_0（即多个总体分布位置相同），可采用邓恩（Dunn）事后检验。

谢力-雷-黑尔（Scheirer-Ray-Hare）检验是 Kruskal-Wallis *H* 检验的延伸，适用于双因素设计实验，可以理解为双因素方差分析的非参数检验版本。其要求为各组样本量相等且每组样本量大于 5。

对于不服从正态分布且方差不齐的重复测量数据，以往没有特别理想的分析方法。近年来，有学者开发了基于 R 语言的 nparLD 软件包，可以理解为重复测量方差分析的非参数版替代方法。有兴趣的读者可参阅原始文献（Noguchi et al.，2012）。

3. 相关设计实验数据——Spearman 秩相关系数　对于双变量不服从正态分布的定量数据、总体分布形式未知或有不确定值的定量数据（如水迷宫测试中，动物如果在规定时间内未找到隐藏的平台，则潜伏期取值为一上限值）或者等级数据，其直线相关关系可以用斯皮尔曼（Spearman）秩相关系数（Spearman rank correlation coefficient，样本记为 rs，总体记为 ρs）反映。与 Pearson 相关系数的假设检验类似，在计算 rs 之后，需要对其是否来自 $\rho s=0$ 的总体进行假设检验。根据样本量 n 和 rs 值，查 rs 界值表可以得出其 P 统计量。

五、统计推断的其他概念与注意事项

（一）自由度

自由度（degrees of freedom）指是计算某统计量时可以自由取值的变量个数，计算方法为数据的个数减限制条件的个数或独立统计量的个数。例如，在单因素方差分析中，总变异自由度为总样本量 n 减 1，组间自由度为因素水平数（即组数）减 1，而组内自由度为总样本量减因素水平数（或总自由度减组间自由度）。在双因素析因设计的双因素方差分析中，总自由度为 $n-1$，主效应自由度为特定因素水平数减 1，交互作用自由度为不同因素主效应的自由度的乘积，而误差自由度为总自由度减主效应自由度和交互作用自由度。在 t 检验中，只考虑总自由度（即 $n-1$）。对于采用 Welch t 检验分析的数据，其总自由度一般为非整数。另参见本章第三节之统计结果的描述。

（二）单尾（one-tailed）和双尾（two-tailed）检验的选择

对于 t 检验和 Mann-Whitney U 检验，应合理选择单尾（又称单侧，one-sided）检验或双尾检验。研究者如果仅考虑样本与总体之间或者组间有无差异而不考虑差异的方向性（如范例中，应激引起动物在旷场中的探索活动增加或减少的可能性均存在），需要采用双尾检验。此时，根据正态分布的原理将检验水准 α 平均分配到分布曲线的左右尾端，每侧概率为 $\alpha/2$。如果既关注差异性又关注差异的方向性（如研究者认为应激一定减少动物的探索活动，或氟西汀一定与应激的效应相反），则需要采用单尾检验。此时，需将检验水准 α 分配于分布曲线单侧。在大多数情况下，某种处理因素引起某种统计量升高或降低的可能性均存在，因此采用较保守的双尾检验更为稳妥，在实践中双尾检验也更为常见。对于上述单尾检验的例子，研究者无法排除另一种可能性（即应激增加动物的探索活动，或氟西汀与应激的效应相似），故说服力有限。此外，由于卡方分布和 F 分布呈非对称（即单尾）分布，所以卡方检验和方差分析等检验不涉及这一问题。

（三）效应量、*t* 统计量与 *Z* 分数（*Z*-score，又称标准分数，standard score）的计算与意义

在效应量、t 统计量与 Z 分数的计算公式中，分子相似（组间均数之差、均数与理论值之差、数据点与均数之差），但分母不同，因此意义也不同。Cohen's d 计算公式的分母为两组合并标准差，

其 d 统计量反映组间均数差异的程度。t 统计量计算公式的分母为各种标准误，如独立样本 t 检验中的分母为合并标准误、配对样本 t 检验中的分母为差值样本均数标准误、单样本 t 检验中的分母为单样本标准误。根据 t 统计量计算结果和 t 界值表确定 P 值后，推断两组样本均数或样本均数与已知总体均数的差异有无统计学意义。Z 分数计算公式的分母为单样本标准差，反映观测值与样本均数之间的距离。

（四）方差分析事后检验的选择

事后检验即事后多重比较（post hoc multiple comparisons）。假设有 3 个组，其两两组合数为 3。如果每次比较的检验水准 α 设为 0.05，根据概率乘法定理（multiplication theorem of probability），3 次均不犯 I 类错误的概率可计算为$(1-0.05)^3=0.86$，总的检验水准实际变为 1–0.86=0.14，大于 0.05，不再是小概率事件。为避免 I 类错误，不可采用 t 检验进行事后检验。神经科学研究中常用的事后检验方法包括邦费罗尼（Bonferroni）检验、图基（Tukey）可靠显著差异（honest significant difference，HSD）检验、霍尔姆-希达克（Holm-šidák）检验、学生-纽曼-科伊尔斯（Student-Newman-Keuls）检验（即 SNK 检验，又称 q 检验）和邓尼特（Dunnett）-t 检验等。

需要特别说明的是，少数研究者会选用 Fisher 最小显著差异（least significant difference，LSD）检验（又称 LSD-t 检验）作为事后检验。LSD-t 检验与独立样本 t 检验的计算公式非常相似，且取 t 界值。两者的公式中，分子相同而分母有所区别：LSD-t 检验使用误差均方（即组内均方，等于所有组的合并方差）计算，而独立样本 t 检验使用两组样本的合并方差计算。在 H_0 成立的情况下，二者计算结果非常接近。由于 LSD-t 检验未对多重比较进行校正，如果存在一组数据与其他组数据差异稍大的情况，则其 P 值低于 α 水平的概率就大，容易犯 I 类错误，故许多杂志并不认可 LSD-t 检验为合理的事后检验。

Bonferroni 检验的原理是以两两组合的数量对检验水准 α 进行校正。对于每两个组的比较，以 α 除以成对比较的数量，即为实际检验水准（α'）。当检验（常为 t 检验，亦见于重复测量方差分析）的 P 值小于 α'时，方可认为两组样本均数的差异具有统计学意义。例如，在单因素方差分析中，4 组数据构成 6 个成对组合，则 $\alpha'=\alpha/6$。当 $\alpha=0.05$ 时，$\alpha'=0.0083$。对于组数较多的数据而言，Bonferroni 检验显然过于保守，容易犯Ⅱ类错误。一般而言，Tukey HSD 检验犯 I 类和Ⅱ类错误的概率相对均衡，较为适宜。

此外，Student-Newman-Keuls 检验和 Dunnett-t 检验有专门的界值表。当组间方差不齐时，可采用塔姆哈尼（Tamhane）T_2、Dunnett T_3 和 Dunnett C 等事后检验。对于重复测量数据，除可以进行组间多重比较之外，还可以比较时间趋势和时间点的两两差别。

（五）相关和回归分析注意事项

相关分析不能揭示两个变量之间是否存在因果关系。变量之一的改变可能是另一个变量变化的原因，但两个变量也可能同时受到另外一个或多个因素的影响。此外，在双变量相关和回归分析中，可先将数据绘制为散点图以直观展示变量间的关系。在绘制散点图时，如果其用于回归分析，则 X 轴一般为自变量、Y 轴一般为因变量；如果用于相关分析，X、Y 并无主次之分，一般将更易精确测量或相对主要的变量设为 X（如将范例中的总活动距离设为 X、中央区探索时间设为 Y）。

（六）离群值（outlier）问题

在实践中，不时会遇到个别数值特别大或特别小，离群较远，称为离群值。采用直方图、散点图、箱式图等有助于发现离群值。出现离群值时，首先要查找原因。例如，个别动物健康状况不佳可导致一系列指标异常。如无明确客观原因，可采用格拉布斯测试（Grubbs' test，适用于服从正态分布、n 大于 6 的小样本，每次剔除 1 个离群值）、拉依达准则（Pauta criterion，适用于服从正态分布、n 一般大于 50 的数据，剔除均数±3 个标准差之外的值）等方法对符合条件的离群值予以剔除。

最后，我们回到本节开篇的范例。按照图 13-3 的流程，可以回答数据分析的基本问题。

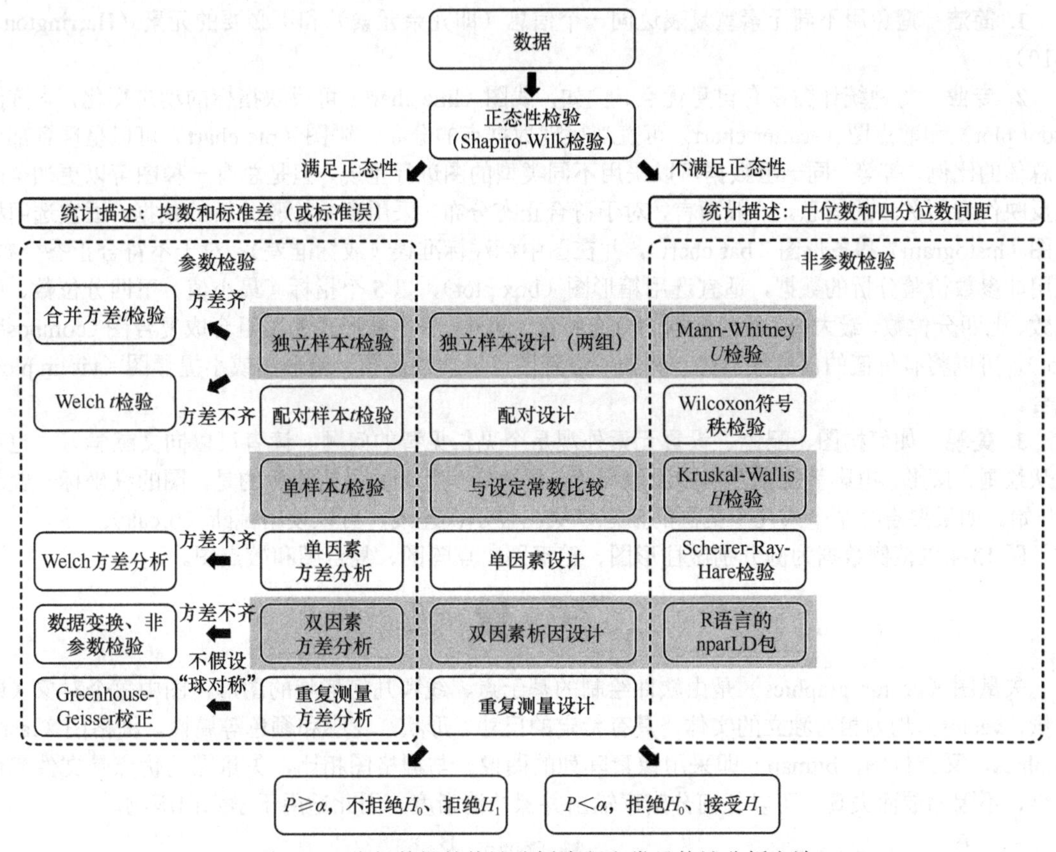

图 13-3　常规数据的统计分析流程和常见统计分析方法

第三节　数据的可视化与描述

- 关键词：统计图、矢量图、结果描述、做出结论
- 范例：应激与氟西汀影响小鼠探索活动的数据描述

> 遵循前述实验设计和数据分析方法，某研究生整理了应激与氟西汀影响小鼠探索活动的数据，现拟撰写研究论文。对于这组数据，应该如何作图、以语言描述并做出结论？

一、统　计　图

统计表(statistical table)是以表格的形式对统计指标及其计算值的展示，统计图(statistical chart)是采用点、线、面等几何图形对数据的展示。二者均为支持假设、提供证据的视觉方式。本节扼要介绍统计图。

正所谓"一图胜千言"。在现代科研论文中，统计图具有举足轻重的地位，其质量与论文质量直接挂钩。图的制作，是将数据可视化的过程。如何在有效的空间提供美观、直观、丰富的信息，是每位科研人员的必修课。商业化绘图软件如 GraphPad Prism、SigmaPlot、Origin 等可以实现常规学术作图需求，而 R、Python 等开源系统和 MATLAB 则可实现更加复杂化、个性化的需求。

学术统计图的制作应符合规范（即符合学术出版物要求）、简洁（即不包含冗余信息）、专业（即选择最佳的作图类型）和美观（即图的配色、底纹、构图和比例具有美感）的原则（张杰，2019）。以下介绍简洁、专业和美观原则。

1. 简洁 避免用不同元素重复表达同一个信息（即冗余元素）和不必要的元素（Harrington，2010）。

2. 专业 每种统计图各有自身优点。例如，线图（line chart）可反映指标的动态变化，点阵图（dot plot）和散点图（scatter chart）可直观呈现数据点的分布，饼图（pie chart）可以呈现各部分占总体的比例，等等。同一组数据可以采用不同类型的图进行呈现，但是总有一种图可以更加全面地反映作者所关注的信息。一般而言，对于符合正态分布、采用参数检验分析的数据，适宜选用柱形图（histogram）和条形图（bar chart），并在图中标注标准误（或标准差）；对于不符合正态分布、采用非参数检验分析的数据，适宜选用箱形图（box plot），以 5 个指标（最小值、下四分位数、中位数、上四分位数、最大值）反映数据的分布特征。此外，将不同形式的图组合成复合图（composite plot），可以将有价值的信息最大化。例如，点阵图可以与柱形图、箱形图或小提琴图（violin plot）组合。

3. 美观 如何构图、配色、设置元素外观是个见仁见智的问题。读者可以向文献学习，也可以从绘画、摄影、电影等视觉艺术中汲取灵感，培养审美能力。另需注意的是，图的纵坐标一般从 0 开始。如果要省略某个或几个范围的信息以突出显示误差线，可以使用截断（break）。

图 13-4 以范例数据为例分别做柱形图、箱形图、点阵图、复合图和散点图。

二、矢 量 图

矢量图（vector graphics）是由软件绘制的基于点、线和几何形状的图形，图中每个对象（即矢量，vector）均为相对独立的实体，具有特定的尺寸、形状、轮廓和颜色等属性。栅格图（raster graphics，又称位图，bitmap）即采用像素阵列的图像。与栅格图相比，矢量图的优点是文件容量更小、不因缩放而失真、可以任何分辨率输出并保持清晰度，因此适用于学术出版物。

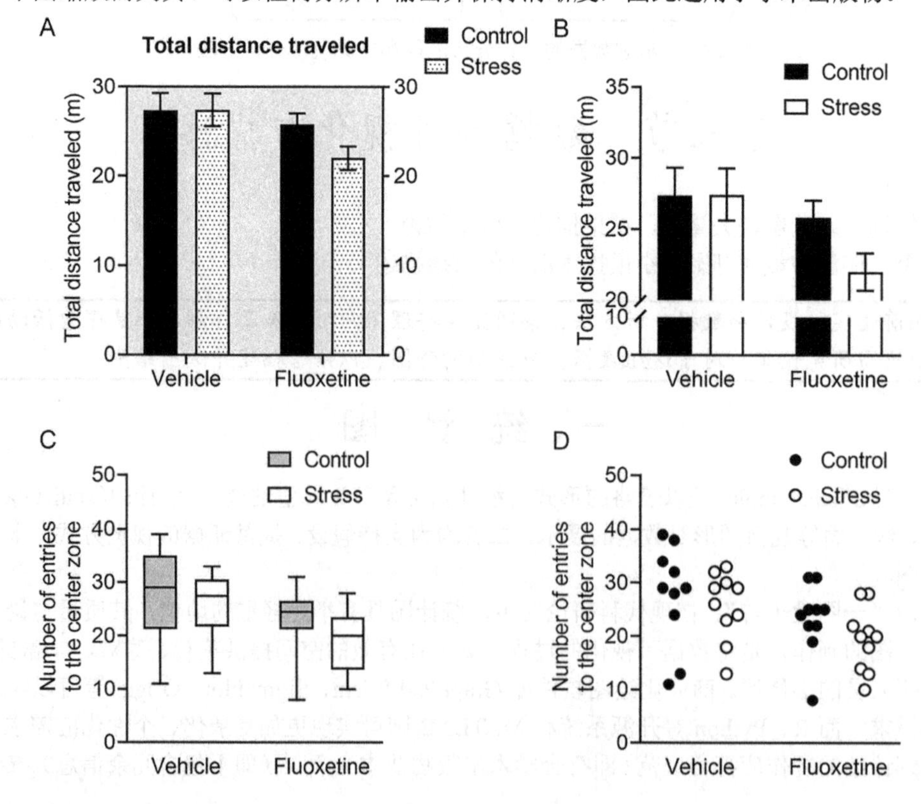

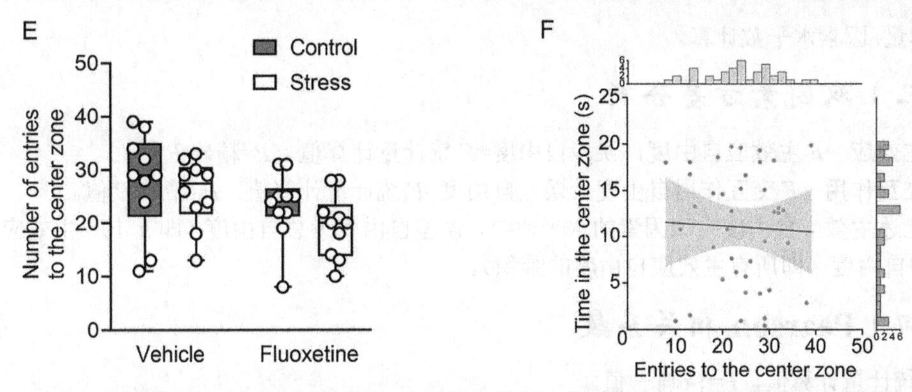

图 13-4　（A）含有冗余信息（包括图片标题、右侧纵坐标轴、框架底色、柱子的底纹等）的柱形图。（B）优化后的柱形图，纵坐标轴含截断，误差线表示标准误。（C）箱形图。（D）点阵图。（E）点阵图与箱形图组合的复合图。（F）标注回归曲线和置信区间的散点图与直方图组合的复合图，含所有四组数据

无论采用何种作图软件，建议以矢量的形式作图，随后采用矢量图形处理软件 Adobe Illustrator 对构图、配色以及图中的每个元素进行调整优化，最终将文件输出为 EPS、AI 等矢量格式。如果将矢量图保存为 TIFF、JPEG 等格式，图片将栅格化，矢量信息随即丢失。

图 13-5 以范例数据为例，展示由 GraphPad Prism 所做的原始图和经 Adobe Illustrator 优化后的终版图。

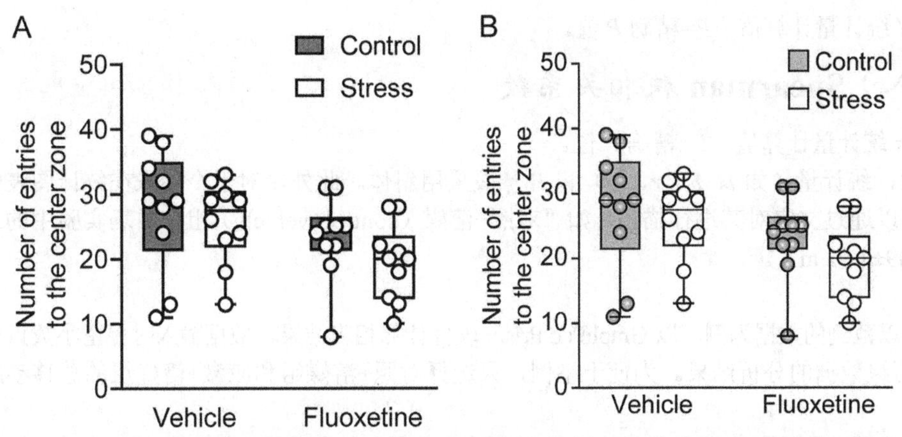

图 13-5　（A）GraphPad Prism 所做的原始图。（B）Adobe Illustrator 优化图，其中每个元素均得以清楚展示

三、统计结果的描述

在采用统计图表展示描述性统计结果的基础上，研究者需要在研究论文的结果部分报告统计检验的结果。根据不同期刊的要求，一般需在结果或图例中报告检验的统计量、自由度、统计量计算值和 *P* 值。常见统计检验的参考报告格式如下（Sarter and Fritschy，2008）。

（一）*t* 检验

t 自由度=*t* 统计量计算值，*P*=精确 *P* 值（一般在小数点后保留 1～2 位非零数字）或不等量（如 <0.0001）。

（二）单因素方差分析

F 组间自由度，组内自由度=*F* 统计量计算值，*P*=精确 *P* 值。

组间自由度为因素水平数–1，组内自由度为总自由度（即总样本量 *n*–1）–组间自由度，也可

按总样本量–因素水平数计算。

（三）双因素方差分析

1. 主效应 *F* 主效应自由度，误差自由度=*F* 统计量计算值，*P*=精确 *P* 值。

2. 交互作用 *F* 交互作用自由度，误差自由度=*F* 统计量计算值，*P*=精确 *P* 值。

3. 上述主效应自由度为该因素的水平数–1，误差自由度为总自由度（即 *n*–1）–主效应自由度–交互作用自由度（即所有主效应自由度的乘积）。

（四）Pearson 相关系数

r=*r* 统计量计算值，*P*=精确 *P* 值。

（五）Mann-Whitney *U* 检验

U=*U* 统计量计算值，*P*=精确 *P* 值。

（六）Wilcoxon 符号秩检验

Z=*Z* 统计量计算值，*P*=精确 *P* 值。

（七）Kruskal-Wallis *H* 检验

H=*H* 统计量计算值，*P*=精确 *P* 值。

（八）Spearman 秩相关系数

rs=*rs* 统计量计算值，*P*=精确 *P* 值。

注意，统计量（如 *t*、*F*、*r*、*U*）和 *P* 一般采用斜体。此外，对于个别未在统计图表中展示的数据，可以通过文字对其进行描述，如“对照+溶媒（control+vehicle）组在旷场实验中的总移动距离为 27.39±1.92 m”。

以下以范例的数据为例，以 GraphPad Prism 软件计算相应结果，数据输入时保留小数点后 3 位。

1. 两组数据的分析结果。为便于举例，只选择对照+溶媒组和应激+溶媒组的总移动距离进行比较。

合并方差 *t* 检验（本例中的数据满足正态性和方差齐性条件）：t_{18}=0.0218, *P*=0.9829。

Welch *t* 检验（假定本例中的两组数据方差不齐）：$t_{17.95}$=0.0218, *P*=0.9829。

Mann-Whitney *U* 检验（假定本例中的数据不满足正态性条件）：*U*=46, *P*=0.7959。

2. 三组数据的分析结果。为便于举例，只选择对照+溶媒组、应激+溶媒组和应激+氟西汀组的总移动距离进行比较。

单因素方差分析（本例中的数据满足正态性和方差齐性条件）：$F_{2, 27}$=3.326, *P*=0.0512。

Kruskal-Wallis *H* 检验（假定本例中的数据不满足正态性条件）：*H*=5.654, *P*=0.0592。

3. 2×2 四组数据的分析结果。选择所有组的总移动距离进行比较。

应激的主效应：$F_{1, 36}$=1.374, *P*=0.2489。

氟西汀的主效应：$F_{1, 36}$=4.768, *P*=0.0356。

应激×氟西汀交互作用：$F_{1, 36}$=1.459, *P*=0.2349。

在 2×2 析因设计实验中，研究者一般假定两种因素具有交互作用。上述统计结果表明，虽然氟西汀治疗的主效应具有统计学意义，但是应激与氟西汀之间的交互作用无统计学意义。在这类情况下，一般不再进行事后检验。

在论文的结果部分描述发现时，应避免简单罗列统计学结果。可以采用括号内文字的形式对统计学结果进行描述，以增加文本的可读性。例如，对于以上双因素方差分析的结果，可以做如下表述："氟西汀给药对于小鼠在旷场中的总移动距离具有统计学意义（F1, 36=4.768, P=0.0356）。然而，应激的主效应（F1, 36=1.374, P=0.2489）以及应激×氟西汀的交互作用（F1, 36=1.459, P=0.2349）均无统计学意义"。

以此类推，范例中其他两项行为学指标（旷场中央区探索时间和探索次数）的统计结果如下。读者可以根据上文示例对这两组结果进行描述。

- 中央区探索时间：

应激的主效应：F1, 36=0.1128, P=0.7389。

氟西汀的主效应：F1, 36=0.5576, P=0.4601。

应激×氟西汀交互作用：F1, 36=0.0061, P=0.938。

- 中央区探索次数：

应激的主效应：F1, 36=1.619, P=0.2114。

氟西汀的主效应：F1, 36=5.613, P=0.0233。

应激×氟西汀交互作用：F1, 36=0.1559, P=0.6953。

最后，假定出现这样一种比较理想的情况：对于某个指标，应激和氟西汀的主效应以及二者的交互作用均具有统计学意义。在这种情况下，可以进行事后检验（详见本章第二节），以明确主效应和交互作用的来源。注意，待比较对象之间应具有可比性。就范例而言，具有可比性的对子有4个，即：对照+溶媒组比对照+氟西汀组、对照+溶媒组比应激+溶媒组、对照+氟西汀组比应激+氟西汀组、应激+溶媒组比应激+氟西汀组。而在对照+溶媒组与应激+氟西汀组、对照+氟西汀组与应激+溶媒组这两个对子中，组间相差两个因素，故不具有可比性。此时，可以如下描述结果"对于该指标而言，应激与氟西汀的主效应均具有统计学意义（描述F统计量值和P值），且二者存在交互作用（描述F统计量值和P值）。事后检验表明，哪些组之间的差异具有统计学意义（描述P值和事后检验方法）"。

四、小　结

在客观、全面地陈述主要发现之后，研究者需要严格根据统计学结果进行分析、推理、判断、归纳，最终做出科学、严谨的结论。如果某个假设检验的P值略高于α水平（例如α设为0.05，实际P值为0.06），不应武断拒绝H_0而声称某种处理因素有效，不应将某种变化趋势描述为具有显著性意义的升高或降低。

当某个实验的结论与研究假设不一致时，研究者应认真核对数据和统计学分析步骤，如果未发现技术性失误，则需考虑优化设计重复实验、修正研究假设。

（王晓东）

参考文献

罗家洪, 郭秀花, 2018. 医学统计学[M]. 北京: 科学出版社.

颜艳, 王彤, 2021. 医学统计学[M]. 北京: 人民卫生出版社.

张杰, 2019. R 语言数据可视化之美:专业图表绘制指南[M]. 北京: 电子工业出版社.

Festing M F W, 2020. The "completely randomised" and the "randomised block" are the only experimental designs suitable for widespread use in pre-clinical research[J]. Scientific Reports, 10: 17577.

Harrington M E, 2020.The Design of Experiments in Neuroscience[M]. Cambridge: Cambridge University Press.

Hoijtink H, Consortium R, Sarabdjitsingh R A, 2021. Increasing the statistical power of animal experiments with historical control data[J]. Nat Neurosci, 24: 470-477.

Noguchi K, Gel Y R, Brunner E, et al, 2012. nparLD: An *R* Software package for the nonparametric analysis of longitudinal data in factorial experiments[J]. Journal of Statistical Software, 50(12): 1-23.

Sarter M, Fritschy J M, 2008. Reporting statistical methods and statistical results in EJN[J]. The European Journal of Neuroscience, 28(12): 2363-2364.

Taylor R, 1990. Interpretation of the correlation coefficient: a basic review[J]. Journal of Diagnostic Medical Sonography, 6(1): 35-39.

Wilcox R R, Rousselet G A, 2018. A guide to robust statistical methods in neuroscience[J]. Current Protocols in Neuroscience, 82(1): 41-48.